제2의 자연

SECOND NATURE

동물원·수족관 생물학 및 종보전 시리즈

본 시리즈 편집자

Michael Hutchins, 북미동물원·수족관협회(American Zoo and Aquarium Association)
Terry L. Maple, 애틀란타동물원(Zoo Atlanta)
Chris Andrews, 남부캐롤라이나수족관(South Carolina Aquarium)

·

북미동물원·수족관협회와 협업하여 출판함

이 시리즈는 동물원·수족관생물학 및 보전 분야의 혁신적 연구 성과를 다루며, 특히 현지 외 보전과 현지 내 보전의 접점을 조명하고 이론과 실제를 연결하는 책을 우선적으로 다룹니다. 다루는 주제는 동물원과 수족관에서 이루어지는 보전 번식과 재도입 프로그램, 동물 관리학, 철학과 윤리, 대중 교육, 전문 교육과 기술 이전, 그리고 현지 내 보전 활동 등을 포함하되, 반드시 이에 국한되지는 않습니다.

자문 위원회

세인트루이스동물원(Saint Louis Zoological Park) 소속 Cheryl Asa와 Bruce Carr, 브롱크스동물원/야생동물종보전공원(Bronx Zoo/Wildlife Conservation Park) 소속 Ellen Dierenfeld, 메릴랜드대학(University of Maryland, College Park) 소속 Janies Dietz, 저지야생동물보존신탁(Jersey Wildlife Preservation Trust) 소속 Lee Durrell, 브롱크스동물원/야생동물종보전공원 소속 Fred Koontz, 브룩필드동물원(Brookfield Zoo) 소속 Robert Lacy, 샌디에이고동물학회(Zoological Society of San Diego) 소속 Donald Lindburg, 밴쿠버공립수족관(Vancouver Public Aquarium) 소속 John Nightingale, 플로리다씨월드(Sea World of Florida) 소속 Daniel Odell, 런던동물학회(Zoological Society of London) 소속 Peter Olney, 클리블랜드메트로동물원(Cleveland Metroparks Zoo) 소속 Hugh Quinn, 로저윌리엄스공원동물원(Roger Williams Park Zoo) 소속 Anne Savage, 링컨공원동물원(Lincoln Park Zoological Gardens) 소속 Steven Thompson, LA동물원(Los Angeles Zoo) 소속 Michael Allace, 국립동물원(National Zoological Park) 소속 Christen Wemmer, 미네소타동물원(Minnesota Zoological Garden) 소속 Peregrine Wolff

SECOND NATURE

Environmental Enrichment for Captive Animals

제2의 자연

─── 사육동물을 위한 환경 풍부화 ───

David J. Shepherdson, Jill D. Mellen, Michael Hutchins

김영준, 이혜림, 계하은, 김이태, 신한섭 옮김

 국립생태원
NIE PRESS

Second Nature: Environmental Enrichment for Captive Animals
edited by David J. Shepherdson, Jill D. Mellen, Michael Hutchins
© 1998 by Smithsonian Institution
All rights reserved including the right of reproduction in whole or in part in any form.
First published in 1998 by Smithsonian Institution
Korean edition copyright © 2025 by NATIONAL INSTITUTE OF ECOLOGY
This edition published by arrangement with Smithsonian Institution through Susan
Schulman Literary Agency LLC, New York, and through Shinwon Agency Co., Ltd.

NIE Eco-Insight 04

제2의 자연

발행일 2025년 12월 20일 초판 1쇄 발행
주저자 David J. Shepherdson, Jill D. Mellen, Michael Hutchins
옮긴이 김영준, 이혜림, 계하은, 김이태, 신한섭

발행인 이창석 | 책임편집 장지덕 | 편집 최유준 | 교정교열 미라클스토리 | 디자인 디박스
발행처 국립생태원 출판부 | 신고번호 제458-2015-000002호 (2015년 7월 17일)
주소 충남 서천군 마서면 금강로 1210 / www.nie.re.kr
문의 041-950-5999 / press@nie.re.kr

© 국립생태원 National Institute of Ecology, 2025
ISBN 979-11-6698-700-7
ISBN 979-11-88154-00-5 (세트)

일 러 두 기

· 국립생태원 출판부 발행 도서는 기본적으로 「국어기본법」에 따른 국립국어원 어문 규범을 준수합니다.

· 동식물 이름 중 표준국어 대사전에 등재된 경우 해당 표기를 따랐으며, 우리말 표기가 정립되지 않은 해외 동식물명과 전문용어 등은 국립생태원 자체 기준에 따라 표기하였습니다.

· 고유어와 '과(科)'가 합성된 동식물 과명(科名)은 사이시옷을 불용하는 국립생태원 원칙에 따라 표기하였습니다.

· 두 개 이상의 단어로 구성된 전문 용어는 표준국어 대사전에 합성어로 등재된 경우에 한하여 붙여쓰기를 하였습니다. 또한, 동물학 분야에서 통상적으로 한가지 개념으로 쓰는 전문 용어도 붙여쓰기를 하였습니다.

· 이 책에 실린 글과 그림의 전부 또는 일부를 재사용하려면 반드시 저작권자와 국립생태원의 동의를 받아야 합니다.

· 번역서에 정리한 학명은 가급적 최신 학명을 확인하여 기재하였습니다. 따라서 원문의 학명과 일치하지 않을 수 있습니다.

· 원서는 1993년 열린 제1차 환경 풍부화 회의 발표 내용을 바탕으로 1998년 출간한 것이며, 본문에 나오는 현재 시점은 당시를 나타낸 것임을 알립니다.

· 이 책자는 생성형 인공지능(GAI)을 활용하여 번역, 자료 정리, 그림 생성 및 변형 과정에 도움을 받았습니다. 최종 내용의 사실 여부와 학술적 책임은 전적으로 옮긴이에게 있습니다. 옮긴이는 검토와 교정을 거쳐 동물복지 분야의 학문적 맥락에 맞게 번역하였음을 밝힙니다.

· 독자의 이해를 돕고자 그림을 추가하였습니다. 원서 그림은 그림 2, 8, 18과 21이고 나머지는 옮긴이가 추가하거나 원본 사진을 인공지능으로 활용하여 수정한 그림입니다.

: 차례 :

제1장

서론 : 동물원에서 환경 풍부화의 발자취 따라가기　　030

제1편

환경 풍부화 기초이론

· 047 ·

제2장

진화, 생태학, 그리고 풍부화 : 동물원 사육동물의 기본적인 고려 사항　　048

—— 제3편 ——

사육 관리와 훈련, 그리고 환경 풍부화

· 307 ·

제19장 에필로그:
환경 풍부화의 미래

부록

표 차례

Cheryl Aday는 Boston University 생물학 박사과정에 재학 중이다. 돌고래, 물범, 수달, 표범에 대한 행동 풍부화 연구를 수행하였다.

Stan Anderson은 미국 와이오밍주 Laramie에 있는 Wyoming Cooperative Fish and Wildlife Research Unit의 책임자다.

Janet F. Baer는 California Institute of Technology의 실험동물 의학 연구소 소장이며, Laboratory Animal Care International의 인증기관 및 기타 생의학 연구 기관의 자문 위원으로 활동하고 있다.

Benjamin B. Beck은 National Zoological Park의 생물학 프로그램 부소장이다. 그는 사육 증식 동물의 재도입 프로그램에 관한 데이터베이스를 관리하고 있다.

Dean Biggins는 Colorado State University 박사과정에 있으며, 콜로라도주 Fort Collins에 위치한 Mid-Continent Ecological Science Center(미국지질조사국)의 Biological Resources Division에서 검은발족제비 연구를 총괄하고 있다.

Kathy Carlstead는 동물행동학자로서 National Zoological Park의 연구원이다. 또한 'Methods of Behavioral Assessment' 프로젝트의 조정자 및 수석 연구자로 활동하고 있다. 이 프로젝트는 미국 내 10개 동물원 연구자들이 협력하여 동물행동 자료를 수집하고 기관 간 비교할 수 있는 방법론을 개발하는 데 목적을 두고 있다.

M. Inês Castro는 동물행동학자며, Washington D.C.에 있는 National Zoological Park의 황금사자타마린 보전프로그램 미국 담당자다.

Carolyn M. Crockett은 University of Washington 산하 Regional Primate Research Center의 연구 과학자다.

Tim Desmond는 동물행동 자문 회사인 Active Environments의 공동대표자 사장으로서, 새로운 Beijing Landa Aquarium과 일본 오사카에 건설 예정인 보전 중심 해양동물공원의 동물 운영팀을 이끌고 있다.

Nina Fascione는 Defenders of Wildlife의 선임 프로그램 담당자며, 붉은늑대와 동부팀버늑대의 복원 프로그램을 관리하고 있다.

Debra L. Forthman는 응용 동물행동학자며, Zoo Atlanta의 과학 프로그램 책임자다.

Jerry Godbey는 콜로라도주 Fort Collins에 위치한 Mid-Continent Ecological Science Center(미국지질조사국)의 Biological Resources Division 소속 생물학자며, 검은발족제비의 재도입 기술을 평가해 왔다.

Louis Hanebury는 Bowdoin National Wildlife Refuge의 생물학자며, Montana 검은발족제비 복원프로그램의 참여자다.

Marc P. Hayes는 양서파충류학자로서 Portland Community College에서 강의하며, Portland State University의 생물학 겸임 조교수 및 Metro Washington Park Zoo(Portland, Oregon)의 연구원이다.

Michael Hutchins는 메릴랜드주 Bethesda에 위치한 북미동물원·수족관협회(AZA)의 보전 및 과학 담당 국장이다. 그는 멸종위기 및 위협종의 종생존계획(Species Survival Plans)을 AZA 소속 동물원에서 시행할 수 있도록 관리한다.

Mark R. Jennings는 캘리포니아주 Davis에 위치한 미국지질조사국 소속 어류 및 야생동물 연구 생물학자며, California Academy of Sciences의 양서파충류학 연구원 및 University of California-Santa Barbara의 생물학 겸임 조교수다.

Devra G. Kleiman은 National Zoological Park의 선임 연구 과학자며 University of Maryland 동물학과의 겸임 교수다. 브라질에서 운영하는 국제 황금사자타마린 보전프로그램(International Golden Lion Tamarin Conservation Program)을 총괄하고 있다.

Michael D. Kreger는 동물 사육사로 일한 경험이 있으며, 현재는 Washington D.C.에 있는 미국 농무부(U.S. Department of Agriculture) 소속 Animal Welfare Information Center의 기술 정보 전문가다. 또한 그는 지역 주민을 포함한 국제 보전 프로젝트에 초기 자금을 지원하는 소규모 단체인 World Nature Association의 부회장이기도 하다.

Stan A. Kuczaj II는 University of Southern Mississippi 심리학과 교수자 학과장이다. 지난 10년 동안 그는 비교심리학 연구 중 사육 해양포유류에 집중해 왔다.

C. Thad Lacinak는 Sea World, Inc.의 부회장이자 동물 훈련 총괄 큐레이터다. 그는 미국 전역의 Sea World Park 내 동물 훈련 부서를 관리한다.

Gail Laule은 동물행동 부서의 책임자며, 동물행동 자문 회사인 Active Environments의 공동소유자다. 그녀는 AZA 산하 Principles of Elephant Management School에서 강사로도 활동하고 있다.

Donald G. Lindburg는 캘리포니아주 San Diego에 있는 Zoological Society의 행동학 연구원이다.

Scott W. Line은 미네소타주 Minneapolis에 있는 Animal Humane Society의 수의사자 동물행동학자며, University of Minnesota College of Veterinary Medicine의 교수진 일원이다.

Terry L. Maple은 Zoo Atlanta의 관장이자 Georgia Institute of Technology의 심리학 교수다.

Hal Markowitz는 San Francisco State University 생물학 교수며, California Academy of Sciences의 회원이다.

Jill D. Mellen은 Florida Orlando에 있는 Disney's Animal Kingdom의 보전 생물학자며, 이전에는 오리건주 Portland에 위치한 Metro Washington Park Zoo에서 보전 연구 코디네이터로 근무했다.

Joy A. Mench는 동물행동학자로서, University of California-Davis의 동물과학과 및 조류학과 교수다.

Brian Miller는 Denver Zoo의 보전 및 연구 코디네이터. 그는 최근 검은발족제비 보전 관련 저서 『*Prairie Night: Black-Footed Ferrets and the Recovery of Endangered Species*』(*1996, Smithsonian Institution Press*)을 공동 집필하였다.

Kathleen N. Morgan은 매사추세츠주 Norton에 있는 Wheaton College의 심리학 조교수며, 동물행동과 정신생물학 관련 강의를 맡고 있다.

John Oldemeier는 콜로라도주 Fort Collins에 위치한 미국지질조사국 산하 Mid-Continent Ecological Science Center의 부소장이다. 그는 지난 20년간 미국 서부에서 초식동물과 서식지 간의 관계를 연구해 왔다.

Trevor B. Poole은 Universities Federation for Animal Welfare(UFAW)의 부소장과 International Academy of Animal Welfare Sciences(IAAWS)의 과학 국장직에서 은퇴하였다.

Alfred L. Rosenberger는 National Zoological Park와 Smithsonian Institution 소속 National Museum of Natural History의 생물인류학자며 영장류학자다.

Carlos R. Ruiz-Miranda는 National Zoological Park 동물학 연구부서의 연구 협력자로서, 황금사

자타마린의 사육, 재도입, 야생 개체의 행동 발달을 연구하고 있다.

John Seidensticker는 National Zoological Park 포유류 큐레이터, 야생생태학자다. 그는 Smithsonian - Nepal Tiger Ecology Project의 창립 수석 조사원이자, 인도네시아 World Wildlife Program의 생태학자 및 공원 설계자로 활동했다.

David J. Shepherdson은 오리건주 Portland에 있는 Metro Washington Park Zoo의 프로그램 과학자다.

Ted N. Turner는 Sea World of Ohio의 동물 훈련 부서 부회장이자 큐레이터다. 다양한 해양포유류, 영장류, 조류의 행동 및 풍부화 프로그램을 총괄하고 있다.

Astrid Vargas는 와이오밍주 Laramie에 있는 U.S. Fish and Wildlife Service 산하 국립검은발족제비보전센터의 소장이다.

Chris Wemmer는 National Zoological Park의 Conservation and Research Center 소장으로서, 30년에 걸쳐 다양한 멸종위기종의 행동 생태를 연구해 왔다.

이 책에 담긴 연구와 기여로 *환경 풍부화*라는 동물행동학 분야의 전문성이 얼마나 믿을 수 있고 성숙했는지 알 수 있다. 이 책은 미국 오리건주 포틀랜드에서 개최했던 콘퍼런스 내용을 바탕으로, 참석자들의 과학적 이론과 실제 실행 사례를 반반씩 섞었다. 동물을 사육하며 실제로 발생했던 문제들과 이를 해결하기 위한 창의적 방법과 기술들을 발표했기에, 단순히 탁상공론에 머물지 않았다. 소개한 연구들은 새로운 아이디어를 접목하였고, 경험을 통해 검증했으며, 토론과 논쟁을 통해 체계화하였다. 20년간의 집중 연구로 환경 풍부화에 대해 많은 것을 알게 되었다. 이 책을 꼼꼼히 읽은 사육사는 기관의 고집을 넘어설 준비가 된 것이며, 환경 풍부화 프로그램은 실험실과 동물원, 수족관 및 기타 분야에서 더 많이 퍼져나갈 것이다.

약 20년 전, 나는 환경이 영장류 행동에 미치는 영향을 논의하는 심포지엄에 참석한 적이 있었다. 1977년 미국 워싱턴주 시애틀에서 열렸던 서부심리학회(Western Psychological Association)에는 비록 규모는 작았으나 열정적인 청중들이 모였다. 이 심포지엄의 결과를 출판한 책에는 11종의 영장류 실험 결과와 함께, 색인에는 영장류 37종을 언급한 바 있다. 본 책자와 방금 소개한 두 책을 비교해 보자면, 환경 풍부화에 대한 관심과 새로운 도전들이 크게 증가하였고, 훨씬 더 많은 종에 대한 연구가 이루어졌다는 것을 알 수 있다. 1977년 당시에는 사육환경이 행동에 미치는 영향을 이해하고자 하는 소수의 서구 심리학자들만이 환경 풍부화를 고민했었다. 이제는 사회적 그리고 환경적 박탈이 동물의 행동에 미치는 영향에 관한 지식을 바탕으로, 환경 풍부화가 동물에게 주는 긍정적 효과에 더 집중하고 있다. 또한, 환경 풍부화 전략을 평가하기 위해서 사육사, 큐레이터 및 수의사의 의견이 필요하다. 생의학 기술은 이제 행동적 지표뿐 아니라 생리적 지표도 제공하며, 단일 사례 연구에 의존할 필요도 없다. 우리는 20년이라는 시간 동안 많은 발전을 이루었다.

'환경 풍부화 과학'은 상대적으로 새로운 분야지만, 생물심리학자인 Robert M. Yerkes와 저명한 동물원장인 Heini Hediger의 연구에 그 뿌리를 두고 있다. 1920년대 Yerkes는 유인원과 원숭이의 심리적 복지에 영향을 미치는 여러 변수들을 처음으로 설명했다. 그 후, Hedieger는 다양한 동물원 동물들이 겪는 사육환경의 영향을 기록했다. 사회적 환경의 중요성은 1960년대와 1970년대에 Harry F. Harlow와 학생들의 실험을 통해 명확히 밝혀졌다. 현대의 동물원 환경 풍부화 출발지는 미국 오리건주 포틀랜드였으며, 이곳의 Hal Markowitz의 선구적인 연구실은 동물원생물학자들에게 큰 영향을 미쳤다. 이 콘퍼런스는 Markowitz와 워싱턴공원동물원 동료들 및 후속 연구자들에 대한 훌륭한 헌사였다. 어쩌면 태평양 북서부 지역에는 환경 풍부화의 유명 인사들을 배출하는 뭔가 특별한 것이 있는 것 같기도 하다.

오늘날 동물과 함께 일하는 사람들, 즉 사육사, 큐레이터, 과학자, 기술자, 수의사들은 동물 관리 및 사육 기준이 계속해서 발전하고 있다는 것을 알고 있다. 실제로 인간의 이익을 위해 동물을 가두고 있는 곳에서는, 지역, 주, 연방정부 기관들과 비영리 동물 복지단체들이 동물 사육 시설과 방법을 면밀히 검토한다. 동물복지에 대해 그 누구보다 더 신경 써야 할 사람들은 바로 동물과 가깝게 일하는 사람들이다. 환경 풍부화 프로그램을 다양한 종과 환경에 적용할 수 있다는 것을 나는 자랑스럽게 생각한다. 창의력과 예산 때문에 환경 풍부화 도입에 한계가 있었지만, 현재 창의력만큼은 비약적인 발전을 이루었다. 이러한 기회에 맞춰 헌신적인 관리자들의 재정적 지원도 기대해 볼 수 있겠다. 환경 풍부화는 일반적으로 간단하고도 비용이 적게 드는 방식으로 구현할 수 있다는 점이 고무적이다.

독자는 단순히 직관에 의존하는 개별 사례나 주관적 추론 이상으로 환경 풍부화가 발전했다는 사실을 알게 될 것이다. 이 분야는 통제된 실험, 체계적 현장 연구, 유사 환경에서 자료를 함께 모은 공동 연구, 컴퓨터 기술의 도입, 학습 이론과 행동생태학 이론을 적용하여 발전하였다. 환경 풍부화를 더 많은 동물에게 적용하면서, 진정한 의미의 비교심리학으로서의 환경 풍부화가 현실로 다가오고 있다. 환경 풍부화에 대한 반응은 개체, 생태적, 분류군 차이에 따라 달라질 가능성이 크다. 이 분야는 응용과학과 기초과학이 공존할 수 있는 영역이다.

나는 이 훌륭한 논문들의 학문적 성과를 매우 기쁘게 생각한다. 저자들은 그들의 경험, 지식, 훈련을 통해 자격을 갖춘 전문가들로, 다양한 접근 방식과 배경을 잘 보여주고 있다. 편집자들은 각 성과들을 잘 선정하고 조율하여 통합된 하나의 작품을 만들어냈다. 개구리에서 고래에 이르기까지, 작은 실험실에서 거대한 생태계에 이르기까지, 다양한 학문을 아우르는 이 책은 포괄적이며 거의 모든 내용을 담고 있다. 한 마디로, 이 책은 풍부화 전략에 대한 일종의 백과사전인 셈이다.

예견해 보자면, 이 책은 풍부화가 일상적인 사육의 필수적 부분이 되는 작업 환경을 꿈꾼다. 사육사는 먹이 급이, 급수, 관찰, 먹이 손질, 풍부화 방법을 주기적으로 교육받는다. 곧 동물의 심리적 복지를 위한 우리들의 노력을 '환경 계산법'으로 정량화할 수 있게 될 것이다. 이는 사육 계획을 수립하는 데 기준이 되고, 시설을 설계하는 데도 방향을 제시하게 될 것이다. 이 스미스소니언 시리즈의 첫 번째 책(*Ethics on the Ark*, Norton 등, 1995)은 동물원·수족관생물학 및 동물복지의 공통 기초를 정의했다면, 두 번째 책인 『*제2의 자연(Second Nature)*』은 보다 구체적인 안내서에 가깝다. 이 책을 통해 독자는 풍부화 프로그램을 설계하여 결과를 얻는 방법과 늘어나고 있는 데이터베이스를 활용하여 보다 인도적인 사육 문화로 개편하는 방법을 배우게 될 것이다.

나는 동물원 전문가로서, 동물원생물학자들이 사육 관리 변화의 선도적인 역할을 하고 있다는 사실에 매우 위안을 얻는다. 이것은 풀뿌리 혁명이자, 소규모 동물원들의 창의력이 원동력이 되며, 열정적인 사육사, 큐레이터, 자원봉사자와 학생들의 지지를 받고 있다. 환경 풍부화 분야는 훌륭한 과학과 참신한 아이디어를 발판으로 동물원생물학 전반에 창의성을 자극하는 데 중요한 역할을 할 것이다.

Terry L. Maple

 이 책은 스미스소니언 협회 출판사와 북미동물원·수족관협회가 협력하여 출판한 '동물원·수족관생물학과 종보전 시리즈' 두 번째 책이다. 첫 번째 책『*방주 위의 윤리: 동물원, 동물복지, 그리고 야생동물 보전(Ethics on the Ark: Zoos, Animal Welfare, and Wildlife Conservation,* Norton 등, 1995)』은 동물권 활동가들, 동물원 관리자들, 그리고 종보전 전문가들 간의 갈등을 분석했다. 각 그룹은 동물복지를 평가하는 자신들만의 견해와 동물원과 수족관의 종보전 역할에 대해 논의했다. 첫 번째 책인『*Ethics on the Ark*』에 담긴 핵심 사항은 사육동물의 동물복지를 강화하기 위해 풍부화가 중요하다는 점이었다. 두 번째 시리즈인 이 책에서 환경 풍부화 과학을 위한 이론적 틀을 제시하고자 한다.

 사육동물들의 동물복지를 개선하는 한 가지 방법은 그들의 환경을 개선하는 것인데, 이 기술을 '환경 풍부화'라고 한다. 이때 환경이란, 물리적 환경과 사회적 환경, 그리고 먹이를 포함한 동물 관리와 관련한 체계 등을 포함한다. 이 분야는 이제 새롭지 않다. Heini와 Hediger(1950, 1966) 그리고 Robert Yerkes(1925)는 오래전 환경 풍부화의 요소들에 관해 논의했다. 역사적으로 동물복지에 관심이 있는 동물원 관리자와 사육사는 동물들에게 풍부화를 제공해 왔다. '*The Shape of Enrichment*', '*Animal Keepers*', '*Forum*',

'*Zoo Biology*', '*LAAWS Newsletter*(국제동물복지과학아카데미)', '*Ratel*', '*Animal Welfare*', 그리고 '*Applied Animal Behaviour Science*'와 같은 여러 학회지에는 사육동물의 환경 개선을 위한 혁신적이고 실용적인 아이디어들이 담겨 있다. '*Through the Looking Glass*(Novak과 Petto, 1991)'와 '*Housing, Care, and Psychological Well-Being of Captive and Laboratory Primates*(Segal, 1989)' 등 두 권의 책은 사육 영장류의 복지를 정의·측정하고, 풍부화를 제공하며 겪었던 어려움을 다루었다. 이러한 역사를 바탕으로, 빠르게 성장하는 동물 관리 과학 분야의 두 가지 중요한 공백에 대해 알게 되었다. 첫째는 현재와 미래의 환경 풍부화를 고려할 수 있는 이론적 틀이고, 둘째는 더 넓은 범위의 척추동물을 위한 환경 풍부화의 개념적 평가가 필요하다는 점이다.

이번 책『*제2의 자연: 사육동물을 위한 행동 풍부화*(Second Nature: Environmental Enrichment for Captive Animals)』는 David Shepherson과 Jill Mellen이 조직한 콘퍼런스의 결과물이다. 1993년 7월, 첫 번째 환경 풍부화 콘퍼런스가 오리건주 포틀랜드에 위치한 메트로워싱턴공원동물원에서 열렸다. 이 책에 수록된 각 장에는 그 콘퍼런스에서 발표한 논문 중 일부를 바탕으로 하고 있다.

제1장에서 David Shepherdson은 이 책의 주요 역할을 설명한다. 즉, 이론적 틀 개발을 위한 기초를 제공하고, 동물원생물학자들이 실험실과 동물원·수족관에서 사육동물 복지를 개선하기 위한 과거, 현재 및 미래의 시도를 평가할 수 있는 기초를 마련하는 것이다. 이 책의 본문은 세 부분으로 구성되어 있다.

제1편은 다섯 개의 장으로 구성되어 있으며, 각각은 환경 풍부화를 평가하고 확장하는 이론적 틀의 구성 요소를 제공한다. John Seidensticker와 Debra Forthman(2장 저자)은 생물학과 행동에 대한 지식을 사육동물의 환경을 풍부하게 만드는 데 어떻게 활용할 수 있는지 논의한다. 그들은 사육동물들

의 행동 능력을 유지하는 것이 동물원생물학의 주요 목표라고 제시한다. Joy Mench(3장 저자)는 동물들이 환경 정보를 얻기 위해 하는 탐색적 행동에 대해 논의하며, 이를 '내재적 탐색'이라고 정의한다. 동물이 정보를 수집한다는 관점으로 풍부화에 접근한다면, 사육사들은 더 향상된 풍부화 전략을 짤 수 있다. Hal Markowitz와 Cheryl Aday(4장 저자)는 Markowitz와 동료들이 설계하고 실행한 풍부화 기법에 대한 역사적 통찰을 보여준다. 중요한 점은 풍부화 기술이 동물들에게 환경에 대한 부분적인 통제권 '권한을 부여한다'는 것이다. Michael Kreger와 동료들(5장 저자)은 '도덕적 다원주의'[1]라는 윤리적 기초를 활용하여 동물원과 수족관에서 환경 풍부화 프로그램을 계획하고 실행하는 데 있어 맥락과 윤리가 어떻게 영향을 미칠 수 있는지 평가한다. 이 개념은 인간의 가치가 맥락에 따라 달라질 수 있다는 것을 보여준다. Trevor Poole(6장 저자)은 사육동물들의 심리적 요구를 파악하고 정상행동의 표출과 함께, 일정 수준의 새로움을 가진 적절한 정신적 자극을 주도록 동물원 사육사들에게 촉구한다.

　　제2편에서는 다양한 맥락에서 환경 풍부화의 중요성에 대한 독자의 관점을 확장하고자 한다. 첫 두 장(Brian Miller 등 및 M. Inês Castro 등)은 야생으로 재도입시킬 사육동물들을 위한 풍부화한 환경의 중요성을 논의한다. Miller와 동료들(7장 저자)은 주로 육식동물에 초점을 맞추고, Castro와 동료들(8장 저자)은 재도입할 영장류 종을 위한 풍부화의 역할을 설명한다. Carolyn Crockett(9장 저자)은 풍부화에 대한 선입견 평가가 얼마나 중요한지 강조한다. 또한 실험실 환경에서 풍부화에 대해 배울 수 있는 교훈과 이 교훈을 다른 사육 집단에 어떻게 더 널리 적용할 수 있는지 제시한다. Kathleen Morgan과 동료들(10장 저

1　　Moral pluralism: 도덕적으로 바른 판단이나 가치가 하나만 존재하는 것이 아니라, 다양한 맥락과 관점에서 여러 도덕적 원칙이나 가치가 공존할 수 있다는 것임.

자)은 검증하지 않고 일반적인 상식을 바탕으로 내린 결정들이 때로는 잘못된 결과를 초래하고 비용을 낭비할 수 있음을 보여준다. 영장류에 대한 강조에서 벗어나, Kathy Carlstead(11장 저자)는 육식동물들에게 풍부화가 주는 이점을 논의하고, Jill Mellen과 동료들(12장 저자)은 동물원에서 소형 고양이과 동물들이 마주치는 사육환경이 행동에 미치는 영향을 설명한다.

제3편에서는 사육 관리, 사양, 훈련에 풍부화 기법을 통합하는 것의 중요성을 다룬다. Marc Hayes와 동료들(13장 저자)은 양서류와 파충류를 위한 풍부화에 대해 논의하고, Debra Forthman(14장 저자)은 유제류를 위한 최적의 관리 방법을 제시한다. Donald Lindburg(15장 저자)는 사육동물에게 먹이를 주는 이론적 접근 방식을 설명한다. 수의사인 Janet Baer(16장 저자)에게는 풍부화한 환경에서 발생할 수 있는 건강상 위험에 대해 요약해 달라고 요청했다. 이는 풍부화가 동물에게 해로운 영향을 미치지 않도록 더 신중하고 안전하게 진행하기 위해서였다. 또한 2개의 장(17, 18장)에서는 풍부화 훈련의 수단으로 긍정 강화훈련에 대해 논의한다(Laule과 Desmond, 그리고 Kuczaj 등).

마지막 장인 제19장에서는 동물원생물학자들이 환경 풍부화 과학을 향상하고 일상적인 사육 관리에서 풍부화 실행을 개선하기 위해 추구할 수 있는 잠재적 옵션과 방향에 대해 제시한다.

이 책은 환경 풍부화가 동물복지를 개선할 수 있는 실험 가능한 도구로서 논의의 시작점이 되어야 한다는 점에서 끝이 아닌 시작을 의미한다. 1969년 Hediger는 이렇게 썼다. "모든 좋은 동물원에서는 동물이 어떠한 방식으로도 자신을 죄수라고 느끼지 않으며, 마치 야생에서처럼 자신이 그 땅의 점유자나 소유자라고 느낀다." 25년이 넘는 지금 시점에도 이 정의는 여전히 유효하다.

참고문헌

- Hediger, H. 1950. *Wild Animals in Captivity*. London: Butterworths.

- Hediger, H. 1966. Diet of animals in captivity. *International Zoo Yearbook* 6:37-57.

- Hediger, H. 1969. *Man and Animal in the Zoo*. London: Routledge and Kegan Paul.

- Norton, B. G., M. Hutchins, E. F. Stevens, and T. L. Maple, eds. 1995. *Ethics on the Ark: Zoos, Animal Welfare, and Wildlife Conservation*. Washington, D.C.: Smithsonian Institution Press.

- Novak, M. A., and A. J. Petto, eds. 1991. *Through the Looking Glass: Issues of Psychological Well-Being in Captive Non-human Primates*. Washington, D.C.: American Psychological Association.

- Segal, E. E, ed. 1989. *Housing, Care, and Psychological Well-Being of Captive and Laboratory Primates*. Park Ridge, N.J.: Noyes Publications.

- Yerkes, R. 1925. *Almost Human*. New York: Century.

⋮ 감사의 말 ⋮

　모든 성공적인 프로젝트는 영감, 팀워크, 그리고 지원이 있어야 한다. 우리는 운 좋게 이 세 가지를 풍성하게 누릴 수 있었다.

　이 책은 1993년 7월 16일부터 20일까지 오리건주 포틀랜드의 메트로워싱턴공원동물원(Metro Washington Park Zoo)에서 열린 제1차 환경 풍부화 회의를 계기로 출판했다. 동물원장인 Y. Sherry Sheng의 지원에 감사하며, 그가 우리에게 "이 일을 시작해 보라."고 격려해 주었다. 특히 Dennis Pate(수석 큐레이터)와 Michael Keele(차석 큐레이터)에게 깊은 감사의 말을 전한다. 그들은 메트로워싱턴공원동물원 직원들이 회의에 참여할 수 있도록 지원했으며, 환경 풍부화에 대한 장기적이고 광범위한 지원을 아끼지 않았다. 또한 메트로워싱턴공원동물원의 모든 사육사들에게도 감사의 말씀을 전한다. 그들은 회의에 참여해 주었고, 관리하는 동물들의 삶을 풍요롭게 하기 위해 오랜 기간 헌신하였다. 특히 회의 참가자들에게 감사하며, 그들의 참여 덕분에 풍부화에 대한 아이디어를 많이 얻을 수 있었다.

　큰 회의를 주최하는 일에 필요한 수많은 요소는 압도적일 수 있다. 이럴 때 회의 조정자이자 '회의 여왕'으로 불리는 Jan Barker의 조직 능력은 행운이 아닐 수 없었다. Jan은 수십 개의 세부 사항을 동시에 처리하는 인상적인 능력을 보여주었다. 또한 메트로워싱턴공원동물원의 안내자들은 회의 참가자들이 환영받고 있다고 느낄 수 있도록 도와주었고, 등록부터 쉬는 시간까지 모든 것을 효율적이고 즐겁게 처리해 주었다. 특히 환경 풍부화 회의의 자원봉사 조정자인 Linda Waltmire에게 감사의 말씀을 전한다.

이 책에 관해서는, 특히 프로젝트가 '가다 서다'를 반복하는 상황에서 참여자들이 보여준 근면함, 인내, 그리고 끈기에 감사를 표하고자 한다. 책 출간을 위해 신중하고 통찰력 있는 원고를 제출해 주신 다음의 여러분에게 감사드린다. Pat Alford, Judy Ball, Lynne Baptista, Mike Beeches, Cynthia Bennett, Joel Berger, Joe Bielitzki, Mollie Bloomsmith, Gordon Burghardt, Kathy Carlstead, Carolyn Crockett, Teresa DeLorenzo, Betsy Dresser, Sue Ellis, Joe Erwin, Nina Fascione, Debra Forthman, John Fraser, Valerius Geist, Ken Gold, Becky Houck, Nancy King, Devra Kleiman, Karl Kranz, William Langbauer, Annarie Lyles, Don Lindburg, Joy Mench, Kathleen Morgan, Jackie Ogden, Dennis Pate, Trevor Poole, Miles Roberts, Andrew Rowan, Anne Savage, Dietrich Schaaf, John Seidensticker, Marty Sevenich, Alan Shoemaker, Charles Snowdon, Elizabeth Stevens, Steven Thompson, Chris Tromborg, Kris Vehrs, 그리고 Peregrine Wolff가 그분들이다.

편집 과정에 대해서는, Susan Long의 기술적 지원에 감사드리며, 원고를 세심하게 작성해 주었고, 문법에 대해 많은 것을 알려준 Jean McConville에게도 감사드린다. 또한 스미스소니언협회 출판사 Peter Cannell의 지원과 인내에 감사드리며, 편집 전문 지식에 도움을 준 Susan Kreml에게도 감사드린다.

마지막으로, 환경 풍부화의 원동력이 되어준 동물원 사육사들의 영감과 지칠 줄 모르는 헌신에 깊은 감사의 말씀을 전한다.

오늘날 동물원과 수족관은 단순한 전시 공간을 넘어 동물복지와 종보전을 책임지는 전문 기관으로 변화·발전하고 있습니다. 최근 우리나라도 동물원 법을 개정하여 동물원 허가제를 시행하였고, 종사자 교육과 복지 기준을 법적으로 강화하는 등 새로운 시대적 전환기를 맞이하고 있습니다.

국립생태원은 300여 종, 3,000여 개체의 야생동물을 보호하고 있으며, 전 세계 기후대를 재현한 에코리움 외에도 에코케어센터, CITES 동물 보호시설 등 전문 보호시설을 운영하고 있습니다. 동물복지 중심의 사육 방향은 긍정강화훈련과 다양한 동물종에 맞춘 환경 풍부화 실천입니다.

환경 풍부화는 단순히 먹이를 주는 수준을 넘어, 동물이 스스로 먹이와 환경을 탐색하고 사회적 상호작용을 경험하게 합니다. 이를 통해 동물은 스트레스와 정형행동을 줄이고 본디 행동을 발휘하며, 나아가 야생으로 돌아갈 수 있는 능력을 유지할 수 있습니다.

이번에 번역 출간하는 『제2의 자연』의 원저인 『Second Nature』는 환경 풍부화 분야의 고전으로, 역사와 이론, 그리고 많은 동물종의 실제 사례까지 담고 있습니다. 이 책은 사육사들에게는 구체적인 길잡이가 되고, 연구자와 교육자들에게는 중요한 학문적 자원이 될 것입니다.

이 책을 통해 우리 사회에 동물복지의 중요성이 널리 알려져, 야생동물 보전을 향한 실천으로 이어지기를 바랍니다. 이 책이 독자 여러분의 관심과 성원으로 동물과 사람이 더불어 살아가는 건강한 미래를 만드는 밑거름이 되기를 기대합니다.

2025. 11. 국립생태원장 **이창석**

우리나라는 지난 2023년 12월 동물원·수족관 법을 개정하여 허가제로 관리제도를 전환한 바 있습니다. 이러한 변화는 단순히 행정 절차의 차원을 넘어, 전시하는 야생동물의 복지를 사회적으로 재조명하는 계기가 되고 있습니다. 특히 행동 풍부화 프로그램은 제한된 공간에서 거의 평생을 살아가야 하는 동물들의 삶의 질을 높이는 데 매우 중요한 역할을 합니다. 그러나 여전히 많은 공영·민간 동물원에서는 이러한 프로그램을 충분히 도입하지 못하고 있으며, 동물복지에 대한 관심과 실천이 기대만큼 적극적이지 못한 상황도 많습니다.

과거에는 행동 풍부화가 일부 선진 동물원에서만 시도하는 새로운 접근으로 여겨졌으나, 현재는 전 세계적으로 동물원을 운영하는 데 있어 필수 요소로 자리 잡고 있습니다. 행동 풍부화는 더 이상 단순한 장식이거나 부가적 활동이 아니라, 동물의 본능적 행동을 끌어내고 스트레스를 줄이며 복지를 증진하는 핵심 필수 프로그램으로 자리 잡았습니다. 따라서 동물과 직접 마주하는 사육사, 동물 건강을 책임지는 수의사, 기관의 운영 방향과 자원을 관리하는 경영자 모두가 행동 풍부화의 필요성과 방법을 충분히 이해해야만 합니다.

이 책은 다음과 같은 목적을 위해 번역 출간하였습니다. 먼저, 동물원 동물의 복지를 고민하는 학생들과 일반인에게는 동물원의 현장을 이해하고, 동물복지의 개념을 학문적으로 살펴보는 교재로 활용할 수 있길 바랍니다. 비록 오래된 서적이지만, 고전의 가치는 여기서 빛납니다. 동시에 현장에서 일하는 동물원·수족관 전문가들에게는 생각의 저변을 넓히고, 실제 사례와 적용 방법을 배우고, 더 나은 동물 관리 전략을 고민하는 참고서가 되길 바랍니다. 나아가 행동 풍부화에 필요한 재원과 인력, 방향을 고민해야 하는 정책 관리자에게는 사회가 무엇을 요구하고 있는지 살펴볼 수 있는 이정표이길 바랍니다.

오늘날 행동 풍부화는 선택이 아닌 의무에 가깝습니다. 이는 동물원의 존재 이유와 직결되며, 나아가 사회가 동물원에 요구하는 책임과도 맞닿아 있습니다. 한국의 동물원과 수족관은 제도적 변화와 함께 새로운 도전에 직면해 있습니다. 앞으로 행동 풍부화 프로그램이나 긍정강화훈련을 포함한 다양한 복지 프로그램을 적극적으로 도입하고 확산시킬 때, 동물원은 교육적·보전적 가치를 제대로 실현할 수 있을 것입니다.

이 책을 통해 동물원과 수족관에서 일하는 모두가 행동 풍부화의 의미를 올바르게 이해하고, 실제 현장에서 이를 적용하는 데 필요한 지식과 태도를 갖추기를 기대합니다. 그것이 오늘 이 책을 다시 소개하는 이유이며, 동물원·수족관 교육의 중요한 출발점이 될 것입니다.

마지막으로 이 책이 나오기까지, 10년이 넘는 동안 국립생태원 동물관리연구실을 지켜주고, 바라봐 주신 수많은 분들과 실원 모든 분들께 감사의 말씀을 전합니다.

옮긴이를 대표하여, **김영준**

제1장

서론:
동물원에서 환경 풍부화의
발자취 따라가기

David J. Shepherdson

환경 풍부화는 사육 원칙으로, 사육동물의 적절한 심리적, 생리적 복지를 위해 필요한 자극을 알아내고 제공함으로써 동물 관리의 질을 높이는 것이 목표다. 실제로는 혁신적이고 창의적이며 기발한 다양한 기술과 도구, 실습을 통해 동물들이 활발하게 활동할 수 있도록 돕고 행동 기회의 다양성과 폭을 넓히며, 보다 흥미롭고 관심을 보이는 환경을 제공하려고 노력하고 있다. 환경 풍부화의 대표적 사례로 인공 흰개미 집을 들 수 있다. 이는 야생 침팬지(*Pan troglodytes*)가 막대기를 사용해 흰개미 집에서 흰개미를 꺼내는 모습에서 착안하여, 사육 침팬지들을 위해 인공 흰개미 집을 지어주는 아이디어가 탄생했다(Gilloux 등, 1992). 이러한 장치는 동물이 먹이를 얻기 위해 도구를 사용해야 한다는 점에서만 자연의 방식과 유사하다. 그런데도 이는 침팬지뿐만 아니라 다양한 영장류에게도 효과적인 풍부화 방법으로 입증됐다.

동물의 일일 급이량을 단순히 그릇에 담아주는 대신 전시 공간 곳곳에 흩뿌려 주거나, 얼음 블록 속에 얼려주기 혹은 숨겨 주는 것도 효과적인 풍부화 방법의 하나다. 더 큰 범위에서는, 오래되고 단조로운 콘크리트 전시장을 개조하여 다양한 천연 바닥재와 식생을 제공하거나, 동물의 행동 기회를 극대화할 수 있도록 새롭게 전시장을 설계하는 것도 환경 풍부화에 해당한다. 훈련 또한 풍부화 활동의 하나로 볼 수 있다. 훈련은 동물의 인지 능력을 자극하고 사육사와의 긍정적인 상호작용을 가능하게 하며, 일상적인 사육 관리를 원활하게 해주기 때문이다. 실제로, 올바른 지식과 자원, 창의력을 갖춘다면 사육사는 사육동물이 인지할 수 있는 환경의 거의 모든 요소를 풍부화할 수 있다.

환경 풍부화 분야의 연구는 주로 다양한 환경 자극의 상대적 중요성을 식별하고, 그 특성을 규명하고 평가하여 동물에게 제공할 가장 효과적인 방법을 찾는 데 중점을 둔다. 또한 이러한 과정을 이끌어갈 기본 원리와 개념을 밝히는 연구도 함께 이뤄지고 있다. 분명, 동물 행동 연구는 야생과 사육환경에서 동물들의 행동과 이유를 이해하는 데 중요한 역할을 한다. 동물 행동을 연구하는 것은 종종 동물에게 선호도나 복지에 관해 직접 묻는 것에 가까운 방법이기도 하다. 사실 '행동 풍부화'라는 용어는 환경 풍부화의 동의어처럼 자주 사용하기도 한다(행동 변화는 동물 환경의 풍부화나 개선으로 나타날 수 있는 많은 결과 중 하나기 때문에 환경 풍부화라는 용어를 사용하는 것이 더 적절하다). 내분비학, 수의학, 동물 사육학, 그리고 동물원 설계 및 운영 분야는 물론 심리학, 생태학, 자연의 역사(자연사), 해부학, 생리학 또한 모두 이 접근법과 관련이 있어, 환경 풍부화는 진정 다학제적이라고 할 수 있다.

비록 환경 풍부화의 주목적이 심리적·생리적 복지 개선이지만 동물원의 경우 그 외에 중요하고 타당한 목표들이 더 있다. 멸종위기 동물의 종보전 번식은 동물원과 수족관의 중요한 역할 중 하나다. 환경 풍부화는 번식 성공률을 높이는 데 이바지할 수 있고, 사회적·물리적 환경 조성은 동물의 성공적인 번식과 양육으로 이어질 수 있다. 나아가 이런 환경은 어린 개체가 정상적인 번식 행동을 하는 성체로 성장하도록 하여 결과적으로 개체군이 성공적인 번식에 이르도록 한다(Carlstead와 Shepherdson, 1994; 5장 참조).

환경 풍부화의 종보전 가치를 가장 뚜렷하게 보여주는 사례는 사육환경에서 태어난 동물을 야생으로 방생하는 프로그램이다(Sheperdson, 1994). 이러한 프로그램은 사육동물이 자연환경에서 생존하는 데 필요한 종 특유의 행동을 하고 또한 지속할 수 있도록, 풍부화한 환경을 충분하게 조성하는 것이 매우 중요하다. 비록 사육환경과 방생 후 생존율 간의 관계를 정량적으로 평가한 연구는 많지 않지만, 이 책에서는 두 가지 사례 연구를 담고 있다. 하나는 황금사자타마린(*Leontopithecus rosalia*)의 재도입 프로그램(8장 참조)이고, 다른 하나는 검은발족제비(*Mustela nigripes*)의 재도입 프로그램(7장 참조)이다.

동물원의 주요 목적이 종보전 교육이라는 점을 고려할 때 환경 풍부화의 또 다른 중요한 목표는 전시 공간을 '풍부화'로 더욱 흥미롭게 만들어서, 관람객이 보다 유익하고 재미있는 경험을 하게 하는 것이다(5장 참조). 동물들의 자연스러운 행동을 관찰하는 것은 관람객의 흥미를 끌기 때문에, 이를 위해 자연적인 환경에 동물을 전시하는 것이 중요하다는 주장도 많다(다만, 이에 대한 실증적 자료는 많지 않음)(Hutchins 등, 1984; Coe, 1985). 하지만 관람객이 생각하는 '자연적'인 것이 반드시 동물 입장에서도 '자연적'인 것은 아니다. 인간의 관점에서 심미성을 고려한 자연적인 사육장 설계는 과거 단조로운 전시 환경 만큼이나 동물에게 자연스러운 행동을 할 기회를 주지 못할 수도 있다. 환경 풍부화의 역할은 전시 환경이 관람객에게도, 그리고 그 안에 사는 동물들에게도 모두 자연적으로 느끼도록 하는 것이다.

사육동물의 관리와 관련하여 환경 풍부화라는 용어를 사용하기 시작한 것은 비교적 최근의 일이다. 그러나 지난 10년간 이 용어의 사용은 급격히 증가해, 오늘날에는 동물원이나 실험동물 관리를 다루는 전문 출판물에서 어떤 형태로든 이 용어를 사용하지 않는 경우를 찾기 어려울 정도가 되었다. 미국에서는 일부 사육 영장류에 대해 환경 '개선'[2]이 더 이상 선택 사항이 아니며 법률로 의무화되어 있다(APHIS, 1992). 여기서는 이러한 관심이 증가한 배경을 알아보고, 환경 풍부화 분야의 몇 가지 기본 개념을 살펴보고자 한다.

철학적 배경: 동물을 바라보는 연구자들의 인식 변화

사육환경 적정성에 대한 관심은 이미 새롭지 않다. 사육동물을 직접 책임지고 관리하는 전문가들은 그들이 맡은 동물에 대한 신체적, 심리적 복지에 관심을 가져왔다. 마찬가지로 사육동물의 복지에 있어 물리적, 사회적 환경이 중요하다는 점 역시 알고 있었다. 그렇다면 현대의 환경 풍부화 분야에서 새롭게 주목할 만한 점은 무엇일까? 이러한 질문에 대한 해답은 특히 동물행동학과 실험·비교심리학 분야에서 나타나는 최근의 철학적·개념적 변화에서 찾아볼 수 있다.

동물들이 어떻게 행동하고 왜 그렇게 행동하는지에 대해 객관적이고 과학적인 이해를 위해 E. L. Thorndyke와 J. B. Watson과 같은 심리학자들은 직접적인 관찰과 정량화가 가능한 사건만을 연구 대상으로 삼는 방법론, 혹은 전형적인 양식을 개발했다. 그들은 주관적 마음의 상태는 관찰할 수 없고 객관적으로 정량화할 수도 없으므로 과학적 탐구의 범주에 넣을 수 없다고 했다. 동물의 행동과 학습은 주로 자극에 따른 조건반사, 선천적 충동이나 본능

---

2   Enhancement: 본서에서는 일반적으로 풍부화(enrichment)로 통일하여 사용하고 있으나 해당 단어인 'enhancement'가 법률에 명시되어 있는 관계로 원어 그대로 '개선'으로 번역함.

적 측면에서 설명할 수 있다고 여겼다(Gleitman, 1981). Watson의 행동주의 이론을 이어받아 Skinner가 '조작적 조건화'(Skinner, 1974)라는 개념을 개발하고 크게 확장했다. 하지만, 여전히 근본적으로는 동물 학습을 비논리적이고 반사적으로 보는 모델에 머물러 있었다. 비록 당시에는 이런 접근법들이 필요하기도 했고 성공적이기도 했지만, 적어도 과학적 관점에서 보자면 동물의 심리적 욕구를 정확하게 부정하지는 않았더라도 무시하는 경향이 있었으며, 그 결과 동물을 다소 기계처럼 바라보는 시각을 조장하기도 하였다.

지난 수십 년간 이뤄진 연구들은 이러한 접근법의 몇 가지 한계를 드러냈다. 예를 들어, Breland와 Breland(1961)의 관찰은 단순한 행동주의 모델이 지닌 문제점을 보여주었다. 그들은 동물들이 유희를 위해 특정 행동들을 하도록 조작적 조건화 기법으로 훈련받은 여러 사례를 인용하였다. 예를 들어, 한 연구에서는 집돼지(*Sus scrofa*)가 먹이를 얻기 위해 토큰을 물고 먹이 급이기까지 가져가도록 가르쳤다. 초기에는 모든 것이 순조롭게 진행됐으나, 시간이 지나면서 이상한 일이 벌어졌다. 돼지들이 토큰을 급이기까지 가져가는 대신 땅 위에 놓고 주둥이로 파헤치기 시작한 것이다. 그리고 이러한 행동은 돼지들이 배고플수록 더 심해졌다. 돼지의 자연스러운 행동으로 돌아간 것으로 보였다. 이와 같은 행동은 여러 연구들에서 관찰됐으며 '본능적 회귀'[3]라고 부른다. 이는 훈련에 대한 반응만으로는 복잡한 동물 행동을 모두 설명할 수 없다는 것을 보여준다.

추가 연구에서도 정신 상태가 존재한다고 인정하는 모델 없이는 설명하기 어려운 결과가 나왔다(Griffin, 1984). 장기간 야외 연구를 통해 야생동물의 섬세하고 복잡한 삶에 대해 밝혀지고 있다. 그 예로 Goodall(1986)의 침팬지

---

3   Instinctive drift: 심리학 용어로 '향본능 표류'라고 번역하나 옮긴이는 독자의 이해를 돕기 위해 '본능적 회귀'로 번역함.

(*Pan troglodytes*) 연구, Schaller(1972)의 사자(*Panthera leo*) 연구, 그리고 Seyfarth 등(1980)이 그리벳원숭이(*Chlorocebus aethiops*)[4]를 대상으로 한 음성 의사소통 연구가 있다. 또한 Byrne과 Whiten(1988)은 야생동물이 도구를 제작하고 사용하며, 물리적·사회적 자극에 대한 행동 반응에서 놀라운 다양성과 적응력을 보이며, 다른 동물을 의도적으로 속이거나 동맹을 맺고, 공동의 이익을 위해 협력하는 것과 같이 고도로 복잡하거나 섬세한 사회적 상호작용을 한다는 사실을 밝혔다.

동물 인지 능력에 관한 가장 유명한 연구는 유인원 언어 학습에 관한 연구일 것이다(Fouts, 1974; Gardner와 Gardner, 1978); Savage-Rumbaugh 등, 1980). 이 연구들은 인간의 전유물로 여겼던 언어를 유인원도 사용하고 있으며 비교적 단순한 형태의 언어로 의사소통하고 개념 습득을 한다는 사실을 밝혔다. 더 나아가, Pepperberg(1991)의 앵무새 연구가 시사하듯, 이런 결과는 비단 유인원이나 포유류에 국한되지 않는다.

Griffin 등(1984)의 연구에 따르면 진화의 측면에서 인간의 복잡한 정신세계가 환경에 적응하는 데 도움이 되었다고 한다. 우리 조상의 정신세계와 현대인의 정신세계는 어느 정도 비슷한 면이 있을 것이다. 그리고 복잡한 정신 상태가 인간의 환경적응에 이점으로 작용했다면 이는 다른 종들에게도 마찬가지일 것이다.

이 연구 결과와 여기에서 파생한 새로운 개념들로 동물행동학 분야에는 일종의 패러다임 전환이 일어났다. 현재 많은 행동과학자들은 정신 상태의 존재를 인정하고 논의하는 동물 행동 모델을 받아들이는 것뿐 아니라, 이 모델이 동물을 관찰한 결과를 설명하는 데 필수적이라고 인정한다(하지만 이러한 접

---

4   *Chlorocebus aethiops*: 원문은 버빗원숭이(*Cercopithecus aethiops*)로 쓰여있었으나, 최근 학명 분류체계에 따라 그리벳원숭이(*Chlorocebus aethiops*)로 수정.

근법으로 생길 수 있는 몇 가지 문제점에 대해서는 Kennedy(1992)를 참고할 것). 이는 동물 복지와 사육동물 관리에 대해 생각하는 방식에 분명한 영향을 끼쳤다. 만약 동물들이 기본적으로 인간과 유사한 복잡한 정신 상태를 가지고 있다면, 마찬가지로 복잡한 심리적 욕구도 가지고 있을 수 있다. 물론 이러한 욕구의 정도와 특성은 종에 따라 매우 다르고, 인간과도 큰 차이를 보일 것이다.

영향력 있는 연구: 발견과 개념

이러한 철학적 변화의 전반적 배경 속에서, 환경 풍부화 연구 및 적용에 참여하는 이들이 중요하게 여기는 사고방식, 접근법, 그리고 기본 개념에 강한 영향을 끼친 몇몇 구체적인 연구 분야가 등장했으며, 지금도 계속해서 영향을 미치고 있다.

Harry Harlow와 동료들은 정상적인 영장류 행동 발달을 위해 특정한 환경적·사회적 자극이 얼마나 중요한지 입증하려고 실험했다(Harlow와 Harlow, 1962; Gluck 등, 1973). 이들은 사육동물의 행동에 미치는 환경 변수의 영향을 정량화한 최초의 연구자 중 하나였다. Pfaffenberger와 Scott(1976)은 시각장애인 안내견에서도 유사한 결과를 발견했다. 생후 첫 12개월 이상을 단조로운 사육장 환경에서 사육한 개(*Canis familiaris*)들은 이후 성견이 되어도 도시 환경과 같은 복잡한 환경에 적응하지 못한다는 사실이 드러났다. 비슷한 연구는 동물원에서도 이루어졌다. 런던동물원(London Zoo)의 큐레이터였던 Desmond Morris(1964)는 사육동물들의 심리적 욕구를 연구하고, 이러한 욕구를 무시할 때 나타나는 이상행동을 기술했다. Meyer-Holzapfel(1968) 역시 동물들에게 나타나는 정형행동과 같은 이상행동 발생에 환경 요인이 어떤 역할을 하는지 주목하는 연구를 수행했다.

연구를 통해 도출된 중요한 개념 중 하나가 바로 행동 욕구 개념이다.

Konrad Lorenz(1950)의 선구적 연구로 거슬러 올라가는 이 개념은, 동물들이 특정한 필요가 없이도 본능적으로 일부 자연 행동을 하려는 동기를 지닌다는 가설에서 비롯되었다. 실제로 이 개념은 동물복지 관련 법규에 큰 영향을 미쳤다(Thorpe, 1969). 예를 들어, 집고양이(*Felis sylvestris catus*[5]가 이미 하루 식사량을 충분히 먹었음에도 불구하고 살아 있는 먹잇감을 계속 사냥하는 모습(Leyhausen, 1979))는 이 가설을 뒷받침하는 증거 중 하나다. 또한 Neuringer(1969)의 연구에서 밝혀진 바와 같이, 집쥐(*Rattus norvegicus*), 집비둘기(*Columba livia domestica*) 및 다른 많은 종들은 '공짜' 먹이를 받을 수 있음에도 불구하고 빛을 쪼거나 막대를 누르는 등의 '노동'을 계속하는 행동 역시 이 관점을 지지하는 증거다. 이러한 연구들은, 어떤 상황에서는 동물이 욕구행동을 하지 못하게 될 경우 좌절이나 스트레스를 유발할 수 있다는 가능성을 제시했다(Hughes와 Duncan, 1988). Shepherdson 등(1993)은 이러한 개념을 동물원 동물에게도 적용할 수 있는지 실험했다. 그들은 소형 고양이류(삵속(*Prionailurus*)과 고기잡이삵(*Prionailurus viverrinus*))에게 직접 찾아야 하는 방식으로 먹이를 줬고, 이상행동이 감소하는 결과를 얻었다. 이는 행동 욕구 개념을 강력히 지지하는 결과를 제공한다. 다만, 행동 욕구 개념의 타당성과, 종마다 이러한 욕구가 무엇인지 결정하는 문제는 아직 완전히 해결되지 않았다. 그런데도 이 개념은 환경 풍부화 분야의 사고방식에 강한 영향을 미치고 있다.

행동 욕구 개념은 사육동물의 복지를 평가할 때 야생 행동을 기준점으로 삼는 이유 중 하나다(Hediger, 1969). 이 개념은 몇몇 측면에서는 도움이 되지만, 문제점도 존재한다(Veasy 등, 1996). 가장 근본적인 문제는, 아직 많은 종들의 야생 행동에 대해 잘 알지 못한다는 점이다. 상대적으로 많이 연구한 종들을 살

---

5   *Felis sylvestris catus*: 이 책 부록에는 *Felis catus*로 정리했으나, 이 내용은 참고문헌(Leyhausen, 1979)의 내용을 인용한 것으로 원문의 학명을 그대로 씀.

퍼보더라도, 야생 행동은 지역 환경 조건에 따라 매우 다양하게 달라진다는 사실이 분명하다. 따라서 사육으로 인해 변화한 행동이 단순히 다른 환경에 대한 적응적 변화인지, 아니면 복지 악화를 나타내는 것인지 판단하기는 어렵다. 또한 야생에서는 동물들이 포식자 회피 행동이나 건강이 좋지 않아 나타난 행동도 보이는 것처럼, 야생동물의 행동이 사육환경에서의 복지 개선과 반드시 일치하지는 않는다. 따라서 동일 종의 어떤 동물이 야생에서 어떤 행동을 보이지만, 동물원에서는 같은 행동을 나타낼 기회가 없다고 해서 그 동물이 반드시 고통을 겪고 있을 것이라 가정하는 것은 잘못됐다.

농장동물과 실험동물의 스트레스 생리학 및 심리학 연구는, 동물복지에 있어 환경의 일부 요소를 예측하거나 통제할 수 있는 능력이 얼마나 중요한지 보여주었다. 예를 들어, Weiss(1972)는 쥐가 혐오 자극을 예측할 수 있거나 적절한 행동을 통해 그 발생을 통제할 수 있을 때 스트레스를 덜 받는다는 사실을 발견했다(Dantzer와 Mormede, 1983). 이와 유사하게, Carlstead 등(1993)은 표범속(*Panthera* spp.)과 같은 대형 고양이과 동물이 근처에 있어 스트레스를 받는 삵(*Prionailurus bengalensis*)에게 은신처를 조성해 주면, 정형행동인 반복보행이 감소하고 코르티솔 농도도 낮아졌다는 결과를 보고했다.

1960년대 초반부터 심리학자들은 환경 자극이 학습에 미치는 영향을 연구하면서 다양한 맥락에서 환경 풍부화의 효과를 조사해 왔다. 대부분의 연구는 '풍부화한' 환경에서 사육한 동물(대개 설치류)과 '빈약한' 환경에서 사육한 동물 간의 행동, 학습 능력, 생리적 변수의 차이를 비교한 것이다. 일반적으로, 풍부화한 사육환경은 학습 능력 향상뿐만 아니라 대뇌 피질의 두께와 무게 증가, 신경 시냅스의 크기, 수, 복잡성 증가, 그리고 RNA 대비 DNA 비율 증가를 가져온다(Widman 등, 1992). 행동적 변화로는 탐색행동의 질적·양적 증가도 있다(Renner, 1987). 아직 이 연구 결과들이 사육동물의 환경 풍부화에 대해 시사하는 바는 충분히 밝혀지지 않았다. 특히, Carlstead 등(1993)의 연구처럼 삵에서 코르티솔 농도와 탐색행동 간에 역상관 관계가 나타난 연구들은, 탐색행동이 환경의 질을 나타내는 중요한 지표임을 시사한다(3장 참조). 또한 Inglis와 Fergusson(1986)은 퍼즐급이법(puzzle feeding)을 이용해 연구한 결과를 바탕으로, 동물들이 환경으로부터 새로운 정보를 얻는 데 강한 동기를 가진다고 밝혔다. 정보 탐색행동이 모든 동물에게 기본 활동이며, 특정한 동기(예를 들면 배고픔을 해소하려는 동기)가 높은 수준에 도달할 때만 이에 따른다고 주장했다. 이는 가장 효과적인 풍부화 기법들 중 많은 수가 먹이를 숨기는 방식에 집중된 이유를 설명하는 데 도움이 된다(Shepherdson 등, 1993).

통합

환경 풍부화라는 포괄적 개념은 적어도 20세기 초부터 존재해 왔다. Robert Yerkes는 1925년에 "사육 영장류들의 복지를 개선할 수 있는 가장 큰 가능성은 놀이 또는 활동에 사용할 수 있는 장치의 발명과 설치에 있다."고 썼다. 1950년에 Hediger는 "동물원에서 시급한 문제 중 하나는 사육동물이 아무런 활동도 하지 않는 데서 비롯된다."고 다시 한번 강조했다. Hediger는 해결책으로 사육동물에 훈련과 놀이를 활동 요법 형태로 활용해야 한다고 했으며(1955), 동물원의 사육 공간에는 야생에서처럼 자연스러운 행동을 할 수 있도록 필요한 모든 것을 포함해야 한다고 주장했다(Hediger, 1969). 1960년, 당시 런던동물원 포유류 담당자였던 Morris는 수조에 물고기를 풀어 회색물범속(*Halichoerus* sp.) 동물이 쫓아가도록 하는 일종의 행동 풍부화를 설명했다. 같은 시기, Hediger의 영향을 받은 최초의 야외 생물학자인 Kortland(1960), Reynolds와 Reynolds(1965)는 야생 침팬지 행동에 대한 지식을 동물원 환경 설계에 적용했고, Freeman과 Alcock(1973)은 고릴라와 보르네오오랑우탄(*Pongo pygmaeus*)에 대한 동물원 환경의 첫 번째 정량적 평가를 발표했다.

그러나 많은 사람들은 현재 환경 풍부화라고 부르는 과학적 개념을 바탕으로, 동물원의 사육환경을 체계적이고 경험적으로 개선하고자 한 선구자이자 가장 영향력 있는 인물 중 한 명으로 Hal Markowitz(1982, 4장 참조)를 평가한다. Markowitz가 1970년대 후반 포틀랜드동물원(Portland Zoo, 현재 메트로워싱턴공원동물원(Metro Washington Park zoo))에서 연구를 시작한 이후, 이 분야는 빠르게 성장하여 여러 방향으로 발전했다. Markowitz가 개척한 행동 공학적 접근법은 주로 심리학자들이 동물 학습을 연구하기 위해 도구로 개발한 조작적 조건화 기법에 기반했다. 예를 들어, Markowitz는 흰손기번(*Hylobates lar*)이 사육장 안 높은 곳을 팔그네운동(brachiation)으로 이동하여 먹이 급이기를 작동시킬 수 있도록 자극등(stimulus lights)과 레버(levers)로 구성된 시스템을 고안했다(4장 참조). 이 행동 풍부화는 기대 행동을 나타내어 자체적 평가에서는 성공적이었지만, 장비를 유지·관리하는 데 시간과 비용이 많이 소요된다는 점에서 비현실적이라는 비판과, 제공한 자극과 유도된 행동 반응이 모두 인위적이라는 비판을 동시에 받았다(Hutchins 등, 1979). 이에 따라, 야생에서 접할 수 있는 자극을 줘서 사육동물에게 자연스러운 행동을 유도하는 자연 친화적 접근법이 등장했다(Hancocks, 1980; Hutchins 등, 1984). 이러한 접근법은 심리학보다는 야생동물의 행동을 연구하는 동물행동학 분야에 더 많은 기반을 두고 있었다. 이후 연구자들은 이 두 접근법이 반드시 상충하는 것은 아니라는 점을 이해하게 됐으며(Forthman-Quick, 1984), 대부분 연구자들은 주요 개념들의 타당성에 대해서는 대체로 동의하지만, 대상의 상대적 중요성, 방식, 맥락에 대해서는 다양한 견해를 보였다(Carlstead 등, 1991; 5장 참조).

이제 이 장의 처음에 제기했던 질문으로 돌아가 보자. 과연 환경 풍부화 분야에서 새롭게 등장한 것은 무엇인가? 현대의 환경 풍부화 연구가 과거의 접근 방식과 다른 점, 사육동물의 심리적·행동적 요구를 이해하고 이를 충족하기 위해 체계적이고 과학적인 접근법을 취한다는 데 있다고 생각한다. 최신 지식, 특히 동물행동학, 심리학, 동물 과학 분야의 연구 결과를 바탕으로, 환경 풍부화라는 새로운 학문 분야는 대안적이고 흥미로운 방식으로 동물들에게 환경을 제공한다.

결론

여기에 설명한 광범위한 연구 배경에도 불구하고, 동물의 심리적 상태와 복지에 대한 연구는 아직 초기 단계에 머물러 있으며, 여러 중요한 개념들은 앞으로 정립 또는 정의되어야 한다. 따라서 어떤 것이 성공적인 풍부화인지 판단하는 것은 여전히 어렵다. 앞서 논의한 개념들을 바탕으로 볼 때, 행동 풍부화와 훈련을 통해 얻고자 하는 바람직한 결과로는 (1) 환경 자극과 복잡성의 증가, (2) 스트레스를 유발하는 자극의 감소, (3) 종 특유의 행동과 통제권을 발휘할 기회의 제공, 그리고 (4) 훈련으로 인한 행동과 훈련으로 얻는 결과와 효과 사이의 적절한 상호작용 등이 있다. 사육동물을 위한 환경 풍부화 효과를 높이기 위해서는 야생 환경에서의 추가 연구가 필요하다. 현재까지 발표한 문헌들은 주로 단순한 사례 연구가 주를 이루고 있다. 이러한 사례 연구는 잘 설계하고 수행할 경우 유용한 자료가 될 수 있다. 이러한 연구는 환경 풍부화 결과로 나타난 행동 변화의 근본 원인을 밝히고, 변화를 설명할 수 있는 개념을 개발하고 검증하는 실험으로 보완해야 한다.

게다가 인지 능력, 정신 상태, 그리고 발달에 미치는 환경적 영향에 관한 영장류 대상 연구는 수없이 많다. 이러한 경향은 아마도 인간과 영장류 간의 분류학적 유사성과 인간 중심적 사고 때문일 수 있다. 이에 따라 환경 풍부화 연구와 프로그램에도 영장류 중심의 편향이 생기게 되었다. 이제는 연구 대상을 다양화하고 다른 분류군들도 신중하게 고려해야 할 때다. 다른 분류군의 감각 및 의사소통 방식이 이해하기 어렵다고 해서 시도하지 않을 이유는 없다.

그러나 결국 환경 풍부화의 효과는 실행 여부에 달려 있다는 점을 잊지 말아야 한다. 환경 풍부화를 실행하게 되면 그 기관과 조직의 태도, 우선순위, 업무처리 방식의 변화를 수반하게 된다. 이것은 돌보는 동물보다는 함께 일하는 동료와 관련한 주제며, 그 결과 성공적인 환경 풍부화를 달성하기 위해 해결해야 할 가장 어려운 문제다.

감사의 말

이 연구를 지원해 준 런던동물학회(Zoological Society of London), 동물복지대학연합(Universities Federation for Animal Welfare), 메트로워싱턴공원동물원(Metro Washington Park Zoo(오리건주 포틀랜드), 그리고 메트로워싱턴공원동물원 후원회(Friends of Metro Washington Park Zoo)에 감사를 표한다. 또한 함께 일하며 아이디어를 나눠준 많은 친구들과 동료들에게도 감사를 표한다. 이 장을 위해 의견을 주고 아이디어를 준 많은 사람들 가운데 특히, Kathleen Morgan, Leslee Parr, Mike Hutchins, Susan Long에게 감사를 전한다. 토론과 정보, 아이디어를 나눠준 것에 대해 Jill Mellen과 Kathy Carlstead에게 깊이 감사드린다.

참고문헌

- APHIS (Animal and Plant Health Inspection Service). 1992. *Animal Welfare Regulations*. Document 311-364/50538. Washington, D.C.: U.S. Government Printing Office.
- Breland, K., and M. Breland. 1961. The misbehavior of organisms. *American Psychology* 16:681-684.
- Byrne, R., and A. Whiten. 1988. *Machiavellian Intelligence: Social Expertise and the Evolution of Intellect in Monkeys, Apes, and Humans*. Oxford: Clarendon Press.
- Carlstead, K., and D. J. Shepherdson. 1994. Effects of environmental enrichment on reproduction. *Zoo Biology* 13:447-458.
- Carlstead, K., J. L. Brown, and J. Seidensticker. 1993. Behavioral and adrenocortical responses to environmental changes in leopard cats (*Felis bengalensis*) *Zoo Biology* 12:321-331.

- Carlstead, K., J. Seidensticker, and R. Baldwin. 1991. Environmental enrichment for zoo bears. *Zoo Biology* 10:3-16.

- Coe, J. C. 1985. Design and perception: Making the zoo experience real. *Zoo Biology* 4:197-208.

- Dantzer, R., and P. Mormede. 1983. Stress in farm animals: A need for a re-evaluation. *Journal of Animal Science* 75 (1): 6-18.

- Forthman-Quick, D. L. 1984. An integrative approach to environmental engineering in zoos. *Zoo Biology* 3:65-78.

- Fouts, R. S. 1974. Language: Origins, definition, and chimpanzees. *Journal of Human Evolution* 3:475-482.

- Freeman, H. E., and J. Alcock. 1973. Play behavior of a mixed group of juvenile gorillas and orangutans. *International Zoo Yearbook* 13:189-194.

- Gardner, R. A., and B. T. Gardner. 1978. Comparative psychology and language acquisition. *Annals of the New York Academy of Sciences* 309:37-76.

- Gilloux, I., J. Gurnell, and D. J. Shepherdson. 1992. An enrichment device for great apes. *Animal Welfare* 1:279-289.

- Gleitman, H. 1981. *Psychology*. New York: W. W. Norton.

- Gluck, J. P., H. F. Harlow, and K. A. Schiltz. 1973. Differential effect of enrichment and deprivation on learning in the rhesus monkey (*Macaca mulatta*). *Journal of Comparative Physiology and Psychology* 84:598-604.

- Goodall, J. 1986. *The Chimpanzees of Gombe: Patterns of Behavior*. Cambridge: Harvard University Press.

- Griffin, D. R. 1984. *Animal Thinking*. Cambridge: Harvard University Press.

- Hancocks, D. 1980. Naturalistic solutions to zoo design problems. In *Third International Symposium on Zoo Design and Construction*, ed. P. Stevens, 166-173. Paignton, U.K.: Whitley Wildlife Trust.

- Harlow, H. E., and M. K. Harlow. 1962. Social deprivation in monkeys. *Scientific American* 207:137-146.

- Hediger, H. 1950. *Wild Animals in Captivity*. London: Butterworths.

- Hediger, H. 1955. *The Psychology and Behaviour of Animals in Zoos and Circuses*. London: Butterworths.

- Hediger, H. 1969. *Man and Animal in the Zoo*. London: Routledge and Kegon Paul. Hughes, B. O., and I. J. H. Duncan. 1988. The notion of ethological "need," models of motivation, and animal welfare. *Animal Behaviour* 36:1696-1707.

- Hutchins, M., D. Hancocks, and T. Calip. 1979. Behavioral engineering in the zoo: A critique. *International Zoo News* Part I, 25 (7): 18-23; Part II, 25 (8): 18-23; Part III, 26 (1): 20-27.

- Hutchins, M., D. Hancocks, and C. Crockett. 1984. Natural solutions to the behavioral problems of captive animals. *Zoologische Garten* 54:28-42.

- Inglis, I. R., and N. J. K. Fergusson. 1986. Starlings search for food rather than eat freely-available, identical food. *Animal Behaviour* 34:614-617.

- Kennedy, J. S. 1992. *The New Anthropomorphism*. Cambridge: Cambridge University Press.

- Kortland, A. 1960. Can lessons from the wild improve the lot of captive chimpanzees. *International Zoo*

Yearbook 2:76-81.

– Leyhausen, P. 1979. *Cat Behavior: The Predatory and Social Behavior of Domestic and Wild Cats*. New York: Garland Press.

– Lorenz, K. 1950. The comparative method in studying innate behaviour patterns. *Symposia of the Society for Experimental Biology* 4:221-268.

– Markowitz, H. 1982. *Behavioral Enrichment at the Zoo*. New York: Van Nostrand Reinhold.

– Meyer-Holzapfel, M. 1968. Abnormal behavior in zoo animals. In *Abnormal Behavior in Animals*, ed. M. W. Fox, 476-504. Philadelphia: W. B. Saunders.

– Morris, D. 1960. Automatic seal feeding apparatus at London Zoo. *International Zoo Yearbook* 2:70.

– Morris, D. 1964. The response of animals to a restricted environment. *Symposia of the Zoological Society of London* 13:99-118.

– Neuringer, A. J. 1969. Animals respond to food in the presence of free food. *Science* 166:399-401.

– Pepperberg, I. M. 1991. A communicative approach to animal cognition: A study of conceptual abilities of an African grey parrot (*Psittacus erithacus*). In *Cognitive Ethology: The Minds of Other Animals*, ed. C. Ristau, 153-186. Hillsdale, N.J.: Lawrence Erlbaum.

– Pfaffenberger, C. J., and J. P. Scott. 1976. Early rearing and testing. In *Guide Dogs for the Blind: Their Selection and Training. Developments in Animal and Veterinary Sciences*, Vol. 1. Amsterdam: Elsevier.

– Renner, M. J. 1987. Experience dependent changes in exploratory behavior in the adult rat (*Rattus norvegicus*): Overall activity level and interactions with objects. *Journal of Comparative Psychology* 101 (1): 94-100.

– Reynolds, V, and F. Reynolds. 1965. The natural environment and behavior of chimpanzees (*Pan troglodytes schweinforth*) and suggestions for their care in zoos. *International Zoo Yearbook* 5:141-144.

– Savage-Rumbaugh, E. S., D. M. Rumbaugh, and S. Boysen. 1980. Do apes use language? *American Scientist* 68:49-61.

– Schaller, G. B. 1972. *The Serengeti Lion: A Study of Predator-Prey Relations*. Chicago: University of Chicago Press.

– Seyfarth, R. M., D. L. Cheney, and P. Marler. 1980. Vervet alarm calls: Semantic communication in a free-ranging primate. *Animal Behaviour* 28:1070-1094.

– Shepherdson, D. 1994. The role of environmental enrichment in captive breeding and reintroduction of endangered species. In *Creative Conservation: Interactive Management of Wild and Captive Animals*, ed. G. Mace, P. Olney, and A. Feistner, 167-177. London: Chapman & Hall.

– Shepherdson, D. J., K. Carlstead, J. D. Mellen, and J. Seidensticker. 1993. The influence of food presentation on the behavior of small cats in confined environments. *Zoo Biology* 12:203-216.

– Skinner, B. F. 1974. About *Behaviorism*. New York: Random House.

– Thorpe, W H. 1969. Welfare of domestic animals. *Nature* (London) 224:18-20.

– Veasy, J. S., N. K. Waran, and R. J. Young. 1996. On comparing the behaviour of zoo housed animals with wild conspecifics as a welfare indicator. *Animal Welfare* 5:13-24.

- Weiss, J. M. 1972. Psychological factors in stress and disease. *Scientific American* 226:104.

- Widman, D. R., G. C. Abrahamson, and R. A. Rosellini. 1992. Environmental enrichment: The influence of restricted daily exposure and subsequent exposure to uncontrollable stress. *Physiology and Behavior* 51:309-318.

- Yerkes, R. M. 1925. *Almost Human*. New York: Century

제1편

환경 풍부화 기초 이론

제2장

진화, 생태학, 그리고 풍부화 : 동물원 사육동물의 기본적인 고려 사항

John Seidensticker와 Debra L. Forthman

    현대 동물원의 전시를 기획하고 운영할 때, 동물에 대한 고려가 최우선이어야 하지만 현실에서는 그렇지 않은 경우가 많다. 동물원에 사육 중인 야생동물의 삶에 영향을 미치는 다양한 변수를 체계적으로 식별할 수 있는 업계 공통의 표준이나 일반적인 절차는 아직 존재하지 않는다. 동물의 환경 풍부화 프로그램을 시작하는 첫 단계로, 이 장에서는 동물원에서 사육하는 동물들의 생태적·행동적 특성을 파악하기 위한 방법과 절차를 살펴보고, 동물의 자연사에 대한 지식을 어떻게 동물원의 환경 풍부화에 활용할 수 있는지 제시한다. 마지막으로, 동물원이 사육동물의 행동 능력을 유지하도록 하는 것이 동물원 생물학의 핵심 목표라는 것을 강조하며 이 장을 마치겠다.

오늘날 동물원에 사육하는 야생동물을 바라보는 방식이 한 세기 전과는 전혀 다르며, 앞으로 10년 후에는 지금과 또 다를 것이다. 야생동물의 요구를 파악하고 충족시키는 일은 마치 쉽게 잡히지 않는 나비를 붙잡으려는 것과 같다. 이 주제는 동물원 전문가와 관람객 모두의 인식에 의해 크게 영향을 받는다. 동물원이 야생동물에게 미치는 영향을 보다 폭넓고 깊이 있게 이해하고, 관람객에게 야생동물을 소개하는 방식도 점점 더 정교해지며 많은 동물원이 지난 100년 동안 포괄적으로 변화해 왔다. 이러한 변화는 다음의 세 가지 주요 요인에서 기인한다. (1) 동물복지 문제에 큰 영향을 미친 문화적·경제적 변화, (2) 야생동물의 생활사에 대한 이해 확대, 자연 생태계와 야생동물이 인간 활동으로 어떤 영향을 받는지에 대한 심층적 이해, 그리고 동물원 환경이 동물에게 미치는 영향을 평가하는 능력의 향상, (3) 특히 '자연 서식지'를 활용한 동물원 전시 기술의 발전이다. 이 세 가지 요소를 조화롭게 적용하는 것은 관리자로서 동물원 전문가들이 해결해야 할 과제이자 책임이다.

동물원의 동물 관리와 전시는 고립되어 존재하는 것이 아니다. 동물원과 그 안에서 이루어지는 동물 관리 시스템은 사회경제적, 정치적 환경에 영향을 크게 받는다. 이러한 역동적 과정을 거쳐 동물원에서 사육하는 야생동물이 무엇을 필요로 하는지에 대한 인식도 변화한다. 문화적·경제적 상황에서 나타난 주요 변화는 농촌 중심의 삶에서 도시 및 교외 사회로 변화해 온 것이다. 오늘날 동물원 관람객들은 농업과 그에 따른 가축 및 야생동물에 대한 활용적 시각으로부터 멀어진 상태다. 또한 자연을 직접 경험할 기회도 점점 줄어들고 있다(Conway, 1969). 제2차 세계대전 이후, 더 나은 건강과 높은 생활 수준을 추구하는 과정에서 환경의 질 개선은 필수 요소로 자리 잡았다(Hayes, 1987). 동물원에서 동물을 돌보는 사람들에게는, 동물원 관람객들이 지지자든 비판자든 사육환경에서 사는 동물에게 더 나은 환경, 더 높은 건강 수준, 그리고 더 나은 삶의 질을 요구하는 것이 전혀 놀라울 일이 아니다(Holden, 1988). 이렇게 수준이 높아진 대중이 제기하는 동물복지 문제는 동물원 전시 프로그램에 대한 연구의 필요성을 정의하고 있다(Bostock, 1993).

빅토리아 시대 사람들은 물건을 수집하는 데 열광했고, 예술적 아름다움을 추구했다(Rybczynski, 1992). 100여 년 전 빅토리아 시대의 동물원은 동물을 아름답고 흥미롭거나 이색적인 대상으로 보여주고자 했으며, May와 Lyles(1987, 642쪽)가 표현했듯이 살아있는 표본[6]처럼 동물을 보여주었다. 빅토리아 시대 동물원에서 사육은 온실 식물을 관리하는 일에 비유할 수 있다. 먹이와 물을 주며, 배설물을 치우고, 더 필요할 때는 번식시키며, 죽으면 교체하면 된다는 식이다. 이 패러다임은 야생동물이 사육환경이나 제한적 공간에서 어떻게 반응하는지 몇 가지 기본적 가정을 전제로 하고 있다. 그중 가장 근본적 가정은, 동물에게 충분한 먹이와 은신처를 주면 야생에서처럼 이를 찾으려는 동기가 사라질 것이라는 생각이다. Dawkins(1988)가 지적했듯이 이러한 가정은 환경적 결핍을 초래하며, 동물복지의 핵심 논점 중 하나다. Harry Harlow와 후학들인 Erwin, Maple, Mitchell(Erwin 등, 1979) 같은 많은 심리학자들은 제한된 환경에서도 생존이 가능한 종을 대상으로 환경적 결핍이 행동 발달과 성체 행동에 미치는 영향을 밝히는 데 일생을 바쳤다. 따라서 동물원의 열악한 환경이 곰과 같이 일반적으로 실험실에서 사육하지 않는 많은 종들에게 심각한 문제를 일으킨다는 연구 결과에 대해 심리생물학자나 야외생물학자들이 놀라지 않은 것도 당연한 일이다(Carlstead 등, 1991; Forthman 등, 1992).

동물종이 동물원 환경에 반응하는 데 있어 관련 자극과 그 반응의 구체적인 양상은 당연히 그 종의 자연사에 따라 달라진다(그림 1). 포유류 행동생태학을 연구하는 야외 연구자로서, 이 장에서는 가장 잘 알고 있는 분야로 한정하

---

6   Living Latin binomials: 직역하면 살아있는 라틴어 이명법, 동물을 과학적 분류에 따른 표본처럼 취급했음을 암시.

그림 1 야생에서처럼 비와 눈을 즐길 수 있도록 설계한 전시시설의 담비(*Martes flavigula*)(국립생태원, ⓒ김정남).

여 논의하고자 한다. 외부인 입장에서 볼 때 동물원의 동물 관리에 대한 관점은 최신 야생동물 행동 연구에 관한 흥미로운 결과들을 적극적으로 반영하지 않는 것이 분명해 보인다. 이 점은 놀랍기도 하지만 동시에 실망스럽다. 저자를 포함한 대학원생들은 동물원생물학의 창시자인 H. Hediger(1950, 1955)의 저서를 읽으며, 동물원의 관리 체계가 수의학과 영양학(Fowler, 1986)뿐만 아니라 최신 자연사 정보까지 포괄하는 선진적이고 발전하는 시스템일 것이라 기대해 왔기 때문이다.

Hediger(1950)는 사육 야생동물이 야생에서 자유롭게 살아가는 동종 개체들과는 다른 선택압[7]을 받는다는 점을 인식했다. 그래서 그는 이러한 차이를 부분적으로라도 완화하고자 하였다. 동물의 요구사항을 자연사에 기반해서 사육환경에 반영하려고 동물원 시설을 설계하는 데 초점을 맞췄다. 그는 동물

---

7   Selection pressure: 특정 환경에서 생물 개체군의 생존과 번식 성공률을 결정하는 요인.

원 사육 시설을 '구식 사육장'과 '생태형 전시장'으로 구분했다. Hediger(1969, 1970)는 구식 사육장은 단지 유리나 철망 너머로 동물들을 대중에게 보여주고, 벽면에 그림을 그려놨다 할지라도, 죽은 후에는 방부제로 채우고 동물이 죽기 전에는 먹이로 채워 전시하는 일종의 전시 준비실과 같다고 지적했다. 반면, '생태형 전시장'은 특정 종의 서식지와 사회적 조직구조에 맞춰 자연스럽게 조성한 공간으로, 1개체 혹은 무리를 위한 것이었다(Hediger, 1970). 20세기 중반에 이 두 가지 개념의 이분법적 구분은 동물 사육 철학의 전환점이 되었으며, 이는 동물의 자연사에 대한 이해가 본격적으로 확산된 결과였다. Hediger 는 그러한 변화를 선도한 적절한 연구자였다. 그러나 그가 1950년에 제시한 동물원 동물 관리의 미래상은 그 후 20년 동안 대부분 실현되지 못했으며, Hediger 자신도 1970년에 이를 인정한 바 있다.

1960년대 말에서 1970년대 초, 멸종위기종 보전이라는 개념이 미국 사회에서 국가적·국제적 자원 관리 및 보전 목표로 자리 잡아 갈 때, 동물원은 이미 오래전부터 이러한 보전 활동에 참여해 왔음을 적극적으로 주장했다(Conway, 1969). 동물원에서 사육한 동물을 야생으로 다시 재도입[8]하는 것은 하나의 보전 수단으로 떠오르고, 동물원들 사이에서 공감대를 얻고 있는 목표가 되었다. 동시에, 동물원생물학자들은 동물 관리의 기존 사육 체계를 면밀히 검토했고, 그 안에 존재하는 여러 결함을 발견했다. 예를 들어, Dolan(1977)은 멸종위기 유제류의 사회적 행동에 영향을 미치는 사육환경 관리의 문제점을 지적했으며, Eisenberg와 Kleiman(1977)은 영장목의 공간적·구조적·사회적·식이적·개체군 통계학적 요건을 분석했다. 만약 동물원에서 사육하는 야생동물 관리에 중대한 결함이 있다면, 정말 동물원이 복원 가능한 개체를 제대로 길러낼 준비가 되어있었던 걸까?

---

8   Reintroduction: 멸종했거나 지역에서 사라진 종을 원래 서식지나 적절한 환경에 다시 방생하는 것.

지난 20여 년 동안, 동물원의 동물 전시는 더욱 자연 친화적이고 부드러운 방향으로 변화해 왔다(Jones, 1982; Coe, 1985, 1989; Maple과 Finlay, 1989). 동물을 단순한 전시 대상으로 보여주는 데서 벗어나, 자연 서식지와 유사한 환경에서 자연스럽게 행동하고 살아가는 모습을 보여주는 방향으로 변화가 이루어졌다(Forthman-Quick, 1984; Hutchins 등, 1984; Greene, 1987). 이처럼 동물원의 동물 관리가 올바른 방향으로 발전하는 듯 보였으나, 20세기 후반 생태학의 거장 Robert May와 A. M. Lyles는 1987년 국제 학술지 *Nature*를 통해 강하게 비판했다. 그들은 동물원에서 사용하는 많은 사육 및 전시 기술이 여전히 '살아있는 표본'처럼 유지하기 위한 수준에 머물러 있다고 지적했다. May와 Lyles(1987, 643쪽)는 "생물 종을 진정으로 보전하려면 단지 종 자체뿐 아니라, 그 종이 지닌 본연의 행동 다양성을 함께 보전해야 한다는 난제와 마주해야 한다."고 했다. 이 비판은 단지 자극을 주는 데 그치지 않고, 동물원에 대한 그들의 깊은 실망감이 깔려 있음을 알 수 있었다. 동물원은 유전 물질이나 미래의 박제 표본을 보관하는 장소가 아니라, 생명체 중심 생물학[9]의 마지막 보루 중 하나가 되어야 한다는 함축된 메시지였다.

동물원 전문가들이 종들의 본래 행동 양식을 유지하고자 한다면, 모든 종을 지속적으로 평가해야 한다(Forthman과 Ogden, 1992). 이 과정은 토지 개발이 환경에 미치는 영향을 평가하기 위한 환경영향평가와 유사할 수 있다(Erickson, 1979). 그러나 생태계 전체가 아니라 종이나 개체 수준에서 이뤄져야 한다(Lubchenco 등, 1991). 이러한 일차적 분석 도구를 통해 다음과 같은 일들이 가능해진다. (1) 동물의 개체 특성을 기존 또는 계획한 동물원 환경과 맞춰 파악하고, (2) 동물원의 연구 초점을 사육환경 개선에 집중하고, (3) 구체적 목표

---

9 Organismal biology: 세포나 분자 수준이 아니라, 한 생물을 통합된 '하나의 유기체(organism)'로서 이해하고 연구하는 생물학 분야.

를 달성하기 위한 환경 풍부화 전략을 수립하며, (4) 재도입 대상 동물의 행동 역량을 유지하기 위한 전략을 수립하는 것이다.

동물의 필요에 맞춘 동물원 공간 조성

전통적인 보전 과학은 개별 생태계를 대상으로 한 자생 생태학적 연구와 그 생태계를 구성하는 종이 요구하는 서식지 조건의 상호 의존성에 기반을 두고 발전해 왔다(Simberloff, 1988). 자원 관리자는 환경 변화에 야생동물이 어떻게 반응하는지 이해하기 위해 많은 투자를 해왔다. 왜냐하면 동물을 동물원으로 데려와 사육할 때 하는 일과 같아서 이러한 문제에 접근할 때 학제 간 접근[10]이 훨씬 효율적이기 때문이다. 이에 Holling(1992)의 생태계 내 규모 간 상호작용 연구 등에서 통찰을 얻고자 했다. 예를 들어 대형 포유류를 사육하는 행위 자체가 그 동물 삶의 공간적 생태적 규모를 극단적으로 축소하는 일이기 때문이다. 동물원에 사육하는 종들의 미래를 이해하고 계획하는 데 있어, 각 종에 대한 야외 생태 연구가 가장 중요한 기초라고 본다. 이런 분석을 위한 하나의 축으로, Eisenberg(1981)가 포유류의 생활사 전략을 연구할 때 사용한 모델을 제안한다. 그는 행동 체계와 거대 생태적 지위[11]라는 변수를 통해, 하나의 분류군에 공통으로 나타나는 적응증후군[12]을 정의했다. 이 모델(또는 우리가 제안한 변형 모델)을 활용하면, 동물원 환경 또는 인위적 환경 속에서 그 동물의 적응증후군에 어떤 영향을 미치는지를 체계적으로 평가할 수 있다. 또한 동물원이 환경 복원 과학으로부터 배울 수 있는 점이 많다고 생각한다.

---

10 Interdisciplinary approach: 두 개 이상의 학문 분야나 전문 영역을 통합하여 문제를 해결하거나 연구하는 방식.

11 Macroniche: 상대적으로 넓은 서식 공간이나 생태적 역할.

12 Adaptive syndrome: 특정 환경에 적응하기 위한 생물적·행동적 특성들의 조합.

단순히 제한적 환경이나 자연 서식지에서 나타나는 행동 표현 반응의 범위를 조사하는 것만으로는 동물원에서 사육하는 포유류의 복지를 개선할 수 없다고 본다. 일반적으로, 야생에서의 행동은 그 종에게 가장 적합하거나 가장 일반적인 행동 유형을 보여줄 뿐이며, 그 동물이 지닌 행동적 한계나 잠재적 능력까지 드러내지는 않는다. 동물원 환경을 개선하고 특정 환경이 행동과 건강에 미치는 영향을 이해하기 위해서는, 야외와 실험실에서 얻은 정보를 종합하는 작업이 필수적이다(Forthman-Quick, 1984). 예를 들어, 어떤 종의 전시와 관리를 계획할 때는 먼저 그 종에 대한 상세한 야외 생태 연구를 검토해야 한다(Maple과 Finlay, 1989). 최근 일부 생물학자들이 치타(*Acinonyx jubatus*)(Laurenson, 1993)나 서부고릴라(*Gorilla gorilla*)(Harcourt, 1987; Watts, 1990)처럼 사육 상태의 야생 포유류의 환경을 개선하기 위한 구체적 방안을 제시했다는 점은 고무적이다. 둘째, 해당 종 또는 근연종을 대상으로 수행한 실험적 행동 연구를 검토해야 한다. 이러한 연구에는 고전적 실험 기법이나 행동 조작을 활용한 연구도 포함된다. 이 과정에서 몇 가지 기발한 사례들이 일부 존재하기도 한다. 예를 들어, 야생의 사자(*Panthera leo*)가 스피커 앞에 놓은 박제를 향해 본능적 공격 행동을 보일 것이라는 사실을, 실험을 통해 검증하지 않고서 누가 예상할 수 있었겠는가(Grinnell 등, 1995)?

이러한 통합적 접근법은 당연해 보일 수 있지만, Eisenberg와 Kleiman (1977), Hutchins 등(1984), Maple(1981), 그리고 Maple과 Finlay(1989)를 포함하여 같은 길을 걸어온 사람들이 강조해 온 내용이기도 하다. 이는 아마도 말처럼 쉬운 일이 아니기 때문일 것이다. 그렇다면, 야외와 실험실에서 축적한 방대한 정보를 동물원에서 효과적으로 활용할 수 있는 실질적 해법을 어떻게 정리하고 적용할 수 있을까?

Eisenberg 분석 모델

Eisenberg(1981)는 포유류가 어떤 방식으로 생애를 살아가는지 이해하기 위해, 두 가지 주요한 자료를 바탕으로 연구했다. 하나는 야생에서 동물의 행동과 생태를 장기간에 걸쳐 면밀히 관찰한 정밀한 야외 연구, 그리고 다른 하나는 동물원이나 박물관에 보존된 표본을 통해서만 얻을 수 있는 자연사 정보였다. 이 두 가지 정보를 통합하는 것이 그의 생애사 전략 분석의 중심을 이루었다. 이 분석에 성체의 체중, 상대적 뇌 무게, 기초 대사율, 지리적 분포 범위, 식단 유형, 먹이 크기, 식이 다양성, 먹이 탐색 전략[13], 활동 유형, 기질 사용, 이용하는 식생 및 서식지 유형, 번식, 양육, 먹이 탐색[14], 분산, 은신처 찾기, 그리고 포식자 회피 등과 같은 변수를 포함했다. Eisenberg는 이 변수를 거대 생태적 지위와 행동 체계라는 두 가지 개념으로 통합하였다. 먼저, 포유류가 어떤 환경 기질(예: 지상, 수목, 수중 등)을 주로 이용하는지와, 어떤 식성(예: 육식, 초식, 과일식 등)을 가지고 있는지를 기준으로 이들을 거대 생태적 지위 행렬안에 분류하고, 이를 통해 포유류의 전형적인 적응 전략을 정의하고자 했다(표 1). 그 결과, 포유류에서 총 64가지의 거대 생태적 지위 조합을 도출했고, 각 조합마다 특정한 적응 과정 중 발생하는 제약과 결과가 존재한다는 점을 보여주었다. 어떤 종이든, 환경 기질의 유형, 먹이 자원에 대한 특화 정도, 그리고 활동 주기와 같은 주요 거대 생태적 지위 차원을 제대로 이해하는 것이 매우 중요하다. 이러한 이해 없이는 Hediger(1970)가 비판한 바 있는 구식 사육장에서 야생동물을 관리하는 방식을 벗어나기 어렵다.

---

13   Food-finding strategy: 동물이 먹이를 찾기 위해 사용하는 구체적인 방법이나 행동 전략.

14   Foraging system: 먹이를 찾고 섭취하는 전체적인 생태적·행동적 체계.

표 1 | Eisenberg(1981)의 포유류 먹이 유형과 생활 유형에 따른 분류

먹이 유형		생활 유형
어류 및 오징어 섭식	곤충 및 잡식성	굴파기 생활형
육식동물	과일 및 잡식성	반굴 생활형
꽃꿀 섭식	과일 및 초식성	수중 생활형
수액 섭식	초식성(잎을 주로 먹는)	반 수생형
갑각류 및 조개 섭식	초식성(풀을 주로 먹는)	비행 가능형
개미 섭식	플랑크톤 섭식	지상 생활형
공중 곤충 섭식	혈액 섭식	등반 생활형
잎에서 곤충을 채집하는 섭식		수목 생활형

Eisenberg가 강조한 두 번째 연구 영역은 기본 행동 체계라 부른 것이다. 여기에는 번식, 양육, 분산, 먹이 탐색, 은신 그리고 포식자 회피 등이 있다. Eisenberg(1981)는 이 행동 체계를 다양한 포유류 종을 통해 구체적으로 분석하였다. 동물원 환경에서 야생 포유류를 적절하게 사육하고 전시하려면, 이와 같은 행동 체계와 그 각 단계들을 명확히 파악하고 인식하는 단계가 반드시 필요하다. 다른 연구(Forthman 등, 1995; Seidensticker와 Doherty, 1996)에서는 Eisenberg 모델 또는 유사한 분석 모델을 어떻게 활용하여 동물원 환경과 동물의 생태적 요구를 어떻게 조화시킬 수 있는지 구체적 사례를 들어 설명하였다.

Eisenberg 모델을 활용하려면 개념들을 전시설계 및 개선 요소로 구체화하는 작업부터 시작해야 한다. 그 첫걸음은 앞서 언급한 17가지 요소를 여섯 가지 주요 설계 고려 사항으로 통합하는 것이다. 이 기준은 동물의 자연스러운 활동과 방문객에게 관람 기회를 보장하기 위해 중요하다.

- 시설에 적합한 종을 선택한다. 예를 들어, 사회성이 낮고 야행성이며 굴을 파는 포유류는 낮 시간대 관람에 적합하지 않다.

- 전시설계 시 종의 거대 생태적 지위를 고려하고, 해당 종에게 환경적으로 적합한 전시 공간을 줘야 한다. 종의 서식지 유형, 활동 기질, 식이 습성 등 생태적 요구와 공간 구조가 부합해야 한다.

- 동물이 전시 공간에 있는 동안 보일 행동 체계를 설정해야 한다. 관람 시간 동안 공격적이지 않은 사회적 상호작용을 하도록 설계하여, 행동 표현의 기회를 최대화해야 한다. 즉, 어떤 행동을 보여줄 것인가를 목표로 전시 공간을 구성해야 한다.

- 종별·연령별·성별 특성을 고려한 휴식 또는 은신처를 줘야 한다. 이 요소를 신중히 고려하는 것이 동물원 사육동물들의 스트레스를 줄이는 데 중요하다(Carlstead 등, 1993).

- 먹이 종류, 양, 급이 방식, 위치 및 급이 시간을 조절하여 동물의 경계 행동, 먹이 탐색행동, 일부 종의 경우 섭식 행동까지 효과적으로 유도할 수 있다(Shepherdson 등, 1993).

- 마지막으로, 동물원의 환경을 넘어 언젠가 야생에서 살아갈 수도 있는 종의 행동 역량에 대해 고민해야 한다. 즉, 전시설계는 단지 지금을 위한 것이 아니라, 장기적 행동 역량 유지를 위한 기반이 되어야 한다.

규모: 형태적, 공간적, 시간적

동물원은 일반적으로 바위너구리를 코끼리보다 작은 공간에 사육하지만, 이는 각 종의 진화적 역사에 따라 형성된 생태적 요구를 충분히 고려하지 않은 경우다. 이것은 동물원에서 포유류 사육환경을 정교하게 조정하는 또 다른 접근법이 필요함을 시사한다. 이 접근법은 동물의 형태적 특징과 생태계를 구성하는 과정 간의 연관성을 연구하는 데서 비롯한다. 시간, 공간, 그리고 신체 크기의 차원에서 바라보는 생태적 상대성장[15] 또는 규모 개념은 이 주제에서 핵심 역할을 한다. 이 개념은 오늘날 생태학에서 점점 더 중심적인 위치를 차지하고 있으며, 특히 연구자들이 생태계 변화를 평가하고 조사하며 예측하기 위한 프로그램을 개발하는 과정에서 필수적인 틀로 활용하고 있다. 따라서 동물의 크기가 작다고 해서 반드시 작은 공간이 필요한 것은 아니며, 그 종이 어떤 생태적 기능과 생활사 전략을 기반으로 진화해 왔는지를 바탕으로 공간 규모를 설정해야 한다. 이러한 규모 중심의 사육환경 설계는 단순히 넓고 좁음의 문제가 아니라, 진화적 맥락과 생태적 적응의 관점에서 사육 조건을 다시 정의하는 출발점이 될 수 있다.

Holling(1992)은 생태계에서 규모 개념을 분석하면서, 동물들이 내리는 일련의 선택을 위계 구조로 정리하였다. 먹이에서 시작해 먹이를 찾을 수 있는 작은 구역, 서식지, 행동권, 그리고 더 넓은 지역으로 규모가 확장하는 구조였다(그림 2). 동물의 크기와 형태는 해당 종이 환경을 탐색하는 공간적 범위를 결정하는 요소며, Holling은 생태적 상대성장 관계를 활용하여 동물의 신체 크기를 절대적인 공간 및 시간 단위로 변환하였다. 생태계는 공간적·시간적으로 불연속적인 특성을 가지며, 이러한 환경의 구조적 차이는 특정 종이나 개체의 요구사항에 따라 다르게 적용할 수 있다. 따라서 동물들은 서식지가 가진 불연속적 구조에 맞춰 크기와 행동 특성을 조정한다. Holling(1992, 474쪽)은 동물이 환경에서 마주치는 대상을 '먹을 수 있는 것(독성이 있는 것도 포함)', '두려워하는 것', '좋아하는 것', '무시할 수 있는 것', '새로운 것'으로 분류하였다. 이 분류는 동물이 환경 자극에 대해 어떤 행동 전략을 선택할 것인지 결정하는 인식의 틀을 보여주며, 이는 곧 동물의 외부 인식 및 행동 반응 규모를 형성한다.

15　Allometry: 개체의 크기 변화가 생태적 특성(예: 먹이 습성, 생식 전략, 이동 거리 등)에 영향을 주거나 반영되는 패턴을 설명.

Holling이 제시한 다섯 가지 범주 중 처음 세 가지는 먹이, 보호, 그리고 번식을 위해 필요한 자원을 의미하며, 나머지 두 가지는 계절 변화가 뚜렷한 환경에서 장기 생존을 위해 필요한 인지적 자원이다. 이러한 요소들은 동물이 예측 불가능하고 변화하는 환경에 적응하며 탐색, 학습, 기억, 판단 등의 행동을 조절하는 데 중요한 역할을 한다. 또한 어떤 물체에 대해 동물이 느끼는 정서적 가치는 시간이 지나며 동물의 경험에 따라 변화할 수 있다. 사육환경에서는 이러한 경험이 의도하지 않아도 결국 사육사들이 결정하게 된다.

우리는 곰의 삶에서 '먹을 수 있는 것'이라는 자원에 초점을 맞추고자 한다. 어린 곰의 생애 중 분산 단계[16]에서는 넓은 지역(그림 2)을 이동하며, 이후 생존과 번식에 필요한 자원을 충족할 수 있는 행동권에 정착한다. 곰의 행동권은 계절에 따라 달라지는 생태적 요구를 충족할 수 있는 다양한 서식지를 포함하고 있으며, 이 서식지에는 먹이가 풍부한 패치[17]들이 있고, 이러한 패치는 주변의 다른 공간보다 먹이 밀도가 높은 지역이다. 과거 동물원에서는 곰에게 하루에 한 번, 정해진 장소에서만 먹이를 주는 방식이 일반적이었다. 이후 곰 전시장을 더 풍부하게 만들기 위한 시도가 있었다. 전시장 전체에 먹이를 숨기거나 흩뿌려 '먹이 패치'처럼 보이도록 하는 방식이었다(Carlstead 등, 1991; Forthman 등, 1992). 이보다 한 단계 더 나아가, 서식지 안에 여러 먹이 패치를 포함해 곰이 실제 자연에서 먹이를 찾을 때 따르는 의사 결정의 위계를 반영하는 전시설계를 상상해 볼 수 있다. 곰은 복잡한 의사 결정 과정을 거치는 인지 체계를 선천적으로 타고났고, 이는 동물의 심리적 욕구로 설명한 바 있다(Poole, 1992).

좁은 공간에서 살아가는 포유류의 사육환경을 계획하고 평가를 위한

---

16   Dispersal phase: 어린 개체가 어미를 떠나 독립하여 새로운 서식지를 찾아 이동하는 과정.

17   Patch: 먹이가 풍부한 특정 지역.

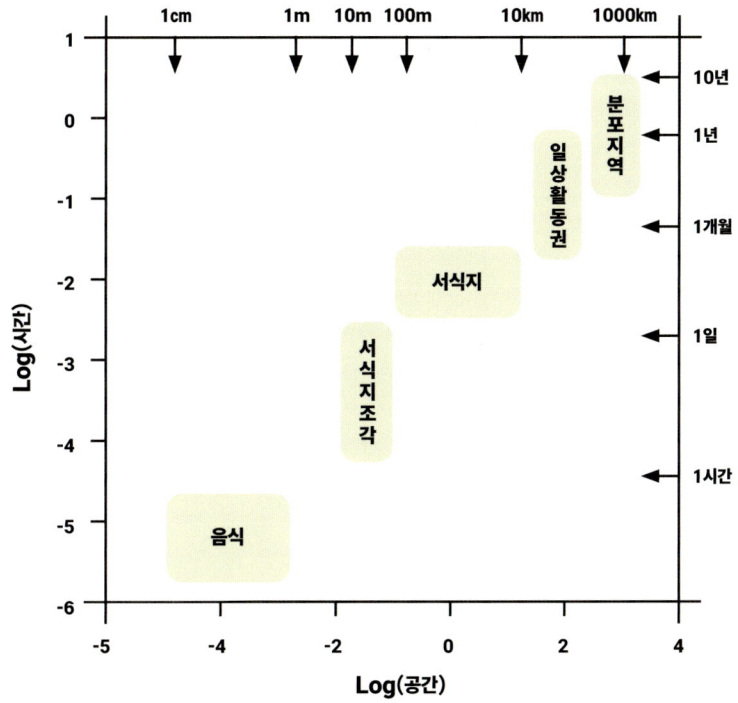

그림 2 곰과 같은 대형 포유류가 공간적·시간적 규모에 따라 의사결정을 할 때 따르는 위계 구조의 가상 규모(Holling, 1992에서 인용함). (옮긴이 주: 이 그림은 원저의 설명과는 달리 대형 도요류가 환경에서 내리는 결정의 시·공간적 위계를 시각화한 것으로 *Cross-Scales in Ecosystems*에 실린 것임을 밝힌다.)

또 다른 중요한 축은 동물이 시·공간적 규모에 따라 의사 결정을 내릴 때 따르는 가상의 위계 구조를 이해하는 것이다(예: 먹을 수 있는 것뿐만 아니라 독성 있는 것, 두려운 것, 좋아할 만한 것, 무시할 수 있는 것, 또는 새로운 것을 포함). 실제로, 사육 환경에 있는 아메리카흑곰(*Ursus americanus*)의 정형행동은 좋아할 만한 대상(즉, 짝)이 없는 것이 그 원인으로 밝혀진 바 있다(Carlstead와 Seidensticker, 1991). Holling(1992)이 제안한 동물의 의사 결정을 위한 규모 개념은 새로운 시도며 앞으로 발전시킬 필요가 있다. 현재, 이 개념은 동물을 야생에서 동물원 환경으로 옮기는 과정에서 그들의 삶에 어떤 변화가 일어나는지를 이해하고 대비하는 데 있어 매우 좋은 접근 방식이다.

환경복원과학이 동물원에 주는 교훈

급변하는 세상에서 많은 야생동물 서식지가 인간 활동으로 인해 파괴되고 있다. 많은 야생동물 종들을 과거의 분포 양상과 비슷하게 유지하려면, 환경 복원은 필수적이다. 이를 위해서는 야생동물의 서식지 요구사항을 명확하게 이해하는 것이 필요하다. 이 분야에서 가장 발전한 개념은 북미 서부의 유제류 환경 복원 프로젝트에서 찾을 수 있다. 대표적으로 큰뿔양(*Ovis canadensis*) 사례가 있다(MacCullum와 Geist, 1992).

Geist와 동료들은 30년간, 야생 및 사육환경에 있는 큰뿔양과 다른 야생양을 비교·연구하였다. 이들은 환경 복원 프로그램의 핵심 요소를 (1) 탈출 지형, (2) 무기질 섭취 구역, (3) 새끼를 낳고 보호할 수 있는 은신처, (4) 식생 피복 종류, (5) 먹이의 질과 분포로 구체화하였고, 각 요소에 대해 정밀한 기준을 제시했다. 이러한 요소를 살펴보면, 동물원의 환경 설계기준에도 부합하므로 이 연구 결과를 동물원 전시설계에 적용해 볼 수 있다. 여기서 다루지는 않았지만, 동물원에서 포유류를 사육하는 데 행동 관리가 중요한 역할을 하며, 야생 포유류 보전에서도 중요하다(Geist, 1971).

고찰: 동물원생물학의 완성

동물원 환경은 사육동물들의 개체, 집단, 개체군, 그리고 종 수준에 영향을 미친다. 이러한 영향에 대한 이해는 어떤 분야에서는 빠르게 발전한 반면, 어떤 분야는 여전히 부족한 상태로 불균형하게 발전해 왔다. 예로 어떤 개체군에 속하는지 또는 어떤 종에 속하는지를 구분하고 평가하는 능력은 빠르게 발전해 왔다. 분자유전학의 발전을 통해 계통학적으로 명확히 알 수 있게 되면서, O'Brien과 Mayr(1991)는 멸종위기종 보전에서 아종을 어떻게 구분하고 보전할 것인지에 대한 지침을 제시했다. 이는 생물다양성 보전의 핵심축이자 현지 내 보전과 현지 외 보전[18] 노력을 연결하는 데 핵심 역할을 한다. Ralls와 동료들(Ralls 등, 1979; Ralls와 Ballou, 1983)은 동물원에서 근친 교배가 미치는 부정적 영향이 널리 퍼져 있다는 것을 확인하고, 사육 번식 프로그램에서 이 문제를 해결하려고 집중적으로 노력했다(Seal, 1985). 특히 부족한 점을 해결하기 위해 보조번식기술을 개발하는데 힘을 기울였다(Wildt 등, 1992). 그러나 개체 수준이나 소집단 수준에서 연구하는 동물원생물학자들에게는, 이러한 유전학적 또는 계통학적 고려 사항들이 동물원 동물의 삶을 개선하거나 행동 능력을 유지하게 하는 것에 직접적인 도움을 주지 못할 때가 많다. 동물원 관람객들 역시 개체 수준에서 동물을 바라본다는 점을 잊지 말아야 하며, 동시에 자연적 또는 인위적 선택이 실제로 작동하는 진화의 기본 단위 역시 개체라는 점을 잊어서는 안 된다.

멸종위기종의 현지 외 보전과 현지 내 보전을 연계하는 데 널리 사용하는 일반적인 계획 모델 개념에 행동 능력을 반영하지 않고 있다(Seal, 1985). 예를 들어, 황금사자타마린(*Leontopithecus rosalia*)의 경우 자립적인 사육 개체군을 만들기 위해 적합한 짝짓기 및 양육 체계를 파악하고 이를 사육환경에 적용하는 것이 핵심이었다(Eisenberg와 Kleiman, 1977). 사육환경에서 번식에 성공하는 것과, 야생에서 생존하는 것은 전혀 다른 문제다. 초기 재도입 사례를 분석해 보면, 먹이찾기와 운동, 공간 인지 능력의 부족으로 폐사했다는 사실이 드러났다(Beck 등, 1991; 7장, 8장 참조). 이러한 결과는 기질과 같은 환경 요소나 먹이 찾

18　현지 내 보전(*in situ*)과 현지 외 보전(*ex situ*): 현지 내 보전은 자연 서식지에서 동물을 직접 보호하는 방법이며, 현지 외 보전은 동물원 등 자연 서식지 밖에서 동물을 보호하는 방식임.

기 및 은신처 탐색행동 같이 생존에 필요한 행동들을 사육환경에서 대부분 무시해 왔기 때문이다. 동물원에서 사육하는 야생 포유류의 사육사는 이들의 행동 체계를 종합적으로 이해하고 유지할 수 있도록 각별한 주의를 기울여야 한다. 행동 능력 유지가 살아있는 사육 개체군의 유일한 목표는 아니지만, 동물원생물학이 진정으로 시험받는 기준은 바로 '복원 성공'이다.

동물원생물학은 다른 환경 과학 분야와 마찬가지로, 동물들을 둘러싼 급격하고 중대한 환경 변화에 대응하고 있다. 이는 각 종의 생태적 요구를 정의하고, 이를 동물원 환경에 맞추려는 과정에서 나타난다. 이러한 과정에서 갈등이 있을 수밖에 없는데, 동물원에서 야생동물을 어떻게 배치하고 관리할지, 그리고 사육 증식 개체들을 야생에 재도입할 때 행동 및 신체적 능력에 문제가 없을지에 대한 논의에서 갈등이 있을 수 있다(Lyles과 May, 1987; May와 Lyles, 1987; Schaller, 1993; 7장, 8장 참조). 지난 10년 동안 *Zoo Biology* 학술지를 보면 동물원에서 사육하는 동물의 삶을 개선하고 관람객의 경험을 향상하기 위해 동물 관리 체계가 진화해 온 기록을 확인할 수 있다.

하지만 이로는 충분하지 않다. 동물원이 재도입 및 서식지 복원 노력에 적극적으로 참여하려면 Hediger(1969)가 제시한 동물원생물학 정의를 넘어서는 목표를 세워야 한다. Hediger는 "동물원이 최적의 조건에서 야생동물을 관리하기 위한 과학적 기반"이라고 동물원생물학을 정의했다. 다른 연구, 교육, 환경 정책기관들처럼 동물원도 광범위하고 급격한 생태적 변화 속에서 보전 활동을 진전시켜야 하는 과제에 직면하고 있다(Western과 Pearl, 1989; Lubchenco 등, 1991). 현지 내 보전과 현지 외 보전을 효과적으로 연결해야 하며, 동물원 환경이 사육 중인 야생동물의 행동에 어떤 영향을 미치는지 이해하는 것이 필요하다. 단순히 유전적 다양성을 지닌 개체를 증식시키는 것만으로는 충분하지 않다. 야생에서 살아남을 수 있는 행동 능력을 갖춘 동물을 기르고 유지해야만 그들이 야생에서 제대로 살아갈 수 있다.

그림 3 노랑뺨볏기번(*Nomascus gabriellae*)이 야생에서 보이는 행동인 팔그네운동(Brachiation)을 유도한 환경(국립생태원, ⓒ김영준).

결론

　　동물원에서 동물 관리에 대한 접근 방식과 사육 야생동물의 요구에 대한 인식은 변화하고 있다. 이러한 변화는 문화적, 경제적 여건 변화, 자연사에 대한 이해의 확대, 인간이 생태계와 동물에 미치는 영향에 대한 정교한 이해, 사육환경이 야생동물에 미치는 영향을 평가하는 능력의 향상, 그리고 전시기술의 발전 등에 기인한다. 자연사, 행동심리생물학, Eisenberg 분석 모델, Holling의 규모와 비례 및 생태적 상대성장 개념, 그리고 복원생태학을 활용해야 한다. 이러한 접근은 동물원의 기존 또는 계획한 환경과 동물의 특성을 구분하고 일치시키는 첫 번째 기준으로 사용할 수 있다(그림 3). 동물의 요구와 전시설계 사이의 미세한 조정은 자연사에 관한 세밀한 연구와 동물원 환경에서의 실험을 바탕으로 지속시켜야 한다. 동물원생물학은 동물원에서 사육하는 야생동물의 행동 능력을 야생 복원이 가능한 수준으로 유지해야 한다는 필요를 명시적으로 설명해야 한다.

감사의 말

이 장의 많은 아이디어들은 *Wild Mammals in Captivity*(Kleiman 등, 1996)의 한 장에서 발전시킨 것이며, John Seidensticker는 J. D. Doherty(Seidensticker 와 Doherty, 1996)의 토론과 기여에 감사의 말을 전한다. 이 장은 두 발표 내용을 종합한 것으로 John Seidensticker는 이 주제에 대해 First Environmental Enrichment Conference에서 발표했으며, Seidensticker와 Forthman(1994)은 북미동물원·수족관협회 연례회의에서 그 논의를 수정하고 확장했다. John Seidensticker는 이 주제에 대해 10년 이상 논의해 온 S. Pumpkin와 K. Carlstead와 R. Baldwin에게도 감사의 말씀을 전한다. 이들은 국립동물원(National Zoological Park)의 Active Animal Project에서 이 아이디어들을 처음 개발하고 실험한 동료들로 Friends of the National Zoo, Smithsonian Scholarly Studies Program, Geraldine R. Dodge Foundation, 그리고 Smithsonian Women's Committee의 지원을 받았다. 동물원 사육 야생동물에 대한 우리의 생각은 B. Beck, J. Eisenberg, J. Garcia, D. Kleiman, K. Kranz, F. Koontz, T. Maple, H. Markowitz, J. Mellen, D. Shepherdson, S. Wells와의 지속적인 논의를 통해 많은 영향을 받았다. 우리는 이 장을 John F. Eisenberg에게 헌정하며, 그가 동물원 안팎에서 야생동물에 대한 깊은 통찰을 준 것에 감사한다.

참고문헌

- Beck, B. B., D. G. Kleiman, J. M. Dietz, I. Castro, C. Carvalho, A. Martins, and B. Rettenberg-Beck. 1991. Losses and reproduction in reintroduced golden lion tamarins *Leontopithecus rosalia*. *Dodo* 27:50-61.

- Bostock, S. S. C. 1993. *Zoos and Animal Rights*. New York: Routledge.

- Carlstead, K., J. Brown, and J. Seidensticker. 1993. Behavioral and adrenocortical responses to environmental changes in leopard cats (*Felis bengalensis*). *Zoo Biology* 12:1-11.

- Carlstead, K., and J. Seidensticker. 1991. Seasonal variation in stereotypic pacing in an American black bear *Ursus americanus*. *Behavioural Processes* 25:155-161.

- Carlstead, K., J. Seidensticker, and R. Baldwin. 1991 . Environmental enrichment for zoo bears. *Zoo Biology* 10:3-16.

- Coe, J. C. 1985. Design and perception: Making the zoo experience real. *Zoo Biology* 4:197-208.

- Coe, J. C. 1989. Naturalizing habitats for captive primates. *Zoo Biology Supplement* 1:117-125.

- Conway, W. G. 1969. Zoos: Their changing roles. *Science* 163:48-52.

- Dawkins, M. S. 1988. Behavioural deprivation: A central problem in animal welfare. *Applied Animal Behaviour Science* 20:209-225.

- Dolan, J. M. 1977. The saiga (*Saiga tatarica*): A review for the management of endangered species. *International Zoo Yearbook* 17: 25-32.

- Eisenberg, J. F. 1981 . *The Mammalian Radiations*. Chicago: University of Chicago Press.

- Eisenberg, J. F., and D. G. Kleiman. 1977. The usefulness of behavioral studies in developing captive breeding programs for mammals. *International Zoo yearbook* 17:81-89.

- Erickson, P. A. 1979. *Environmental Impact Assessment*. New York: Academic Press.

- Erwin, J., T. L. Maple, and G. Mitchell, eds. 1979. *Captivity and Behavior: Primates in Breeding Colonies, Laboratories, and Zoos*. New York: Van Nostrand Reinhold.

- Forthman, D. L., S. D. Elder, R. Bakeman, T. W. Kurkowski, C. C. Noble, and S. W. Winslow. 1992. Effects of feeding enrichment on behavior of three species of captive bears. *Zoo Biology* 11:187-195.

- Forthman, D. L., R. McManamon, U. A. Levi, and G. Y. Bruner. 1995. Interdisciplinary issues in the design of mammal habitats (excluding marine mammals and primates). In *Captive Conservation of Endangered Species*, ed. E. Gibbons, Jr., J. Demarest, and B. Durrant, 377-399. Albany: State University of New York Press.

- Forthman, D. L., and J. J. Ogden. 1992. The role of applied behavior analysis in zoo management: Today and tomorrow. *Journal of Applied Behavioral Analysis* 25:647-652.

- Forthman-Quick, D. L. 1984. An integrative approach to environmental engineering in zoos. *Zoo Biology* 3:65-77.

- Fowler, M., ed. 1986. *Zoo and Wild Animal Medicine*. Philadelphia: W. B. Saunders.

- Geist, V 1971. A behavioral approach to the management of wild ungulates. In *The Scientific Management of Animal and Plant Communities for Conservation*, ed. E. Duffy and A. S. Watt, 413-424. Oxford: Blackwell.

- Greene, M. 1987. No rms, jungle vu. *The Atlantic Monthly* 260 (6): 62-78.

- Grinnell, J., C. Packer, and A. E. Pusey. 1995. Cooperation in male lions: Kinship, reciprocity, or mutualism? *Animal Behavior* 49:95-105.

- Harcourt, A. H. 1987. Behaviour of wild gorillas (*Gorilla gorilla*) and their management in captivity. *International Zoo Yearbook* 26:248-255.

- Hayes, S. P. 1987. *Beauty, Health, and Permanence: Environmental Politics in the United Suites*, 1955-1985. Cambridge: Cambridge University Press.

- Hediger, H. 1950. *Wild Animals in Captivity*. London: Butterworths.

- Hediger, H. 1955. *Studies of the Psychology and Behaviour of Captive Animals in Zoos and Circuses*. London: Butterworths.

- Hediger, H. 1969. *Man and Animal in the zoo*. London: Routledge and Kegan Paul.

- Hediger, H. 1970. The development of the presentation and the viewing of animals in zoological gardens. In *Development and Evolution of Behavior*, ed. L. P. Aronson, E. Tobach, D. S. Lehrman, and J. S. Rosenblatt, 519-528. San Francisco: W. H. Freeman.

- Holden, C. 1988. Uncle Sam wants happy chimps. *The Washington Post* (16 Oct.): C3.

- Holling, C. S. 1992. Cross-scaling morphology, geometry, and dynamics of ecosystems. *Ecological Monographs* 62:446-502.

- Hutchins, M., D. Hancocks, and C. Crockett. 1984. Naturalistic solutions to behavioral problems of captive animals. *Zoologische Garten* 54:28-42.

- Jones, G. R. 1982. Design principles for presentation of animals and nature. In *Proceedings of the American Association of Zoological Parks and Aquariums Annual Conference*, 184-192. Wheeling, W.Va.: AAZPA.

- Kleiman, D. G., M. A. Allen, K. V Thompson, S. Lumpkin, and H. Harris, eds. 1996. *Wild Mammals in Captivity: Principles and Techniques*. Chicago: University of Chicago Press.

- Laurenson, M. K. 1993. Early maternal behavior of wild cheetahs: Implications for captive husbandry. *zoo Biology* 12:31-43.

- Lubchenco, J., A. M. Olson, L. B. Brubaker, et a1. 1991. The sustainable biosphere initiative: An ecological research agenda. *Ecology* 72:371-412.

- Lyles, A. M., and R. M. May. 1987. Problems in leaving the ark. *Nature* (London) 326:245-246.

- MacCullum, D. N., and V. Geist. 1992. Mountain restoration: Soil and surface wildlife habitat. *GeoJournal* 27:23-46.

- Maple, T. L. 1981. Evaluating captive environments. In *Proceedings of the Annual Meeting of the American Association of Zoo Veterinarians*, 4-6. Philadelphia: AZAA.

- Maple, T. L., and T. W. Finlay. 1989. Applied primatology in the modern zoo. *Zoo Biology Supplement* 1:101-116.

- May, R. M., and A. M. Lyles. 1987. Living Latin binomials. *Nature* (London) 326:643-643.

- O'Brien, S. J., and E. Mayr. 1991. Bureaucratic mischief: Recognizing endangered species and subspecies. *Science* 251:1187-1188.

- Poole, T. B. 1992. The nature and evolution of behaviour needs in mammals. *Animal Welfare* 1:203-220.

- Ralls, K., and J. Ballou. 1983. Extinctions: Lessons from zoos. In *Genetics and Conservation*, ed. C. M. Schonewald-Cox, S. M. Chambers, and B. MacBryde, 164- 184. Menlo Park, Calif.: Benjamin Cummings.

- Ralls, K., K. Brugger, and J. Ballou. 1979. Inbreeding and juvenile mortality in small populations of ungulates. *Science* 206:1101-1103.

- Rybczynski, W. 1992. *Looking Around: A Journey through Architecture*. New York: Penguin Books.

- Schaller, G. B. 1993. *The Last Panda*. Chicago: University of Chicago Press.

- Seal, U. S. 1985. The realities of preserving species in captivity. In *Animal Extinctions* ed. R. J. Hoage, 71-95. Washington, D.C.: Smithsonian Institution Press.

- Seidensticker, J., and J. G. Doherty. 1996. Integrating animal behavior and exhibit design. In *Wild Mammals in Captivity: Principles and Techniques*, ed. D. G. Kleiman, M. E. Allen, K. V. Thompson, S. Lumpkin, and H. Harris, 180-190. Chicago: University of Chicago Press.

- Seidensticker, J., and D. L. Forthman. 1994. Planning for the species: Incorporating behavioral and ecological data. In *Proceedings of the American Zoo and Aquarium Association Annual Conference*, 39-45. Wheeling, W.Va.: AZAA.

- Shepherdson, D. J., K. Carlstead, J. Mellen, and J. Seidensticker. 1993. The influence of food presentation on the behavior of small cats in confined environments. *Zoo Biology* 12:203-216.

- Simberloff, D. 1988. The contribution of population and community biology to conservation science. *Annual Review of Ecology and Systematics* 19:473-511.

- Watts, D. P. 1990. Mountain gorilla life histories, reproductive competition, and sociosexual behavior and some implications for captive husbandry. *Zoo Biology* 9:185-200.

- Western, D., and M. Pearl, eds. 1989. *Conservation for the Twenty-first Century*. Oxford: Oxford University Press.

- Wildt, D. E., S. L. Monfort, A. M. Donoghue, L. A. Johnson, and J. Howard. 1992. Embryogenesis in conservation biology-or, how to make an endangered species embryo. *Theriogenology* 37:161-184.

- Wilson, E. O. 1985. The biological diversity crisis: A challenge to science. *Issues in Science and Technology* 2:20-29.

제3장

환경 풍부화와 탐색행동의 중요성

Joy A. Mench

    1985년, 미국에서는 '동물복지법(Animal Welfare Act)'을 개정하면서 비인간 영장류의 '심리적 복지' 증진 조치를 연구실에서 시행할 것을 요구하였다. 이 규정에서 제안한 복지 개선 방법의 예로는 횃대, 그네, 거울, 조작 가능한 물체나 과제 중심 급이 방식 등이 있었다(USDA, 1991). 이는 미국에서 사육동물을 위한 환경 풍부화의 중요성을 법적으로 인정한 첫 사례였다. 또한, 실험실에서 일반적으로 활용하는 영장류에게 가장 적절한 물체 및 환경 개선 연구를 촉진하는 계기가 되었다. 물론, 동물원 연구자들과 사육사들은 오랫동안 환경 풍부화의 선구자 역할을 해왔다. 그들은 자연에 가깝거나 복잡한 서식지가 사육동물의 복지 개선에 얼마나 중요한지를 입증해 왔다(Markowitz, 1982). 최근

에는 가축, 특히 돼지와 가금류의 환경 풍부화 전략에 대한 관심도 증가하고
있다.

환경 풍부화란 무엇인가?

실험 심리학자들은 환경 풍부화를 광범위하게 연구해 왔으며, 주로 발달
과정에서의 풍부화가 학습, 사회적 행동, 신경해부학 및 신경생리학에 미치는
영향을 평가하기 위해 연구해 왔다(Renner와 Rosenzweig, 1987). 이러한 연구들에
서 풍부화 환경이란 일반적으로 사회적 동료 개체들이 함께 있는 상태에서 다
양한 물체(예: 튜브, 블록, 플라스틱 장난감 등)를 추가하여 자극의 복잡성을 증가시
킨 사육장으로 정의하였다. 지속적인 참신성을 주기 위해 이러한 물체들은 자
주 교체하였다.

그러나 현대의 실험실, 동물원, 농장동물 사육환경을 면밀히 살펴보면, 사
육환경 복잡도가 올라갔다고 해서 환경이 '풍부화' 되었다고 정의하기는 어렵
다. 많은 농장동물은 상당히 황폐한 환경에서 사육되고 있으며, 정상적인 자
세를 잡는 것조차 어렵다(Mench와 van Tienhoven, 1986). 예를 들어, 포유 중인 암
돼지가 새끼 돼지를 깔아뭉개는 것을 방지하기 위해, 암돼지들은 몸을 돌릴
수조차 없는 좁은 분만 우리에 가두는 경우가 많다. 송아지와 산란계 역시 동
물 건강 및 생산 효율을 이유로 매우 좁은 환경에서 사육한다. 일부 생산 시스
템에서는 공격성과 질병 전파를 방지하기 위해 사회적 접촉을 극도로 제한하
기도 한다. 이러한 환경에서는 분만 우리에 있는 암돼지에게 짚을 주거나, 닭
장에 있는 산란계에게 나무 톱밥을 주는 것조차 중요한 환경 풍부화의 한 형
태로 간주할 수 있다(Fraser, 1975). 그러나 실험실에서 사용하는 표준 설치류
사육장에 동일한 깔개를 준다면, 이는 오히려 빈곤한 환경으로 여길 것이다
(Renner와 Rosenzweig, 1987). 나아가, 실험실 및 농장에서 제공하는 풍부화 환경

조차도 풍부화시키지 않은 일반 동물원 사육장보다 환경적으로, 시각적으로, 사회적으로 단순하고 변화가 적은 경우가 많다.

이러한 이유로 인해, 사육동물들을 위한 실용적 환경 풍부화는 단순한 과정이나 현상이 아니라 그 목적에 따라 정의할 때가 많다. 예를 들어, Chamove와 Anderson(1989)은 풍부화가 이상행동을 감소시키고, 행동 유형을 증가시키며, 정상적인 시간적 행동 유형을 촉진하고, 동물이 환경 변화에 보다 정상적으로 대응할 수 있도록 하는 역할을 해야 한다고 했다. Poole(1992)은 사육환경이 복잡성과 예측 불가능성을 제공하는 것뿐만 아니라, '안정성과 안전'을 보장하고, '목표를 달성할 기회'를 줘야 한다고 했다.

그러나 이러한 정의들은 환경 풍부화의 개념을 명확히 하기보다는 여러 가지 논란의 여지가 있는 개념들을 불러일으키며, 농장 동물복지 연구자들 사이에서 많은 논의를 촉진해 왔다(Moberg, 1985; Hughes와 Duncan, 1988; Dawkins, 1990; Mench와 Mason, 출처일 불명). 예를 들어, 야생에서 다양한 행동을 보이는 동물의 경우, 특정 종의 '정상적인' 행동이나 전형적인 시간적 행동 유형을 어떻게 정의할 것인가? 심리적 복지를 보장하기 위해 동물이 반드시 해야 하는 행동은 무엇인가? 환경적 도전에 대한 동물 반응 중, 어떤 것이 고통을 나타내는 것이며, 어떤 것은 단순한 적응 반응인가? 동물의 '목표'를 어떻게 이해하고 평가할 수 있는가?

이러한 질문에 대한 답을 찾는 데 필요한 중요성은 환경 풍부화 전략을 농장, 실험실 또는 동물원 동물 등 어떤 유형의 동물들을 위해 수립하는지에 따라 부분적으로 달라진다는 것이다. 서구 사회에서는 사람들이 동물에 대해 중요한 윤리적 의무를 진다는 점에 대한 공감대가 형성되고 있지만(Mench와 Kreger, 1996), 이러한 의무는 여전히 동물을 사육하는 목적에 따라 다르게 인식하고 있다(5장 참조). 따라서 주로 식품이나 섬유 생산에 미치는 경제적 영향에 따라 농장동물을 위한 환경 풍부화 전략은 제약되는 반면, 동물원 동물을 위한 전략은 공간, 이용 가능한 자원, 방문객의 수용 가능성과 같은 요인에 따라 달라진다. 환경 풍부화가 동물 건강에 미치는 영향과 같은, 다른 제약 요소들은 세 환경(농장, 동물원, 실험실) 모두에 공통으로 적용된다. 농장, 동물원, 실험실 환경에서의 환경 풍부화 프로그램에 대한 주요 제약 요소들은 '표 2'에 제시하고 있다. 환경 풍부화의 비용(산란계 농장에서의 달걀 가격 상승 또는 실험실에서의 전염병 확산 통제와 같은 비용)을 엄격하게 제약해야 할 때, 동물복지를 위해 실행해야 할 가장 중요한 행동이 무엇인지를 결정하는 게 최우선 과제가 될 것이다.

비록 실행상의 제약은 다를 수 있지만, 모든 동물에 대한 환경 풍부화 연구는 농장, 실험실, 동물원 연구자들 간의 공통된 이론적 기초에 대한 논의를 확대함으로써 이점을 얻을 수 있다. 저자는 이러한 이론적 기초 중 하나인, 동물들이 환경에 대한 정보를 얻기 위해 탐색행동을 한다는 개념(Barnett과 Cowan, 1976; Inglis, 1983)에 대해 논의하고자 한다. 이는 Berlyne(1960)이 내재적 탐색이라 부른 탐색 유형에 해당한다. 또한, 이 관점에서 파생되는 환경 풍부화 연구를 위한 몇 가지 방법과 고려 사항을 제안하고자 한다.

표 2 | 다양한 환경별 환경 풍부화 전략의 주요 제약 요소

동물원	실험실	농장
자원의 가용성	실험 프로토콜	경제성
- 사회적 반려 개체	위생과 질병 통제	- 생산 비용
- 자연 서식지에서 구한 재료	규제 요구사항	- 생산물 품질
동물위생	공간	동물위생
전시 미관과 방문객 수용도	비용	작업자 보건과 안전성
공간		환경 영향
보전 역할		

탐색행동과 환경 풍부화

　최근 들어 탐색행동과 동물의 정보 수집 간의 관계, 특히 사육동물의 복지 개선에 있어 그 중요성에 대한 관심이 다시 높아지고 있다(Archer와 Birke, 1983; Poole, 1992; Shepherdson 등, 1993; Wemelsfelder와 Birke, 1997). 동물을 정보 수집자로 보는 관점을 강조하는 것은 인지과학의 발전과 함께 이루어지고 있다. '마음'이 신경계의 기능적 속성이라는 견해가 점차 대두되고 있으며, 이는 매우 복잡하고 아직 완전히 이해하지 못하는 속성이지만, 점점 더 많은 학문적 지지를 받고 있다. 인공지능과 정보 처리 연구의 발전도 이러한 견해를 뒷받침하고 있다(Churchland, 1986). 철학자 Daniel Dennett(1991)은 인간의 의식을 '가상기계', 즉 '진화한(그리고 계속 진화하는) 컴퓨터 프로그램이 뇌의 활동을 형성하는 것'에 비유하기도 했다.

　척추동물의 중추신경계 구조와 기능이 유사하다는 점을 고려할 때, 정신적 경험도 진화적으로 연속성을 가질 가능성이 크다. 이러한 가정은 인지행동 생태학이라는 연구 분야의 발전을 위한 기초를 형성해 왔다(Bekoff와 Jamieson, 1990). 아마도 동물이 주관적 경험을 한다는 견해를 가장 강력히 주장한 대표적 생태학자는 Donald Griffin일 것이다. 그는 동물 의식을 다음과 같이 정의하였다.

　"어떤 동물이 대상이나 사건에 대해 주관적으로 사고한다면, 우리는 이를 단순한 수준의 의식을 경험한다고 간주할 수 있다. 이때 '사고'란, 동물이 자신의 내부 정신적 표상에 주의를 기울이는 것을 의미한다. 이러한 정신적 표상은 동물이 현재 직면한 상황, 과거의 기억, 혹은 미래 상황에 대한 예측을 나타낸다. 이러한 사고 과정은 종종 두 개 이상의 표상을 비교하는 것과 관련되며, 동물이 원하는 결과를 얻거나 불쾌한 결과를 피할 가능성이 높은 행동을 선택하고 결정하는 과정으로 이어진다(Griffin, 1991)."

Dennett(1989)은 동물이 의식을 갖고 있다는 Griffin 주장에는 동의하지 않았지만, 동물 행동을 설명하는 데 있어 동물을 믿음과 욕구를 가진 합리적 존재로 간주하는 것이 생산적 접근법이라고 했다. 그는 동물이 의도를 가지고 행동한다고 보았다. Toates(1983) 또한 내재적 탐색의 동기적 기초를 논의하면서, 동물 행동의 목표 지향적 성격을 강조했다. 그는 탐색행동이 동물의 '인지 지도'를 형성하고 지속적으로 정교화하는 역할을 한다고 했다. 이러한 인지 지도는 먹이의 위치, 혐오 자극, 환경 내의 기타 중요한 요소에 대한 정보를 포함한다. 이 인지 지도를 통해 동물은 목표 지향적 행동을 할 수 있으며, 연속적인 의사결정을 내리는 데 활용할 수 있다. 선호하는 목표는 환경적 자극과 동물의 내적 상태의 상호작용에 따라 결정하며, 현재 가장 높은 유인가를 갖는 것이 동물의 목표가 될 것이다(그림 4).

동물이 정신적 표상을 형성하고 이를 인식할 수 있다는 가정을 바탕으로 한 행동 설명은 논란의 여지가 있다. 예를 들어, Kennedy(1992)는 동물이 '탐색 이미지'를 가지고 있거나 의도적이거나 목표 지향적인 활동을 한다고 해석한 연구를 비판하며, 관찰된 행동을 설명하는 데 있어서 보다 기계론적 해석이 충분하다고 했다. Toates(1983) 또한 자신의 탐색 동기의 유인 이론이 지루함과 같은 '정신적' 개념에 의존하지 않는다고 신중하게 지적했다. 내재적 탐색행동의 동기를 형성하는 데 있어 정신적 표상이 정확히 어떤 역할을 하는지는 여전히 불분명하지만, Inglis(1983)가 발전시킨 '정보 우선' 탐색 이론을 뒷받침하는 여러 가지 증거가 있다. 첫 번째 증거는 동물들이 쉽게 이용할 수 있는 먹이가 있는 상황임에도 불구하고 각 종이 선호하는 방식으로 먹이를 탐색한다는 것이다. 보드 위의 덮개 아래 무작위로 숨긴 밀웜과 덮개가 없는 접시에 밀웜을 줬을 때, 찌르레기들이 전체 먹이의 최대 81%를 덮개 아래에서 찾아 먹는다는 사실을 발견했다(Inglis와 Ferguson, 1986). 이러한 탐색행동은 불규칙한 환경에서 미래의 잠재적 채집지 위치와 질에 대한 정보를 얻는 역할을 하

그림 4 탐색행동을 유도하기 위해 영역동물인 삵(*Prionailurus bengalensis*)에게 담비의 배설물 제공(국립생태원, ©김정남).

는 것으로 보인다. 낙엽수 씨앗을 모아 굴에 저장하는 다람쥐(*Eutamias sibiricus*) 또한 현재 이용 중인 먹이터에서 씨앗 밀도가 줄어들면 탐색행동이 늘어난다 (Kramer와 Weary, 1991).

두 번째 증거는 동물들이 탐색 기간 동안 사용할 수 있는 자원이 없더라도 익숙하거나 새로운 환경에서도 탐색한다는 연구에서 나온다(탐색행동 연구의 대부분은 개방 공간에 사는 동물 행동을 분석하였다. 그러나 개방 공간 연구는 탐색행동을 연구하는 방법으로서는 널리 비판받아 왔기 때문에(Daly, 1973; Russell, 1983; Renner, 1990), 본 장에서는 이러한 연구들은 논의하지 않는다.). 십자 미로에 사는 설치류는 한쪽이 비어 있더라도 미로의 모든 구역을 정기적으로 방문한다(Barnett과 Cowan, 1976). 마찬가지로, 풍부한 자원이 있는 사육장의 닭들도 연결된 빈 터널을 일정 시간 탐색한다(Nicol과 Guilford, 1991). 돼지 또한 자신의 사육장을 떠나 인접 사육장을 탐색한다(Wood-Gush 등, 1990). 순찰 탐색이라고 부르는 이러한 유형의 탐색은 환경 내 자원의 공간적 유형에 대한 정보를 얻는 역할을 할 수 있다(Albert와 Mah,

1972). 다시 말하자면, 새로운 환경을 탐색하는 것은 동물들에게 특히 가치 있는 행동으로 보인다. 돼지는 인접한 사육장을 탐색할 때 익숙한 물체보다 새로운 물체가 있을 때 더 적극적으로 탐색한다(Wood-Gush와 Vestergaard, 1991). 또한, 쥐는 스스로 자신의 사육장을 떠나 다양한 새로운 물체를 조사할 수 있는 공간으로 들어가는 행동을 보인다(Renner와 Seltzer, 1991).

다시 말해, 이러한 탐색행동 유형의 한 가지 기능은 동물이 미래의 자원 가용성을 가늠하는 데 도움이 되는 예측 단서를 주는 것이다. 선호 먹이인 알맞게 익은 으름을 맛본 일본원숭이(*Macaca fuscata*)의 행동이 그 한 예다. 그 후, 덩굴을 조사하고, 덩굴이 있을 가능성이 있는 장소를 탐색하며, 열매의 숙성 단계가 다른 다양한 시기에 열매를 만져보고 맛본다(Menzel, 1991). 또한 탐색을 통해 포식자를 회피하는 전략과 관련된 중요한 정보를 얻는다. 실험 상자 안에서 탈출구가 연결된 상자를 더 오래 탐색한 쥐는 덜 탐색한 쥐보다 모의 포식자로부터 더 빠르게 탈출했다(Renner, 1988).

탐색의 정보 우선 이론이 정확하다면, 이는 환경 풍부화의 실질적인 실행에 중요한 함의를 둔다. 높은 탐색 성향을 보인 동물들에게는 단순히 환경을 복잡하게 만드는 것뿐만 아니라 지속적인 새로움과 변화를 주기 위한 노력이 필요하다. 하지만 어떤 동물들이 정보 수집의 필요성을 크게 느낄까?

Poole(1992)은 뇌 크기의 분류학적 차이를 보여주는 자료를 바탕으로, 오직 포유류만이 '심리적 필요'가 있다고 했다. 그러나 나는 적어도 항온동물에서는 뇌의 크기보다 동물이 사는 자연환경의 복잡성과 다양성이 인지적 필요성에 더 중요한 요인이라고 주장한다. Glickman과 Sroges(1966)도 비슷한 결론을 내린 바 있으며, 동물원 사육장에 새로운 물체를 넣었을 때 여러 포유류 종의 반응을 비교하였다. 모든 동물들은 각성을 유지하기 위해 자극과 환경 풍부화가 필요하지만, 다음과 같은 유형의 사육동물들에게 탐색 기회를 주는 것이 우선순위가 되어야 한다고 제안한다.

- *자원 가용성이 크게 변하는 환경에 적응했거나, 일반적인 환경에서 살 아가는 종*
  패치형 또는 계절적으로 변동하는 자원이 있는 서식지에서 살아가는 동물들에게는 자원의 위치와 상대적 질을 예측하고, 자원에 접근하기 위한 효과적인 전략을 결정하는 능력이 매우 중요하다.

- *복잡한 항포식 행동(antipredator behaviors)을 보이는 종*
  예를 들어, 일부 동물은 서식 영역 내에서 다양한 탈출 경로를 학습하고 활용한다.

- *복잡한 사회 구조를 가진 종*
  사회적 행동이 인지 능력 향상을 위한 주요 요인이라는 주장을 제기한 바 있다. 사회적 동물은 정보를 정확하게 전달해야 하며, 상대의 정신 상태를 평가하여 행동을 예측해야 하고, 사회적 상호작용 중 속임수를 감지할 수 있어야 한다(Cheney와 Seyfarth, 1990; Trivers, 1991).

이러한 종들의 탐색행동 유형은 정보 수집 욕구를 충족시키기 위한 환경 풍부화 장치를 설계하는 기초로 활용할 수 있다.

이론을 방법론으로 전환하기

때때로 동물에게 가치 있는 특성보다 내구성, 안전성, 가용성, 비용, 또는 연구자(혹은 이를 판매하는 회사)의 선호도를 기준으로 환경 풍부화 장치를 선택할 때가 많다. 그 결과, 동물들은 풍부화 장치를 사용하지 않거나, 기대했던 긍정적인 효과를 보이지 않을 수도 있다. '실패한' 환경 풍부화 장치의 예로는 파타스원숭이(*Erythrocebus patas*)를 위한 상업용 반려동물 장난감(Weld, 1992)과 히말라야원숭이(*Macaca mulatta*)와 게잡이원숭이(*M. fascicularis*)를 위한 '나일라볼' (Line, 1987)이 있다. 나는 동물의 정보 수집 욕구라는 관점에서 환경 풍부화를 바라보는 것이 보다 체계적이고 효과적인 전략 개발에 도움이 될 수 있다고 제안한다. 다음 섹션에서는 탐색행동 및 환경 풍부화의 효과에 영향을 미칠 수 있는 여러 요인들을 논의하고자 한다.

풍부화 장치 특성

풍부화 프로그램에서 지속적인 시행착오 접근 방식을 피하려면, 다양한 동물종에서 탐색행동을 유발하는 환경적 요소(예: 시각, 후각, 청각, 촉각적 특성)와 사육장(예: 높이, 각도, 틈새, 바닥 면적, 층수 등 포함한 3차원 공간 유형)의 속성에 대한 추가 정보가 필요하다. 이러한 정보는 어느 정도 야생이나 자연 서식지에서 동물을 관찰해서 추론할 수 있다(그림 5). 예를 들어, 야생에서의 채집 및 물체 조작 유형에 대한 정보를 바탕으로 카푸친원숭이(*Cebus* spp.)를 위한 다양한 풍부화 장치를 개발하였다(Fragaszy와 Adams Curtis, 1991). 마찬가지로, Stolba와 Wood-Gush(1984)는 자연환경에서 돼지의 탐색행동을 관찰한 결과를 바탕으로 풍부화한 집약적 돼지 생산 시스템을 설계하였다.

그러나 야생에서의 탐색행동을 충분한 세부 사항과 함께 관찰하고 특성화하는 것은 종종 어렵기 때문에, 이를 바탕으로 풍부화 장치를 설계하는 것이 쉽지는 않다. 게다가, 많은 가축이나 수 세대 동안 사육해 온 동물에게 있어 진정으로 자연적인 환경이 무엇인지에 대한 명확한 정의가 부족하다. 탐색행동을 유발할 자극 유형을 결정하는 대안적 방법은, 동물에게 체계적으로 변하는 물체(또는 환경)를 제시하여 동물이 선호하는 것을 선택하도록 하는 것이다.

이러한 접근 방식은 특정 종에 적합한 풍부화 장치의 일반적인 원리를 발견하는 데 도움이 될 수 있음에도 불구하고, 풍부화 연구에서 너무나 드물

그림 5 전시시설 내 잎이 무성한 나무를 제공해 순다늘보원숭이(*Nycticebus coucang*)에게 탐색행동 유도(국립생태원, ⓒ 계하은).

게 사용되고 있다. 이와 같은 유형의 연구는 풍부화의 우선순위와 전략에 대한 중요한 결과를 도출할 수 있다. 예를 들어, 이전 연구에서는 여우원숭이류 등 원원류가 새로운 비식용 물체에 거의 관심을 보이지 않는다고 밝혀졌으나 (Jolly, 1964), Renner 등(1992)은 갈라고속(*Galago* spp.) 동물이 실제로 물체를 조사한다는 사실을 발견하였다. 그러나 탐색행동을 하는 경향은 제공한 물체의 특성에 따라 크게 달랐으며, 크고 조작하기 쉬운 물체를 선호하는 것으로 나타났다.

연령, 성별, 개체별, 사회적 맥락 및 유전적 요인의 영향

여러 연구에서 연령, 성별, 유전적 요인 및 개체 차이가 동물의 탐색행동과 새로운 자극에 대한 반응에 영향을 미친다고 밝혀졌다(Jones, 1987; Renner와 Rosenzweig, 1987; Jones 등, 1991; Lawrence 등, 1991; Renner 등, 1992). 그러나 이러한 요인들이 다양한 동물종에서 어떻게 작용하는지를 체계적으로 조사하고, 풍부화 장치나 사육환경 설계에 미치는 중요성을 평가하려는 시도는 많지 않았다. 따라서, 다양한 연령과 성별의 히말라야원숭이(*Macaca mulatta*)를 넓은 공간과 제한 공간에서 관찰하여 개별적이며 발달 단계에 특화된 풍부화 프로그램 개발에 필요한 정보를 제공한 O'Neill 등(1990)의 연구와 같은 추가 연구가 필요하다. 무리 사육하는 동물의 경우, 사회적 상호작용이 사회 촉진 효과 때문에 풍부화 장치에 관심이 늘 수 있다(Renner 등, 1992). 그러나 선호하는 풍부화 장치에 대한 접근을 우세한 개체가 다른 개체들이 접근하지 못하게 할 수도 있다(Fragaszy와 Adams-Curtis, 1991). 따라서 탐색행동과 사회적 상호작용 간의 관계에 대한 추가 연구가 필요하다.

발달사와 경험

어린 시절 풍부화한 환경 또는 빈약한 환경을 경험한 동물은 신경 조직과 이후의 감정적 행동 양상 및 스트레스 요인에 대한 반응에 깊은 영향을 받는다(Moberg, 1985; Renner와 Rosenzweig, 1987). 그러나 풍부화가 항상 유익한 행동 변화를 초래하는지에 대해서는 논란이 있다(Newberry, 1995). 많은 풍부화 연구가 동물의 자연사를 고려하지 않고 풍부화의 결과를 해석한다는 비판을 제기해 왔다. 예를 들어, Daly(1973)는 개방 공간 실험에서 감정적 반응이 감소한 설치류가 적응적이라고 규정한 인간 중심적 관점을 비판하며 다음과 같이 말했다. "밝고 환한 새로운 환경으로 망설임 없이 들어가는 소형 설치류는 병적일 정도로 두려움을 느끼지 않는 개체일 것이다." 따라서 풍부화에 대한 초기 경험이 대처 전략에 미치는 영향을 평가할 때, 특히 자연 서식지로 다시 복원시킬 가능성이 있는 동물의 경우, 자연사적 관점에서 해당 종의 새로운 환경에 대한 선호와 두려움을 신중히 평가해야 한다(Shepherdson, 1994).

또한, 초기 풍부화 경험은 탐색행동의 다양한 측면에 미묘하게 영향을 미칠 수 있으며, 이러한 영향은 연령에 따라 다를 수 있다. Renner와 Rosenzweig (1986)의 연구에 따르면, 풍부화한 환경에서 자란 어린 쥐는 빈약한 환경에서 자란 쥐보다 새로운 물체를 접촉하는 빈도는 높지 않았지만, 움직일 수 있는 물체를 접했을 때 행동의 다양성이 더 컸다. 반면, 성체 쥐는 조작 가능한 물체와 불가능한 물체 모두에 대해서 더 복잡한 행동을 보였으며, 일반적인 탐색행동도 증가했다(Renner, 1987). 이에 반해, Wood-Gush 등(1990)은 풍부화한 환경에서 자란 어린 돼지가 빈약한 환경에서 자란 돼지보다 낯선 공간과 새로운 물체를 탐색하는 시간이 더 적었다고 보고했다. 이러한 차이가 종 차이에 따른 것인지, 실험 방법이나 풍부화 절차에 따른 것인지는 명확하지 않다.

인지 능력과 환경 변화에 대한 동물의 기대가 발달 과정에서 고정될 가능성이 있다는 점은 언제, 어떻게, 그리고 풍부화 프로그램을 실행할 필요가 있는지에 대한 어려운 문제를 제기한다. Inglis(1983)와 Wemelsfelder(1993)는 단조로운 환경에서 성장한 동물의 '믿음 구조'가 점차 퇴화하여 외부 자극을 탐색하려는 행동이 감소할 수 있다고 했다. 환경에 대한 기대와 목표(혹은 기대와 목표의 부재)가 동물의 발달 과정에서 얼마나 고정되는지는 아직 명확히 밝혀지지 않았다. 단조롭거나 황폐한 환경에서 성장한 어린 동물이나 성체는 외부 자극이 적기 때문에 풍부화 전략에서 정보 획득 모델이 제시하는 혜택을 덜 받을 수도 있다(Glanzer, 1958). 그러나 이러한 동물은 환경 자극을 평가하는 데 어려움을 겪을 가능성이 높으며, 따라서 예상치 못한 상황에서 과도한 공포 반응이나 흥분 반응을 보일 수 있다(Wemelsfelder와 Birke, 1997).

실용적 목적을 위한 풍부화

환경 풍부화는 실용적 목표를 달성하고 단기적 복지 문제를 해결하기 위한 목적에서 시작되었다. 예를 들어, 농장동물에서는 질병 저항력과 성장률을 개선하고, 도축 전 포획과 운송과 같은 급성 스트레스 요인에 대한 두려움 반응을 감소시키기 위한 시도로 다루기와 물체 풍부화를 연구하였다(Gvaryahu 등, 1989; Pearce 등, 1989; Nicol, 1992; Reed 등, 1993).

그러나 이러한 연구에서 풍부화가 때때로 역설적이거나 바람직하지 않은 결과를 초래할 때도 있다. 예를 들어, 풍부화가 닭에서 공격성과 동족 포식 행동을 증가시킨다고 보고한 바 있다(Reed 등, 1993). McGregor와 Ayling(1990)은 새로운 물체가 들어있는 우리에 넣은 수컷 쥐들이 황량한 우리에 넣은 쥐들보다 더 많이 싸운다는 것을 발견하고, 그 물체들을 방어 가능한 자원으로 인식하여 공격성을 자극한다고 했다(이 연구에서 사용한 방법에 대한 비판은 Jones, 1992 참조). 그러나 또 다른 설명은, 이 연구들에서 사용한 풍부화의 정도나 유형이 원하는 목표를 달성하기에는 부적절했다는 것이다.

많은 집중적 풍부화 연구는 실험심리학에서 유래한 표준 풍부화 패러다임을 따르고 있으며, 여기에는 무작위로 선택한 새로운 물체를 사육장에 주는 방식도 있다. 물체뿐만 아니라 풍부화 방법으로는 다루기, 음악, 시각적 혹은 후각적 자극도 있을 수 있다(Newberry, 1995). 새로운 자극은 탐색행동을 자극하고 각성을 일시적으로 증가시켜 긍정 효과를 유발할 수 있지만(Chamove와 Moodie, 1990), 동시에 강한 공포 반응을 유발할 수도 있어 스트레스 요인이 될 가능성이 있다. 따라서, 풍부화가 행동 및 스트레스 대처 능력에 가장 유익한 효과를 가져오려면, 다양한 개별 풍부화 자극과 전체 자극에 대한 동물 반응을 세밀하게 분석하고, 그 자극에 대한 반응 습관화율을 평가하는 신중한 연구가 필요하다.

풍부화의 효과성을 결정하는 중요한 요소 중 하나는 동물이 환경에서 새로운 자극을 찾아보고 상호작용을 할 수 있는 정도, 혹은 반대로 이러한 자극을 회피할 수 있는 정도다. 생쥐를 새로운 환경에 두거나, 생쥐가 자발적으로 새로운 환경으로 이동한 후 익숙한 환경으로 돌아가는 것을 방해하면 코르티코스테론 수치가 증가하는 것으로 나타났다. 그러나 생쥐가 새로운 환경과 익숙한 환경을 자유롭게 오갈 수 있도록 하면 코르티코스테론 수치가 증가하지 않았다(Misslin과 Cigrang, 1986). 따라서, 동물에게 환경을 통제할 기회를 주는 것은 새로운 자극과 관련된 스트레스를 감소시키는 역할을 할 수 있을 것이다. Wemelsfelder와 Birke(1997)는 탐색의 자발적이고 상호작용적인 측면의 중요성을 강조하며, 동물은 단순히 '학습'하는 것뿐만 아니라 직접 '행동'할 기회도 필요하다고 했다. Maier와 Seligman(1976)은 동물이 환경 자극을 통제할 능력을 상실하면 학습된 무기력 상태에 빠지며, 이는 자신의 행동과 그 결과 사이의 관계를 인식하는 능력을 방해한다고 했다. 따라서, 자신이 노출되는 새로운 자극의 강도와 지속 시간을 동물이 선택할 수 있도록 하면 풍부화의 역설적인 효과를 감소시키는 데 도움이 될 수 있다.

풍부화를 실용적 목적으로 활용할 때 발생하는 추가적인 문제는 서로 다른 유형의 환경 풍부화가 스트레스 대처 능력에 미치는 영향이 유사한지를 결정하는 것이다. 예를 들어, 물체 풍부화는 닭에서 긴장성 부동 반응[19]을 감소시키지만, 다루기는 동일하게 예측 가능한 효과를 보이지 않는다(Nicol, 1992). 대부분의 연구자들은 초기 풍부화가 농장동물의 두려움 반응을 감소시킨다고 보고했지만(Jones, 1982; Nicol, 1992; Pearce와 Paterson, 1993; Reed 등, 1993), 풍부화 효과의 일반화 가능성에 대한 정보는 아직 부족하다. 따라서 풍부화가 스트레스 감소를 위한 가장 적절한 전략인지 아닌지와, 어떤 상황에서 적절하게 작용할 수 있는지에 대한 정확한 예측을 내리기는 어렵다.

---

19   Tonic immobility reaction: 동물이 포식자에게 잡혔을 때, 마치 죽은 듯이 움직임을 멈추는 무반응 상태. 극도의 스트레스나 공포 상황에서 유발되는 본능적 생존 전략으로, 일종의 '죽은 척' 전략.

결론

탐색행동과 환경 풍부화의 관계를 논의하면서, 동물의 정보 수집 욕구를 충족시키는 것이 환경 재설계 프로그램의 주된 목표가 되어야 한다고 주장하려는 것은 아니다. 동물들이 탐색하거나 자극 변화를 끌어내기 위해 일정한 대가(예: 전기 철책을 넘거나 조작 과제를 하는 것)를 치를 것이라는 증거가 있지만(Nissen, 1930; Myers와 Miller, 1954; Barnes와 Baron, 1961), 본질적인 탐색행동은 여전히 비교적 사치스러운 활동으로 보인다. 탐색행동은 먹이 부족 상황에서 많이 감소하며(Inglis와 Ferguson, 1986), 또 다른 형태의 탐색행동인 놀이 행동도 마찬가지로 줄어든다(Müller-Schwarze 등, 1982; Mench, 1988). 이는 풍부화 프로그램에서 높은 우선순위의 행동을 충족시키는 것이 중요함을 시사한다. 예를 들어, 먹이와 관련된 복잡한 행동들처럼 내재적으로 강하게 동기화된 행동들이 그러한 우선순위에 해당한다(Dawkins, 1990).

이러한 행동의 탐색적(먹이를 구하기 위한) 단계와 섭식적(먹이를 먹는) 단계 모두를 충족시키는 것이 동물에게 중요할 수 있다. 예를 들어, 어미 돼지나 암탉에게 미리 만든 둥지를 주면, 분만이나 산란 전 둥지 짓기 행동을 변화시키지만 이를 억제하지는 않는다(Duncan과 Kite, 1989; Hughes 등, 1989; Arey 등, 1991). 그러나 둥지 재료를 주지 않을 경우, 어미 돼지는 사육장에 걸려 있는 천 조각으로 둥지 짓기 행동을 전환하기도 한다(Widowski와 Curtis, 1990). 동물이 본능적으로 보이는 동기 유발 행동을 할 수 있도록 자극하는 풍부화 기법은 실험실 동물과 동물원 동물에게도 성공적으로 적용하고 있다(Carlstead, 1996). 예를 들어, 원숭이에게 양털로 덮인 먹이찾기 보드를 주거나, 고기잡이삵(Fishing cat, *Prionailurus viverrinus*)에게 살아있는 물고기를 주는 것은, 먹이를 찾는 과정에서 필요한 동기 유발 단계인 탐색 추적 행동을 할 수 있도록 돕는 풍부화 사례다(Bayne 등, 1991; Shepherdson 등, 1993; Carlstead, 1996).

사육동물의 생활 환경과 관리 체계를 재고할 때, 가장 중요한 고려 사항은 동물에게 필요한 높은 우선순위를 가지는 행동적 요구를 충족시키는 것이어야 한다. 그러나 가능하다면, 개체 동물과 종 특유의 정보 수집 행동을 할 수 있도록 돕는 풍부화 요소도 사육환경에 포함해야 한다.

감사의 말

이 장을 준비하는 데 도움을 준 Clare Knightly에게 감사드리며, 원고 초안에 유용한 의견을 준 Bryan Jones와 Devra Kleiman에게도 감사를 전한다.

참고문헌

- Albert, D. J., and C. J. Mah. 1972. An examination of conditioned reinforcement using a one-trial learning procedure. *Learning and Motivation* 3:369-388.
- Archer, J., and L. I. A. Birke, eds. 1983. *Exploration in Animals and Humans*. Berkshire, U.K.: Van Nostrand Reinhold.
- Arey, D. S., A. M. Petchey, and V. R. Fowler. 1991. The preparturient behaviour of sows in enriched pens and the effect of pre-formed nests. *Applied Animal Behaviour Science* 31:61-68.
- Barnes, G. W., and A. Baron. 1961. Stimulus complexity and sensory reinforcement. *Journal of Comparative and Physiological Psychology* 54:466-469.
- Barnett, S. A., and P. E. Cowan. 1976. Activity, exploration, curiosity, and fear: An ethological study. *Interdisciplinary Science Reviews* 1:43-62.
- Bayne, K., H. Mainzer, S. Dexter, G. Campbell, F. Yamada, and S. Suomi. 1991. The reduction of abnormal behaviors in individually housed rhesus monkeys (*Macaca mulatta*) with a foraging/grooming board. *American Journal of Primatology* 23:23-35.
- Bekoff, M., and D. Jamieson. 1990. Cognitive ethology and applied philosophy: The significance of an evolutionary biology of mind. *Trends in Ecology and Evolution* 5:156-159.
- Berlyne, D. E. 1960. *Conflict, Arousal, and Curiosity*. New York: McGraw-Hill.
- Carlstead, K. 1996. Effects of captivity on the behavior of wild mammals. In *Wild Mammals in Captivity: Principles and Techniques*, ed. D. G. Kleiman, M. E. Allen, K. V. Thompson, and S. Lumpkin, 317-333. Chicago: Chicago University Press.

- Chamove, A. S., and J. R. Anderson. 1989. Examining environmental enrichment. In *Psychological Well-Being of Primates*, ed. E. Segal, 183-202. Philadelphia: Noyes Publications.

- Chamove, A. S., and E. M. Moodie. 1990. Are alarming events good for captive monkeys? *Applied Animal Behaviour Science* 27:169-176.

- Cheney, D. L., and R. M. Seyfarth. 1990. *How Monkeys See the World*. Chicago: University of Chicago Press.

- Churchland, P. S. 1986. *Neurophilosophy: Toward a Unified Science of the Mind-Brain*. Cambridge: MIT Press.

- Daly, M. 1973. Early stimulation of rodents: A critical review of present interpretations. *British Journal of Psychology* 64:435-460.

- Dawkins, M. S. 1990. From an animal's point of view: Motivation, fitness, and animal welfare. *Behavioral and Brain Sciences* 13:1-61.

- Dennett, D. C. 1989. Cognitive ethology: Hunting for bargains or a wild goose chase? In *Goals, No-Goals, and Own Goals*, ed. A. Montefiore and D. Noble, 101-116. London: Unwin Hyman.

- Dennett, D. C. 1991. *Consciousness Explained*. Boston: Little, Brown.

- Duncan, I. J. H., and V. G. Kite. 1989. Nest site selection and nest-building behaviour in domestic fowl. *Animal Behaviour* 7:215-231.

- Fragaszy, D. M., and L. E. Adams-Curtis. 1991. Environmental challenges in groups of capuchins. In Primate Responses to Environmental Change, ed. H. O. Box, 239-264. London: Chapman & Hall.

- Fraser, D. 1975. The effect of straw on the behavior of sows in tether stalls. *Animal Production* 21:59-68.

- Glanzer, M. 1958. Curiosity, exploratory drive, and stimulus satiation. *Psychological Bulletin* 55:307-315.

- Glickman, S. E., and R. W. Sroges. 1966. Curiosity in zoo animals. *Behaviour* 6:151-188.

- Griffin, D. R. 1991. Progress toward a cognitive ethology. In *Cognitive Ethology*, ed. C. A. Ristau, 3-17. Hillsdale, N.J.: Lawrence Erlbaum.

- Gvaryahu, G., D. L. Cunningham, and A. van Tienhoven. 1989. Filial imprinting, environmental enrichment, and music application. *Poultry Science* 68:21-217.

- Hughes, B. O., and I. J. H. Duncan. 1988. The notion of ethological "need," models of motivation, and animal welfare. *Animal Behaviour* 36:1696-1707.

- Hughes, B. O., I. J. H. Duncan, and M. F. Brown. 1989. The performance of nest building by domestic hens: Is it more important than the construction of a nest? *Animal Behaviour* 37:210-214.

- Inglis, I. R. 1983. Towards a cognitive theory of exploratory behaviour. In *Exploration in Animals and Humans*, ed. J. Archer and L. I. A. Birke, 72-116. Berkshire, U.K.: Van Nostrand Reinhold.

- Inglis, I. R., and N. J. K. Ferguson. 1986. Starlings search for food rather than eat freely-available, identical food. *Animal Behaviour* 34:614-617.

- Jolly, A. 1964. Prosimians' manipulation of simple object problems. *Animal Behaviour* 12:560-570.

- Jones, R. B. 1982. Effects of early environmental enrichment upon open-field behaviour and timidity in the domestic chick. *Developmental Psychobiology* 15:105-111.

– Jones, R. B. 1987. Social and environmental aspects of fear in the domestic fowl. In *Cognitive Aspects of Social Behaviour in the Domestic Fowl*, ed. R. Zayan and I. J. H. Duncan, 82-149. Amsterdam: Elsevier.

– Jones, R. B. 1992. Varied voices and aggression. *Applied Animal Behaviour Science* 33:295-296.

– Jones, R. B., A. D. Mills, and J.-M. Faure. 1991. Genetic and experiential manipulation of fear-related behavior in Japanese quail chicks (*Coturnix coturnix japonica*). *Journal of Comparative Psychology* 105:15-20.

– Kennedy, J. S. 1992. *The New Anthropomorphism*. Cambridge: Cambridge University Press.

– Kramer, D. L., and D. M. Weary. 1991. Exploration versus exploitation: A field study of time allocation to environmental tracking by foraging chipmunks. *Animal Behaviour* 41:443-449.

– Lawrence, A. B., E. M. C. Terlouw, and A. W. Illius. 1991. Individual differences in behavioural responses of pigs exposed to non-social and social challenges. *Applied Animal Behaviour Science* 30:73-86.

– Line, S. W. 1987. Environmental enrichment for laboratory primates. *Journal of the American Veterinary Medical Association* 190:854-859.

– Maier, S. F., and M. E. Seligman. 1976. Learned helplessness: Theory and evidence. *Journal of Experimental Psychology: General* 105:3-46, 105.

– Markowitz, H. 1982. *Behavioral Enrichment in the Zoo*. New York: Van Nostrand Reinhold.

– McGregor, P. K., and S. J. Ayling. 1990. Varied cages result in more aggression in male CFLP mice. *Applied Animal Behaviour Science* 26:277-281.

– Mench, J. A. 1988. The development of aggressive behaviour in male broiler chicks: A comparison with laying-type males and the effects of feed restriction. *Applied Animal Behaviour Science* 21:233-242.

– Mench, J. A., and M. D. Kreger. 1996. Ethical and welfare issues associated with keeping wild mammals in captivity. In *Wild Mammals in Captivity*, ed. D. G. Kleiman, M. E. Allen, K. V. Thompson, and S. Lumpkin, 5-15. Chicago: Chicago University Press.

– Mench, J. A., and G. Mason. 1997. Behaviour. In *Animal Welfare*, ed. M. C. Appleby and B. O. Hughes. Wallingford, U.K.: CAB International.

– Mench, J. A., and A. van Tienhoven. 1986. harm animal welfare. *American Scientist* 74:598-603.

– Menzel, C. R. 1991. Cognitive aspects of foraging in Japanese monkeys. *Animal Behaviour* 41:397-402.

– Misslin, R., and M. Cigrang. 1986. Does neophobia necessarily imply fear or anxiety? *Behavioural Processes* 12:45-50.

– Moberg, G. P. 1985. Influence of stress on immune function: Implications for health. In *Animal Stress*, ed. G. P. Moberg, 27-49. Bethesda, Md.: *American Physiological Society*.

– Müller-Schwarze, D., B. Stagge, and C. Müller-Schwarze. 1982. Play behavior: Persistence, decrease, and energetic compensation during food shortage in deer fawns. *Science* 215:85-87.

– Myers, A. K., and N. E. Miller. 1954. Failure to find a learned drive based on hunger: Evidence for learning motivated by "exploration." *Journal of Comparative and Physiological Psychology* 47:428-436.

– Newberry, R. 1995. Environmental enrichment: Increasing the biological relevance of captive environments.

Applied Animal Behaviour Science 44:229-243.

- Nicol, C. J. 1992. Effects of environmental enrichment and gentle handling on behaviour and fear responses of transported broilers. *Applied Animal Behaviour Science* 33:367-380.

- Nicol, C. J., and T. Guilford. 1991. Exploratory activity as a measure of motivation in deprived hens. *Animal Behaviour* 41:333-341.

- Nissen, H. W. 1930. A study of exploratory behavior in the white rat by means of the obstruction method. *Journal of Genetic Psychology* 37:361-376.

- O'Neill, P. L., C. Price, and S. J. Suomi. 1990. Designing captive primate environments sensitive to age- and gender-related activity profiles for rhesus monkeys (*Macaca mulatta*). In *Proceedings of American Association of Zoological Parks and Aquariums Regional Conference*, 546-554. Wheeling, W.Va.: AAZPA.

- Pearce, G. P., and A. M. Paterson. 1993. The effect of space restrictions and provision of toys during rearing on the behaviour, productivity, and physiology of male pigs. *Applied Animal Behaviour Science* 36:11-28.

- Pearce, G. P., A. M. Paterson, and A. N. Pearce. 1989. The influence of pleasant and unpleasant handling and the provision of toys on the growth and behaviour of male pigs. *Applied Animal Behaviour Science* 23:27-37.

- Poole, T. B. 1992. The nature of evolution of behavioural needs in mammals. *Animal Welfare* 1:203-220.

- Reed, H. J., L. J. Wilkins, S. D. Austin, and N. G. Gregory. 1993. The effect of environmental enrichment during rearing on fear reactions and depopulation trauma in adult caged hens. *Applied Animal Behaviour Science* 36:39-46.

- Renner, M. J. 1987. Experience-dependent changes in exploratory behavior in the adult rat (*Rattus norvegicus*): Overall activity level and interactions with objects. *Journal of Comparative Psychology* 101:94-100.

- Renner, M. J. 1988. Learning during exploration: The role of behavioral topography during exploration in determining subsequent adaptive behavior. *International Journal of Comparative Psychology* 2:43-56.

- Renner, M. J. 1990. Neglected aspects of exploratory and investigatory behavior. *Psychobiology* 8:16-22.

- Renner, M. J., A. J. Bennett, M. L. Ford, and P. J. Pierre. 1992. Investigation of inanimate objects by the greater bushbaby (*Otolemur garnettii*). *Primates* 33:315-328.

- Renner, M. J., and M. R. Rosenzweig. 1986. Object interactions in juvenile rats (*Rattus norvegicus*): Effects of different experimental histories. *Journal of Comparative Psychology* 100:229-236.

- Renner, M. J. 1987. *Enriched and Impoverished Environments*. New York: Springer-Verlag.

- Renner, M. J., and C. P. Seltzer. 1991. Molar characteristics of exploratory and investigatory behavior in the rat (*Rattus norvegicus*). *Journal of Comparative Psychology* 105:326-339.

- Russell, P. A. 1983. Psychological studies of exploration in animals: A reappraisal. In *Exploration in Animals and Humans*, ed. J. Archer and L. I. A. Birke, 2-54. Berkshire, U.K.: Van Nostrand Reinhold.

- Shepherdson, D. 1994. The role of environmental enrichment in the captive breeding and re-introduction of endangered species. In *Creative Conservation: Interactive Management of Wild and Captive Animals*, ed. G. Mace, P. Olney, and A. Feistner, 167-175. London: Chapman & Hall.

- Shepherdson, D. J., K. Carlstead, J. D. Mellen, and J. Seidensticker. 1993. The influence of food presentation on the behavior of small cats in confined environments. *Zoo Biology* 12:203-216.

- Stolba, A., and D. G. M. Wood-Gush. 1984. The identification of behavioural key features and their incorporation into a housing system for pigs. *Annales de Recherches Veterinaires* 15:287-289.

- Toates, F. M. 1983. Exploration as a motivational and learning system: A cognitive incentive view. In *Exploration in Animals and Humans*, ed. J. Archer and L. I. A. Birke, 55-71. Berkshire, U.K.: Van Nostrand Reinhold.

- Trivers, R. 1991. Deceit and self-deception. In *Man and Beast Revisited*, ed. M. H. Robinson and L. Tiger, 175-191. Washington, D.C.: Smithsonian Institution Press.

- USDA (United States Department of Agriculture). 1991. *Animal Welfare* standards, final rule (Part 3, Subpart D): Specifications for the humane handling, care, treatment, and transportation of nonhuman primates. *Federal Register* 56 (32): 6495-6505.

- Weld, K. P. 1992. Environmental enrichment of laboratory-housed nonhuman primates. Master's thesis, University of Maryland, College Park.

- Wemelsfelder, F. 1993. The concept of animal boredom and its relationship to stereotyped behaviour. In *Stereotypic Animal Behaviour: Fundamentals and Applications to Welfare*, ed. A. B. Lawrence and J. Rushen, 65-96. Wallingford, U.K.: CAB International.

- Wemelsfelder, F., and L. Birke. 1997. Environmental challenge. In *Animal Welfare*, ed. M. C. Appleby and B. O. Hughes. Wallingford, U.K.: CAB International.

- Widowski, T. M., and S. E. Curtis. 1990. The influence of straw, cloth tassel, or both on the prepartum behaviour of sows. *Applied Animal Behaviour Science* 27:53-71.

- Wood-Gush, D. G. M., and K. Vestergaard. 1991. The seeking of novelty and its relation to play. *Animal Behaviour* 42:599-606.

- Wood-Gush, D. G. M., K. Vestergaard, and H. V. Petersen. 1990. The significance of motivation and environment in the development of exploration in pigs. *Biology of Behavior* 15:39-52.

제4장

사육동물의 선택권:
자연에서처럼 상호작용 할 수 있는 기회

Hal Markowitz와 Cheryl Aday

　1972년, 오리건주 포틀랜드에 있는 당시 포틀랜드동물원(Portland Zoo, 현재는 메트로워싱턴공원동물원)은 사육동물을 위한 폭넓은 행동 풍부화 프로그램을 시작했다. 초기에는 동물에게 더 다양한 행동 기회를 줄 수 있도록 환경요소를 설계한다는 의미에서 행동 풍부화란 용어 대신 '행동 공학(behavioral engineering)'이라고 했다. 첫 번째는 흰손기번(*Hylobates lar*)이 팔그네운동과 도약운동을 하여 높은 곳에 있는 먹이 급이터 사이를 오가며 스스로 먹이를 찾아 먹을 수 있도록 고안한 장치다(Markowitz, 1982). 이 기번들에게는 다른 영장류들과 마찬가지로 하루가 끝날 무렵 남은 먹이를 따로 줬음에도 불구하고, 무려 7년 동안 자발적으로 움직이며 스스로 먹이를 얻는 방식을 선택했다. 그러나 일부 사람들이 이런 장치들이 동물의 행동을 '조작'하기 위한 것으로 오해하는 사례가 생기자, 동물 환경을 풍요롭게 하려는 의도를 보다 명확히 드러내기 위해 '행동 풍부화(behavioral enrichment)'라는 용어로 바꾸었다.

앞서 Markowitz(1982)가 자세히 설명한 바와 같이, 이 연구를 처음 시작했을 당시에는 사육환경을 전면적으로 새롭게 설계할 수 있는 여건이 되지 않았다. 대신, 초기에는 노후된 전시 공간이더라도 동물들이 스스로 먹이를 찾아서 먹을 수 있도록 하는 장치를 고안하는 데 집중했다. 다음 사례를 통해 설명하고자 한다.

기번(gibbons)을 대상으로 노력한 끝에 팔그네운동과 도약운동 같은 종 특유 행동을 늘리는 데 성공한 이후, 두 번째로 다이아나원숭이(Cercopithecus diana) 사육장에도 행동 풍부화 장비를 설치하였다. 기번에게 사용했던 장치와 마찬가지로 먹이 급이터 사이를 오갈 수 있는 장치를 설치하였고, 이번에는 원숭이들이 먹이를 먹고 싶을 때는 언제든지 플라스틱 칩을 가지고 교환대에 가서 다양한 먹이로 바꿀 수 있도록 했다. 이렇게 하자, 스스로 자신의 급이 일정을 조절할 수 있는 선택권을 더 많이 갖게 되었으며, 칩을 즉시 교환하거나, 모아두거나, 훔치거나, 심지어는 나눠주는 등 다양한 선택을 할 수 있었다. 이러한 상황 속에서 나타난 놀랍도록 다양한 반응은 Markowitz(1982)가 자세히 설명하고 있다. 다음에 소개할 사례는, 능동적으로 반응하는 환경으로 다이아나원숭이들이 얼마나 창의적이고 독창적인 방법으로 먹이 관리를 할 수 있는지 잘 보여준다.

다이아나원숭이 중 청소년기 수컷인 Butch는 단연코 토큰을 가장 능숙하게 획득하는 개체였으며, 종종 토큰을 다른 원숭이들이 사용할 수 있도록 나누어주곤 했다. 그러나 어느 시기에 그의 어미가 유독 집요하게 굴었는데, Butch가 먹이를 교환할 때마다 그를 밀어내고 자동판매기에서 나오는 과일이나 먹이를 가로채버리곤 했다. 이에 대해 Butch가 고안해 낸 방법은 토큰을 투입구에 넣지 않고 손에 감춘 채로 토큰을 투입구에 부딪쳐 '철컥' 소리만 나게 하는 것이었다. 먹이가 나오지 않자, 어미는 먹이가 나오지 않는 것에 실망한 듯한 반응을 보였고, Butch를 먹이 급이대에 남겨둔 채 자리를 떴다. 그때 Butch는 비로소 토큰을 투입하여 먹이를 받아내어 자신의 몫을 지켜냈다.

이러한 행동은 여러 면에서 야생 개체군에서 관찰된 일부 '전략적 기만' 사례들과 유사하며(Whiten과 Byrne, 1990; Byrne과 Whiten, 1992), 그런 점에서 보면 자연적인 행동으로 볼 수 있다. 그러나 Markowitz(1982)가 과거에 강조했듯, 이는 종 특유 행동은 아니다. 아프리카 야생에는 원숭이용 자동판매기나 토큰 배급 장치가 없다. 이는, 오늘날 동물원의 핵심 존재 이유 중 하나인 종보전 교육을 고려할 때, 더 자연적인 사육환경을 설계할 수 있는 예산이 있을 때 선택할 만한 방식은 아닐 것이다. 그러나 이처럼 노후 전시장에서 동물에게 먹이 선택권을 주기 위해 노력한 사례와 같은 임시방편으로, 연구자뿐 아니라 동물원 관람객들도 영장류들의 유연하고 창의적 학습 능력을 확인하였다. 고도로 발달한 대뇌 피질을 가진 동물들은 분명히 유전적 특성과 학습 경험이 결합한 산물이다. 이러한 동물들에게 타고난 학습 능력을 발휘할 수 없게 하거나, 노력에 대한 보상이 없는 단조로운 환경에 둔다는 것은 매우 비윤리적이다.

자연에서 동물은 다양한 환경에 효과적으로 반응하는 법을 배워야 한다. 사육환경에서는 자연환경을 그대로 재현할 수 없지만, 인공 장치로 동물에게 선택권을 줄 수 있다. 대부분의 영장류 행동은 비자연적 조건에 영향을 받는다. 그들은 일상생활에서 무언가를 스스로 통제할 수 있는 권한(통제권)을 잃으면, 큰 고통을 겪는다. 동물원 같은 환경에서는 행동적 박탈에서 비롯된 무기력이 장기간 지속될 수 있다. Hobfoll(1989)은 스트레스에 관한 개념적 설명을 통해, 사람 복지에서 자원 선택권을 주는 것이 얼마나 중요한지 강조한 바 있다. 여기서 소개한 여러 사례 영장류에게도 주변 환경의 일부만이라도 선택할 수 있도록 하는 것이 얼마나 중요한지 잘 보여준다.

동물 건강

행동 풍부화 요소를 설계할 때, 기존의 사육환경과 구상 중인 환경 모두를 개선할 수 있는 '웰니스 모델(wellness model)'을 개발하는 것은 중요하다 (Markowitz와 Line, 1989, 1990; Markowitz, 1990; Mizuhara, 1993). 이것은 자연 상태에서 건강할 때 보이는 종 특유 행동을 더 많이 할 수 있도록 하는 사육환경 조성과 사육 관리 방식을 정립하는 데 중점을 두고 있다. 이미 이전 연구들(Schmidt와 Markowitz, 1977; Markowitz 등, 1978)은 동물원에서 동물들이 능동적으로 행동할 수 있는 환경을 조성하는 것이 상당히 이롭다는 사실을 입증하였다. 예를 들어, 동물이 아픈지를 조기에 알아낸다거나, 열악한 환경에 살면서 겪는 부정적 영향을 이겨낼 수 있는데 이러한 환경이 도움이 된다는 것이다.

한 사례로, 서벌(*Leptailurus serval*)에게 인공 먹잇감을 쫓을 수 있도록 한 것은 동물에게 건강하게 운동할 기회를 준 것뿐 아니라 만성 횡격막 탈장을 조기 진단할 수 있도록 하였다. 또한, 북극곰(*Ursus maritimus*)에게 스스로 먹이를 찾도록 하였더니 공격성이 감소하였고, 수컷 북극곰은 해당 계절에 필요한 충분한 체지방을 비축할 수 있었다. 맨드릴(*Mandrillus sphinx*)의 경우, 활동성을 늘리기 위해 일시적으로 장비를 설치한 결과 이들 집단 내에 심각한 문제였던 집단 내 공격성을 해소한 사례도 있다.

풍부화의 능동적 방식과 수동적 방식 비교

연방정부의 새로운 규정으로 영장류에게 심리적 복지 제공을 의무화하기 시작하면서, 사육환경이 이러한 요건을 충족하는지를 의미 있게 측정하는 데 어려움이 따랐다. '심리적 복지'라는 용어의 의미에 대해서는 여전히 논란이 있지만(Novak과 Suomi, 1988; Markowitz와 Line, 1989, 1990), 대부분의 연구자들은 행동 지표나 생리 지표를 통해 심리적 복지를 평가하고 있으며, 스트레스가 별로 없는 환경에서 동물이 나타내는 종 특유의 참조 수치와 이 지표들을 비교하여 분석한다.

앞의 두 지표로 볼 때(Line 등, 1987a,b, 1989, 1991a,b, Markowitz와 Line, 1989, 1990), 오랜 기간 단독 사육한 노령 개체들에게는 장기적으로 가지고 놀 만한 것들로 사육장을 꾸며주거나 장난감을 주더라도 재미있게 놀거나 유용하게 활용하는 것과 같이 동물복지가 개선되고 있다는 뚜렷한 징후가 보이지 않는다고 보고했다. 반면, 환경에 대해 제한적이더라도 영장류에게 선택권을 부여할 경우, 예컨대 간식을 받거나 음악을 듣기 위해 스위치를 눌러서 스스로 선택할 수 있게 했을 때, 영장류들은 이 장비를 계속 사용하는 경향이 있었다. 또한, 동물 행동에 맞춰 다양하게 반응하는 장비를 설치한 경우, 영장류들은 일상적인 스트레스에 대해서도 생리적 회복 속도가 훨씬 더 빨랐다(Line 등, 1991a).

물론, 장난감을 정기적으로 교체하거나, 먹이를 숨겨두는 나무의 위치를 자주 바꾸는 등의 조치들은 사육동물이 받는 스트레스를 줄일 수 있다. 그러나 동물원과 수족관 등 여러 사육 시설에는 매일 풍부화 물품을 교체하는 것처럼 손이 많이 가는 작업을 할 만한 인력이 충분하지 않다. 더욱이, 직원의 병가 등 예기치 못한 상황으로 인력이 부족한 경우에 풍부화 작업은 가장 뒷순위로 밀린다. 경험에 비추어볼 때, 풍부화 작업은 초기에 비용이 들기는 하지만, 동물들이 사육환경 속에서 자신의 행동에 반응하는 요소들을 꾸준히 이용할 수 있게 될 때 그들의 선택권은 늘어나고 선택할 게 없어 무기력하게 되는 빈도는 줄어들게 된다(그림 6).

그림 6 수달(*Lutra lutra*)의 행동 풍부화를 위해 도구 제작·설치 후 주기적으로 사용 방식과 위치를 변경하는 모습(국립생태원, ⓒ이종현).

'임시방편' 해결책들

역사적으로, 동물원과 수족관에서 가장 종 특성에 부합하지 않는 부적절한 전시 시설들이 오히려 행동 풍부화 기법을 적용하여 개선 대상으로 자주 선정되었다. 한정된 예산상 이런 전시 시설을 적절하게 자연적인 현대 시설로 바꾸는 것은 불가능했지만, 그 시설에서 긴 세월을 살아가야 할 동물들을 위해 임시방편이라도 찾기 시작했다. 이를 통해 동물들에게 임시로라도 기회를 주고, 그들의 특별한 능력에 대해 알아가고자 했다. 초기 사례 중 하나는 맨드릴을 위한 스피드 게임이다. 이 게임은 관람객과 경쟁하거나 관람객이 없을 때 컴퓨터와 대결할 수 있도록 만든 게임이다. 이 게임 장치는 대부분 관람객과의 대결에서도 이길 수 있을 만큼 맨드릴이 매우 빠른 반응 속도를 가지고 있다는 것을 알게 해주었다(Markowitz 등, 1982). 또한 이 장치로 시설 내에서 동물들의 공격성이 크게 줄었으며(Yanofsky와 Markowitz, 1978) 관람객과 동물 모두에게 즐거움을 주었다(Markowitz, 1982).

　이상적인 환경은 아니지만 비교적 최근에 진행된 연구는 슈타인하르트 수족관(Steinhart Aquarium)과 캘리포니아과학원(California Academy of Sciences)에서 진행한 해양 포유류에 관한 연구이다(Aday, 1993). 이 풍부화 프로젝트는 이종간 합사와 관련된 몇 안 되는 사례 중 하나로 낫돌고래(*Lagenorhynchus obliquidens*) 2개체와 잔점박이물범(*Phoca vitulina richardii*) 3개체를 대상으로 하였다. 이 프로젝트에 사용한 보상물(혹은 강화물)은 물고기, 간단한 장난감, 사육사의 촉각 자극, 수류 장치, 그리고 세 가지 소리 중 하나를 재생하는 것이었다. 각각의 보상물들은 실로폰처럼 생긴 장치에 각각 건반 역할을 하는 8개의 PVC 파이프와 관련지었다.

　동물들이 보상물을 보고 특정 건반을 연관 지을 수 있는지 확인하기 위해 변별 실험을 했다. 동물 전체 그룹의 정확도는 90%였다. 실험 대상 모든 동물이 이 장치의 건반을 사용했지만, 특히 낫돌고래 1개체와 잔점박이물범 1개체가 이 풍부화 장치를 독점하여 전체 건반 치기 중 80%를 차지했다. 해양 포유동물이 이 장치를 사용하도록 주 3회 각 25분씩 두 세션에 나눠 기회를 주었는데, 1년 동안 사용 빈도는 유의미하게 감소하지 않았다.

　행동 측정으로 나타난 바에 따르면, 이 연구에서 낫돌고래들은 장치가 있을 때 복지 수준이 유의미하게 증가한 것으로 드러났다. 비록 1개체가 다른 낫돌고래에 비해 5배 더 자주 장치를 사용하기는 했지만, 2개체 모두 활동 시간이 증가했고 공격 행동의 빈도는 감소했으며 벽 접촉 행동과 정형행동 빈도도 감소했다. 반면, 잔점박이물범의 복지는 변화가 없었으며 활동적인 행동의 지속 시간이나 공격 행동의 빈도에 유의미한 변화가 나타나지 않았다. 이 자료는 임시적인 풍부화 방법이 낫돌고래들에게는 효과적이었지만 잔점박이물범들의 복지 개선에는 적절하게 설계된 것이 아니었음을 시사한다. 앞으로 잔점박이물범을 위한 장치를 설계한다면 더 자극적인 기회를 주도록 해야 할 것이다. 물범들의 행동에 맞게끔 물 밖으로 나가거나 먹이 섭취 방식을 두드러지게 하고, 돌고래들과는 독립적인 활동을 할 수 있도록 설계해야 할 것이다.

자연스러운 일정과 환경

예산이 충분한 경우에는 자연을 모방하는 외관과 대중이 감당할 수 있는 범위 내에서 최대한 자연스러운 행동을 자극하는 요소들을 결합해 동물원 교육에 더 효과적인 방법을 도입할 수 있었다. 일반적으로 대중들과 규제 기관들은 동물들이 야생에서처럼 서로를 잡아먹거나, 다양한 질병으로 죽는 것과 같이 완전히 자연적인 동물원은 용납하지 않는다는 점을 반복해서 언급할 필요가 있다. 하지만 그렇다고 해서 자연스러운 외형을 갖춘 전시 시설에서 종에게 적합한 행동을 자극하는 기회까지 박탈한 채, 동물들이 활동적으로 먹이를 찾거나 쫓는 모든 요소들을 제거해야 한다는 것은 아니다(Forthman-Quick, 1984). 오늘날 거의 모든 사람들이 외관상 자연주의적이면서도 사육동물에게 풍부한 자극 기회를 제공하는 환경이 필요하다는 점을 인식하고 있음에 진심으로 기뻐하고 있다.

1970년대 중반, 하와이 힐로(Hawaii, Hilo) 근처에 있는 파나에와 열대우림 동물원(Panaewa Rain Forest Zoo)은 컴퓨터로 제어하는 인공 사냥 및 먹이 탐색 장치를 설치했다(Markowitz, 1982). 하와이주와 카운티의 예산 부족은 결국 인력 부족으로 이어졌고, 장치에 먹이를 넣을 사람이 없어졌다. 하지만 이 장치들이 작동하는 동안 동물들은 꾸준히 사용했고, 호랑이(Panthera tigris)와 영장류들은 활동적으로 움직였으며, 자연적으로 보이도록 만든 인공 급이 장치가 관람객들을 자극하는 것으로 나타났다. 컴퓨터 프로그램은 인공 사냥감이 언제 어디에 나타날지 무작위로 선정했다. 또한 스크롤 그래픽을 제공해 관람객이 열대우림에 대해 배울 수 있도록 했고, 관람객이 사냥 순서를 결정할 수 있도록 하는 버튼도 제공했다.

좀 더 작게는, 마린월드-아프리카 USA(Marine World-Africa USA)에서는 작은 발톱수달(*Aonyx cinereus*)이 생먹이를 사냥할 수 있도록 했다. 이 장치를 통해 수달들에게 인위적 사냥 기회를 주면서 수달의 행동과 전시에 대한 대중 반응 자료를 수집할 수 있었다. 이 풍부화는 소음이 많은 환경에서 수달들이 사냥 기회에 적극적으로 반응할지 의심했던 관리자들에게 긍정적 반응을 이끌었고, 관람객과 언론에서도 긍정적 반응이 나타났다. 사냥의 보상으로 사용한 살아있는 귀뚜라미부터 젤라틴 캡슐까지 다양한 항목을 비교하고 분석하였다. 영양가가 없는 것일지라도 받은 것을 스스로 통제할 기회 자체가 수달에게 분명한 즐거움이었지만, 가장 큰 동기는 살아있는 먹이를 잡을 때 나타났다(Foster-Turley와 Markowitz, 1982). 비록 이 테마파크는 동물들의 먹이와 쇼 행동의 보상으로 매우 많은 양의 죽은 물고기를 사용했지만, 관람객들이 '물고기'가 잡히거나 먹히는 모습을 불쾌하게 볼 수 있다는 이유로 살아있는 물고기를 사용하는 것을 주저했고(Markowitz, 1982), 생먹이를 사용하는 단계까지는 진행하지 않았다.

미국 캘리포니아의 샌프란시스코동물원(San Francisco Zoo)에서는 북미수달(*Lontra canadensis*)을 대상으로 한 시험 연구를 막 마쳤다. 이 연구는 수달 2개체가 살아있는 생선을 잡을 수 있도록 무작위적이고 자연적 일정에 따라 생선 급이 장치와 타이머를 설치하기 위한 준비 과정을 거쳤다. 시험 연구는 2주 동안 매일 실시했고, 수달 전시 수조에 생물을 수동으로 급이하여 수달들의 행동과 방문객의 반응을 관찰하였다. 예상대로 수달들은 즉각 살아있는 물고기를 쫓았고, 통나무 아래로 물고기를 몰며 사냥하는 등 즐기는 모습이 확인되었다. 두 수달은 서로 경쟁하며 더 많은 물고기를 잡기 위한 전략을 구사하기도 했다. 이전에 관람객의 주목을 거의 받지 못하던, 중앙 섬에 나무 오두

막이 있는 오래된 수조였음에도 불구하고, 이렇게 수달들이 행동하자 많은 관람객들이 전시 공간 주변에 모여들었다. 몇몇 세션에서는 가정용 수족관에서 흔히 볼 수 있는 금붕어와 유사한 물고기를 사용했는데, 아이들은 처음엔 물고기를 응원하며 도망치길 바라다가, 수달이 결국 사냥에 성공하면 다시 수달을 응원하며 환호를 보냈다. 놀랍게도, 이러한 전시 방식에 대해 부정적 의견은 전혀 없었으며, 심지어 관람객들에게 설문을 요청했을 때에도 비판적 반응은 나오지 않았다.

풍부화에 대한 새로운 접근: 비용과 관리 부담 감소

사육동물에게 효과적이고 자연스러운 환경을 제공하는 데 드는 비용에 대해 많은 우려가 있다(Markowitz와 Woodworth, 1978; Markowitz, 1982; Forthman-Quick, 1984; Markowitz와 Spinelli, 1986)(그림 7). 사냥 본능 유도 장치를 포함한 자연적 전시 환경 조성에는 설계와 시공에 많은 비용이 필요하며, 이러한 장치들은 정기적 유지 관리가 필요하다. 이 때문에 제한된 인력과 동물원 운영 예산에 장치 유지 관리 인력이 추가로 필요할 수도 있다(Markowitz, 1982). 샌프란시스코동물원에서는 노후 고양이과 전시장을 철거하고, 비전시 고양이과 보전센터를 새롭게 조성하는 한편, 전시할 동물에게 자연 친화적 최신 환경을 제공하려는 변화를 준비 중이다. 이런 변화에 따라 고양이과 동물에게 건강하고 자연스러운 행동을 유도할 방법을 연구하기 시작했다. 첫 번째 시도는 기존 전시 공간에 맞게 개발했으며, 어렵지 않게 이동 및 재설치가 가능하도록 설계했다. 설치하는 데 비용이 많이 들지 않고 위치를 이동하기에도 용이하였다.

방문객을 위해 열쇠나 동전으로 작동하는 전시 체험 장치와 자연의 소리에 이르기까지 다양한 방식으로 소리를 사용했지만, 환경 풍부화의 재료로 소리를 사용한 사례는 드물다(Warner 등, 1979). 자연스러운 소리는 복잡한 기계

그림 7 간단히 천막을 이용해 수마트라오랑우탄(*Pongo abelii*)에게 미끄럼틀을 제공할 수도 있다(독일 프랑크푸르트동물원, ⓒ김영준).

부품 없이 표준 하드웨어만으로도 구현할 수 있다. 적절하게 설계한 청각 풍부화 장치는 기계적 먹잇감 제공 장치를 유지하는 데 드는 비용에 비해 유지 관리 부담이 매우 적다. 또한 기계적 풍부화 장치는 종종 규모가 크기도 하고, 동물이 파괴하는 문제나 습기 같은 환경 문제로부터 보호해야 한다. 하지만 스피커는 사육 공간 내 안전한 위치에 배치만 하면 되어 훨씬 수월하다.

컴퓨터로 만드는 음향 기술의 발전으로 청각 풍부화에 이 기술들을 적용하기에 좋은 시점이다. 이제는 카세트처럼 손이 많이 가는 음향기기를 사용할 필요가 없으며, 한 대의 컴퓨터를 사용해 여러 풍부화 시스템을 제어하고, 동물의 풍부화 장치 사용에 대한 온라인 자료를 수집할 수 있다. 샌프란시스코동물원은 청각 풍부화 장치를 최대한 유연하게 만드는 것을 목표로 했고, 새로운 시설이나 물품을 풍부화 계획에 추가할 때, 기존의 제어 및 자료 수집 시스템을 재설계하지 않고도 적용할 수 있도록 개발했다.

첫 번째 새로운 청각 풍부화 장치를 제공받은 동물은 16살 표범(Panthera pardus)인 'Sabrina'였다. 표범은 야생에서 영양, 멧돼지, 물소, 사슴, 바위너구리, 작은 설치류, 새, 곤충 등 매우 다양한 먹이를 먹기 때문에 같은 청각 자극에 흥미가 떨어질 경우 여러 먹이동물의 소리로 바꿔 사용할 수 있다(Bertram, 1982; Norton 등, 1986; Amerasinghe 등, 1990). 새로운 장치를 설치하기 몇 달 전과 청각 자극 풍부화 시작 후 행동을 비교할 수 있도록 자료를 수집했다. 이전에 많은 환경 풍부화 시도는 결과에 대한 충분한 평가 없이 시행했었다(Markowitz와 Line, 1990). 반면, 이 연구에서는 일반적인 행동의 변화뿐만 아니라 장치 사용에 따른 변화도 평가할 수 있도록 설계하였다.

Sabrina는 행동과 보상 사이의 연결고리를 빠르게 이해했다. 이 풍부화 패러다임 덕분에 전반적인 행동과 활동이 크게 개선되었다. Sabrina는 인위적 사냥 기회에 대한 흥미가 감소한다는 징후가 없었으며, 장치 설치 8개월이 지난 후에도 적극적으로 사냥했다.

Sabrina의 행동에서 흥미로웠던 일화 중 하나는 새를 '잡기' 위한 전제 조건들을 충족시키는 다양한 방식이었다. Sabrina는 가끔 나무 구조물을 빠르게 타고 올라가며 도약하여 꼭대기에 고정한 선반을 흔들었다. 선반이 강하게 흔들리면 감지점에 도달하기 전에도 움직임 감지 센서가 작동했다(그림 8). 활발한 상태일 때는, 여러 개의 짧은 경로 중 하나를 이용해 재빠르게 뛰어 내려가면 덤불 속의 움직임 감지 센서가 감지하여 보상 먹이를 줬다. 반면 안정된 상태에서는 천천히 은신처에서 나와 상단으로 올라가 체중을 실어 부드럽게 센서를 작동시키고, 가장 쉬운 경로를 따라 여유롭게 덤불 속으로 내려가는데 가끔 정해진 시간 내에 간신히 도착해 보상 먹이를 먹었다.

과거 사용했던 더 복잡하고 비싼 행동 풍부화 기계 장치들과 비교하자면(Foster-Turley와 Markowitz, 1982; Markowitz, 1982; Markowitz와 LaForse, 1987), 이러한 초기형 청각 자극 기반의 먹이 풍부화 장치만으로도 동물에게 다양한 조건을

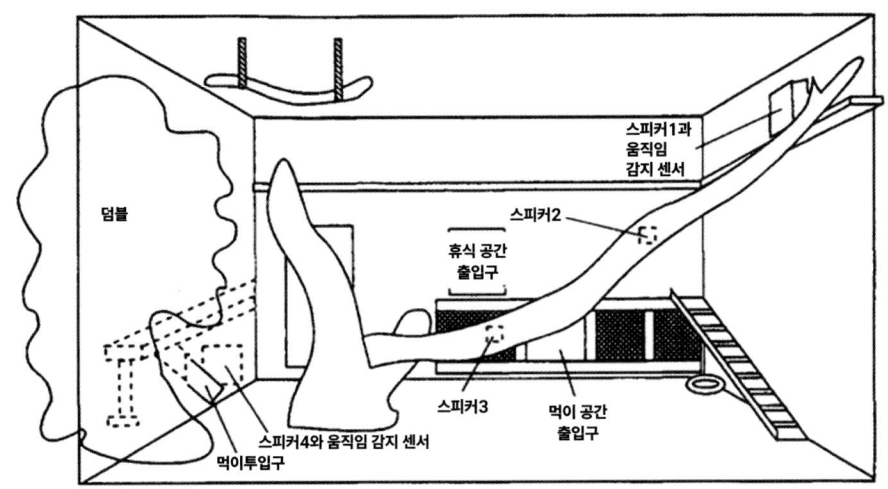

그림 8 표범을 위한 청각 기반 먹이 장치의 구조. 새소리를 상단 스피커(스피커 1)에서 재생할 때, 해당 위치에서 표범이 먹이를 탐색하면 다른 스피커로 새소리가 순차적으로 나면서 사육장 반대편까지 '이동'한다. 표범이 마지막 위치(스피커 4)까지 이동해서 탐색하면, 먹이를 준다.

주고 그 조건을 활용하는 방식을 스스로 '궁리'할 수 있도록 했을 때, 정형행동이 아닌 흥미롭고 다양한 행동을 유도할 수 있다는 것이다.

　행동 풍부화 장비를 설계하고 동물에게 이를 소개할 때 또 하나의 중요한 원칙은 동물 개체가 조건을 명확하게 이해할 수 있으면서도 흥미를 느낄 수 있도록 만드는 것이다. 여기서 '행동형성' 과정의 필요를 최소한으로 줄이려 했다. Sabrina가 장치를 사용하도록 유도하기 위해 초기에는 덤불 속에서 사냥하는 행동(추격 행동의 마지막 단계)을 보이는 것만으로 먹이를 주거나, 나무 구조물 상단에 위치한 먹이 급이 장치 근처에서 닭고기 조각을 몇 차례 보여주기만 했다(그림 8). 이를 통해 Sabrina는 그 위치로 이동하면 새소리가 나오고 일련의 단계를 거쳐 아래의 덤불까지 그 새(소리)가 도망치며, 보상이 나오는 지점까지 소리가 이어진다는 사실을 학습할 수 있었다. 만약 사육사가 초기 단계에 어떠한 유도 작업을 하지 않았더라도 Sabrina는 결국 행동과 보상 사이 연결고리를 알아냈을 것이다. 하지만 야생에서는 동물들이 다른 개체의 행동을 관찰하면서 사냥 기술을 익히는 경우도 있기 때문에, 장치를 어떻게 사용하는지를 먼저 보여주고 이후에는 스스로 활용하게 하는 방식이 적절하다고 판단하였다.

이 표범이 불규칙하게 들리는 새소리를 종종 무시하고 자신이 원할 때 사냥하는 모습은 연구팀이 기대했던 결과다. Sabrina가 사냥하는 모습을 언제 볼 수 있을지 모른다는 사실에 동물원 직원이나 방문객들은 실망할 때가 있었다. 하지만 우리는 이 행동을 강제로 Sabrina에게 시킨 것이 아니라, 자신이 원할 때 환경의 일부를 통제할 수 있도록 해주는 선택권을 주는 것이라 설명한다. 그리고 이 설명은 표범의 복지를 중요하게 생각하는 모든 사람들을 만족시킨다.

결론

자연과 유사하게 조성한 환경 설계와 동물의 행동에 따라 반응하는 환경 설계를 결합하면 궁극적으로 동물원은 더 많은 존중과 지원을 받을 것이다. 이를 통해 동물원은 야생에서 보이는 종 특이적 행동을 유도함으로써, 보전 교육의 목표를 더 완벽하게 달성할 수 있을 것이다. 동물원을 가혹한 감금 장소로 묘사하는 많은 비판들은 사육사들이 동물들에게 더 많은 자율성을 부여하고 풍요로운 삶을 줄 수 있다는 것을 보여주면 원만하게 해결할 수 있을 것이다. 자율성을 가진 동물들은 사람들에게 동물 다양성의 아름다움을 전달하여 각각의 종을 대표하는 역할을 한다. 이러한 노력은 미래 세대가 강인하고 놀라운 생물들과 함께 이 지구를 공유하기 위해 우리 인구와 인간 중심 개발을 줄이는 것이 얼마나 시급한 과제인지를 더 많은 사람들에게 인식시키는 데 중요한 역할을 한다.

참고문헌

- Aday, C. R. 1993. Environmental enrichment for dolphins and seals. Master's thesis, San Francisco State University, San Francisco.

- Amerasinghe, F. P., U. B. Ekanayake, and R. D. A. Burge. 1990. Food habits of the leopard (*Panthera pardus fusca*) in Sri Lanka. *Ceylon Journal of Science: Biological Sciences* 21(1): 17-24.

- Bertram, B. C. R. 1982. Leopard ecology as studied by radio tracking. *Symposia of the Zoological Society of London* 49:341-352.

- Byrne, R. W., and A. Whiten. 1992. Cognitive evolution in primates: Evidence from tactical deception. *Man* (London) 27:609-627.

- Forthman-Quick, D. L. 1984. An integrative approach to environmental engineering in zoos. *Zoo Biology* 3:65-77.

- Foster-Turley, P., and H. Markowitz. 1982. A captive behavioral enrichment study with Asian small-clawed river otters (*Aonyx cinerea*). *Zoo Biology* 1:29-43.

- Hobfoll, S. E. 1989. Conservation of resources: A new attempt at conceptualizing stress. *American Psychologist* 44:513-524.

- Line, S. W., A. S. Clarke, G. Ellman, and H. Markowitz. 1987a. Behavioral and physiologic responses of rhesus macaques to an environmental enrichment device. *Laboratory Animal Science* 37:509.

- Line, S. W., A. S. Clarke, and H. Markowitz. 1987b. Plasma cortisol of female rhesus monkeys in response to acute restraint. *Laboratory Primate Newsletter* 26(4): 1-4.

- Line, S. W., H. Markowitz, K. Morgan, and S. Strong. 1991a. Cage size and environmental enrichment: Effects upon behavioral and physiological responses to the stress of daily events. In *Through the Looking Glass: Issues of Psychological Well-Being in Captive Non-human Primates*, ed. M. A. Novak and A. Petto, 160-180. Washington, D.C.: American Psychological Association.

- Line, S. W., K. N. Morgan, and H. Markowitz. 1991b. Simple toys do not alter the behavior of aged rhesus monkeys. *Zoo Biology* 10:473-484.

- Line, S. W., K. Morgan, H. Markowitz, and S. Strong. 1989. Influence of cage size on heart rate and behavior in rhesus monkeys. *American Journal of Veterinary Research* 50:1523-1526.

- Line, S. W., K. Morgan, H. Markowitz, and S. Strong. 1990. Increased cage size does not alter heart rate or behavior in female rhesus monkeys. *American Journal of Primatology* 20:107-113.

- Markowitz, H. 1982. *Behavioral Enrichment in the Zoo*. New York: Van Nostrand Reinhold.

- Markowitz, H. 1990. Environmental opportunities and health care. In *CRC Handbook of Marine Mammal Medicine: Health, Disease, and Rehabilitation*, ed. L. Dierauf, 483-488. Boca Raton, Fla.: CRC Press.

- Markowitz, H., and S. LaForse. 1987. Artificial prey as behavioural enrichment for felines. *Applied Animal Behaviour Science* 18:31-43.

- Markowitz, H., and S. W. Line. 1989. Primate research models and environmental enrichment. In *Housing,*

Care, and Psychological Well-Being for Laboratory Primates, ed. E. Segal, 203-212. Park Ridge, N.J.: Noyes Publications.

- Markowitz, H., and S. W. Line. 1990. The need for responsive environments. In *The Experimental Animal in Biomedical Research*, Vol. 1, ed. B. E. Rollin and M. L. Kesel, 153-170. Boca Raton, Fla.: CRC Press.

- Markowitz, H., M. Schmidt, and A. Moody. 1978. Behavioral engineering and animal health in the zoo. *International Zoo Yearbook* 18:190-194.

- Markowitz, H., and J. Spinelli. 1986. Environmental engineering for primates. In *Primates: The Road to Self-Sustaining Populations*, ed. K. Benirschke, 489-498. New York: Springer-Verlag.

- Markowitz, H., V. J. Stevens, J. D. Mellen, and B. C. Barrow. 1982. Performance of a mandrill (*Mandrillus sphinx*) in competition with zoo visitors and computer on a reaction-time game. *Acta Zoologica et Pathologica Antverpiensia* 76:169-180.

- Markowitz, H., and G. Woodworth. 1978. Experimental analysis and control of group behavior. In *Behavior of captive wild animals*, ed. H. Markowitz and V. J. Stevens, 107-131. Chicago: Nelson Hall.

- Mizuhara, C. 1993. Evaluation of three environmental enrichment devices for research primates. Master's thesis, San Francisco State University, San Francisco.

- Norton, P. M., A. B. Lawson, S. R. Henley, and G. Avery. 1986. Prey of leopards in four mountainous areas of the south-western Cape Province, South Africa. *South African Journal of Wildlife Research* 16(2): 47-52.

- Novak, M. A., and S. J. Suomi. 1988. Psychological well-being of primates in captivity. *American Psychologist* 43:765-773.

- Schmidt, M., and H. Markowitz. 1977. Behavioral engineering as an aid in the maintenance of healthy zoo animals. *Journal of the American Veterinary Medical Association* 171:966-969.

- Warner, A., H. Markowitz, and M. McBride. 1979. Environmental enrichment for polar bears in the zoo. Paper presented to the Western Psychological Association, San Diego, Calif., April 1979.

- Whiten, A., and R. W. Byrne. 1990. Tactical deception in primates. *Behavioral and Brain Sciences* 13:412-414.

- Yanofsky, R., and H. Markowitz. 1978. Changes in general behaviors of two mandrills (*Papio sphinx*) concomitant with behavioral testing in the zoo. *Psychological Record* 28:369-373.

제5장

동물원·수족관의 맥락과 윤리를 고려한
환경 풍부화

Michael D. Kreger, Michael Hutchins와 Nina Fascione

　　초기의 동물원과 수족관은 가능한 많은 종을 전시하려 했으며, 각 동물의
사육 공간은 상대적으로 매우 협소했다. 질병 예방을 위해 쉽게 청소할 수 있
도록 야생동물을 타일과 콘크리트로 만든 무균적 환경의 사육장에서 사육하
였다(Hancocks, 1971). 이렇게 비좁고 부적절한 환경에서 동물들은 종 고유의
행동과는 다른 이상행동을 보이는 경우가 많았다. 예를 들어, 반복보행과 같
은 정형행동, 무기력증, 그리고 섭취한 먹이를 토해내고 다시 삼키는 행동 등
을 보였다(Morris, 1964; Myer-Holzapfel, 1968; Hediger, 1969; Erwin과 Deni, 1979).

　　현대 동물행동학 및 생태학 연구가 발전하면서, 동물원생물학자들과 건
축가들은 사육 중인 야생동물에게 필요한 행동적, 영양적, 수의학적, 환경적

조건을 이해하고, 이에 따라 동물의 신체 건강뿐 아니라 심리적 건강까지 고려하였다(Hediger, 1969). 그 결과 동물의 서식지 특성을 재현하려는 목적으로, 더 크고 자연 친화적인 전시장을 조성하려는 경향이 나타났다(Hancocks, 1971; Hutchins 등, 1984; Coe, 1989; Tarpy, 1993; Maple 등, 1995). 또한, 동물원과 실험실 동물들에게 더 흥미롭고 상호 작용할 수 있는 환경을 조성해 줄 수 있는 다양한 환경 풍부화 프로그램도 발전시켜 왔다(Markowitz, 1982; Shepherdson, 1988). Shepherdson(1988, 47쪽)은 다음과 같이 설명했다. "동물원과 수족관에서 환경 풍부화의 목적은 (중략) 사육환경에 있는 동물들이 가능한 한 야생에 있는 동물처럼 유사한 방식으로 행동하도록 하는 것이다."

동물원과 수족관에서 환경 풍부화 프로그램을 계획하고 실행하는 과정에서는 윤리적·실무적으로 복잡한 문제가 발생할 수 있다. 예를 들어, 돈과 인력이 제한되어 있다면, 어떤 개체, 집단, 또는 종에게 풍부화를 먼저 제공해야 할까? 비용이 많이 드는 풍부화 기법을 한 종에게만 적용하는 것이 나은가, 아니면 비용이 적게 드는 방법을 여러 종에 나누어 적용하는 것이 더 적절한가? 개체의 복지가 항상 최우선이어야 할까? 아니면 해당 종의 사육 목적이나 목표와 같은 다른 요소들이 풍부화 방식에 영향을 줄 수 있을까? 또한, 하나의 종에게 항상 동일한 풍부화를 제공해야 할까? 아니면 상황에 따라 다르게 적용할 수 있을까? 이러한 결정은 윤리적으로도, 실질적으로도 매우 복잡한 문제다. 따라서 어렵고 때로는 논란의 소지가 있는 의사결정 과정에서 동물원 관리자들이 참고할 수 있도록 개념적 판단 도구를 제공하고자 한다.

이 접근 방식은 '도덕적 다원주의' 개념에 크게 의존한다. 이 개념은 인간의 가치관이 상황에 따라 달라질 수 있음을 인정하는 것이다(Stone, 1987). 예를 들어, 일반적으로는 다른 사람의 생명을 빼앗는 것은 비윤리적 행위로 여겨지지만, 정당방위와 같은 특정한 상황에서는 사회적으로 허용 가능한 행위로 판단하기도 한다. Norton(1991, 198-199쪽)은 다음과 같이 설명한다. "실질적 문제 해결에서 윤리적 개념 및 원칙은 보편적 합의를 강요하는 *선험적* 원칙[20]이라 기보다, 다양한 사례들 속에서 유사한 특징을 식별할 수 있게 해주는 유용한 수단으로 활용된다. 다시 말해, 이는 도덕적 딜레마를 해결하는 데 도움을 주는 도구로서 작용한다."

상황에 따른 환경 풍부화 적용

현대 동물원과 수족관의 목표는 다양하고, 재정적·인적 자원은 제한적이기 때문에, 환경 풍부화의 가장 적절한 활용 방식과 형태는 상황에 크게 좌우된다. 동물복지를 최대한 개선하면서 그 외의 중요한 운영 요소를 함께 고려하는 기관 차원의 환경 풍부화 전략을 수립하기 위해서는, 최소한 다음의 일곱 가지 요소를 함께 고려해야 한다.

- 개체 또는 집단을 사육하는 목적(예: 교육, 전시, 보전, 연구 등)
- 동물이 생활하는 물리적 환경과, 선택 가능한 대체 환경 여부
- 동물이 생활하는 사회적 환경과, 선택 가능한 대체 사회적 조건 여부
- 종 고유의 생물적 요구(예: 먹이, 이동 방식, 영역성, 동종 및 이종 간 사회적 접촉 등)
- 개체 간 행동 양상의 다양성
- 인적·재정적 자원을 포함한 경제적 여건
- 동물복지에 관한 가이드라인(예: 법적으로 규정한 최소 사육 및 관리 기준이나 관련 지침이 존재할 경우 이를 준수해야 함)

---

20   A priori principles: 경험에 의존하지 않고 순수한 이성만으로 알 수 있는 진리나 지식.

이러한 요소는 함께 적용할 수 있으며, 상황에 따라 중요도가 달라질 수 있으므로 유연한 판단이 요구된다. 다음 절에서는 동물원과 수족관에서 환경 풍부화 전략이 각 상황과 윤리적 기준에 의해 어떤 방식으로 영향을 받을 수 있는지 설명한다. 다양한 상황과 윤리적 판단, 해결책을 포괄적으로 제시하려는 것은 아니다. 그것은 현실적으로 불가능하기 때문이다. 그보다는 중대한 윤리적 고민이 존재하는 상황에서, 도덕적 다원주의와 실용주의를 어떻게 활용하여 동물 관리 과정에서 발생하는 문제들의 해결책을 찾을 수 있을지 안내하는 것이 우리의 목표다.

활용 목표

동물원이나 수족관이 보유한 모든 동물은 해당 기관의 기관 설립 목적에 부합하는 명확한 목적이나 역할이 있어야 한다(Wiese와 Hutchins, 1994; Wiese 등, 1994; Hutchins 등, 1995). 현대의 전문 동물원은 일반적으로 보전, 교육, 연구, 여가를 핵심 사명으로 가지고 있다(Conway, 1969). 이러한 목표들은 어느 정도까지는 동물복지의 수준뿐만 아니라, 관람객의 인식에도 영향을 받는다. 예를 들어, 대중 교육 및 전시라는 목적에서 환경 풍부화 기법은 동물의 행동적 요구뿐만 아니라 관람객의 인식에도 민감하게 반응할 수 있어야 한다(Hutchins 등, 1978-1979; Coe, 1985). 그러나 사육의 목적이 보전, 연구, 또는 여가일 경우, 그에 따라 적용하는 맥락도 달라진다.

교육

현대 동물원과 수족관의 주요 목표 중 하나는 대중교육이다(Block, 1991; Delapa, 1994). 보전이 성공하려면 일반 대중이 야생동물과 그 서식지에 대해 더 깊이 이해할 수 있어야 한다. 오늘날 야생동물이 직면한 주요 위협은 인간 활동으로 인한 서식지 변화다(Ehrlich와 Ehrlich, 1981). 이러한 이유로, 보전 교육 프로그램은 종종 야생동물과 서식지 간의 상호 의존성을 강조한다. 동물원과 수족관은 자연환경을 최대한 재현하는 전시물을 설계하고 건설함으로써 이 개념에 대한 대중의 인식을 높일 수 있다.

어떤 동물이나 동물 집단을 교육적 목적으로 활용할 때에는 방문객 인식이 매우 중요하다. 이 경우 전시 공간과 그 안의 동물 모두를 최대한 자연스럽게 보이도록 하는 것이 중요하다(van Hooff(1986)가 제시한 '최대 옵션[21] 개념에 해당). 이러한 맥락에서, 정형행동이나 먹이를 토해내고 다시 삼키는 행동과 같은 이상행동은 방문객에게 전시에 대한 부정적 인상을 줄 수 있으며, 교육 메시지를 제대로 전달하지 못할 수 있다(Akers와 Schildkraut, 1985). 따라서 환경 풍부화는 동물원을 찾는 방문객과 동물 모두에게 분명히 이점이 있으며, 특히 환경 풍부화가 이상행동을 없애거나 그 빈도를 줄이는 데 효과적일 경우 더욱 그렇다(그림 9). 다만, 적절한 풍부화는 기관이 전달하고자 하는 메시지에 따라 달라질 수 있다. 예를 들어, 동물을 자연 서식지에서처럼 보여주려는 자연 친화적 전시에서는, 풍부화는 기능적일 뿐만 아니라 전시 환경에 자연스럽게 어우러지도록 설계해야 한다(Hutchins 등, 1978-1979, 1984; Shepherdson, 1992).

전시의 외관은 단순한 문제가 아니다. 이는 방문객의 인식뿐만 아니라 동물원이나 수족관에서 경험한 교육 수준에도 영향을 미칠 수 있기 때문이다(Sommer, 1972; Hutchins 등, 1978-1979; Coe, 1985; Maple와 Finlay, 1987). Bitgood 등(1988), Finlay 등(1988), Shettel-Neuber(1988)의 연구에 따르면, 동물원 방문객은 자연 친화적 전시를 선호하며, 전통적 전시보다 자연 친화적 전시 앞에서 훨씬 오래 머무는 경향을 보였다. 방문객은 동물과 인간의 막연한 유사성 때

---

21   Maximum option: 일반적으로 동물이 위협받는 상황에서 사용 가능한 가장 강렬하고 명확한 신호를 선택하는 경향. 하지만 여기서는 전시 동물과 전시 환경이 관람객에게 가장 자연스럽고 사실적인 모습으로 비치도록 하는 접근 방식을 지칭함.

그림 9 자연 친화적 전시 공간에서 풍부화 물품을 활용하는 수달을 즐기는 관람객들. 환경 풍부화는 관람객들의 교육에도 좋은 경험이 된다(국립생태원, ⓒ이종현).

문이 아니라, 동물 그 자체의 가치에 대해 이해하고 존중하는 태도를 길러야 한다. 무엇보다 자연 친화적 전시에서는 인공적 물체나 동물을 의인화한 방식으로 보이게 하는 요소는 부적절하다. 대표적 예로 컴퓨터 게임(Markowitz, 1982)이나 인간 행동을 모방하거나 동물에 대한 부정적이거나 잘못된 이미지를 강화하는 서커스 묘기(예: 곰이 구걸하는 행동; Hediger, 1964), 어린이용 장난감(Watson 등, 1989), 텔레비전(Maple와 Hoif, 1982) 등이 있다.

그러나 이 개념은 환경 풍부화의 기회를 무시해도 된다는 것은 아니다. 오히려 각 상황에 맞게 적절히 적용해야 한다는 것을 의미한다(Shepherdson, 1992). 자연 친화적 동물원이나 수족관 전시 공간에서는 먹이를 숨기거나 흩뿌려 자연스러운 먹이 탐색행동을 유도하는 방식과 같은 풍부화 방법이 적절하다. 이와 같은 방법은 전시의 자연 친화적 형태를 훼손하지 않으며, 동물원 관람객의 교육적 경험에도 부정적 영향을 주지 않는다(Hutchins 등, 1978-1979, 1984; Hancocks, 1980; Carlstead와 Seidensticker, 1991a,b). 그러나 아무리 창의적 방법을 동원하더라도 동물원이나 수족관 환경에서 하나의 종이 살아가는 자연 서식지를 완벽하게 재현할 수는 없다는 점을 아는 것이 중요하다(Forthman-Quick, 1984). 궁극적으로는 미관보다 동물복지를 우선시해야 하지만, 가능한 한 자연 친화적 전시에서 사용하는 인공 장치는 관람객의 시야에서 숨기거나 위장하여 자연스러운 환경을 해치지 않도록 해야 한다.

동물을 비공개 사육시설, 야간 수용 공간, 또는 격리 시설에서 관리할 때는 관람객이 볼 수 없으므로 상황이 달라진다. 전통적 동물원식 전시장에서 동물을 사육하고 있을 때도 비슷하다. 이러한 상황에서는 미관보다 기능적 측면에 초점을 맞추게 된다.

종보전

현대 동물원의 종보전 활동은 매우 다양하다(Wiese와 Hutchins, 1994; Hutchins와 Conway, 1995). 여기서는 재도입을 위한 보전번식에 주로 초점을 맞추고자 한다. 이는 동물원과 수족관이 야생동물 보전에 독자적으로 기여해 온 고유한 방식이기 때문이다(Tudge, 1991). 최근 성공 사례로는 검은발족제비(*Mustela nigripes*), 아라비아오릭스(*Oryx leucoryx*), 그리고 붉은늑대(*Canis rufus*) 등이 있다.

특정 종을 보전 목적으로 동물원이나 수족관에서 사육할 때, 완전히 새로운 윤리적 고려 사항들이 발생한다. 특히 구애, 짝짓기, 양육, 재도입 등에 영향을 미치는 이상행동을 제거하는 것이 중요한 목표가 되고, 이 과정에서 환경 풍부화는 보전에 이바지할 수 있는 수단이 된다. 그러나 사육환경에서 태어난 개체의 재도입은 동물원 및 수족관 생물학자들과 동물복지론자들에게 윤리적이고 실질적 어려움을 수반하는 과제가 된다(Beck, 1995). 재도입한 동물들이 직면하는 위협은 포식자, 경쟁자, 굶주림, 악천후, 기생충이나 질병 등 매우 다양하다. 야생에서 태어난 개체들과 달리, 사육환경에서 태어난 동물들은 이러한 도전에 적절히 대비하지 못한 경우가 많다. 이들은 적절한 먹이를 찾고, 인식하며, 섭취하는 능력이나 동종 개체들과의 사회적 상호작용, 그리고 포식자를 식별하고 회피하는 능력이 부족할 수 있다(Kleiman, 1989; 7장, 8장 참조). 따라서 재도입을 목적으로 한 사육 개체에 대한 관리 전략은 모든 스트레스를 제거하는 데 초점을 두어서는 안 된다. 스트레스는 종종 개체의 생존에 결정적 역할을 하는 적응적 반응이기 때문이다(Moodie와 Chamove, 1990; Sapolsky, 1990; Snowdon, 1994). 그 대신, 야생에서 생존에 필수적인 기술과 행동을 유지할 수 있도록 사육 집단을 관리하는 것이 주요 목표여야 한다(Snowdon, 1994). 재도입한 사육 개체의 폐사율은 종종 높기 때문에, 재도입을 위한 준비 과정에서는 비교적 스트레스를 유발하거나 심지어 일정 수준의 위험을 수반하는 풍부화 방식이 필요할 수도 있다(Beck, 1995). 이러한 맥락에서 '환경 풍부화'는 다음과 같은 방식으로 구성할 수 있다. 종 특유의 이동 방식이 가능하도록 넓고 자연 친화적 전시 공간에서 동물을 관리하는 것(Beck 등, 1988), 동물에게 실제 또는 인공적 포식자를 접하게 하거나(7장 참조), 자연에서처럼 스스로 먹이를 탐색하도록 하는 것(Kleiman, 1989), 또는 병원체에 노출해 면역 체계를 자극하고 강화하는 방식도 고려할 수 있다(Coe와 Scheffler, 1989). 이와 마찬가지로, 야생에서 생존하기 위해 일부 포식자는 살아있는 먹이를 사냥하고 포획하는 경험을 쌓을 필요가 있다(Eaton, 1972; 7장 참조).

이 논의와 관련하여 고려해야 할 다른 쟁점들도 있다. 예를 들어, 풍부화의 우선순위를 결정할 때 멸종위기종에게 일반 종보다 더 높은 우선순위를 부여해야 할까? 이상적인 경우, 모든 사육동물에게 복지 증진에 적합한 최적의 환경을 제공해야 할 것이다(Mason, 1979). 그러나 경제적 제약과 기타 실질적 고려 사항 때문에 모든 종을 최적의 조건에서 사육하는 데는 한계가 있을 수 있다. 만약 우선순위를 정해야 한다면, 멸종위기종이 환경 풍부화에 있어 가장 높은 우선순위를 가져야 한다고 본다. 어떤 종이 이미 야생에서 멸종하고 사육 개체만 남은 상황이라면, 현대의 동물원은 막중한 책임을 지니고 있다. 이 종이 살아남고, 자연으로 재도입시킬 가능성을 갖기 위해서는, 정상적으로 행동하는 개체군을 유지하는 것이 매우 중요하다(Wiese와 Hutchins, 1994).

연구

동물원과 수족관은 점점 더 야생동물 종보전 기관으로서 새로운 역할을 맡고 있다. 이와 함께, 많은 야생동물의 기본적 생물 특성과 사육환경에서의 행동적·환경적 요구에 대해 알고 있는 바가 매우 적다는 사실을 인식하기 시작했다(Hutchins, 1988; Hutchins 등, 1996). 동물원 및 수족관의 연구원들과 지역 대학 및 연구 기관의 협력 연구자들은 동물 행동, 영양, 번식, 유전학, 임상 수의학 등 다양한 분야에서 지속적으로 연구하고 있다. 일부 동물원 연구는 실험을 위해 일시적으로 동물을 사회적으로 격리하거나 작은 사육장으로 개체를 이동시키는 경우도 있다(Mason, 1979; Visalberghi와 Anderson, 1993). 그러나 이렇듯 동물이 열악한 환경에 놓일 경우, 환경 풍부화에 대한 필요성은 더 커진다.

수의학적 고려 사항이나 실험 프로토콜은 사회적 집단 구성, 사육 조건, 공간 배분 등의 측면에서 적용할 수 있는 풍부화 범위를 제한할 수 있다(Moor-Jankowski와 Mahoney, 1989). 그러나 비전시 연구 개체의 경우, 미관보다는 기능적 측면에만 집중할 수 있기 때문에 오히려 더 다양하고 경제적인 풍부화 선택이 가능하다. 이러한 환경에서는 퍼즐보드, 장난감, 털고르기 보드 등 완전한 인공적 장치들도 선택할 수 있다. 이러한 장치들은 의생명과학 연구실에서도 효과적으로 활용해 왔다(Fajzi 등, 1989; Watson 등, 1989). 연구용 동물과 시설을 일반에게 공개하지 않는 경우, 대중 인식은 중요한 요소가 아니지만 환경 풍부화는 여전히 중요하다. 이상행동이나 이에 따르는 생리적 스트레스는 실험 설계에 원치 않는 변수를 만들고 연구 결과의 신뢰성과 타당성을 위협할 수 있기 때문이다(Snowdon, 1994).

여가

전문적으로 운영하는 대부분의 동물원과 수족관은 비영리 기관이며, 지방 정부의 지원과 방문객 입장료로 운영한다. 많은 방문객들이 여가를 즐기기 위해 동물원을 찾으며, 비록 이것이 기관의 주된 목적은 아닐지라도, 여가는 교육, 연구, 보전 등 동물원의 다른 핵심 활동을 지원하는 경로가 되기도 한다(Hutchins와 Fascione, 1991). 여가 목적으로 동물을 사육하는 것도 교육 효과를 낼 수 있으며, 이 둘은 실제로 서로 반대되는 개념이 아니다(Hutchins와 Fascione, 1991). 그러나 교육보다 인간의 즐거움을 위해 동물을 이용할 때는, 해당 동물들에게 환경 풍부화를 우선으로 제공해야 한다는 주장이 있을 수 있다. 반면, 이러한 동물들은 사육 목적이 보전과 직접적인 관련이 없으므로 멸종위기종보다는 우선순위가 낮아야 한다는 주장 역시 가능하다.

여가 활동 목적으로 활용하는 대표적 동물로 사람이 타고 다니는 동물이 있다. 대부분 길들였거나 가축화된 사회적 포유류로, 예를 들어 말(*Equus caballus*), 낙타속(*Camelus* spp.), 아시아코끼리(*Elephas maximus*) 등이 이에 해당한다. 이러한 동물들은 일하는 동안에는 다른 개체와 상호작용이 어렵기 때문에, 훈련사나 사육사가 일하는 동안에는 사회적 상호작용을 대신할 수 있다. 동물이 일하지 않을 때는 동종 개체와의 사회적 접촉 기회를 줄 수 있다. 또한, 종 고유의 행동을 할 수 있는 능력 역시 중요하다. 예를 들어, 코끼리의 정상행동 중에는 흙목욕이 있는데, 이는 코끼리를 타는 체험[22]을 위해 동물이 일

---

22 이 책을 만든 1990년대 후반에는 이러한 활동이 동물원에서 가능했으나 현재 우리나라에서는 금지 또는 매우 제한적으로 허용하고 있다.

을 하는 동안에는 이 행동을 할 수 없지만, 휴식 시간 동안에는 할 수 있도록 한다. 훈련 방식에 변화를 주는 것은 스트레스를 줄이고 일상의 반복으로 생기는 따분함을 줄일 수 있다. 예를 들어, 보상 먹이의 종류, 훈련 일정, 일하는 시간과 규칙적인 일상을 다양화하여 매번 똑같지 않은 다양한 환경을 줄 수 있다. 동물이 자연스러운 행동을 하도록 훈련하는 것은 사람들에게는 흥미로운 볼거리를 제공하며, 동물에게도 잠재적으로 긍정적인(치유적인) 효과를 줄 수 있다(Hediger, 1964, 1969; Laule, 1993; Kreger와 Mench, 1995).

환경 풍부화는 동물의 가시성을 높이는 데 활용할 수 있어 전시의 즐거움 측면과 교육적 가치를 높일 수 있다. 예를 들어, 인공 바위에 난방 코일이나 복사열 램프를 설치한다면 파충류가 일광욕하기 위해 더 자주 모습을 드러내도록 유도할 수 있다. 또한, 다양한 급이 기법을 통해 동물이 관람객에게 잘 보이는 곳으로 자주 돌아다닐 수 있도록 유도할 수도 있다(Ogden 등, 1990; Ogden, 1992).

물리적 환경

환경 풍부화는 물리적 환경이라는 맥락에서 풍부화의 필요성과 어떤 종류를 적용할지 고려해야 한다. 풍부화가 얼마나 필요한지는 이미 전시 공간을 공간적 그리고 시간적으로 얼마나 복잡하게 구성했는지, 전시 공간의 유형과 구축 연도가 어떤지, 그리고 해당 공간이 전시 중인지 아닌지, 혹은 실외인지 실내인지 등에 따라 달라진다.

앞서 설명했듯이, 동물원 전시 공간은 얼마나 넓은지 그리고 얼마나 복잡한 지의 연속선상에 있다. 그러나 이 연속선의 양극단인 너무 넓거나 혹은 너무 복잡한 경우, 초기에는 동물에게 해로울 수 있다. 예를 들어, 자연에서 자란 동물에게 콘크리트와 타일로 된 깨끗하고 단조로운 환경은 지루함과 이상행동을 유발할 수 있으며, 반대로 비교적 단순한 환경에서 자란 동물에게 지나치게 복잡하고 낯선 전시 공간은 초기에 두려움, 스트레스, 심지어 공격성을 유발할 수 있다(Menzel, 1963; Renner, 1987). 따라서 환경 변화는 점진적으로 전환할 필요가 있다. 예를 들어, 전통적인 콘크리트와 타일 구조의 실내 공간에서 자란 서부고릴라(*Gorilla gorilla*)는 야외의 자연과 같은 전시장에 적응하는데 수일에서 수주까지 걸리는 경우가 있었다(Maple과 Hoff, 1982; Ogden 등, 1990).

정형행동은 자연환경과 크게 동떨어진 사육 조건과 밀접한 관련이 있는 것으로 알려져 있다(Wechsler, 1991). 따라서 전시 공간의 크기와 유형은 환경 풍부화의 우선순위와 적용 방법을 결정하는 데 중요한 요소다. 좁고 단순한 전시 공간은 다양한 포유류와 조류에서 정형행동, 자해 행동, 그리고 기타 이상행동을 유발하는 것으로 알려져 있다(Keiper, 1969; Erwin과 Deni, 1979; Oldberg, 1987; Wechsler, 1991). 이런 행동들은 동물을 더 넓고, 복잡하며, 자연과 비슷한 환경으로 옮겨주는 것으로 상당 부분 완화할 수 있다(Henning과 Dunlap, 1978; Clark 등, 1982; Ogden 등, 1990; O'Neil 등, 1991). 일반적으로, 전시 공간이 오래되고, 자연적이지 않고, 단순하며, 동물종에 적합하지 않을수록, 환경 풍부화에 대한 우선순위를 더 높게 잡아야 한다(표 3). 이는 풍부화 형태를 선택할 때도 적용된다. 즉, 전시 공간이 자연환경과 너무 다르고, 복잡도나 종 적합성이 낮을수록, 풍부화는 심미적 요소보다는 기능적 측면에 중점을 두어야 한다. 예를 들어, 카나리아(*Serinus canaria*)에게 그네형 횃대를 설치하자 정형행동(같은 경로를 반복해서 움직이는 행동)이 줄어들었다(Keiper, 1969). 그러나 같은 해결책이 자연 식생이 풍부하고 복잡하게 조성된 자연과 유사한 환경에 있는 조류에게는 부적절하거나 아예 불필요할 수도 있다.

표 3 | 다양한 사육동물들의 환경 풍부화 필요도를 평가하기 위한 개념적 기준

맥락	풍부화 수준 높음(필요한 경우)	풍부화 수준 낮음(필요한 경우)
물리적 환경	전통적인 전시장 종에 부적절함	자연주의 전시장 종에 적절함
사회적 환경	종에 부적절함 불안정함	종에 적절함 안정됨
종 특성	높은 신경 복잡성과 인지 능력 일반적인 습성 넓은 활동 범위	낮은 신경 복잡성과 인지 능력 특이적 습성 정적인 습성
개체 행동	해당 종의 전형적 행동 아님	해당 종의 전형적 행동
법적 및 전문적 기준	기준 미충족	기준 충족

참고: 이 표는 환경 풍부화 요구사항의 우선순위를 정하는 해결책을 제시하려는 것이 아니다. 특히 여러 상황이 겹치거나 서로 영향을 줄 때에는 단순한 공식이 존재하지 않는다. 이 표는 오직 사육 담당자들이 환경 풍부화의 우선순위를 결정할 때 복잡한 의사결정을 돕기 위한 개념적 도구다.

사회적 환경

사회적 동물종의 경우, 동종 개체의 존재는 환경 풍부화에서 매우 중요한 요소가 될 수 있다(그림 10). 적절한 집단 규모, 성비, 연령비는 종 특유의 행동과 번식을 촉진하는 것으로 알려져 있다(Eisenberg와 Kleiman, 1975; Kleiman, 1980; Novak과 Suomi, 1988; Bayne 등, 1991). 반대로, 안정적이고 적절한 집단 구조나 사육환경이 부재할 때는 행동 이상이 나타날 수 있다(Erwin과 Deni, 1979; Hannah와 Brotman, 1990). 많은 경우, 계절적 또는 시간적 변화를 반영한 집단 구조의 변화도 재현할 필요가 있다(Hutchins 등, 1984; Caro, 1993).

개체가 자신이 속한 사회적 집단에서 분리되었을 때 발생하는 심리적 욕구 또는 행동 결핍은 새로운 윤리적 고려 사항이 된다. 일반적으로, 나이와 성비 구조 등 사회적 구조가 종에 적합하지 않은 경우에 처한 동물에게는, 적절

그림 10 반드시 사회적 종이 아니더라도 동종 개체는 환경 풍부화에서 매우 중요한 요소가 될 수 있다. 놀이를 즐기는 불곰 (*Ursus arctos*)(독일 쾰른동물원, ⓒ김영준).

한 사회 구조에서 사는 동물보다 더 높은 수준의 환경 풍부화가 필요할 수 있다(표 3). 예를 들어, 집단에서 최근 분리한 영장류는 집단 내에 있는 동일 종 개체보다 환경 풍부화의 우선순위가 높을 수 있다. 일부 환경 풍부화 기법은 공격성을 줄이는 데 효과적이기 때문에, 새롭게 구성했거나 불안정한 사회 집단에 속한 동물들에게도 적용할 수 있다(Bloomsmith 등, 1988; Boccia, 1988). 그러나 주의할 점은, 개체를 집단에서 분리하거나, 집단 구성원을 변경하거나, 낯선 개체를 익숙하지 않은 사회적 환경에 도입하는 행위는 예측 불가능하고 큰 스트레스를 유발할 수 있으며, 이에 따라 부상이나 심한 경우 폐사에 이를 수 있다는 점이다(Bernstein, 1989; Visalberghi와 Anderson, 1993). 이종 전시[23]의 경우에는 이종 간 상호작용을 통해 환경 풍부화가 이루어질 수 있으나, 단일 종 전시와 마찬가지로 공격으로 인한 부상 가능성에 주의가 필요하다(Popp, 1984).

---

23   Mixed-species exhibit: 서로 다른 종을 한 사육환경에서 전시하는 기법.

번식 방지, 심각한 공격성 완화, 또는 질병 감염 방지를 위한 병든 동물의 격리 등을 위해 일부 동물을 따로 격리하는 것은 타당하다. 이렇게 동물을 물리적으로 분리해야 할 경우, 반드시 동종 개체나 이종 개체가 존재하지 않더라도 시각적, 청각적, 또는 후각적 자극을 통해 사회적 자극을 줄 수 있다. Carlstead와 Seidensticker(1991a,b)는 단독 사육하는 아메리카흑곰(*Ursus americanus*) 수컷의 반복보행을 줄이고 탐색 또는 먹이 탐색행동을 증가시키는 방법의 하나가, 봄철에 전시 공간 벽에 곰의 체취를 묻히는 것임을 보여주었다. 야생의 수컷 흑곰은 봄철에 후각 단서를 통해 짝을 찾는 습성이 있기 때문이다.

집단 사육동물에게는 지배관계와 같은 사회적 역학을 고려하여 환경 풍부화를 제공해야 한다. 예를 들어, 먹이 탐색행동을 유도하는 풍부화 기법(퍼즐보드, 인공 흰개미탑 등)은 지배적인 개체가 독점할 수 있어, 서열이 낮은 개체들에게는 거의 혜택이 돌아가지 않을 수 있다(Bloomstrand 등, 1986). 공격성과 서열은 환경 풍부화의 요구와 전략에도 추가적인 영향을 미친다. 예를 들어, 서열이 낮은 개체가 싸움으로 인해 심각한 상처를 입거나, 심리적 또는 생리적으로 스트레스를 받아 복지나 생존이 위협받는 경우, 해당 개체를 집단에서 분리하여 격리 공간에 따로 수용하는 것이 필요할 수 있다.

종 특이적 요구사항

종의 특성, 자연사, 그리고 야생에서의 선호도를 검토하는 것은 사육환경에서 어떤 환경 요소가 중요한지를 결정하는 데 있어 필수적이다(Hediger, 1969; Hutchins 등, 1984; 2장 참조). 예를 들어, 카피바라(*Hydrochoerus hydrochaeris*)는 남아메리카의 대형 설치류로, 야생에서는 물속에 배변하는 습성이 있으므로, 사육환경에서도 이를 위해 수조나 물웅덩이를 반드시 제공해야 한다. 세발가락나

그림 11 유리펜스와 천장 연결구조물을 이용하는 호프만두발가락나무늘보(*Choloepus hoffmanni*)의 수목생활 유사행동 (독일 부퍼탈동물원, ⓒ김영준).

무늘보과(Bradypodidae), 나무타기캥거루속(*Dendrolagus* spp.)처럼 수목 생활을 하는 동물들은 나무나 오를 수 있는 가지 혹은 유사한 구조물이 필요하다(그림 11). 마찬가지로, 미어캣(*Suricata suricatta*), 프레리도그속(*Cynomys* spp.)처럼 굴을 파는 동물들에게는 굴을 팔 수 있는 흙이 필요하다.

먹이 섭취 행동과 생태는 사육동물을 위한 환경 풍부화 전략을 수립하는 데 있어 매우 중요한 요소로 밝혀졌다. 동물원에서는 대개 하루 중 일정한 시간과 장소에서 동일한 종류의 먹이를 주며, 이때 영양 균형, 비용, 청소의 편의성을 먼저 고려한다. 하지만 이런 방식은 동물에게 먹이를 '먹는' 경험만 줄 뿐, 먹이를 '찾고, 쫓고, 다루는' 과정을 제거하기 때문에 지루함을 유발하거나 정형행동으로 이어질 수 있다(Hutchins 등, 1984). 실제로 여러 연구에서 동물들은 자유롭게 먹이를 받는 것보다, 스스로 먹이를 얻기 위해 행동하는 것을 더 선호하는 것으로 나타났다. 이는 욕구 행동(먹이를 찾고 추적하는 행동)과 섭취 행동(먹이를 먹는 행동) 모두를 충족시켜 주기 때문이다(Carder와 Berkowitz, 1970; Neuringer, 1970; Inglis와 Fergusson, 1986). 이러한 이유로, 가장 성공적인 풍부화 사례 중 많은 수가 '먹이를 더 흥미롭고 도전적이며 자연에 가까운 방식으로 주는 것'에 집중하고 있다(Shepherdson, 1992).

종마다 타고난 영역 활동과 식이 특성은 정형행동으로 발전하는 데 영향을 미칠 수 있다. 예를 들어, Morris(1964)는 동물을 '극단적인 전문종(specialist)'과 '일반종(generalists)'으로 나누는 이분법을 제안하였다. 판다(*Ailuropoda melanoleuca*)와 코알라(*Phascolarctos cinereus*)와 같이 먹이 종류가 극단적으로 특화된 경우, 이들은 기본적인 영양 요구가 충족되면 대부분의 시간을 휴식에 할애한다. 반면, 기회를 탐색하는 종들은 기본적 요구조건이 충족된 후에도 끊임없이 움직이며 환경을 탐색하는 경향이 있다. 늑대(*Canis lupus*), 히말라야 원숭이(*Macaca mulatta*), 라쿤속(*Procyon* spp.) 등이 그렇다. Morris는 이처럼 전문종은 기회를 탐색하는 종보다 획일적이고 제한된 사육환경에 더 쉽게 적응할 수 있다고 추정하였다. 따라서 이상행동은 단조롭고 제한적인 환경에 대한 일종의 보상 혹은 적응 형태로 간주했다. 유사하게, Wechsler(1991)는 북극곰(*Ursus maritimus*)의 정형행동은 접근에 관한 행동적 욕구가 좌절된 데서 출발한다고 보았다. 야생 북극곰은 광범위한 영역을 이동하는 습성이 있으나, 사육 상태에서는 그러지 못하기 때문이다. 이러한 관점에 따르면, 넓은 활동 반경과 기회주의적 성향을 가진 종은 반복보행과 같은 정형행동을 나타낼 가능성이 더 크며, 따라서 비교적 정적인 전문종보다 더 높은 수준의 환경 풍부화가 필요하다. 이러한 종은 그에 따라 상대적으로 더 먼저 풍부화를 고려해야 한다(표 3).

동물이 필요로 하는 환경 풍부화의 복잡성은 분류군에 따라 달라질 수 있다. 일부 연구자들(Poole, 1992a,b; 6장 참조)은, 신경계가 고도로 발달하고 인지 능력이 높은 종일수록 환경 풍부화에 대한 요구도 크다고 주장해 왔다. 예를 들어, 침팬지(*Pan troglodytes*)는 상대적으로 크고 복잡한 뇌와 정교한 인지 능력을 가졌고 복잡한 사회 행동을 하고 있어, 새, 뱀, 개구리, 달팽이 등에 비해 심리적 복지를 유지하기 위한 정신적 자극이 더 많이 필요할 수 있다. 이는 신경계가 단순하고 인지 능력이 낮은 동물들에게는 환경 풍부화가 필요하지 않다는 뜻은 아니며(Dawkins, 1992; King, 1993), 우선순위를 정해야 하는 상황에서는 포유류가 조류보다, 조류가 파충류, 어류, 양서류보다 더 높은 우선순위를 가질 수 있다는 뜻이다(Poole, 1992b). 그러나 이것이 모든 포유류를 모든 조류보다 우선시해야 한다는 것을 의미하는 것은 아니다. 예를 들어, 땃쥐류(Soricidae)를 반드시 금강앵무(*Ara macao*)보다 우선해야 한다는 뜻은 아니다(King, 1993).

사육장 면적은 종에 따라 달라질 수 있다. 예를 들어, Hediger(1969)는 동물종마다 위험으로부터 도망치려는 최소 거리인 '도피 거리'가 다르다고 지적하였다. 이는 동물원과 수족관의 서식지 설계에 있어 중요한 시사점을 가지며, 작은 전시 공간에서 사육되는 동물은 사람들로부터 도망치는 것이 불가능하기 때문이다. 또한, 위협적 상황에서 도주하지 못하는 것은 좌절감과 스트레스를 유발하고, 나아가 정형행동이나 기타 이상행동으로 이어질 수 있다는 가설도 있다(Mason, 1991). Glatston 등(1984), Hosey와 Druck(1987), Chamove 등(1988)의 연구에 따르면, 동물원 관람객의 존재는 다양한 영장류 종의 행동에 부정적 영향을 미친다. 특히 Chamove의 연구에서 관람객이 동물과 상호작용을 시도했을 때 그 영향이 가장 뚜렷하게 나타났으며, 이는 일부 영장류가 인간에게 쉽게 익숙해지지 않음을 보여준다. 이는 연구 대상 동물들이 모두 전통적 동물원 전시 공간에서 대중과 가까운 거리에 있었음에도 나타난 결과다. 반면에, 자연 친화적 전시 공간은 동물을 관람객으로부터 더 멀리 떨어진 위치에 배치하거나, 최소한 동물이 스스로 숨을 기회를 준다.

일부 종은 자연 상태에서 비교적 좁은 범위 내에서만 이동하는 경향이 있다. 어떤 종은 세력권에 대한 강한 집착을 보이기도 한다. 예를 들어, 마이애미메트로동물원(Miami Metrozoo)은 Andrew라는 이름의 허리케인이 동물원을 강타하여 전시 공간 내의 울타리가 부서졌음에도 불구하고, 많은 동물이 자신의 영역 내에 머물렀다고 보고하였다(W. Zeigler, 개인 소통). 따라서 환경 풍부화 전략을 수립할 때, 전시 공간을 넓히는 것이 곧바로 동물들이 행동반경을 늘린다거나 새로운 공간을 활용하는 행동으로 이어지는 것은 아니라는 점을 알고 있어야 한다(Ogden, 1992). 종에 따라 공간 부족이 반드시 행동 이상으로 이어지지는 않는다. 예를 들어, Marmie 등(1990)은 동물원에서 태어난 방울뱀속(Crotalus spp.)을 작은 투명 플라스틱 상자에서 사육했을 때와 더 큰 테라리움에서 사육했을 때 행동상 차이가 없었다는 결과를 보고하였다. 이와 유사하게, 작은 실험실용 사육장에서 사육하여 성장한 마모셋속(Callithrix spp.)은 유사한 조건에서 사육한 다른 영장류에 비해 정형행동을 쉽게 보이지 않았다(Berkson 등, 1966).

모든 조건이 동일하다면, 기본적인 종 특이적 요구조건을 충족하지 못하고 있는 동물들을 중심으로 환경 풍부화의 우선순위를 더 높게 두어야 한다(표 3). 보다 구체적으로 말하자면, 현재 수목성 동물[24]이 살아가는 전시 공간에 오를 수 있는 적절한 구조물이 없다면(혹은 동물을 옮길 수 있는 다른 공간도 없다면), 동물원 관리자는 해당 종에 대해 환경 풍부화를 최우선으로 고려해야 한다.

개체별 다양성

환경 풍부화의 우선순위와 형태를 결정하는 데 종의 특성을 고려하는 것과, 개별 동물의 배경과 특성, 즉 개체 성격을 파악하는 것도 매우 중요하다.

---

24   Arboreal animal: 나무 위에서 생활하는 동물.

이 개념은 아직 실험적으로 충분히 검증되지 않았지만, 야생 포획 개체가 동물원에서 태어난 개체보다 환경 풍부화가 더 필요할 수도 있고 반대로 덜 필요할 수도 있다. 이는 개체의 현재 요구사항과 인식의 정도가 과거의 경험과 관련되어 있을 수 있기 때문이다. 야생에서 태어난 동물들은 시간적, 공간적, 사회적으로 복잡한 환경에서 생활해 왔기 때문에, 제한적이고 단조로우며 익숙하지 않은 사육환경에서 더 큰 심리적 스트레스를 받을 수 있다. 특히 인간이 가까이 있는 것이 야생 포획 개체에게 더욱 강한 스트레스 요인일 수 있는데, 이는 특히 자연 상태에서 인간이 해당 종을 포획하거나 그 자신이 잡힌 경험이 있는 경우, 인간을 위협 요인으로 인식할 수 있기 때문이다.

동물이 자라온 환경은 성체가 되었을 때 행동에 상당한 영향을 미친다. 동물원에서 태어난 동물들은 종종 사회적·물리적으로 부족한 환경에서 성장하며, 이러한 초기 결핍을 보완하기 위해 환경 풍부화가 필요할 수 있다(Fritz, 1986; Bayne 등, 1991). 예를 들어, 인공 사육한 늘보곰(*Melursus ursinus*)은 어미가 키운 개체에 비해 자위행위, 자기 자극 행동, 반복보행 등 정형행동과 자기 지향적 행동을 더 자주 보인 것으로 나타났다(Forthman과 Bakeman, 1992). 이와 유사한 행동 패턴은 영장류에서도 잘 기록되어 있다(Erwin과 Deni, 1979). 또한, 동물원은 때로는 과거 반려동물로 키웠던 외래동물을 받는 경우가 있는데, 이 동물들은 부적절한 사육환경이나 관리로 인해 이상행동을 보일 가능성이 높다.

가장 중요한 것은, 해당 개체가 현재 측정 가능한 이상행동이나 생리적 스트레스의 징후를 보이고 있는지다. 일반적으로, 이상행동을 실제로 하는 동물에게 우선으로 환경 풍부화에 대해 고려하는 것이 타당하다(표 3). 그리고 그 행동이 자주 나타날수록 그리고 또한 이상할수록, 그 우선순위는 더욱 높아져야 한다.

경제적 현실

기관 차원의 환경 풍부화 프로그램을 위한 장기 계획은 종별로 수립해야 하며, 장·단기 우선순위는 종종 경제적 상황에 따라 영향을 받는다. 인적, 재정적 자원이 제한된 상황에서는, 이 자원을 어떻게 배분할 것인지가 윤리적 문제로 이어진다. 실제로, 환경 풍부화만을 과도하게 강조한다면 동물원의 다른 목표들인 보전이나 교육에 부정적 영향을 미칠 수도 있다.

환경 풍부화의 비용은 효과를 비교해 고려해야 하며, 이를 통해 가용 자원을 어떻게 배분할 것인지 결정할 수 있다(9장 참조). 비용에는 시간, 자재, 인력 등이 있으며, 보다 구체적으로는 장치의 설계, 개발, 평가, 그리고 장치의 설치, 청소, 유지관리, 직원 교육 등에 드는 비용이 있을 수 있다. 물론 이 비용을 상쇄할 만한 경제적, 그리고 그 외의 이점도 있다. 환경 풍부화는 동물의 전반적 건강과 복지를 개선할 수 있으며, 이는 결과적으로 수의 진료 비용을 절감하는 데 이바지할 수 있다(Snyder, 1975). 또한 동물이 건강해지고 번식을 잘하는 경우 야생에서 동물을 포획하거나, 다른 동물원·수족관, 판매업자, 공급업체에서 동물을 구입해야 할 필요성도 줄어든다.

다양한 환경 풍부화 기법의 비용 대비 효과는 다른 기관의 사례나 기존에 발표한 연구 결과를 바탕으로 분석해야 한다. 효과가 좋지 않은 장치나 기법에 비용을 투입하는 것은 비효율적이다(9장 참조). 예를 들어, Line 등(1991)은 어린 히말라야원숭이들의 관심을 끄는 장난감이 노령 개체의 전반적 활동 수준이나 이상행동을 개선하는 데는 효과가 없다는 것을 발견하였다.

동물에게 환경 풍부화 기회를 주기 위해 새롭고, 복잡하며 자연과 유사하게 조성한 전시 공간은 유료 방문객이 더 많이 찾아오도록 하고, 긍정적 언론 보도가 나올 것으로 기대한다(Bitgood 등, 1988; Finlay 등, 1988; Shettel-Neuber, 1988). 건강하고 풍부화가 잘 이뤄진 환경 속 동물은 현대 동물원과 수족관의 이미지를 개선하는 데 이바지할 수 있다. 이러한 이미지 개선은 민간 부문으로부터의 재정적 후원 증가와 정부 지원 확대로 이어질 수 있다. 실제로 일부 동물원은 환경 풍부화 프로그램을 지원하기 위한 모금 캠페인을 성공적으로 진행한 사례도 있다(Maas, 1993).

법적 요구조건과 전문 지침

동물복지에 대한 고려는 다른 모든 고려 사항에 영향을 미치며, 동물원 관리자는 보유한 각 종에 대해 어떤 수준을 환경 풍부화 최소 기준으로 볼지 정해야 한다. 만약 해당 기관이 이러한 최소 기준을 충족할 수 없다면, 그 기관은 즉시 상황을 개선하거나, 동물에게 적절한 새로운 거처를 마련해야 할 윤리적 책임을 지닌다. 전문적으로 운영하는 동물원이나 수족관이 길거리 동물전시시설과 다른 점은, 관리자가 지속적으로 사육동물의 복지 향상을 위해 노력한다는 점이다. 이와 관련하여, 북미 지역의 거의 모든 전문 동물원 및 수족관은 북미동물원·수족관협회(AZA: American Zoo and Aquarium Association)의 인증을 받는다. AZA는 정기적으로 회원 기관을 방문·점검하며, 그 주요 목적 중하나는 동물복지 수준을 평가하는 것이다. 인증 지침에는 다양한 종에 대한구체적 최소 사육 및 관리 기준이 없지만, 많은 조직화된 보전번식 프로그램(SSP: Species Survival Plans)과 분류군별 자문 그룹(TAGs: Taxonomic Advisory Groups)은 환경 풍부화에 대한 최소 기준을 포함하는 사육 지침서를 개발하고 있다(Wiese와 Hutchins, 1994). 또한, AZA 산하 포유류기준위원회(Mammals Standards Committee)는 이 분류군에 대한 최소 관리 기준을 정의하고 있으며, 환경 풍부화도 포함하고 있다. 마찬가지로, 영국동물원연맹(British Zoo Federation)과 동물복지대학연합(Universities Federation for Animal Welfare)도 특정 분류군을 위한 사육 및 복지 지침을 공동으로 제작 중이다.

마지막으로, 동물원과 수족관은 환경 풍부화에 관한 연방 및 지방의 동물복지법을 준수해야 한다. 이러한 기준을 충족하지 못하면 해당 종 또는 전시 공간을 먼저 개선해야만 할 것이다. 미국 내 모든 전시 기관은 '동물복지법(Animal Welfare Act) 및 그 개정안(U.S. Government, 1994, 1995)'의 적용을 받으며, 이 법률은 대부분의 포유류 종에 대해 최소 기준을 명시하고 있다. 해당 규정에는 사육 관리, 사육 공간, 처치, 취급, 운송, 그리고 일부 경우에는 환경 풍부화에 대해서도 구체적 지침이 있다. 또한, 동물원과 수족관은 해당되는 경우, 주정부 및 지방 정부의 법률도 함께 준수해야 한다.

고찰

현재 전문 동물원 운영 기관들이 환경 풍부화 프로그램을 계획하고 실행하는 것을 장려해야 하는 이유는 다양하며 다음과 같다. (1) 사육동물이 종 고유의 행동, 특히 번식 및 양육 행동과 같이 보전번식 프로그램을 성공시키기 위한 환경을 제공한다. (2) 정형행동이나 기타 이상행동 패턴을 감소시키거나 없앨 수 있다. (3) 행동적 스트레스를 완화함으로써, 동물의 건강, 수명, 번식 능력을 향상시킬 수 있다. (4) 행동적 스트레스 혹은 이와 관련한 생리적 스트레스로 인해 동물 연구가 영향을 받기도 하는데, 행동 풍부화는 이런 영향을 받지 않는 연구를 할 수 있는 기회를 준다. (5) 관람객 증가 및 동물들의 자연스러운 행동에 대한 대중의 인식 증진을 통해 지역 사회와의 관계 개선에 이바지할 수 있다.

이상적 경우라면, 모든 동물들은 최상의 복지 환경에서 살아야 할 것이다. 그러나 현실적으로 제한된 자원으로는 우선순위를 설정하고, 어떤 종이나 개체에게 더 집중적이고 광범위한 환경 풍부화를 해줄 것인지를 결정해야 한다. 이러한 결정 과정에서 동물의 상황이 환경 풍부화의 필요성을 결정하는 데 핵심 요소며, 의사결정에 유용한 도구라고 주장해 왔다. 이러한 결정은 서로 중첩되는 다양한 상황과 윤리적 고려들이 얽혀 있기 때문에 매우 복잡할 수 있다. 도덕적 다원주의와 실용주의가 위와 같은 결정을 하는 데 윤리적 기반이 될 수 있다고 주장해 왔다. 이러한 맥락과 윤리의 상호작용을 다음의 가상 사례를 통해 설명해 보겠다.

어떤 동물원에 수컷 고릴라 1개체, 암컷 3개체, 미성숙 암컷 1개체, 그리고 어린 고릴라 1개체가 살고 있는 전시 공간이 있다. 이 고릴라는 방문객들에게 인기 있는 동물이며, 멸종위기종이다. 해당 고릴라 전시 공간은 '동물복지법'에서 정한 기본 요건을 충족하고는 있지만, 낡고 예전 방식의 사육장이다. 실내 공간은 콘크리트 바닥과 타일 벽이고, 실외 공간은 바닥이 풀로 덮여 있을 뿐이다. 그런데도, 고릴라 집단은 크기와 구성이 적절하여 성공적으로 번식하고 있고, 이상행동도 거의 보이지 않았다(암컷 1개체를 제외한 모든 개체는 어미가 키움). 동물원 측은 이 고릴라들을 위해 더 크고 자연에 가까운 환경을 새로 조성해 주고 싶지만, 설계 및 건축 예산이 부족한 상황이다. 또한, 고릴라들을 임시로 다른 장소에 두거나 다른 전시 공간으로 옮길 수 있는 대안도 없다. 이러한 여건 속에서, 동물원은 환경 풍부화 프로그램을 도입하는 방안을 검토하고 있다.

한편, 동물원 조류관에는 붉은극락조(*Paradisaea rubra*) 두 쌍의 번식을 위해 배후시설에 각 한 쌍씩 지낼 수 있는 공간을 마련해 주었고, 고릴라처럼 내실과 외실을 자유롭게 쓸 수 있다. 그러나 고릴라 전시 공간과 달리, 이 조류 전시 공간은 비교적 자연에 가깝게 조성되어 있어 흙으로 된 바닥과 무성한 식생, 여러 개의 횃대가 있다. 하지만 두 수컷 개체는 인공 증식 개체들로, 전시 공간 내를 이동할 때 정형적 비행을 보인다. 또한, 암컷 1개체는 꼬리 깃털을 과도하게 다듬어서 깃털 여러 개가 빠져 있다. 산란은 하지만, 부화율과 유조 생존율은 낮다. 이것은 주로 암컷이 둥지를 부수거나 새끼를 죽이기 때문이다. 이 새들은 멸종위기종이기 때문에 적극적으로 번식시키고자 하며, 안정적 번식이 가능해지면 보전번식 프로그램으로 확대할 계획이다.

현재는 붉은극락조를 한 쌍씩 사육하고 있지만, 자연 상태에서는 일부다처제며, 레크 번식 체계[25]를 가지고 있다. 수컷들은 공동 공간에 모여 구애 행동을 펼치고, 암컷들은 이를 지켜보며 깃털 길이, 색상, 행동 등으로 수컷의 능력을 평가하여 짝을 선택하는 것으로 보인다(Bradbury와 Gibson, 1983). 또한, 짝짓기 후에는, 수컷이 둥지 짓기나 육추에 전혀 관여하지 않는다(Frith, 1976). 번식 구역은 일반 관람객에게 공개하지 않지만, 동물원 측은 수컷들의 레크 형성을 유도하고, 암컷들을 위한 독립적 산란 공간을 조성할 계획이다.

동물원은 두 프로젝트를 가능한 한 빨리 마치고자 하지만, 전시 공간을 새롭게 개선하고 환경 풍부화를 하기에는 예산과 인력을 투입할 시간이 제한적이다. 만약 두 프로젝트 중 하나만 예산을 받을 수 있다면, 어느 쪽을 선택해야 할까?(두 프로젝트의 재정적·인력 소요 비용은 비슷하다.) 또는, 절충안을 마련하여 두 종 모두에 대해 중간 수준의 환경 풍부화를 제공하는 것이 바람직할까?

가장 복잡한 신경계와 인지 능력이 있는 종(이 경우에는 고릴라)을 우선순위에 두어야 한다는 주장이 있어 왔다. 그러나 여러 연구에서 조류 또한 일정 수준의 인지 능력과 심리적 욕구가 있으며(Dawkins, 1980, 1992; King, 1993), 이 요소의 상대적 중요성을 평가하기 위해서는 추가 연구가 필요할 수 있다. 두 종 모두 환경 풍부화의 필요성이 명확하지만, 두 상황은 매우 다르다. 이러한 경우, 다양한 상황의 상호작용을 바탕으로 어떤 종에 우선순위를 부여해야 하는지 결정할 수 있다. 예를 들어, 고릴라의 사육환경이 낡았다는 점에 우선순위를 부여해야 한다고 주장할 수 있다. 하지만 현재 이상행동도 없고, 건강하며, 안정적으로 번식하고 있으므로, 영장류에 대한 동물복지에는 크게 문제가 없어

---

25   Lek mating system: 수컷들이 한 공간에 모여 암컷을 향해 구애 행동을 하는 방식.

보인다. 반면, 극락조의 복지 상태에는 의문을 제기할 수 있다. 정형적 비행 유형 및 암수 모두에서 나타나는 깃털 뽑기 등 이상행동이 자주 발생하며, 번식 성공률도 매우 낮기 때문이다. 그 원인으로는, 둥지 짓기 및 산란 기간 동안 수컷과 암컷을 너무 가깝게 사육하는 점, 그리고 수컷이 레크 행동을 할 수 없는 점 등이 있다. 이들이 비교적 자연과 가까운 복잡한 식생으로 꾸며진 전시 공간에서 살고 있지만, 사회적 구성은 종의 특성과 크게 어긋나 있으므로, 우선순위를 부여해야 하는 중요한 요인이 된다.

이 사례에서 결정적 요인은 동물의 사육 목적 또는 활용 목적일 수 있다. 두 종 모두 야생에서 심각한 멸종위기에 처해 있으며, 사육 상태에서 번식하는 것이 향후 종보전에 이바지할 수 있다. 그러나 현재로서는 두 종 모두 재도입 프로그램을 진행하고 있지 않다. 하지만, 고릴라는 사육환경에서 잘 번식하고 있으며, 그 개체군은 지속 가능한 수준에 도달해 있지만 극락조는 그렇지 못하다. 만약 환경 풍부화가 극락조의 번식 성공을 촉진하고, 이를 통해 조직화된 공동 번식 및 보전 프로그램으로 이어질 수 있다면, 지원 자금은 유인원이 아니라 극락조에게 배정하는 것이 더 타당할 수 있다. 또한, 고릴라 개체 중 일부가 정형행동을 보이더라도, 그것이 개체군 역학이나 번식에 영향을 주지 않는다면, 극락조를 위한 환경 풍부화 프로그램을 여전히 우선순위에 두어야 한다.

이 예시는 환경 풍부화 우선순위를 결정하는 일이 얼마나 복잡한지를 잘 보여준다. 이와 같은 주제에는 다양한 변형 사례들이 나타날 수 있다. 경우에 따라서는 절충안이 바람직한 선택일 수 있다. 예를 들어, 고릴라 전시 공간을 저비용으로 환경 풍부화할 방법이 있을 수 있고, 동시에 극락조의 사육환경을 단순하고 경제적인 기법으로 개선할 가능성 등이다. 예를 들어, Hundgen 등 (1991)은 극락조 암컷을 수컷으로부터 분리하고, 동시에 수컷들이 구애 행동을 보여줄 수 있도록 나일론 그물로 된 칸막이를 만들었다. 이러한 방식은 수컷

간 시각적 접촉은 가능하게 하면서도 물리적 접촉은 차단하여, 야생에서의 레크 구애 행동을 인공적으로 구현한 사례다.

동물원과 수족관에서 환경 풍부화 프로그램을 계획하고 실행하는 데 영향을 미칠 수 있는 주요 윤리적 및 실무적 고려 사항들을 살펴보았다. 앞서 소개한 사례를 통해 알 수 있듯이, 모든 상황에 적용할 수 있는 단 하나의 정답은 없다. 이상적 상황에서는, 사육사는 자신이 돌보는 모든 동물들에게 충분한 환경 풍부화 기회를 줘서, 정형행동처럼 바람직하지 않거나 종에 고유하지 않은 행동을 예방하고 동물복지를 증진하는 데 노력해야 한다. 그러나 자원이 제한적이기 때문에, 우선순위를 설정하는 것은 필수적이다. 앞서 설명한 바와 같이, 어떤 종 또는 집단에 추가적이거나 일상적인 환경 풍부화를 제공할지 결정하는 것은 주로 상황에 따라 달라진다.

이번 논의에서 제시한 주요 여러 요인들이, 복잡한 의사결정 과정을 보다 수월하게 만들 수 있기를 바란다. 이러한 결정은 임의로 내려서는 안 되며, 신중하게 고려하여 정당화해야 한다. 그러나 여전히 많은 동물에 대한 심리적·환경적 요구에 관한 지식수준이 초기 단계에 불과하기에, 이번에 제시한 예비 모델을 향후 더욱 정교하게 발전시키기를 기대한다.

요약

요약하자면, 동물원과 수족관에서 환경 풍부화 프로그램을 계획하고 실행하는 과정에서 인력과 재정 자원이 제한적일 경우, 윤리적·실무적인 여러 문제가 발생할 수 있다. 보편적 공식이나 전략은 존재하지 않으므로, 환경 풍부화 프로그램에 대한 결정은 신중하게 고려하여 정당화할 수 있어야 한다. 계획을 수립할 때 반드시 고려해야 할 핵심 요소는 다음과 같다. 사육 중인 종을 유지하는 목적 및 활용 목표, 해당 종이 현재 처한 물리적·사회적 환경과

가능한 대안, 종 특이적 요구사항, 개체 간 특성 차이, 경제적 현실, 현행 법률 및 전문 지침 등이 있다. 우선순위 설정은 매우 복잡할 수 있지만 풍부화 전략에서 가장 핵심적 단계라 할 수 있다. 이 요소들은 상호 배타적이거나, 서열이 있는 것도 아니다. 따라서 의사결정에 실질적 도움을 위해서는, 동물원 상황을 반영한 개념적 틀 안에서 종합적으로 요소들을 고려해야 한다. 윤리적·실용적 고려 사항 모두 상황에 따라 달라지며, 각 요소의 영향력도 상황에 따라 달라질 수 있다. 더불어, 요소 간 상호작용은 각기 다른 윤리적·실무적 판단을 해야 하는 다양한 상황이 생겨날 수 있다.

참고문헌

- Akers, J. S., and D. S. Schildkraut. 1985. Regurgitation/reingestion and coprophagy in captive gorillas. *Zoo Biology* 4:99-109.

- Bayne, K., S. Dexter, and S. Suomi. 1991. Social housing ameliorates behavioral pathology in *Cebus apella*. *Laboratory Primate Newsletter* 30(2): 9-12.

- Beck, B. B. 1995. Reintroduction, zoos, and conservation. In *Ethics on the Ark: Zoos, Animal Welfare, and Conservation*, ed. B. Norton, M. Hutchins, E. F. Stevens, and T. Maple, 155-163. Washington, D.C.: Smithsonian Institution Press.

- Beck, B. B., I. Castro, D. G. Kleiman, J. M. Dietz, and B. Rettberg-Beck. 1988. Preparing captive born primates for reintroduction. *International Journal of Primatology* 8:426.

- Berkson, G., J. Goodrich, and I. Kraft. 1966. Abnormal stereotyped movements of marmosets. *Perceptual and Motor Skills* 23:491-498.

- Bernstein, I. S. 1989. Breeding colonies and psychological well-being. *American Journal of Primatology (Supplement)* 1:31-36.

- Bitgood, S., D. Patterson, and A. Benefield. 1988. Exhibit design and visitor behavior: Empirical relationships. *Environment and Behavior* 20:474-491.

- Block, R. 1991. Conservation education in zoos. *Journal of Museum Education* 16:6-7.

- Bloomsmith, M. A., P. L. Alford, and T. Maple. 1988. Successful feeding enrichment for captive chimpanzees. *American Journal of Primatology* 16:155-164.

- Bloomstrand, K. R., K. A. Riddle, and T. L. Maple. 1986. Objective evaluation of a behavioral enrichment device for captive chimpanzees (*Pan troglodytes*). *Zoo Biology* 5:293-300.

– Boccia, M. L. 1988. Preliminary report on the use of a natural foraging task to reduce aggression and stereotypies in socially housed pigtail macaques. *Laboratory Primate Newsletter* 28:3-4.

– Bradbury, J. W., and R. M. Gibson. 1983. Leks and mate choice. In *Mate Choice*, ed. P. Bateson, 109-138. Cambridge: Cambridge University Press.

– Carder, B., and K. Berkowitz. 1970. Rats' preference for earned in comparison with free food. *Science* 167:1273-1274.

– Carlstead, K., and J. Seidensticker. 1991a. Seasonal variation in stereotypic pacing in an American black bear *Ursus americanus*. *Behavioural Processes* 25:155-161.

– Carlstead, K., and J. Seidensticker. 1991b. Environmental enrichment for zoo bears. *Zoo Biology* 10:3-16.

– Caro, T. 1993. Behavioral solutions to breeding cheetahs in captivity: Insights from the wild. *Zoo Biology* 12:19-30.

– Chamove, A. S., G. R. Hosey, and P. Schaetzel. 1988. Visitors excite primates in zoos. *Zoo Biology* 7:359-369.

– Clark, A. S., C. J. Juno, and T. L. Maple. 1982. Behavioral effects of a change in the physical environment: A pilot study of captive chimpanzees. *Zoo Biology* 1:371-380.

– Coe, C. L., and J. Scheffler. 1989. Utility of immune measures for evaluating psychological well-being in nonhuman primates. *Zoo Biology (Supplement)* 1:89-99.

– Coe, J. C. 1985. Design and perception: Making the zoo experience real. *Zoo Biology* 4:197-208.

– Coe, J. C. 1989. Naturalizing environments for captive primates. *Zoo Biology (Supplement)* 1:117-125.

– Conway, W. G. 1969. Zoos: Their changing roles. *Science* 163:48-52.

– Dawkins, M. S. 1980. *The Science of Animal Welfare*. London: Chapman & Hall.

– Dawkins, M. S. 1992. Behavioural needs in birds. *Animal Welfare* 1:309-312.

– Delapa, M. D. 1994. Interpreting hope, selling conservation: Zoos, aquariums, and environmental education. *Museum News* (May/Jun.): 48-49.

– Eaton, R. L. 1972. An experimental study of predatory and feeding behaviour in the cheetah (*Acinonyx jubatus*). *Zeitschrift für Tierpsychologie* 31:270-280.

– Ehrlich, P., and A. Ehrlich. 1981. *Extinction: The Causes and Consequences of the Disappearance of Species*. New York: Random House.

– Eisenberg, J. F., and D. G. Kleiman. 1975. The usefulness of behaviour studies in developing captive breeding programmes for mammals. *International Zoo Yearbook* 17:81-88.

– Erwin, J., and R. Deni. 1979. Strangers in a strange land: Abnormal behaviors or abnormal environments? In *Captivity and Behavior: Primates in Breeding Colonies, Laboratories, and Zoos*, ed. J. Erwin, T. Maple, and G. Mitchell, 148-181. New York: Van Nostrand Reinhold.

– Fajz, K., V. Reinhardt, and M. D. Smith. 1989. A review of environmental enrichment strategies for singly caged nonhuman primates. *Lab Animal* 18:23-35.

– Finlay, T., L. R. James, and T. L. Maple. 1988. People's perceptions of animals: The influence of the zoo environment. *Environment and Behavior* 20:508-527.

–   Forthman, D. L., and L. Bakeman. 1992. Environmental and social influences on enclosure use and activity patterns of captive sloth bears (*Ursus ursinus*). *Zoo Biology* 11:405-415.

–   Forthman-Quick, D. L. 1984. An integrative approach to environmental engineering in zoos. *Zoo Biology* 3:65-77.

–   Frith, C. B. 1976. Displays of the red bird of paradise, *Paradisaea rubra*, and their significance, with a discussion on displays and systematics of other Paradisaeidae. *Emu* 76:69-78.

–   Fritz, J. 1986. Resocialization of asocial chimpanzees. In *Primates: The Road to Self-Sustaining Populations*, ed. K. Benirschke, 351-359. New York: Springer-Verlag.

–   Glasston, A., E. Geiloet-Soeteman, E. Hora-Pacek, and J. A. R. A. M. van Hoof. 1984. The influence of the zoo environment on social behavior of groups of cotton-topped tamarins, *Saguinus oedipus oedipus. Zoo Biology* 3:241-253.

–   Hancocks, D. 1971. *Animals and Architecture*. New York: Praeger.

–   Hancocks, D. 1980. Bringing nature into the zoo: Inexpensive solutions for zoo environments. *International Journal for the Study of Animal Problems* 1:170-177.

–   Hannah, A. C., and B. Brotman. 1990. Procedures for improving maternal behavior in captive chimpanzees. *Zoo Biology* 9:233-240.

–   Hediger, H. 1964. *Wild Animals in Captivity*. New York: Dover.

–   Hediger, H. 1969. *Man and Animal in the Zoo*. New York: Delacorte Press.

–   Henning, C. W., and W. P. Dunlap. 1978. Tonic immobility in *Anolis carolinensis*: Effects of time and conditions of captivity. *Behavioral Biology* 23:75-86.

–   Hosey, G. R., and P. L. Druck. 1987. The influence of zoo visitors on the behaviour of captive primates. *Applied Animal Behaviour Science* 18:19-29.

–   Hundgen, K., M. Hutchins, C. Sheppard, D. Bruning, and W. Worth. 1991. Management and breeding of the red bird of paradise at the New York Zoological Park. *International Zoo Yearbook* 30:192-199.

–   Hutchins, M. 1988. On the design of zoo research programmes. *International Zoo Yearbook* 27:9-19.

–   Hutchins, M., and W. Conway. 1995. Beyond Noah's Ark: The evolving role of modern zoological parks and aquariums in field conservation. *International Zoo Yearbook* 34:117-130.

–   Hutchins, M., and N. Fascione. 1991. Ethical issues facing modern zoos. *Proceedings of the American Association of Zoo Veterinarians* 1991:56-64.

–   Hutchins, M., D. Hancocks, and T. Calip. 1978-1979. Behavioural engineering in the zoo: A critique. Parts 1-3. *International Zoo News* 25(7): 18-23; 25(8): 18-23; 26 (1): 20-27.

–   Hutchins, M., D. Hancocks, and C. Crockett. 1984. Naturalistic solutions to the behavioral problems of captive animals. *Zoologische Garten* 54:28-42.

–   Hutchins, M., E. Paul, and J. Bowdoin. 1996. Contributions of zoo and aquarium research to wildlife conservation and science. In *Well-Being of Animals in Zoo- and Aquarium-Sponsored Research*, ed. J. Bielitzki, J. Boyce, G. Burghardt, and D. Schaeffer, 23-39. Greenbelt, Md.: Scientists Center for Animal

Welfare.

- Hutchins, M., R. Wiese, and K. Willis. 1995. Strategic collection planning: Theory and practice. *Zoo Biology* 14:5-25.

- Inglis, I. R., and N. J. K. Fergusson. 1986. Starlings search for food rather than eat freely available, identical food. *Animal Behaviour* 34:614-617.

- Keiper, R. R. 1969. Causal factors in the stereotypies of caged birds. *Animal Behaviour* 17:114-119.

- King, C. E. 1993. Environmental enrichment: Is it for the birds? *Zoo Biology* 12:509-512.

- Kleiman, D. G. 1980. The sociobiology of captive propagation. In *Conservation Biology: An Evolutionary-Ecological Perspective*, ed. M. E. Soule and B. A. Wilcox, 243-261. Sunderland, Mass.: Sinauer Associates.

- Kleiman, D. G. 1989. Reintroduction of captive mammals for conservation. *BioScience* 39:152-161.

- Kreger, M. D., and J. A. Mench. 1995. Visitor-animal interactions at the zoo. Anthrozoos 8:143-157.

- Laule, G. 1993. Using training to enhance animal care and welfare. *Animal Welfare Information Center Newsletter* (National Agricultural Library) 4:2, 8-9.

- Line, S. W., K. N. Morgan, and H. Markowitz. 1991. Simple toys do not alter the behavior of aged rhesus monkeys. *Zoo Biology* 10:473-484.

- Maas, T. 1993. Phone books and boxes and balls, oh my! *A to Z* (Philadelphia Zoo) 2:12-15.

- Maple, T. L., and T. W. Finlay. 1987. Post-occupancy evaluation in the zoo. *Applied Animal Behavioural Science* 18:5-8.

- Maple, T. L., and M. P. Hoff. 1982. *Gorilla Behavior.* New York: Van Nostrand Reinhold.

- Maple, T., R. McManamon, and E. Stevens. 1995. Defining the good zoo: Animal care, maintenance, and welfare. In *Ethics on the Ark: Zoos, Animal Welfare, and Conservation*, ed. B. G. Norton, M. Hutchins, E. F. Stevens, and T. L. Maple, 155-163. Washington, D.C.: Smithsonian Institution Press.

- Markowitz, H. 1982. *Behavioral Enrichment in the Zoo*. New York: Oxford University Press.

- Marmie, W., S. Kuhn, and D. Chizar. 1990. Behavior of captive-raised rattlesnakes (*Crotalus enyo*) as a function of rearing conditions. *Zoo Biology* 9:241-246.

- Mason, G. A. 1991. Stereotypies: A critical review. *Animal Behaviour* 41:1015-1037.

- Mason, W. A. 1979. Minding, meddling, and muddling through. *Laboratory Primate Newsletter* 18 (1): 1-8.

- Menzel, E. W., Jr. 1963. The effects of cumulative experience on responses to novel objects in young, isolation-reared chimpanzees. *Behaviour* 21:1-12.

- Moodie, E. M., and A. S. Chamove. 1990. Brief threatening events beneficial for captive tamarins? *Zoo Biology* 9:275-286.

- Moor-Jankowski, J., and C. J. Mahoney. 1989. Chimpanzees in captivity: Humane handling and breeding within the confines imposed by medical research and testing. *Journal of Medical Primatology* 18:1-26.

- Morris, D. 1964. The response of animals to a restricted environment. *Symposia of the Zoological Society of London* 13:99-118.

- Myer-Holzapfel, M. 1968. Abnormal behaviour in zoo animals. In *Abnormal Behaviour in Animals*, ed. M.

Fox, 476-503. London: W. B. Saunders.

- Neuringer, A. J. 1970. Many responses for food reward with free food present. *Science* 169:503-504.

- Norton, B. G. 1991. *Toward Unity among Environmentalists*. New York: Oxford University Press.

- Novak, M. A., and S. J. Suomi. 1988. Psychological well-being of primates in captivity. *American Psychologist* 43:765-773.

- Ogden, J. J. 1992. A comparative evaluation of natural habitats for captive lowland gorillas (*Gorilla g. gorilla*). Ph.D. dissertation, Georgia Institute of Technology, Atlanta.

- Ogden, J. J., T. W. Finlay, and T. L. Maple. 1990. Gorilla adaptations to naturalistic environments. *Zoo Biology* 9:107-121.

- Oldberg, F. O. 1987. The influence of cage size and environmental enrichment on the development of stereotypies in bank voles. *Behavioural Processes* 14:155-173.

- O'Neil, P. L., M. A. Novak, and S. J. Suomi. 1991. Normalizing laboratory-reared rhesus macaque (*Macaca mulatta*) behavior with exposure to complex outdoor enclosures. *Zoo Biology* 10:237-245.

- Poole, T. B. 1992a. The nature and evolution of behavioural needs in mammals. *Animal Welfare* 1:203-220.

- Poole, T. B. 1992b. Author's response. *Animal Welfare* 1:30-311.

- Popp, J. W. 1984. Interspecific aggression in mixed ungulate species exhibits. *Zoo Biology* 3:211-219.

- Renner, M. J. 1987. Experience-dependent changes in exploratory behavior in the adult rat (*Rattus norvegicus*): Overall activity level and interaction with objects. *Journal of Comparative Psychology* 101:94-100.

- Sapolsky, R. M. 1990. Stress in the wild. *Scientific American* 262 (1): 116-123.

- Shepherdson, D. J. 1988. Environmental enrichment in the zoo. In *Why Zoos?*, 45-53. Potters Bar, U.K.: Universities Federation for Animal Welfare.

- Shepherdson, D. J. 1992. Design for behaviour: Designing environments to stimulate natural behaviour patterns in captive animals. In *Proceedings of the Fourth International Symposium on Zoo Design and Construction*, ed. P. Stevens, 156-168. Torquay, U.K.: Whitley Wildlife Conservation Trust.

- Shettel-Neuber, J. 1988. Second and third generation zoo exhibits: A comparison of visitor, staff, and animal responses. *Environment and Behavior* 20:396-415.

- Snowdon, C. T. 1994. The significance of naturalistic environments for primate behavioral research. In *Naturalistic Environments in Captivity for Animal Behavioral Research*, ed. E. F. Gibbons, E. J. Wyers, E. Waters, and E. W. Menzel, 217-258. Albany: State University of New York Press.

- Snyder, R. L. 1975. Behavioral stress in captive animals. In *Research in Zoos and Aquariums*, 41-76. Washington, D.C.: National Academy of Sciences.

- Sommer, R. 1972. What do we learn at the zoo? *Natural History* 81:26-27, 84-85.

- Stone, C. D. 1987. *Earth and Other Ethics: The Case for Moral Pluralism*. New York: Harper & Row.

- Tarpy, C. 1993. New zoos: Taking down the bars. *National Geographic* 184 (1): 2-37.

- Tudge, C. 1991. *Last Animals at the Zoo*. London: Hutchinson Radius.

- U.S. Government. 1994. Title 7, *U.S. Code* (Animal Welfare Act as Amended), sections 2131 et seq. Riverdale, Md.: APHIS/REAC, U.S. Department of Agriculture.

- U.S. Government. 1997. Title 9, *Code of Federal Regulations* (Animals and Animal Products), Subchapter A (Animal Welfare), Parts 1-3. Riverdale, Md.: APHIS/REAC, U.S. Department of Agriculture.

- van Hooff, J. A. R. A. M. 1986. Behavior requirements of self-sustaining primate populations: Some theoretical considerations and a closer look at social behavior. In *Primates: The Road to Self-Sustaining Populations*, ed. K. Benirschke, 307-320. New York: Springer-Verlag.

- Visalberghi, E., and J. R. Anderson. 1993. Reasons and risks associated with manipulating captive primates' social environments. *Animal Welfare* 2:3-15.

- Watson, D. S. B., B. J. Houston, and G. E. Nacallum. 1989. The use of toys for primate environmental enrichment. *Laboratory Primate Newsletter* 28 (2): 20.

- Wechsler, B. 1991. Stereotypies in polar bears. *Zoo Biology* 10:177-188.

- Wiese, R., and M. Hutchins. 1994. *Species Survival Plans: Strategies for Wildlife Conservation*. Bethesda, Md.: American Zoo and Aquarium Association.

- Wiese, R., K. Willis, and M. Hutchins. 1994. Is genetic and demographic management conservation? *Zoo Biology* 13:297-299.

제6장

포유류의 심리적 요구조건 충족을 위한 기본 원칙

Trevor B. Poole

동물원은 흔히 야생동물을 '감금'하고, 동물들이 본능에 따라 자연스럽게 행동을 할 수 있는 기회를 박탈한다는 비판을 받는다. 이러한 상황은 동물이 자유롭고 제한받지 않는 존재로 받아들여지는 자연환경과 대조된다. 그렇다면, 자연환경이 동물에게 이상적인 상태인지, 그래서 동물 사육 시 인도적인 유일한 방법은 최대한 자연 서식지와 유사하게 사육환경을 조성하는 것인지에 대한 의문들이 있다. 이러한 의견에 찬성하는 사람들은 오직 자연만이 포유류의 행동 요구 조건을 충족시킬 수 있다고 주장한다(McKenna 등, 1987). 이 장에서는 포유류의 행동 요구가 나타나는 형태를 규명하고, 이러한 요구가 자연환경에서 직면할 수 있는 상황과 다른 방식으로도 충족될 수 있음을 보여줌으로써 이와 같은 의견에 이의를 제기하고자 한다.

　동물원은 오랜 기간 '자연으로의 회귀 접근법'에 깊은 영향을 받았으며, 많은 동물원에서 포유류의 행동 요구를 충족하기 위해 이 접근법을 채택해 왔다. 이 방법은 자연환경을 모사하는 것 외에도, 사육환경에서의 결핍을 환경 풍부화를 통해 보완하려는 데 중점을 둔다. 그러나 사육환경에는 포식자, 질병, 굶주림, 그 외 생명을 위협하는 다양한 자연환경의 요소들이 없다. 이러한 유형의 사육장은 결국 정화된 자연의 형태로, 실제 자연환경이라기보다 사람의 인식, 편견, 그리고 사육사나 관람객들이 갖는 일반적인 윤리적 신념에 따라 조성한다. 예를 들어, 영국에서는 살아 있는 물고기를 주는 것이 불법이므로, 수달이나 바다사자와 같은 포식자가 사냥하지 못해 문제를 겪을 수 있음에도 불구하고 살아 있는 물고기를 줄 수 없다. 반면, 일부 미국 동물원에서는 북극곰(*Ursus maritimus*)이나 수달에게 살아 있는 물고기를 주기도 하지만, 대부분의 동물원은 포식자에게 포유류나 조류의 사체를 먹이로 주는 것을 꺼린다. 이처럼 사육환경에서 자연 모사는 제한이 따를 수밖에 없다. 동물원은 사육동물의 복지에 책임이 있는 관계로 동물들을 자연환경에서처럼 생존 위협에 처하는 상황을 보여 대중의 반감을 사는 일들은 감수할 수 없기 때문이다.

　이러한 전제는 실제로 특정 포유류가 어떤 행동을 하고자 하는 욕구를 경험하는지, 그리고 동물복지를 위해 특정 행동을 하고자 하는 구체적 욕구가 있는지에 대한 폭넓은 의문을 제기한다. 예를 들어, 포식동물이 먹이 사냥에 대한 욕구를 느끼는지와 같은 것이다. 동물행동학자들은 특정 행동이 행동적 욕구를 나타내는지를 알아내려고 시도해 왔지만, 이 접근법에는 한계가 있었다. 왜냐하면, 포유류는 생존에 필수적이지 않은 특정 행동을 하지 않고도 살아갈 수 있기 때문이다. 마찬가지로, 선호도 실험을 통해 동물이 B보다 A를 더 선호하거나, B를 얻는 것보다 A를 얻기 위해 더 열심히 행동한다는 결과가 나올 수 있다. 그러나 이러한 선호도는 유동적이며, 특정 보상의 가치는 상황에 따라 달라질 수 있고, 동물의 심리 상태나 생리 조건에 따라서도 변화한다. 행동 양식과 그 동기, 그리고 우선순위를 분석하는 동물행동학적 접근은 비교적 본능에 따라 행동하는 신경 체계가 단순한 척추동물에게는 잘 작동했지만, 포유류의 행동적 요구를 파악하는 데는 그다지 효과적이지 않았다.

포유류가 특정 행동에 어느 정도의 가치를 두는지 단순히 판단하기에는 한계가 있다. 왜냐하면 포유류는 사육시설에 따라 한 가지 행동을 다른 행동으로 쉽게 대체할 수 있기 때문이다. 예를 들어, 흥미로운 먹이가 가득한 숲이 없어도, 컴퓨터 게임을 할 수 있는 기회가 있는 침팬지(*Pan troglodytes*)나 맨드릴(*Mandrillus sphinx*)에게 먹이의 부재는 큰 문제가 되지 않을 수 있다(Markowitz, 1978; Matsuzawa, 1989). 컴퓨터 게임을 즐기는 침팬지는 숲에서 자란 개체가 아니며, 반대로 숲에서 자란 침팬지는 컴퓨터 게임에 흥미를 보이지 않을 가능성이 높다. 이처럼 성장 환경은 결정적인 요소다. 따라서 적절한 형태의 환경 풍부화를 고려할 때, 개체가 어떤 환경에서 자랐는지를 반드시 알고 있어야 한다. 동물의 정상 심리를 발달시키려면, 복잡하고 흥미로운 성장 환경을 제공해야 한다.

포유류의 심리적 요구를 충족시키고자 한다면, 이러한 요구가 실제로 충족되었는지 판단할 수 있는 기준을 정의하는 것이 중요하다. 포유류의 복지를 실제로 평가하는 사람, 예를 들어 사육사는 일반적으로 다음과 같은 기준을 둔다. 첫째, 이상행동이 없는가. 둘째, 다양한 행동 유형을 가지고 활발히 활동하는가. 셋째, 자신감 있게 행동하는가(두려움이나 회피 행동 없이 자유롭게 움직이는가). 마지막으로, 긴장 없이 편안하게 휴식할 수 있는가(지속적인 경계 행동 없이 쉴 수 있는가?)다. 이 기준들은 대부분 포유류 복지에 관한 과학적 연구에서도 두루 암묵적으로 반영하고 있다. 따라서 이 장에서는 포유류의 심리적 요구를 만족시키는 이 네 가지 기준을 충족할 수 있는 실용적 방법을 제안하고자 한다.

포유류의 정신 세계

포유류의 행동적 요구가 자연선택에 따라 특정 서식지에 딱 맞게 형성됐다고 결론짓는 것은 짐짓 논리적인 것 같다. 만약 그렇다면, 동물원은 포유류를 만족시키기 위해서 야생과 똑같은 환경을 사육장에 재현하고자 모든 노력을 다해야 할 것이다. 그러나 이러한 개념은 많은 증거와 충돌한다. 그 이유는 포유류가 생존을 위해 지닌 가장 중요한 정신적 특성 중 하나가 바로 지능이기 때문이다. 지능은 개체가 다양한 상황에 맞게 자신의 행동을 적절히 조절할 수 있도록 해준다. Jerison(1988)은 지능을 '세계를 인식하고, 변화하는 상황에 적응하는 데 그 지식을 활용하는 방식'이라고 정의했다. 다시 말해, 지능이란 동물이 여러 감각을 통해 수집한 정보와 경험을 바탕으로 뇌 속에 상황에 관한 모델을 형성하고, 이를 활용하여 미래의 행동을 상황에 맞게 변화시키는 능력이다. 예를 들어, 문제가 발생하는 것을 예방하거나 목표를 달성하기 위해 올바른 선택을 하고 적절한 행동을 취하는 것과 같은 것이다. 이렇게 포유류는 행동 능력이 아주 유연하므로 다양한 환경에 적응할 수 있다.

포유류는 출생 후 발달 과정에서 특정 환경에 맞게 자신의 행동을 조절하는 법을 학습한다. 이 시기 동안 어린 개체는 부모의 보호 아래 안전하게 성장하며, 놀이, 호기심, 모방을 통해 자신이 살아가는 세계의 특성을 배운다. 이러한 이유로 성체는 어린 시절 경험의 집합체라 할 수 있다. 그래서 야생의 어떤 침팬지는 흰개미를 잡고, 또 다른 개체는 망치와 모루를 이용해 견과류를 깨지만 일본이나 미국의 사육 침팬지들은 컴퓨터 게임을 하기도 한다. 이는 한 가지 중요한 의미를 내포한다. 즉, 특정한 환경에서 자란 개체는 성체가 되고 나서 전혀 다른 환경에 적응하는 데 어려움을 겪을 수 있다는 것이다. 이는 사육 상태에서 태어난 포유류를 야생에 방생할 때 생길 수 있는 문제로, 사육 상태에서 자라면서 형성된 세상을 인지하는 정신적 모델은 자연환경에서의 생존과는 거의 관련이 없기 때문이다(국제동물복지과학회, International Academy of Animal Welfare Sciences, 1992).

동물이 가진 다양한 기술은 타고난 특성에 의한 것이지만, 어릴 때 이를 학습하여 습득하므로 주로 성장 과정의 영향을 크게 받는다. 따라서 동물원에서는 어린 개체들이 배울 수 있는 다양한 학습 기회를 줘야 하며, 동시에 성장한 뒤 그동안 습득한 기술을 실제로 활용할 수 있는 성체용 환경도 함께 마련해야 한다. 이런 사육환경은 야생과 크게 닮지 않을 수도 있지만, 심리학자, 동물 훈련사, 사육사 등 다양한 분야의 연구 결과에 따르면 동물이 실제로 어떤 행동을 하느냐보다, 그 행동이 지닌 도전성이 더 중요하다.

환경에서 정보 얻기

포유류가 마음속에서 만들어내는 현실 세계에 대한 모델은 그 종이 지닌 신체적·지각적 능력에 의해 결정된다. 다시 말해, 진화는 포유류에게 기본적인 신체 능력과 감각 능력을 부여하지만, 개체 수준에서의 많은 행동은 뇌 속에서 스스로 구성해 낸 세계와 직접적으로 관련이 있다(Jerison, 1973). 포유류가 어린 시절에 형성한 이 정신적 세계는 지속적으로 갱신되고 수정된다. 이는 과거의 경험과 현재 상황을 비교함으로써 이루어지며, 개체의 생존은 정보를 잘 습득하고 유지하는 능력에 달려 있다. 예를 들어, 자신의 서식 범위 내에 새로운 포식자가 자리 잡았다는 사실을 인지하지 못하면, 이 잠재적 피식종 동물에게 치명적인 결과가 닥칠 수 있다. 동물은 '생각할 거리'가 필요하며, 이러한 정보에 대한 욕구를 충족하지 못할 때 지루함(Wemelsfelder, 1984; 3장 참조)과 정형행동 같은 사육 상태의 이상행동이 나타날 수 있다.

포유류는 변화와 도전을 예상하고 정보를 탐색하는 능력을 발달시키는 방향으로 진화해 왔다. 따라서 스스로 아무런 노력 없이도 필요한 것이 충족되는 사육 상태의 의존적인 삶의 방식은 포유류에게 맞지 않다. 포유류는 새로운 먹이 획득 방법을 개발하는 것과 같이 자신의 생존 기술을 향상시키며 시간을 보내지만, 시간과 에너지가 허락하는 한 놀이 활동을 하기도 한다(Poole, 1992). 놀이 활동이란, 생존에 도움이 되는 즉각적인 보상을 받는 것과 관련이 없는 활동을 의미한다. 이는 동물 또는 그 유전자의 생존과 직접 관련된 행동과는 대조된다. 놀이 활동은 우선순위가 낮으며, 포유류의 즉각적인 필요가 충족된 이후에만 나타난다. Baldwin과 Baldwin(1972, 1974, 1976)은 야생과 사육 상태의 붉은등다람쥐원숭이(*Saimiri oerstedii*)를 대상으로 한 놀이 행동 연구를 통해 이러한 사실을 입증하였다. 놀이나 이른바 무의미한 호기심과 같은 활동을 통해 동물은 주변 환경의 특성을 파악하고 그 환경을 조작하는 데 필요한 신체 기술이 무엇인지에 관해 탐색할 수 있다. 이렇게 겉보기에 가벼워 보이는 활동을 통해 얻은 정보는 향후 예기치 못한 상황에서 유용하게 사용할 가능성이 높으며, 이런 점에서 놀이 활동은 생존에 도움이 된다.

야생에서 보이는 행동

포유류의 행동적 요구에 대한 생물적 배경을 살펴본 뒤에는, 우선 특정 포유류가 자연 서식지에서 어떤 행동을 하는지를 알아야 한다. 이런 행동은 종마다 상당히 다를 수 있다. 북미밍크(*Neogale vison*)와 같은 소형 육식동물은 하루를 대략 다음과 같이 보낸다(Dunstone, 1993). 잠에서 깨어나 굴에서 나와 배설하고, 자신의 영역권을 돌아다니며 냄새로 영역표시를 하고, 큰 포식자나 동종 개체, 잠재적인 먹잇감이 있는지도 찾아본다. 냄새 표시는 그 개체가 어떤 종인지, 얼마나 전에 왔는지, 그리고 해당 지역을 자신의 영역으로 삼고 있는지 등의 정보를 알려준다. 동종 개체의 경우, 냄새 표시, 소변, 배설물을 통해 그 개체의 고유한 흔적, 성별, 지위, 번식 상태까지도 파악할 수 있다

(Gosling, 1981). 또한 지형의 변화도 인지하며, 특히 이동 경로에 영향을 미치는 변화는 더욱 주의 깊게 파악한다.

자신의 영역권을 순찰하는 동안, 밍크는 작은 설치류나 곤충을 추적해 잡거나, 강가로 가서 물고기를 사냥하기도 한다. 남는 먹이는 저장해두기도 하며, 이후에는 자신의 굴이나 근처의 피신처로 돌아가 휴식을 취한다. 밍크는 하루 중 18~20시간을 굴 안에서 보내지만, 바깥에서 활동하는 4~6시간 동안은 매우 활발하게 움직이며, 이 시간 동안 보통 5~6㎞를 이동한다. 따라서 야생에서 밍크는 네 가지 요소를 필요로 하는데, 첫째는 안전한 거점, 둘째는 육지와 물, 식생이 있는 복잡한 환경, 셋째는 먹이 포획과 같이 목표를 달성할 수 있는 기회, 그리고 마지막으로 스스로 인지할 수 있어야 하는 새로움이다.

사육환경으로 전환하기

적절한 사육환경을 제공하는 데 있어 그 목적은, 동물이 야생에서 활동하는 수준과 유사하게 복잡한 행동을 할 수 있도록 시설을 조성해 주는 것이다. 이를 위해서는 그 동물이 어떤 행동을 할 수 있어야 하는지, 그리고 그러한 행동을 가능하게 해주는 데 어떤 시설과 자원이 필요한지를 면밀히 파악해야 한다. 또한, 고열량 먹이를 한 번에 많이 먹는 육식동물은 활동 시간이 매우 적을 수 있다는 점도 염두에 두어야 하며, 따라서 동물이 충분히 휴식할 수 있는 환경도 함께 마련해야 한다(12장 참조). 결국, 적절한 사육환경을 조성하기 위해서는, 동물이 야생에서 보내는 일상적인 삶의 양상을 면밀히 검토하고, 그 중 어떤 요소들을 동물원 환경에서 모사할 수 있을지 살펴야 한다.

안전

동물은 안심하고 쉴 수 있는 안전한 은신처가 반드시 있어야 한다. 이 공간은 종에 따라 굴일 수도 있고, 나무 위와 같은 높은 위치의 휴식처일 수도 있으며, 사육장의 경우 해당 종의 도피 거리를 초과할 만큼 충분히 넓은 공간을 의미할 수도 있다(Hediger, 1955). 또는 일부 종의 경우, 위험을 경고하고 보호해주는 동료 개체가 이러한 역할을 하기도 한다. 둥지를 만드는 포유류에게는 적절한 둥지 재료를 줘야 하며, 사회성 종의 경우에는 잘 어울릴 수 있는 동종 개체들과 함께 지낼 수 있도록 해야 한다. 실제로 사육환경에서 야생과 동일한 형태의 피신처를 제공하는 것은 어려울 수 있지만, 이를 대체할 수 있는 적절한 구조물을 마련할 수는 있다. 예를 들어, 여우에게 터널로 연결한 둥지 상자는 땅속 굴을 대체할 수 있는 만족스러운 피신처가 될 수 있다. 안전은 매우 중요한 요구조건이지만 종종 간과하므로, 환경 풍부화의 필수 요소로 넣어야 한다(그림 12). 흔히 동물에게 무언가를 하게 하는 데만 집중하고, 아무것도 하지 않을 수 있는 공간을 마련하는 일에는 소홀하기 쉽지만, 두 요소는 모두 동등하게 중요하다.

그림 12 야생과 유사한 은신처를 사육장에 마련할 수 있다. 구조물에 은신하여 경계하는 담비(국립생태원, ⓒ김정남).

복잡성

사육환경은 종에 따라 보행, 등반, 수영, 굴 파기 등과 같은 다양한 행동을 충분히 할 수 있도록 복잡하게 조성해야 한다(그림 13). 야생에서는 포유류가 자신의 필요에 맞는 환경을 스스로 선택하므로, 동물원의 담당자 역시 돌보는 동물들을 위해 같은 기준을 적용해야 한다. 사육장의 질을 평가할 때는 어떤 행동을 할 수 있는 시설을 제공했고 어떤 것을 누락했는지 목록화하여, 그것이 동물의 능력, 자연적인 생활 방식과 어떻게 연결되는지 고려할 수 있어야 한다. 제한된 공간 안에서도 포유류에게 충분한 복잡성을 제공하려면, 야생에서는 개체가 수 ㎞에 걸쳐 활동할 수 있다는 점을 반드시 염두에 두어야 한다. 환경의 질은 동물이 다양한 정상행동을 얼마나 다양하고 활발하게 하는지에 따라 자연환경과 비교해 볼 수 있다. 대부분의 종에게 사육장 크기는 자연 서식지 크기와는 비교가 안 되지만 야생에서 이동 거리는 먹이 가용성과 개체의 대사 요구량에 따라 결정되므로, 배부른 상태에 있는 동물원 동물이 사육환경에서 같은 거리를 이동할 필요는 없다. 오히려 좁은 범위 내에서 생활함으로

그림 13 불곰의 다양한 행동 유도를 위해 전시공간에 복합성 부여(독일 부퍼탈동물원, ⓒ김영준).

써 확보한 시간은 생존 기술을 익히거나, 놀이 욕구와 호기심을 충족시킬 수 있는 활동에 쓸 수 있다.

성취

안전이 보장되고 일정한 정도의 복잡성이 있는 환경에서 포유류는 놀이를 개발하지만, 동물은 자신의 환경 속에서 목표를 성취할 수 있도록 하는 것, 즉 흔히 '통제권'이라는 요소를 보장하는 것 또한 중요하다. 동물은 적절한 행동을 했을 때 보상받을 수 있어야 하며, 자신이 요구한 것이 실제로 충족될 가능성이 있는 환경에 있어야 한다. 이러한 시설을 설계할 때, 동물원 측은 사육 환경이 자연스럽게 보이도록 조성하는 것을 선호하지만, 동물의 복지를 해치지 않도록 해야 한다. 사육장 내에 인공 구조물을 넣는 경우, 이를 방문객에게 명확하게 설명하고, 이것이 동물복지를 위해 중요하다는 점을 강조해야 한다. 침팬지의 지능이라는 측면에서 보자면 해자로 둘러싸인 단순한 형태의 야외 방사장에 있는 것보다, 오히려 컴퓨터 게임을 하거나 훈련사에게 과제를 배우는 등 인공적인 상황이 더 적합할 수 있다. 전자의 환경을 사람들은 더 자연스럽다고 여기겠지만, 실제 동물에게는 훨씬 흥미가 떨어지는 공간이다. 마찬가지로, 매일 한두 시간씩 정해진 대상을 구분하는 과제를 하는 밍크(Dunstone과 Sinclair, 1978)가 오히려 풀밭으로 된 사육장에서 머리 쓸 일이 없이 무료하게 평생을 보내는 밍크보다 훨씬 나은 삶을 누릴 수 있다. 사람에 비유하자면, 현대 도시 사회에 사는 우리는 조상들이 살던 자연 서식지와는 거의 비슷한 점이 없는 인공 환경에서도 매우 풍요롭고 흥미로운 삶을 살아가고 있는 것과 마찬가지다. Markowitz의 초기 연구(1982)는 기술이 포유류에게 도전 과제를 제공하고 성취의 기회를 열어줌으로써 사육동물의 삶을 풍요롭게 만들 수 있음을 분명히 보여주었다. 이러한 접근은 일반적인 동물원에는 비용 부담이 클 수 있지만, Forthman-Quick(1984)이 지적했듯이 단지 인공적이라는 이유로 이를 배제하는 것은 분명 잘못된 일이다. 이러한 기술적 적용은 동물의 지적 욕구를 충족시킬 뿐만 아니라, 포유류 행동의 유연성과 적응력을 대중에게 보여주는 데도 매우 효과적이다.

새로움

사육환경은 예측 불가능한 요소를 포함해야 한다. 변화와 새로움은 동물이 기대할 만한 새로운 정보 자극을 주고, 동시에 호기심을 충족시킨다. 일정 수준의 새로움은 다양한 물품이나 인공 구조물을 단기간 배치하고 주기적으로 교체하는 방식으로 진행할 수 있다.

'표 4'는 포유류의 안전, 복잡한 환경 제공, 성취 기회 제공, 그리고 새로움에 대한 욕구를 충족시키기 위해 사육장 내에 어떤 시설들을 마련할 수 있는지를 보여준다. 또한 각 시설들을 활용한 생존 활동과 놀이 활동의 실제 예시를 함께 제시하고 있다(12장 참조).

사람이라는 요인

포유류와 사육사 관계는 많은 종에서 매우 중요하다. 동물원 포유류는 대개 자신이 사육사에게 의존하고 있다는 사실을 알고 있으며, 사람과 동물 사이에 신뢰와 우호적 관계를 형성하면 동물이 느끼는 안전과 복지가 크게 개선된다. 이러한 신뢰감은 사육 상태에서 번식 성공률에도 영향을 준다(Mellen, 1991). 또한 동물의 훈련 효과를 높이고, 긍정강화훈련으로 간단한 일과를 익히도록 하는 데 도움이 된다(Poole과 Kastelein, 1990; 17장 참조). 동물원은 동물 훈련이 때때로 침팬지의 다과회[26]처럼 진지하지 못하다거나 서커스로 변질되었

---

26 The chimps' tea party: 20세기 중반 런던동물원 등에서 침팬지에게 사람처럼 옷을 입혀서 식탁에 앉혀 다과를 즐기는 모습을 연출했던 당시 인기 있던 쇼였음.

표 4 | 활동 프로그램 목적별 시설 특징

프로그램 목적별 시설 특징	활동 종류	
	생존 활동[a]	놀이 활동[a]
안전		
· 굴, 은신처	· 잠, 휴식	· 숨바꼭질
· 둥지 재료	· 둥지 짓기	· 탐색하고 손질하기
· 사회적 집단	· 친화적, 성적, 공격적, 협력적 행동	· 사회적 놀이
· 횃대	· 안전, 휴식	· 공중 회전 같은 재주 부리기
· 절벽	· 잠, 휴식, 안전 확보	· 공중 회전 같은 재주 부리기
· 공간	· 안전 확보	· 이동 놀이
복잡한 환경 제공		
· 다양한 바닥재	· 먹이 탐색, 체취로 영역 표시, 땅파기, 숨기	· 바닥재를 이용한 사회적 놀이
· 다양한 지형	· 숨기	· 지형을 이용한 사회적 놀이
· 식생	· 매복, 숨기, 조작, 먹기	· 식생을 이용한 사회적 놀이
· 오를 수 있는 구조물, 나무	· 달리기, 점프하기, 추격하기	· 오를 수 있는 구조물을 이용한 사회적 놀이
· 연못	· 씻기, 수영, 잠수	· 물을 이용한 사회적 놀이
성취 기회 제공		
· 숨겨둔 먹이, 급이 장치	· 먹이 탐색, 학습, 기술 다듬기, 탐색하여 찾아내기	· 없음
· 버튼, 조작 장치	· 대상의 특징 학습, 학습, 협력	· 호기심, 도구 갖고 놀이
· 부서질 수 있는 물체	· 대상의 특징 학습	· 호기심, 도구 갖고 놀이
· 훈련사에게 받는 훈련	· 기술 개발	· 훈련사와 사회적 놀이하기
예측 불가능함과 새로움 제공		
· 먹이	· 먹이 탐색	· 없음
· 장난감	· 도구로 활용	· 호기심, 놀이
· 침입 동물(예: 쥐, 새, 곤충)	· 쫓고 잡기, 포식	· 없음
· 다양한 기후	· 일광욕, 샤워	· 없음
· 계절에 따른 식생 변화	· 식생이나 그 안의 곤충을 손질하고 먹기	· 호기심

주의: 이 표에 있는 시설 특성은 일반화된 것으로, 실제 모든 시설의 특징은 각 동물종에 적합해야 함.

a: *생존 활동*이란, 동물이 생존을 위해 당장 필요하거나 혹은 유전자와 관련한 활동인 반면, *놀이 활동*이란 동물이 필요한 요구조건을 충족했을 때만 하는 종류의 활동을 의미함.

다는 비판을 두려워한다. 그러나 훈련은 동물복지를 의심의 여지 없이 개선했으며, 정기 건강 검진이나 치료를 훨씬 수월하게 하고 스트레스를 덜 받게 하였다(Kirkwood 등, 1990). 사육사와 포유류 사이에 꾸준한 접촉과 좋은 관계를 형성하면, 동물에게 심리적 안정감을 주고, 일상의 환경을 더 복잡하고 흥미롭게 만들어 줄 수 있다. 이는 동물에게 도움이 되고, 인도적인 방식의 훈련은 성취감과 새로움을 경험할 기회를 추가로 준다.

행동적 요구의 종별 차이점

단조로운 사육환경에서 곰이나 영장류 같은 일부 종은 사슴 등 다른 종보다 이상행동을 보일 가능성이 더 높은 것으로 잘 알려져 있다. 따라서 종마다 인지적 자극에 대한 요구 수준이 다르며, 이는 수명, 먹이 탐색 기술의 복잡성, 포식자에 대한 취약성, 사회적 환경, 그리고 이용하는 지형의 특성에 따라 달라진다. 이러한 요소들은 종별로 요구되는 행동적 필요의 전반적인 복잡성에 기여하는 핵심 요인들이라고 할 수 있다.

수명
수명이 긴 동물은 오랜 시간에 걸쳐 경험을 축적할 수 있으며, 과거의 일을 기억해 내 의사 결정에 활용할 수 있다. 예를 들어, 코끼리처럼 수명이 긴 일부 종은 뛰어난 기억력을 가지고 있으며, 이러한 지식을 새로운 경험을 바탕으로 수정하고 활용할 수 있는 지적 능력이 있다(Moss, 1988). 그러나 땃쥐류처럼 대사율이 매우 높아 수명이 짧은 종은 침팬지나 코끼리보다 더 빠른 속도로 경험을 습득할 가능성도 있다는 점을 함께 고려해야 한다.

먹이 탐색

먹이 탐색 기술의 복잡성 또한 중요한 고려 요소다. 다양한 먹이 획득과 손질 기술이 필요하며 다채로운 먹이에 의존하는 잡식성 동물은 높은 수준의 기술과 지식이 필요하다. 활동성이 높은 먹잇감을 사냥하는 포식동물도 마찬가지다. 반면, 풀을 주로 먹는 초식동물은 먹이를 찾고 손질하는 데 최소한의 기술만 필요할 뿐이다.

포식자에 대한 취약성

포식자에 대한 취약성은 주로 체구에 따라 결정되지만, 몸에 난 가시나 악취를 내뿜는 취선과 같은 방어 수단이 있는지에 따라서도 달라진다. 코끼리나 아프리카물소(*Syncerus caffer*)처럼 몸집이 큰 동물은 다른 동물이 가할 수 있는 잠재적 위험성에 대해 탐색해야 할 필요성이 상대적으로 적고, 경계 행동도 바위너구리 같은 더 작은 동물들보다 덜 필요하다.

사회적 삶의 복잡성

코끼리, 원숭이, 몽구스처럼 친구, 친족, 경쟁자들과 함께 큰 집단을 이루어 살아가는 동물들은 사회적 위치를 유지하기 위해 높은 수준의 지능이 필요하다(Byrne와 Whiten, 1988; de Waal, 1991). 사회 집단에는 잦은 변화와 도전이 있으며, 공격이나 복종만으로는 집단생활에서 발생하는 많은 문제들을 해결할 수 없다. 오히려 성공적인 사회적 적응은 직접적인 대립이나 화해보다는, 동맹을 형성하거나 기민한 속임수를 구사하는 능력에 더 크게 좌우된다.

지형

복잡한 입체적 서식지에서 살아가는 포유류는 다양한 지형을 갖춘 환경에서 자신의 기술과 판단력을 연습할 필요가 있다. 따라서 이들은 신체적·정신적으로 높은 민첩성이 요구되는 이러한 능력을 유지하고 향상시키기 위해 추격 놀이를 한다(Fagen, 1981).

동물의 감각

환경 풍부화를 계획할 때, 대부분의 포유류에서 감각의 민감도는 후각, 청각, 촉각, 그리고 시각 순으로 중요도가 정해진다. 개별 종마다 이 네 가지 감각에 대한 특성을 평가하고, 그에 맞는 시설을 갖추어야 한다. 따라서 동물원은 해당 종이 다양한 자극의 조합을 해석하는 데 지능을 활용할 수 있도록, 여러 감각 자극을 경험할 수 있는 환경을 설계해야 한다. 촉각 수염[27], 초음파를 감지하는 청각, 후각과 같이 사육사가 직관적으로 인지하기 어려운 감각에 의존하는 종의 지능을 과소평가해서는 안 된다는 점이 특히 중요하다. 한 예로, 비교심리학자들이 쥐의 가장 취약한 감각인 시각을 실험에 사용했고, 게다가 쥐가 보통 잠을 자는 시간대에 실험했음에도 불구하고 쥐가 매우 영리하다는 결과를 얻은 점은 놀라운 일이다. 만약 후각이나 청각 실험을 쥐의 활동 시간대에 실시했다면, 쥐는 훨씬 더 높은 지능을 보여주었을지도 모른다.

결론

포유류는 생존을 위해 지능에 의존하며, 특별히 주변 환경에 대한 지속적인 정보 습득 능력에 의존한다. 따라서 동물원은 이런 심리적 요구 조건을 충족시킬 수 있도록 환경을 조성해 주어야 한다. 이를 위해서는 해당 종의 자연스러운 생활 방식과 지각 능력을 평가하여, 그에 수반되는 심리적 요구의 복

---

27 Tactile vibrissae: 촉각 수염. vibrissae는 고양이, 설치류, 해양 포유류 등에게 있는 감각 수염 (whisker)을 의미. 촉각 수염은 접촉 감각을 통해 주변 물체나 공간 정보를 감지하는 역할을 함.

그림 14 인공적 요소(PVC파이프)를 이용한 수달의 심리적 요구(먹이 탐색행동) 해소 유도 사례(국립생태원, ⓒ이종현).

잡성을 점검해야 한다. 이러한 평가를 완료하면, 특정 종의 포유류가 자신에게 필요한 안정감을 느끼고, 정상적으로 행동할 수 있을 만큼 충분하고 복잡한 환경을 제공해야 한다. 또한, 목표를 성취하거나 참신한 요소를 통해 적절한 인지적 자극을 받을 수 있도록 환경을 설계해야 한다. 이러한 환경은 또한 생존 활동과 놀이 활동 모두를 할 수 있는 기회를 주어야 한다. 이러한 조건을 갖춘다면, 해당 종의 심리적 요구를 충족시킬 수 있음은 분명하다.

비록 사람의 눈에 자연스럽게 보이는 사육장이 미적으로 더 보기 좋을 수 있지만, 동물원의 역할은 외형적 자연스러움에만 머물러서는 안 되며, 포유류의 심리적 요구를 충족시킬 수 있다면 인공적 요소를 도입하는 것에 주저해서는 안 된다(그림 14). 이러한 시설 도입의 이유를 방문객에게 충분히 설명할 수 있어야 하며, 이는 동물복지에 대한 이해를 증진시키는 계기가 될 것이다.

참고문헌

- Baldwin, J. D., and J. I. Baldwin. 1972. The ecology and behavior of squirrel monkeys (*Saimiri oerstedii*) in a natural forest in western Panama. *Folia Primatologica* 18:161-184.

- Baldwin, J. D., and J. I. Baldwin. 1974. Exploration and social play in squirrel monkeys (*Saimiri oerstedii*). *American Zooloigist* 14:303-315.

- Baldwin, J. D., and J. I. Baldwin. 1976. Effects of food ecology on social play: A laboratory simulation. *Zeitschrift für Tierpsychologie* 40:1-14.

- Byrne, R. W., and A. Whiten. 1988. *Machiavellian Intelligence: Social Expertise and the Evolution of Intellect in Monkeys, Apes, and Humans*. Oxford, U.K.: Clarendon Press.

- de Waal, F. B. M. 1991. The chimpanzee's sense of social regularity and its relation to the human sense of justice. *American Behavioral Scientist* 34:335-349.

- Dunstone, N. 1993. *The Mink*. London: Poyser.

- Dunstone, N., and W. Sinclair. 1978. Comparative aerial and underwater visual acuity of the mink (*Mustela vison* Schreber). *Animal Behaviour* 26:14-21.

- Fagen, R. 1981. *Animal Play Behavior*. New York: Oxford University Press.

- Forthman-Quick, D. L. 1984. An integrative approach to environmental engineering in zoos. *Zoo Biology* 3:65-77.

- Gosling, L. M. 1981. Demarcation in a gerenuk territory: An economic approach. *Zeitschrift für Tierpsychologie* 56:305-322.

- Hediger, H. 1955. *Studies of the Psychology and Behaviour of Captive Animals in Zoos and Circuses*. London: Butterworths.

- International Academy of Animal Welfare Sciences. 1992. *Welfare Guidelines for the Re-introduction of Captive Bred Mammals to the Wild*. Potters Bar, U.K.: Universities Federation for Animal Welfare.

- Jerison, H. J. 1973. *Evolution of the Brain and Intelligence*. New York: Academic Press.

- Jerison, H. J. 1988. Evolutionary biology of intelligence: The nature of the problem. In *Intelligence and Evolutionary Biology*, ed. H. J. Jerison and I. Jerison, 1-10. Berlin: Springer.

- Kirkwood, J. K., C. Kichenside, and W. A. James. 1990. Training zoo animals. In *Animal Training: A Review and Commentary on Current Practice*, 93-99. Potters Bar, U.K.: Universities Federation for Animal Welfare.

- Markowitz, H. 1978. Engineering environments for behavioral opportunities in the zoo. *Behavior Analyst* 1:34-47.

- Markowitz, H. 1982. *Behavioral Enrichment in the Zoo*. New York: Van Nostrand Reinhold.

- Matsuzawa, T. 1989. *The Perceptual World of the Chimpanzee*. Kyoto, Japan: Kyoto University Primate Research Institute.

- McKenna, V., W. Travers, and J. Wray, eds. 1987. *Beyond the Bars: The Zoo Dilemma*. Wellingborough, U.K.:

Thorsons.

- Mellen, J. D. 1991. Factors influencing reproductive success in small captive exotic felids (*Felis* spp.): A multiple regression analysis. *Zoo Biology* 10:95-110.

- Moss, C. 1988. *Elephant Memories*. London: Elm Tree Books.

- Poole, T. B. 1992. The nature and evolution of behavioural needs in mammals. *Animal Welfare* 1 (3): 203-220.

- Poole, T. B., and R. A. Kastelein. 1990. The role of training in the welfare of zoo mammals. *Ratel* 17:108-115.

- Wemelsfelder, F. 1984. Animal boredom: Is a scientific study of the subjective experiences of animals possible? In *Animal Welfare Science*, ed. M. W. Fox and L. D. Mickley, 1-115. Washington, D.C.: Humane Society of the United States.

제2편

동물 종보전, 동물복지, 그리고 환경 풍부화

제7장

사육환경과 재도입 :
검은발족제비 사례 연구를 중심으로

Brian Miller, Dean Biggins, Astrid Vargas,

Michael Hutchins, Louis Hanebury, Jerry Godbey, Stan Anderson,

Chris Wemmer와 John Oldemeier

생물다양성 보전을 위해 사육동물의 재도입을 널리 활용하고 있다. 하지만 사육이 행동에 미치는 영향은 아직 명확히 규명되지 않았고 종마다 편차도 크다. 특히 사육이 야생에서의 생존 및 번식 관련 행동에 어떤 영향을 미치는지 알 수 없으므로(Kleiman, 1989; Derrickson과 Snyder, 1992; 8장 참조) 재도입은 보기보다 쉬운 일이 아니다(Hutchins 등 1995a,b; Beck, 1995). 성공률을 높이기 위해서는 사육환경이 동물의 행동과 생존에 미치는 영향을 체계적으로 검증해야 한다. 방생 이후 생존에 영향을 미칠 수 있는 요인은 다양하며, 사소한 요소라도 간과하면 안 된다. 예를 들어, 동물의 발달 과정 중 결정적 시기에 학습 기회를 주지 않으면 생존 확률이 낮아질 수 있다(Beck, 1995). 또한 적절하게 관리하지 않는다면, 의도하지 않았던 인공선택이 일어나거나 자연선택이 작동하지 않아 야생에서 생존을 위해 필요한 형질이 퇴화할 수 있다. 특히 장기 번식 프로그램에서 이러한 경향은 더욱 두드러진다(Derrickson과 Snyder, 1992; Hutchins 등, 1995b). Mellen(1991)은 소형 고양이과 동물이 사육사와 친할수록 번식 성공률이 높았다고 보고했다. 하지만 인간에게 익숙해질수록 야생에서는 오히려 적응에 불리하게 작용할 수 있다(Derrickson과 Snyder, 1992).

사육환경은 또한 생존에 필수적인 형태적, 행동적, 생리적 형질을 약화시킬 수 있으며, 특히 이러한 형질을 유지하는 데 유전적으로 많은 대가가 필요한 경우에는 그 영향이 더욱 클 수 있다(Derrickson과 Snyder, 1992). 또한, 사육환경 때문에 선천적인 특정 형질을 중요한 성장 시기에 발현할 수 있도록 학습하지 못할 때가 있을 수 있다. 그 결과, 개체 간 행동적 변이가 증가하고 그 정도가 심하면 생존에 필요한 능력이 재도입 개체군에서 충분히 나타나지 않을 수 있다. 예를 들어, 사육 스텝족제비(*Mustela eversmanii*)를 대상으로 한 연구에서, 군집 내 개체들이 고작 암컷 3개체와 수컷 2개체에서 태어나 자란 개체들이었음에도 개체 간 행동적 변이가 상당히 크다는 점을 확인했다.

따라서 사육환경은 행동 형질의 발달에 중대한 영향을 미칠 수 있으며, 보전번식 프로그램의 제약과 목표는 재도입의 목표와 다를 수 있다(5장 참조). 보전번식 프로그램에서는 지속적인 번식과 높은 생존율을 유지하기 위해 동물을 세심하게 돌보고 위험을 최소화한다. 그러나 이렇게 사육한 동물들을 자연 서식지에 방생한 후에는 굶주림, 포식, 질병, 기생충이나 악천후 등 다양한 위험과 어려움을 스스로 극복해야 한다.

야생에서 성공적으로 살아가는 동물들은 이러한 환경에 적응하기 위해 정교하게 다듬어진 다양한 행동적·생리적 반응을 발달시켜 왔다. 이러한 적응 반응이 효과적으로 발달하려면 유전적 영향을 받는 형질을 자연스럽게 발현시켜야 하며, 발달의 결정적 시기에 적절한 자극에 노출되는 것도 필요하다

(Gossow, 1970). 실제로, 복잡한 행동 양식의 발달은 유전적 특성과 경험이 광범위하게 상호작용을 한 결과다(Polsky, 1975). 동물이 성체가 되었을 때 효율적으로 어떤 행동을 하려면, 어린 시기에 반복적으로 자극을 받아야 할 수도 있다(Gossow, 1970). 동일 종인데도 야생에서 태어난 뒤 옮겨진 개체들에 비해 사육 후 방생한 개체들의 생존율이 낮았던 사례들은 '적절한 사육환경'의 중요성을 보여준다(Schladweiler와 Tester, 1972; Griffith 등, 1989; Beck 등, 1991; Biggins 등, 1991; Shepherdson, 1994). 생존율 감소의 원인은 매우 다양할 수 있으며, 단순히 신체적 단련 부족과 같은 요소도 그 원인 중 하나일 수 있다(8장 참조).

이러한 이유를 바탕으로, 방생을 목표로 하는 어린 개체들 중 최소한 일부라도 가능한 한 자연에 가까운 환경에서 사육할 것을 권장한다. 특히 해당 종의 정상 발달 과정에 대한 정보가 부족할 때는 더 그래야 한다(Miller 등, 1990a). 실제로, 사육 스텝족제비를 방생하기 전 프레리도그 사육장에서 풍부화 환경을 경험하게 한 것은, 야생 방생 후 먹이를 잡는 행동과 이동 행동을 발달시키는 데 효과적이었다(Biggins 등, 1991). 또한 유사한 형태의 방생 전 풍부화 환경 노출로 검은발족제비(*Mustela nigripes*)의 방생 후 생존율도 향상시킬 수 있었다(Vargas, 1994). 이와 유사하게, 황금사자타마린(*Leontopithecus rosalia*)의 재도입 프로그램에도 복원 전 적응 전략을 성공적으로 활용했다(Kleiman 등, 1986; Bronikowski 등, 1989; 8장 참조). 또한 방생 전 적응 프로그램을 통해 콜린메추라기(*Colinus virginianus ridgwayi*)의 생존율도 향상시킬 수 있었으며(Ellis 등, 1977), 오만에서는 아라비아오릭스(*Oryx leucoryx*)의 성공적인 재도입을 위해 대형 방사장을 사용해 사회적 집단 구조를 형성시켰다(Stanley-Price, 1989).

개(*Canis familiaris*)와 같은 경우는, 여러 세대가 지난 후에도 발달의 결정적 시기에 적절한 환경을 재현해주면 야생에서 나타나는 행동 양식을 회복할 수 있었다(Friedman 등, 1961, Scott과 Fuller, 1965). 그러나 이러한 요구 조건은 종마다 다르며, 특히 문화적으로 전달되는 행동의 경우 그 차이가 더욱 크다. 실제로 학습한 행동은 세대가 거듭됨에 따라 유전적 다양성보다 훨씬 빠르게 사라질 수 있다(May, 1991; Shepherdson, 1994). 학습한 행동을 회복할 수 있는 능력과 그에 드는 비용은 종이나 형질에 따라 달라진다. 만약 보전번식이 야생 개체군 내 개체수를 늘리기 위한 것이라면, 야생 개체들이 학습한 지식을 방생한 개체에게 어느 정도 전달해 줄 수 있을 것이다. 그러나 만약 해당 종에게 문화적으로 전달되는 중요한 형질이 있는데, 야생에 더 이상 개체가 남아 있지 않다면 상황은 달라진다. 이 경우, 사육 프로그램을 진행 중인 일부 개체에게 프로그램 전 기간에 걸쳐 자연을 모방한 풍부화 환경을 제공하는 것이 매우 중요할 수 있다. 그러나 이 경우에도 모든 지식(예: 이동 경로)을 전달하기에 부족하다.

Shepherdson(1994)은 사육동물들의 방생 후 생존에 중요한 두 가지 상호 관련 요인을 제시하였다. 첫째는 이전 경험을 통해 획득한 숙련도며, 둘째는 재도입 이후 새로운 기술을 학습하고 그것을 변화무쌍한 자연환경에 맞춰 조정할 수 있는 능력이다. 이 두 가지 요인은 모두 방생 전 환경 풍부화를 통해

그림 15 복원 대상 개체에게는, 야생 습성을 유지할 수 있도록 환경을 구성하는게 좋다. 번식 개체를 복원 사업에 활용 중인 수달(국립생태원, ⓒ김영준).

향상시킬 수 있다(Shepherdson, 1994)(그림 15). 그러나 Shepherdson은 자연의 단서를 유익한 방식으로 재현하는 것이 항상 쉬운 일은 아니라고 경고했다. 워싱턴 D.C.의 국립동물원(National Zoological Park) 내 넓은 삼림 지역에서 자유롭게 활동했던 황금사자타마린은 방생 이후 야생 적응에 유리한 행동을 보였지만, 풍부화한 사육장에서 사람들이 적응 훈련을 시켰던 개체들을 방생했을 때에는, 자유롭게 활동했던 개체들과 비교해도 실제 행동 결과나 생존에서 유의미한 차이를 보이지 않았다(Bronikowski 등, 1989).

이 장에서는 사육동물의 재도입 전 적응 훈련을 위한 요소로, 발달의 결정적 시기, 서식지 인식과 이동, 초기 신경 발달, 포식자 회피, 먹이 사냥, 행동 형질 간의 상호작용 등에 대해 논의한다. 본 논의는 주로 검은발족제비에 대해 다루며, 비교적 더 흔한 스텝족제비를 그 실험의 대체 종으로 다룬다. 그러나 필요한 경우, 관련성이 있는 다른 분류군의 사례도 함께 요약한다. 방생 이후 생존에 영향을 미칠 수 있는 요인들을 체계적으로 검증할 것을 제안하며, 성공적이고 효율적인 복원 프로그램을 위해 사육환경에서의 연구와 야외 연구의 통합 필요성 또한 강조한다.

행동과 초기 환경: 결정적 시기

각인은 특정 발달 시기에 특정 자극이 필요하며, 이 시기에만 일어나는 단계 특이적 학습 과정이다. 이 민감기[28] 범위는 종마다, 그리고 행동의 종류마다 다르며, 발달 속도와 관련이 있다(Immelmann, 1975). 민감기에 형성된 각인은 영구적이며, 동물이 그 정보를 실제 상황에서 처음으로 사용하기 전까지

---

28 Sensitive period: 생물학과 발달 심리학에서 특정 발달 영역에 특별히 민감한 기간을 뜻하며, 주로 민감기(敏感期)로 쓰임.

충분히 익힐 수 있도록 해준다. 민감기에 특정 자극을 받지 못한 동물도 이후 삶에서 해당 행동 특성을 발달시킬 수는 있지만, 그 효율성은 떨어진다(Hasler, 1966; Gossow, 1970; Immelmann, 1975; Caro, 1979).

대부분 민감기에 대한 증거는 조류 연구에서 보고되었지만, 일부 식육목 동물과 다른 포유류에 대한 정보도 있다. 개와 늑대(*Canis lupus*), 집고양이(*Felis catus*), 유럽족제비(*Mustela putorius*)는 생애 초기가 사회화에 결정적 시기다(Scott 과 Fuller, 1965; Leyhausen, 1979; Poole, 1972). 이와 마찬가지로, 집고양이, 북방족제 비(*Mustela erminea*), 유럽족제비와 같은 일부 종은 어린 시기에 먹이에 대한 경 험이 없으면, 성체가 되어서 효과적으로 사냥하지 못한다(Gossow, 1970; Caro, 1979, 1980). 유럽족제비는 생후 2~3개월 사이의 후각 각인이 신경 발달과 연관 이 있었고(Apfelbach, 1986), 이는 이후 먹이 선호도에 영향을 미쳤다(Apfelbach, 1978, 1986). 이러한 영향은 검은발족제비에서도 유사하게 나타난다(Vargas와 Anderson, 연도 미상).

동물을 풍부화한 환경에서 사육하면 초기 민감기에 특정 자극을 놓칠 위험 을 줄일 수 있다. 만약 이 민감기를 놓치면, 동물은 생존에 중요한 행동 특성을 학습 효율이 떨어지는 시기에 학습해야 할 것이다. 자극을 처음 경험하는 시점 이 야생에 방생한 이후라면, 동물은 행동을 비효율적인 시기에 학습해야 할 뿐 만 아니라, 복잡한 자연환경에 놓인 상태에서 그 행동을 익혀야 할 것이다.

서식지 인식과 이동 양식

민감기에 발생하는 생태적 영향 중 하나가 특정 서식지 동기화[29]다. 한 예 로, 나무 위에 설치한 둥지 상자에서 자란 사육 청둥오리(*Anas platyrhynchos*)는

---

29   Entrainment: 생태학과 행동학에서 특정 장소, 시간 자극에 대한 반응 고정화 또는 습성화를 뜻함.

재도입 후에도 나무 위에 있는 둥지 상자를 선택했으며, 야생에서 태어난 이들의 자식 세대도 마찬가지였다. 반면, 땅에 있는 둥지에서 자란 청둥오리는 성적으로 성숙한 이후 땅에 있는 둥지를 선택했다(Hess, 1972). 사육장에서 자란 황금사자타마린은 별도의 방생 케이지 없이, 나무에 고정해 둔 익숙한 둥지 상자에서 바로 방생했다. 이들은 평균 12개월에서 18개월 동안 둥지 상자 주변을 머물다가 결국 방생 지점에서 점차 멀리 이동하였다(B. Beck, 개인 소통). 사육장에서 자란 스텝족제비와 검은발족제비는 프레리도그 서식지에 설치한 방생 케이지에서 바로 방생시킨 후 모두 굴을 이용하였고 방생 케이지로 다시 돌아오기도 했다(Biggins 등, 1991; Hnilica와 Luce, 1992).

사육장에서 자란 검은발족제비와 방생 훈련장에서 자란 검은발족제비의 방생 후 이동 거리(하룻밤 동안의 누적 이동 거리 및 방생 지점으로부터의 분산 거리)를 비교한 결과, 사육장에서 자란 개체들이 매일 더 멀리 이동하고 더 넓은 지역으로 분산했으며, 그로 인해 코요테(Canis latrans)와 같은 지상 포식자에게 더 쉽게 노출되는 경향이 있었다(Biggins 등, 1992, 1993).

초기 신경 발달

많은 포유류는 출생 시 뇌 신경세포와 시냅스가 완전히 형성되어 있지 않으며, 신경세포 분열과 시냅스 형성은 출생 후 수주에서 수개월 간(대형 포유류의 경우 수년에 걸쳐) 계속될 수 있다(Immelmann, 1975). 성장 초기의 풍부화 환경은 뇌의 형태에 긍정적 변화를 불러올 수 있으며, 뇌 무게를 늘리고 시냅스 연결의 수, 패턴, 질을 개선하며, 이후 삶에서의 행동에 영향을 미치는 다른 뇌 관련 지표들도 증진시킬 수 있다(Greenough와 Juraska, 1979; Rosenzweigh, 1979).

어린 시절부터 환경적 복잡성을 경험한 동물은 문제 해결 과정에서 단서를 더 효과적으로 활용할 수 있다. Henderson(1970)은 일반적인 실험실에서 사육한 동물의 경우, 먹이를 찾는 능력과 관련된 유전적 잠재력이 상당히 감소한다는 것을 보여주었다. 반면, 풍부화한 환경에서 자란 집쥐(*Rattus norvegicus*)는 낯선 미로를 훨씬 능숙하게 통과하였다(Greenough와 Juraska, 1979). Renner(1958)는 풍부화한 환경에서 자란 집쥐가 빈약한 환경에서 자란 집쥐보다 포식자 모형을 더 빠르게 회피할 수 있다는 것을 입증하였다. 풍부화한 환경에서 지하 굴 구조에 익숙해진 어린 스텝족제비는 낯선 방사장에서 땅 위에 머무는 시간이 사육장에서 자란 스텝족제비보다 짧았으며, 땅 위에 과도하게 노출되는 시간은 포식 위험을 증가시킨다(Miller 등, 1992). 풍부화한 환경에서 사육한 스텝족제비(Miller 등, 1992)와 검은발족제비(Vargas, 1994)는 먹이를 더 잘 잡을 수 있었다. 따라서 재도입을 계획 중인 동물을 풍부화한 환경에서 사육하면, 이후 삶에서 문제 해결 능력을 향상할 수 있는 유익한 신경적 변화를 얻을 수 있다. 이러한 과정은 새로운 환경과 역동적인 자연 속에 방생하는 사육 동물의 생존력을 개선하는 데 이바지할 수 있다.

포식자 회피

효과적인 포식자 회피 행동이란 잠재적인 포식자를 인식하는 능력과 그에 대한 적절한 도피 반응을 효율적으로 하는 능력을 모두 포함한다. Bolles(1970)는 야생동물이 특정 자극을 받으면 선천적이고 종 특이적 방어 반응을 보일 것으로 추정하였다. 이러한 반응은 대부분 역치 바로 근처에 있기 때문에, 적절한 자극을 주면 도피, 정지, 공격과 같은 반응을 즉시 나타낸다(그림 16). 포식자로부터의 도피처럼 긴급한 행동은, 진화적으로 볼 때 태어날 때부터 발달 과정에 내재되어 있는 것이 당연하다(Alcock, 1979; Coss와 Owings, 1985; Magurran, 1989).

Shalter(1984)가 정리한 여러 연구에 따르면, 피식 동물은 포식자 유형의

그림 16 검은발족제비의 경계하는 모습(Pixabay, ⓒPublicDomainImages).

몇 가지 핵심적 특징을 인식할 수 있다. Shalter는 어린 동물들이 다양한 포식자 관련 자극에 반응할 수 있는 능력을 타고나며, 습관화(habituation) 과정을 통해 실제로 즉각적 위협이 되는 자극에 대해서만 반응하도록 그 범위를 좁혀 간다고 보았다. 만약 적절한 포식자 회피 반응이 단지 시·공간이 낯설어서 나타난 것이라면, 이러한 반응에는 별도의 강화 과정이 필요하지 않다(Shalter, 1984). 어미는 새끼가 낯설거나 익숙한 경험 모두에 대한 반응을 형성하는 초기 단계에 중요한 역할을 할 것이다(Bronson, 1968). 이 습관화 과정은 단순히 어떤 종이 위협이 되는지를 구분할 수 있게 할 뿐 아니라, 포식자가 실제로 사냥 중인지 혹은 배부른 상태인지를 구분할 정도로 정교해진다. 이런 맥락에서 야생에서 태어난 검은발족제비를 대상으로 관찰한 결과, 새끼들은 지상에 처음 모습을 드러낸 직후에는 경계심이 높아 포획이 어려웠으나, 시간이 지나면서 사람, 소, 가지뿔영양에 대한 경계가 점차 줄었다(Miller와 Anderson, 1993).

일부 종은 사육환경이든 야생이든 정형적인 포식자 회피 반응을 유지하기도 한다(Smith, 1975; Shalter, 1984; Kleiman 등, 1986). 그러나 자극이 부족한 환경에서는 비교적 선천적 능력조차 시간이 지남에 따라 약화될 수 있다(Derrickson과 Snyder, 1992). Schaller와 Emlin(1962), Price(1972), Smith(1972)는 가축과 그 대조군인 야생 개체군 간의 포식자에 대한 반응이 다르다는 것을 입증하였다. 사육 콜린메추라기는 재도입 이전까지는 비효율적인 포식자 회피 반응을 보였지만, 개, 사람, 훈련된 해리스매(*Parabuteo unctinctus*)에 노출시킨 후 이동성 증가, 무리 간 협조, 포식자 회피 능력이 향상되었다(Ellis 등, 1977). 이는 형질을 유지하거나 잃는 문제라기보다는 그 형질을 최대 효율로 유지할 수 있는가의 문제일 수 있다. 일부 야생 개체군에서 포식압이 줄어들었을 때, 그 동물들은 여전히 올바르게 반응했지만, 효율성은 떨어졌다는 연구도 있다(Curio, 1969, Shalter, 1984 재인용; Morse, 1980; Coss와 Owings, 1985; Loughry, 1988).

사육장 경험만 있는 스텝족제비를 조류 및 육상 포식자 모형에 노출시켰을 때, 생후 2개월 시점에는 비효율적인 도피 반응을 보였다. 그러나 생후 3개월과 4개월에는 경계심과 도피 반응 시간이 증가하였고, 한 차례의 약한 혐오 자극 이후에는 포식자 회피 반응을 향상시킬 수 있는 능력도 나타냈다(Miller 등, 1990a). 개체들을 실제 개에 노출시키자 포식자 회피 반응이 더욱 향상되었다(Miller 등, 1992). 그러나 이러한 노출 경험은 동물을 야생에 방생한 이후 생존 기간의 유의미한 차이로는 이어지지 않았다(Biggins 등, 1991).

스텝족제비를 잠재적 포식자에 노출시켰는지가 생존 기간에 유의미하게 영향을 끼치지 않은 것은 여러 요인들 때문일 수 있다. 한편으로, 생존율의 차이를 감지하려면 일반적으로 큰 표본 규모가 필요하다. 생존은 다양한 변수의 영향을 받으며, 종종 생존율 차이가 나타나기 전에 행동 특성의 차이를 먼저 확인할 수 있다. 그러나 사육환경과는 달리 야생에서는 개별적인 포식자 회피 행동을 분석할 수 없었다. 실제로 야생에서 행동 반응을 측정할 수 있었던 다른 실험에서는 생존율에는 유의미한 차이가 없었지만, 행동에서는 유의미한 차이가 나타난 바 있다.

　반면, 가짜 혹은 실제 포식자에 대한 노출은 항상 안전하거나 실용적인 방법이 아닐 수 있다. 지나치게 비자연적인 맥락에서 동물에게 자극을 노출할 경우, 동물은 실제 자연환경에서는 위험 신호로 인식하지 못할 수 있다. 또한 혐오 조건 형성이 충분하지 않은 상태에서 반복적으로 노출하면, 포식자에 대한 습관화가 일어날 위험이 있다(이러한 현상을 스텝족제비에서 관찰하였다). 스텝족제비의 포식자 회피 행동 발달은 가짜 포식자에 대한 노출뿐 아니라, 신경 자극, 문제 해결 능력 향상, 자연환경에 대한 익숙함, 자연스러운 이동 및 활동 양식의 형성, 신체적 단련 증가 등의 요소에 의해서도 영향을 받았을 가능성이 크다.

먹이 탐색과 확보

　검은발족제비는 자신과 크기가 비슷한 먹이를 사냥한다. 이러한 포식 행동 양식은 해부적·행동적으로 고도로 특화된 사향고양이과(Viverridae), 족제비과(Mustelidae), 고양이과(Felidae), 개과(Canidae)에서만 나타난다(Eisenberg와 Leyhausen, 1972). 적어도 사육 족제비과 동물들은 먹이를 죽일 수 있는 기초 능력을 지니고 있다. 사육 북방족제비(Gossow, 1970), 유럽족제비(Wustehusse, 1960), 긴꼬리족제비(*Neogale frenata*)(Powell, 1982), 피셔(*Martes pennanti*, 현재 학명: *Pekania pennanti*)(Powell, 1982), 북미밍크(*Mustela vison*, 현재 학명: *Neogale vison*)(Powell, 1982), 검은발족제비(Vargas, 1994), 스텝족제비(Miller 등, 1992) 모두 먹이를 처음 본 상황에서 실제로 사냥 행동을 보인 바 있다.

　검은발족제비의 목 물기 행동이 유전적으로 이미 알고 있는 행동이라 하더라도, 그 숙련도는 경험(Miller와 Anderson, 1993; Vargas, 1994)과 풍부화한 환경 노출(Vargas, 1994)에 따라 향상되는 것으로 나타났다. 이와 유사하게, 사육 스텝족제비도 경험을 통해 먹이를 더 효과적으로 사냥했으며(Miller 등, 1992), 야생에 방생한 후 실제로 먹이를 사냥한 것이 확인된 유일한 스텝족제비는 방생전 프레리도그가 있는 울타리 친 환경에서 먹이와 굴 시스템을 경험한 개체였다(Biggins 등, 1991). 자연환경이 아닌 곳, 특히 사육장과 같이 매우 인위적 환경에서는 먹이를 죽이는 것이 본래 서식지에서 사냥하는 것보다 쉬울 수 있다. 일정 시간 동안 먹이를 먹지 못한 족제비는 약해질 수 있으며, 매번 사냥에 실패하고 체력을 소모하면 포식 기회를 잡는 것이 점점 더 어려워질 수 있다.

그러나 먹이를 죽이는 것은 포식 행동의 일부에 불과하다. 예를 들어, 생후 9개월 된 사육 피셔(*Pekania pennanti*) 2개체의 경우, 사육환경에서는 처음 기회가 주어졌을 때 북미호저(*Erethizon dorsatum*)를 사냥하는 데 성공했지만, 야생에 방생한 후에는 먹이를 찾지 못해 굶어 죽었다(Kelly, 1977). 따라서 포식 행동에는 특정 장소에서 먹이를 탐색하는 방법을 학습하는 것, 먹이와의 접촉을 늘리기 위해 방향을 조절하는 것, 먹이 탐색 이미지의 형성, 공격하기에 적절한 시점을 학습하는 것, 그리고 특화된 사냥 기술 등을 포함한 다양한 측면이 존재한다(Krebs, 1973; Lawrence와 Allen, 1983).

야생 검은발족제비는 족제비아과(Mustelinae) 동물에서 일반적으로 나타나는 지그재그 사냥 방식을 사용한다(Powell, 1982; Richardson 등, 1987). 이들은 원하는 먹이를 잡을 확률을 높이기 위해 방향을 바꾸는 것으로 보인다(Krebs, 1973). Verbeek(1985)은 미성숙한 맹금류가 부적절한 먹이를 쫓는 사례들을 다수 제시하였고, Griffiths(1975)는 미성숙한 포식자는 눈에 보이는 대로 먹이를 공격하지만, 성체는 목표를 선별해서 사냥한다는 가설을 주장했다. 경험이 없는 스텝족제비도 프레리도그 사육장을 모사한 장소에서 먹이를 찾을 수 있었으며, 생후 2개월에서 4개월 사이에는 먹이를 찾는 속도가 점차 빨라졌다.

겨울철에는 흰꼬리프레리도그(*Cynomys leucurus*)가 동면에 들어가며, 검은발족제비는 흙더미로 막은 굴속에서 이들을 찾아내야 한다. 경험이 없는 스텝족제비는 겨울철에 지름 0.67m의 흙더미 안에 있는 굴에서 먹이를 찾아내는 데 성공했다(Miller 등, 1990b). 재도입한 검은발족제비 역시 야생 개체와 동일한 방식으로 굴을 파는 행동이 관찰됐다. 포식 능력에는 성숙과 경험이 모두 영향을 미치는 것으로 보인다(Gossow, 1970; Polsky, 1975; Caro, 1979, 1980; Tan과 Counsilman, 1985; Langley, 1986; Miller 등 1990b, 1992; Vargas, 1994). 방사장의 풍부화한 환경은 족제비를 야생에 방생하기 전 자연적인 굴 시스템 안에서 먹이를 경험할 수 있도록 소중한 기회를 준다. 또한 어린 족제비가 적절한 발달 시기에 먹이를 접촉하도록 하여, 성체가 되었을 때 사냥 효율을 극대화할 수 있도록 도와줄 수 있다.

형질 간 상호작용

행동 형질은 따로 고립된 것이 아니다. 동물은 환경 속에서 다양한 스트레스, 위험, 조건들에 반응해야 하며, 생존과 번식 전략은 위험에 처한 그 순간이나 계절에 따라 달라진다. 생존에 필요한 여러 동시다발적인 행동과 함께 개별 행동을 해야 하며, 특정 행동은 직면한 각 상황에 따라 조절하여 나타날 수 있다.

예를 들어, 열대 지역에 서식하는 진흙빛지빠귀(*Turdus grayi*)는 포식압에 따라 번식 시기를 결정한다(Morton, 1971). 혼자 떨어진 사슴류는 무리에 속한 개체보다 더 빠르게 도피 행동을 보인다(Altmann, 1958). 노란눈방울새(*Junco phaeonotus*), 타조(*Struthio camelus*), 흰코코아티(*Nasua narica*)는 포식 위협을 받으면 먹이 섭식과 음수 전략을 변경한다(Bertram, 1980; Caraco 등, 1980; Burger와 Gochfeld, 1992). Faneslow와 Lester(1988)는 포식 위험에 노출된 사육 쥐가 먹이를 찾는 시간을 줄이는 대신 한 번에 섭취하는 식사량을 늘려 하루 총 섭취량과 체중을 유지한다는 사실을 밝혀냈다. 심지어 중대형 육식동물에서도 사냥 행동, 사회화, 포식자 회피 행동은 서로 영향을 미친다(Caro, 1989).

야생에서 자유롭게 살아가는 동물의 행동 형질은 다양한 상황 속에서 효율적으로 발현되어야 한다. 반자연적인(seminatural) 방생 전 환경은 동물이 생태적으로 관련 있는 다양한 자극에 대해(그 과정이 어떠하든) 반응을 발달시킬 수 있도록 도와준다. 이러한 접근은 해당 종의 발달 과정에 대한 이해가 불완전할 때에도 가장 안전한 방법으로 보이며, 사육동물은 가장 포괄적인 방생 전 준비가 가능하다.

성공 측정: 사육환경 연구와 야외 연구 통합의 중요성

멸종위기 개체군은 개체 수의 부족과 법적 지위 때문에 연구에 많은 제약을 받는다. 일부 연구는 멸종위기종인 검은발족제비에 대해 행동 발달, 방생 전 훈련, 방생 기법에 관한 가설을 적용하기 전에, 유전적으로 가까우면서도 흔한 스텝족제비를 활용해 검증하였다. 외래종의 정착을 방지하기 위해, 방생 기법 실험에 사용한 스텝족제비는 중성화(생식관 절단술) 하였으며, 방생한 모든 개체는 무선추적장치로 모니터링하였다.

재도입의 주요 목표는 야생 개체군을 정착시키는 것인데, 이 목표는 실험실 연구에 적용하는 엄격한 과학 일정을 적용하기 어렵게 할 수 있다. 그렇다고 해서 재도입 기법을 설계할 때 과학적 원칙을 무시해도 된다는 의미는 아니다. 잘 설계하고 모니터링한 프로그램은 효율성을 높이고, 다른 프로그램에도 정확한 통찰을 줄 수 있다. 동료 평가를 거친 학술지에 그 결과를 게재한다면 훨씬 더 신뢰를 얻을 수 있으며, 이런 결과는 일반 대중도 접근할 수 있어야 한다. 이러한 접근은 재도입이라는 복잡한 문제를 해결하는 데 필요한 창의적 사고를 자극할 것이다.

개체 수가 감소하는 종의 보전에 있어서, 현장과 실험실에서 과학적으로 설계한 탄탄한 자료는 필수적이다. 이러한 자료는 사육 번식이 필요한 시기와 필요성, 사육 번식 프로그램의 실행 가능성, 재도입의 타당성, 그리고 사육 개체를 성공적으로 야생에 방생하는데 필요한 사육 조건 등의 결정에 도움을 줄 수 있다. 문화적으로 전달하는 행동의 정도(예: 양육, 이동 경로), 사육이 필요한 기간(기간이 짧을수록 유전적·행동적 변화가 적을 수 있음), 개체군 감소의 원인 등은 사육 증식과 재도입을 포함한 보전 전략에 중대한 영향을 미친다.

재도입을 목적으로 동물을 번식시킬 경우, 사육 프로그램에서는 가능한 한 자연에 가까운 환경을 포함하여 다양한 사육환경이 행동 발달에 미치는 영향을 분석해야 한다. 또한 모든 선택지를 고려하고, 종마다 개별적으로 검증할 것을 권장한다. 생존에 중요한 행동 발달이나 행동 형질에 대한 현장 자료가 없다면, 야생에서 포획한 개체를 사육하는 즉시 표본을 통해 자료를 수집해야 한다. 사육 세대 간 형질 발현을 비교하는 것은 사육환경이 행동에 미치는 장기적 영향을 파악하는 데 유용한 정보가 될 수 있다. 또한 발달 기간 동안 자연환경을 모사한 방사장을 활용하거나, 야생에서 일정 기간을 보낸 후 재도입 개체 일부를 포획해 행동을 비교함으로써 퇴보한 행동을 회복시킬 가능성에 대한 자료도 수집할 수 있다.

재도입은 폐사 원인, 이동 경로, 그 밖의 다양한 특성을 문서화하기 위해 집중적으로 모니터링해야 하며, 재도입 이후 야생에서 태어난 자손에 대해 반드시 정확하게 기록해야 한다(Miller 등, 1993). 이러한 자료는 향후 재도입 시도를 개선하는 데 핵심 역할을 한다. 재도입은 '경방생(hard release)'을 포함한 다양한 전략을 실험해야 하며, 경방생은 대조군으로 활용할 수 있다(U.S. Fish and Wildlife Service, 1988; Miller 등, 1993). 재도입 프로그램 초기부터 다양한 방생 기법을 비교하면, 가장 효과적인 복원 전략을 더 신속하게 찾아낼 수 있다. 장기적으로 이는 동물, 시간, 재정을 보다 효율적으로 사용하는 방식이 될 것이다.

반대로, 비교 없이 하나의 기법만을 사용할 때 그 방법이 실패하면 막대한 비용이 발생할 수 있다. 재정적 손실은 명백하며, 사육 상태에서 머무는 시간이 길어질수록 행동적·유전적 퇴보도 심해질 수 있다. 일반적으로 사육동물을 야생으로 더 빨리 복귀시킬수록 재도입은 더 용이해진다. 이와 같이 비교 없이 진행할 경우, 실제로는 더 효율적이고 효과적인 방법이 있음에도 불구하고 부분적으로만 성공한 기법을 마치 표준안처럼 채택할 수도 있다. 어느 정도 성공한 기법이 알려져 있을 때, 일부 사람들은 실패에 대한 두려움 때문에 더 나은 기술을 찾으려는 시도를 꺼릴 수도 있다. 그러한 경우 복원 프로그램은 여전히 진행하겠지만, 효율성은 떨어질 수 있다. 예산이 축소되고 보전 과제가 점점 더 복잡해지는 요즘 같은 시기에는, 효율성과 경제성을 최우선으로 고려해야 한다. 마지막으로, 사육환경에서의 연구를 재도입 이후 야외 연구와 연계하지 않으면, 사육환경에서는 유망해 보였지만 방생 후 생존에는 실제로 도움이 되지 않는 기법을 채택할 위험이 있다. 또한 개체 수준에서는 약간의 이점을 주지만, 그 대가가 개체군 전체의 이익을 넘어서 불리하게 작용하는 상황이 발생할 수도 있다.

재도입과 관련하여 성공을 정의하는 지표는 다양하다. 궁극적으로는 생존하여 성공적으로 번식한 개체의 수가 가장 신뢰할 수 있는 비교 기준이지만, 초기 재도입 시도에서는 폐사율이 대체로 높다. 따라서 방생 이후 행동 형질에 대한 분석은 방생 전략에 관한 중요한 정보를 줄 수 있으며, 향후 생존율을 높이는 단서가 될 수 있다. 분석할 행동 특성을 선정할 때는 주로 두 가지 기준이 영향을 미친다. 첫째, 자유롭게 활동하는 동물을 관찰하거나 무선 추적 등의 방법을 이용하여 신뢰성 있게 기록할 수 있는 특성일 것, 둘째, 동물의 전반적인 성공에 가장 중요하게 영향을 주는 것으로 보이는 형질일 것이다. 검은발족제비의 초기 재도입 사례를 평가하기 위해 폐사 원인, 일일 생존율, 방생 지점에 대한 귀소성, 한 배에서 태어난 개체 간 효과, 식단, 이동 거리 등을 분석하였다(Biggins 등, 1992, 1993). 사육동물의 초기 방생 시에는, 효과적 방생 전략 수립에 필요한 지식 확보를 가장 우선적인 목표로 삼는 것이 바람 직할 수 있다(Miller 등, 1993).

결론

사육환경은 종마다, 또는 동일한 종 내의 개체마다 서로 다르게 영향을 미칠 수 있기 때문에, 재도입의 성공에 영향을 줄 수 있는 요인들을 체계적으로 검증할 것을 제안한다. 본 장에서는 그러한 요인의 몇 가지 가능성과, 풍부화한 환경이 어떤 영향을 줄 수 있는지를 개략적으로 설명하였다. 이러한 요인들에 대한 신중한 고려와 사육환경 연구 및 야외 연구의 통합은 사육동물의 성공적인 야생 재도입 가능성을 높일 수 있을 것이다.

감사의 말

국립동물원 산하 보전연구센터(Conservation and Research Center), 와이오밍주 야생동물·어업국(Wyoming Game and Fish Department), 미 육군 푸에블로 군수기지(U.S. Army Pueblo Depot)는 연구 시설을 제공하고 시간과 자재를 기부해 주었다. 와이오밍주 야생동물·어업국은 사육번식센터의 검은발족제비에 접근할 수 있도록 허가해 주었다. 자금은 국제야생동물보존신탁(Wildlife Preservation Trust International), 미국 어류 및 야생동물국 국가생태연구센터(U.S. Fish and Wildlife Service National Ecology Research Center), 미국 어류 및 야생동물국 와이오밍주 협력연구부(U.S. Fish and Wildlife Service Wyoming Cooperative Research Unit), 미국 어류 및 야생동물국 6지구 생태향상부(U.S. Fish and Wildlife Service Region 6 Enhancement), 스미스소니언협회(Smithsonian Institution), 국립동물원, 국립동물원

후원회(Friends of the National Zoo), 셰브런 미국법인(Chevron USA), 미국 어류 및 야생동물 재단(National Fish and Wildlife Foundation), 와이오밍주 야생동물·어업국, 라우든카운티 족제비애호가협회(Ferret Fanciers of Louden County), 브룩필드동물원(Brookfield Zoo) 등에서 지원받았다. 수많은 생물학자와 기술자들이 야외 연구와 사육 연구, 그리고 검은발족제비와 스텝족제비의 사육에 기여하였다. Fritz Knopf와 Constantino Macio Garcia는 원고에 대해 건설적인 조언을 해 주었으며, Ben Beck, Scott Derrickson, Devra Kleiman에게 사육환경과 재도입에 대해 나눈 의미 있는 논의에 감사를 표한다.

참고문헌

- Alcock, J. 1979. *Animal Behavior: An Evolutionary Approach*. Sunderland, Mass.: Sinauer Associates.
- Altmann, S. A. 1958. Avian mobbing behavior and predator recognition. *Condor* 58:241-258.
- Apfelbach, R. 1978. A sensitive phase for the development of olfactory preference in ferrets (*Mustela putorius f. furo* L.). *Zeitschrift für Säugetierkunde* 43:289-295.
- Apfelbach, R. 1986. Imprinting on prey odours in ferrets (*Mustela putorius f. furo* L.) and its neural correlates. *Behavioural Processes* 12:363-381.
- Beck, B. 1995. Reintroduction, zoos, conservation, and animal welfare. In *Ethics on the Ark: Zoos, Animal Welfare, and Wildlife Conservation*, ed. B. G. Norton, M. Hutchins, E. F. Stevens, and T. L. Maple, 155-163. Washington, D.C.: Smithsonian Institution Press.
- Beck, B. B., D. G. Kleiman, J. M. Dietz, I. Castro, C. Carvalho, A. Martins, and B. Rettberg-Beck. 1991. Losses and reproduction in the reintroduced golden lion tamarins (*Leontopithecus rosalia*). *Dodo, Journal of the Jersey Wildlife Preservation Trust* 27:50-61.
- Bertram, B. R. C. 1980. Vigilance and group sizes in ostriches. *Animal Behaviour* 28:278-286.
- Biggins, D. E., J. Godbey, and A. Vargas. 1993. Influence of pre-release experience on reintroduced black-footed ferrets (*Mustela nigripes*). U.S. Fish and Wildlife Service Report. Fort Collins, Colo.: U.S. Fish and Wildlife Service, National Ecology Research Center.
- Biggins, D. E., L. Hanebury, B. J. Miller, R. A. Powell, and C. Wemmer. 1991. Release of Siberian ferrets (*Mustela eversmanni*) to facilitate reintroduction of black footed ferrets. U.S. Fish and Wildlife Service Report. Fort Collins, Colo.: U.S. Fish and Wildlife Service, National Ecology Research Center.
- Biggins, D. E., B. J. Miller, and L. Hanebury. 1992. First reintroduction of the black-footed ferret. U.S. Fish

and Wildlife Service Report. Fort Collins, Colo.: U.S. Fish and Wildlife Service, National Ecology Research Center.

– Bolles, R. C. 1970. Species-specific defense reactions and avoidance learning. *Psychological Review* 77:32-48.

– Bronikowski, J., B. Beck, and M. Power. 1989. Innovation, exhibition, and conservation: Free-ranging tamarins at the National Zoological Park. In *Proceedings of American Association of Zoological Parks and Aquariums Annual Conference*, 540-546. Wheeling, W.Va.: AAZPA.

– Bronson, G. W. 1968. The fear of novelty. *Psychological Bulletin* 69:350-358.

– Burger, J., and M. Gochfeld. 1992. Effect of group size on vigilance while drinking in the coati, *Nasua narica*, in Costa Rica. *Animal Behaviour* 44:1053-1057.

– Caraco, T., S. Martindale, and H. R. Pulliam. 1980. Flocking: Advantages and disadvantages. *Nature* 285:400-401.

– Caro, T. M. 1979. Relations of kitten behavior and adult predation. *Zeitschrift für Tierpsychologie* 51:158-168.

– Caro, T. M. 1980. Effects of mother, object play, and adult experience on predation in cats. *Behavioral and Neurological Biology* 29:29-51.

– Caro, T. M. 1989. Missing links in predator and anti-predator behavior. *Trends in Ecology and Evolution* 4:333-334.

– Coss, R. G., and D. H. Owings. 1985. Restraints on ground squirrel anti-predator behavior: Adjustment over multiple time scales. In *Issues in the Ecological Study of Learning*, ed. T. D. Johnston and A. T. Pietrewicz, 167-200. Hillsdale, N.J.: Lawrence Erlbaum.

– Derrickson, S. R., and N. F. R. Snyder. 1992. Potentials and limits of captive breeding in parrot conservation. In *New World Parrots in Crisis: Solutions from Conservation Biology*, ed. S. R. Beissinger and N. F. R. Snyder, 133-163. Washington, D.C.: Smithsonian Institution Press.

– Eisenberg, J. E., and P. Leyhausen. 1972. The phylogenesis of predatory behavior in mammals. *Zeitschrift für Tierpsychologie* 30:59-72.

– Ellis, D. H., S. J. Dobrott, and J. G. Goodwin, Jr. 1977. Reintroduction techniques for masked bobwhites. In *Endangered Birds*, ed. S. A. Temple, 345-354. Madison: University of Wisconsin Press.

– Fanselow, M. S., and L. S. Lester. 1988. A functional behavioristic approach to aversively motivated behavior: Predatory imminence as a determinant of the topography of defensive behavior. In *Evolution and Learning*, ed. R. C. Bolles and M. D. Beecher, 185-212. Hillsdale, N.J.: Lawrence Erlbaum.

– Gossow, H. 1970. Vergleichende verhaltensstudien an Marderartigen. I. Über Lautausserungen und zum Beutehalten. *Zeitschrift für Tierpsychologie* 27:405-480.

– Greenough, W. T., and J. M. Juraska. 1979. Experience induced changes in brain fine structure: Their behavioral implications. In *Development and Evolution of Brain Size: Behavioral Implications*, ed. M. E. Hahen, C. Jensen, and B. C. Dudek, 263-294. New York: Academic Press.

– Griffith, B., J. M. Scott, J. W. Carpenter, and C. Reed. 1989. Translocation as a species conservation tool:

Status and strategy. *Science* 345:477-480.

– Griffiths, D. 1975. Prey availability and the food of predators. *Ecology* 56:1209-1214.

– Hasler, A. D. 1966. *Underwater Guideposts: Homing of Salmon*. Madison: University of Wisconsin Press.

– Henderson, N. D. 1970. Genetic influences on the behavior of mice can be obscured by laboratory rearing. *Journal of Comparative and Physiological Psychology* 72:505-511.

– Hess, H. H. 1972. The natural history of imprinting. *Annals of the New York Academy of Science* 193:124-136.

– Hnilica, P., and B. Luce. 1992. Post-release surveys of free-ranging black-footed ferrets in Shirley Basin during the fall and winter of 1991. In *Black-Footed Ferret Reintroduction in Shirley Basin, Wyoming: 1991 Annual Completion Report*, ed. B. Oakleaf, B. Luce, E. T. Thorne, and S. Torbit, 172-195. Cheyenne: Wyoming Game and Fish Department.

– Hutchins, M., K. Willis, and R. J. Wiese. 1995a. Strategic collection planning: Theory and practice. *Zoo Biology* 14:5-25.

– Hutchins, M., K. Willis, and R. J. Wiese. 1995b. Author's response. *Zoo Biology* 14:67-80.

– Immelmann, K. 1975. Ecological significance of imprinting and early learning. *Annual Review of Ecology and Systematics* 6:15-37.

– Kelly, G. M. 1977. Fisher (*Martes pennanti*) biology in the White Mountain National Forest and adjacent areas. Ph.D. dissertation, University of Massachusetts, Amherst.

– Kleiman, D. G. 1989. Reintroduction of captive mammals for conservation. *Bioscience* 39:152-161.

– Kleiman, D. G., B. B. Beck, J. M. Dietz, L. A. Dietz, J. D. Ballou, and A. F. Coimbra-Filho. 1986. Conservation program for the golden lion tamarin: Captive research and management, ecological studies, educational strategies, and reintroduction. In Primates: *The Road to Self-Sustaining Populations*, ed. K. Benirschke, 959-979. New York: Springer-Verlag.

– Krebs, J. R. 1973. Behavioral aspects of predation. In *Perspectives in Ethology*, ed. P. P. G. Bateson and P. H. Klopfer, 73-111. New York: Plenum Press.

– Langley, W. M. 1986. Development of predatory behavior in the southern grasshopper mouse (*Onychomys torridus*). *Behaviour* 99:275-295.

– Lawrence, E. S., and J. A. Allen. 1983. On the search image. *Oikos* 40:313-314.

– Leyhausen, P. 1979. *Cat Behavior: Predatory and Social Behavior of Domestic and Wild Cats* (trans. B. A. Tonkin). New York: Garland Press.

– Loughry, W. J. 1988. Population differences in how black-tailed prairie dogs deal with snakes. *Behavioral Ecology and Sociobiology* 22:61-67.

– Magurran, A. E. 1989. Acquired recognition of predator odour in the European minnow (*Phoxinus phoxinus*). *Ethology* 82:216-223.

– May, R. 1991. The role of ecological theory in planning the reintroduction of endangered species. *Symposia of the Zoological Society of London* 62:145-163.

- Mellen, J. D. 1991. Factors influencing reproductive success in small exotic felids (*Felis* spp.): A multiple regression analysis. *Zoo Biology* 10:95-110.

- Miller, B. J., and S. H. Anderson. 1993. Descriptive Ethology of the Black-Footed Ferret. *Advances in Ethology*, Vol. 37. Berlin: Paul Parey.

- Miller, B., D. Biggins, L. Hanebury, C. Conway, and C. Wemmer. 1992. Rehabilitation of a species: The black-footed ferret (*Mustela nigripes*). *Wildlife Rehabilitation* 9:183-192.

- Miller, B., D. Biggins, L. Hanebury, and A. Vargas. 1993. Reintroduction of the black-footed ferret. In *Creative Conservation: Interactive Management of Wild and Captive Animals*, ed. G. Mace, P. Olney, and A. Feistner, 455-463. London: Chapman & Hall.

- Miller, B., D. Biggins, C. Wemmer, R. Powell, L. Calvo, L. Hanebury, and T. Wharton. 1990a. Development of survival skills in captive-raised Siberian polecats. II. Predator avoidance. *Journal of Ethology* 8:95-104.

- Miller, B., D. Biggins, C. Wemmer, R. Powell, L. Hanebury, D. Horn, and A. Vargas. 1990b. Development of survival characteristics in Siberian ferrets (Mustela eversmanni). I. Locating prey. *Journal of Ethology* 8:89-94.

- Morton, E. S. 1971. Nest predation affecting the breeding season of the clay-colored robin, a tropical songbird. *Science* 171:920-921.

- Morse, D. H. 1980. *Behavioral Mechanisms in Ecology*. Cambridge: Harvard University Press.

- Polsky, R. H. 1975. Developmental factors in mammalian predation. *Behavioral Biology* 15:353-382.

- Poole, T. 1972. Some behavioral differences between the European polecat, *M. putorius*, the ferret, *M. furo*, and their hybrids. *Journal of Zoology* (London) 65:25-35.

- Powell, R. A. 1982. *The Fisher*. Minneapolis: University of Minnesota Press.

- Price, E. O. 1972. Novelty-induced self-food deprivation in wild and semi-domestic deer mice (*Peromyscus maniculatus bairdii*). *Behaviour* 41:91-104.

- Renner, M. J. 1988. Learning during exploration: The role of behavioral topography during exploration in determining subsequent adaptive behavior. *International Journal of Comparative Psychology* 2:43-56.

- Richardson, L. T., W. Clark, S. C. Forrest, and T. M. Campbell. 1987. Winter ecology of the black-footed ferret at Meeteetse, Wyoming. *American Midland Naturalist* 117:225-239.

- Rosenzweig, M. R. 1979. Responsiveness of brain size to individual experience: Behavioral and evolutionary implications. In *Development and Evolution of Brain Size: Behavioral Implications*, ed. M. E. Hahen, C. Jensen, and B. C. Dudek, 263-294. New York: Academic Press.

- Schaller, G. B., and J. T. Emlen. 1962. The ontogeny of avoidance behaviour in some precocial birds. *Animal Behaviour* 10:370-381.

- Schladweiler, J. L., and J. R. Tester. 1972. Survival and behaviour of hand-reared mallard released into the wild. *Journal of Wildlife Management* 36:1118-1127.

- Scott, J. P., and J. L. Fuller. 1965. The critical period. In *Genetics and Social Behavior of the Dog*, ed. J. P. Scott and J. L. Fuller, 117-150. Chicago: University of Chicago Press.

- Shalter, M. D. 1984. Predator-prey behavior and habituation. In *Habituation, Sensitization, and Behavior*, ed. H. V. S. Peeke and L. Petrinovich, 349-391. New York: Academic Press.

- Shepherdson, D. 1994. The role of environmental enrichment in captive breeding and reintroduction of endangered species. In *Creative Conservation: Interactive Management of Wild and Captive Animals*, ed. G. Mace, P. Olney, and A. Feistner, 167-177. London: Chapman & Hall.

- Smith, R. H. 1972. Wildness and domestication in Mus musculus: A behavioral analysis. *Journal of Comparative and Physiological Psychology* 79:22-29.

- Smith, S. M. 1975. Innate recognition of coral snake pattern by a possible avian predator. *Science* 187:759-760.

- Stanley-Price, M. R. 1989. *Animal Reintroduction: The Arabian Oryx in Oman*. Cambridge: Cambridge University Press.

- Tan, P. L., and J. J. Counsilman. 1985. The influence of weaning on prey-catching behavior in kittens. *Zeitschrift für Tierpsychologie* 70:148-164.

- U.S. Fish and Wildlife Service. 1988. *Black-Footed Ferret Recovery Plan*. Denver, Colo.: U.S. Fish and Wildlife Service.

- Vargas, A. 1994. Ontogeny of the endangered black-footed ferret (*Mustela nigripes*) and the effects of captive upbringing on predatory behavior and post-release survival for reintroduction. Ph.D. dissertation, University of Wyoming, Laramie.

- Vargas, A., and S. H. Anderson. n.d. The effects of diet on black-footed ferret (*Mustela nigripes*) food preferences. *Zoo Biology* (in press).

- Verbeek, N. A. M. 1985. Behavioral interactions between avian predators and their avian prey: Play behavior or mobbing? *Zeitschrift für Tierpsychologie* 67:204-214.

- Wustenhagen, C. 1960. Beitrage zur Kenntnis des Spiels und Beutefangverhaltens einiger einheimischen Musteliden. *Zeitschrift für Tierpsychologie* 17:579-613.

제8장

황금사자타마린(*Leontopithecus rosalia*) 재도입 프로그램에 적용한 환경 풍부화

M. Inês Castro, Benjamin B. Beck, Devra G. Kleiman,
Carlos R. Ruiz-Miranda와 Alfred L. Rosenberger

야생에서 살아가는 데 필요한 능력이 충분하지 않은 동물은 재도입이 어렵다. 만약 사육 개체군을 유전적으로 잘 관리한다면, 종 특유의 행동을 보일 가능성은 여전히 있을 것이다(Ballou, 1992). 그러나 유전적 다양성이 잘 보전되었다 하더라도, '전형적인' 사육환경에서는 종 특이적 행동을 발달시키기 어렵다. 따라서 재도입 후 동물 생존율을 높이는 본래의 자연스러운 행동을 유지하지 못할 수도 있다(7장 참조). 동물원 환경이 동물의 자연 행동 발달과 표현에 미치는 영향에 대해서는 아직 잘 알려져 있지 않다. 예를 들어, 사육 상태에서 태어난 개체가 야생에서 살아남기 위해 종 특이적 행동을 발현하는 데 필요한 환경적 요인을 충분히 경험해야 하는지는 알 수 없다. 이 장에서는 종 특이적 행동의 형태, 빈도, 기능을 유지하거나 획득하기 위한 하나의 풍부화 방식으로 훈련을 바라본다.

여기에서는 재도입 후 생존과 관련된 중요한 개별 행동에 환경 풍부화가 어떠한 영향을 미치는지 살펴본다. 황금사자타마린(*Leontopithecus rosalia*)을 예로 들어 다음의 두 가지 귀무가설을 평가한다. (1) 재도입 전에 사육 개체에게 환경 풍부화를 제공해도 야생으로 복귀 후 생존 기간이 늘어나지 않는다. (2) 사육 증식한 개체와 야생 개체의 방생 후 행동에는 차이가 없다.

황금사자타마린은 브라질의 일부 지역에 서식하며 멸종위기에 처한 작은 영장류다(그림 17). 미국 워싱턴 D.C.에 위치한 국립동물원은 20여 년 전부터 황금사자타마린 종보전 프로그램(The Golden Lion Tamarin Conservation Program, GLTCP)을 시작했으며, 연구와 사육 번식뿐만 아니라 야생 복귀와 같은 야외 보전 활동을 통해 이 종의 보전에 적극적으로 참여해 왔다. 이 프로그램의 대표적인 현장은 브라질 남동부 리우데자네이루주에 있는 포수다스안타스 생물 보호구역(Poço das Antas Biological Reserve)과 그 주변 지역이다(Kleiman 등, 1986). GLTCP를 통해 사육환경이 행동 특성에 미치는 영향을 연구할 수 있는 흔치 않은 기회를 잡은 것이다. 그 이유는 다음과 같다. (1) 사육 개체군에 대한 장기 관리 전략은 원래의 창시 개체군의 유전적 다양성을 유지함으로써 종 특이적 행동과 그 변이를 보전할 가능성을 극대화하는 데 초점을 두고 있다. (2) 사육 집단에 관한 심층 연구를 통해 이 종의 생물학과 행동에 대한 명확한 지식을 알 수 있다. (3) 전형적인 동물원식 사육장에서부터 풍부화한 자유방사형 전시에 이르기까지 다양한 환경 조건에서 황금사자타마린 집단을 사육하고 있다. (4) 야생 개체의 행동생태학에 대한 야외 연구로 이 종의 자연적인 행동 유형에 대한 자료를 알 수 있다. (5) 황금사자타마린의 재도입은 방생 이후 행동과 생존율에서 차이를 보이며, 이는 방생 이전의 환경 조건과 경험과 연관될 수 있다.

황금사자타마린 종보전 프로그램 배경

사육 개체군

1960년대 초중반, 야생 황금사자타마린을 사육하기 시작할 당시에는 번식률과 생존율이 매우 낮았다. 1970년대 초에 이르러, 이대로 두면 야생과 사육 개체군 모두 멸종할 것이 명확했다. 이에 따라 미국 국립동물원을 비롯한 여러 사육 기관의 연구자들은 이 종의 행동, 영양, 유전, 생리, 병리적 특성을 다각도로 조사하기 시작했다. 이러한 연구 결과들(Kleiman, 1981; Kleiman 등, 1988)을 보전번식에 적

그림 17 황금사자타마린-브라질 일부에 사는 멸종위기 종으로, 황금사자타마린 종보전 프로그램인 GLTCP는 현재도 활발히 진행 중이며, 2022~2023년 조사에 따르면 개체수는 약 4,800개체로 추정된다(Pixabay, ⓒfrawein).

용한 결과, 다음 10년 동안 황금사자타마린 개체수는 빠르게 증가했다. 1980년대 초부터는, 초기 도입 개체군 중 상대적으로 적게 번식시킨 유전자 혈통 개체군을 중심으로 증식하는 방향으로 전환했다. 1995년 기준으로, 전 세계 138개 이상의 기관에서 약 470 개체의 황금사자타마린을 사육하고 있었으며, 이들은 여덟 세대를 이어온 안정적 개체군을 구성하고 있었다(Kleiman 등, 1986). 이처럼 안정된 사육 개체군을 확보하자, 황금사자타마린을 원서식지로 복원하는 것이 현실적으로 가능해졌다. 그러나 실제 재도입 프로그램을 시작하기에 앞서, 1983년에는 야생 개체군에 대한 행동 생태학적 조사와 개체수 조사를 시작하여 기초 자료를 확보했다(Kleiman 등, 1986). 또한, 종보전 프로그램 성공 가능성을 높이기 위해, 현지 지역사회를 대상으로 한 종보전 교육, 그

리고 브라질 전문가를 위한 전문 교육 및 훈련 프로그램도 병행하였다(Dietz와 Nagagata, 1986, 1995).

재도입 대상 선정

사육 개체군에서 유전적으로 중요한 개체의 손실을 방지하기 위해, 초기 재도입에 활용한 황금사자타마린은 사육 개체군 중 그 수가 많은 혈통 내에서 선발했다. 재도입 프로그램을 진행하면서, 미번식 개체군의 번식도 활발해졌고 초기 사육 개체군의 더 다양한 자손들도 재도입 개체군으로 선발할 수 있었다. 이상적으로 향후 재도입에는 모든 혈통을 포함해, 사육 개체군의 유전적 다양성을 충분히 대표할 수 있도록 해야 한다(Ballou, 1992).

방생, 초기 관리, 모니터링

초기 브라질에 재도입한 황금사자타마린은 포수다스안타스 생물보호구역에 방생하였다. 이후에는 이 보호구역 인근의 사유 보호림에도 추가 방생하였다. 재도입한 황금사자타마린을 매일 모니터링하며, 먹이와 물을 줬다. 이러한 보조급식은 방생 후 약 18개월에 걸쳐 점차 줄어나갔다. 일반적으로 급이량이 감소함에 따라 관찰 시간도 줄어들었지만, 번식 및 폐사는 지속적으로 조사했다. 예를 들어, 1984년에 최초로 복원한 개체들은 현재까지도 연 2회 이상 추적 조사하고 있다. 일부 개체는 길을 잃거나 상처를 입는 등의 이유로 구조했고, 이들 중 일부는 재방생하기도 했다. 재방생한 경우에도, 생존율 계산할 때 구조 날짜를 '폐사일' 혹은 '손실일(date of loss)'로 기록했다(Beck 등, 1991).

1984년부터 1994년까지, 총 136개체의 황금사자타마린을 브라질 포수다스안타스 생물보호구역 및 그 주변 자연 서식지에 재도입했다. 이 중 129개체는 사육 개체였고, 7개체는 야생 개체였다. 1994년까지 생존한 개체는 총 32

개체(23.5%)였으며, 이 중 30개체는 사육 개체(23%), 2개체는 야생 개체(29%)였다. 한편, 재도입한 개체(또는 그 자손)들로부터 약 143개체의 새끼가 야생에서 태어났으며, 그중 92개체(64%)가 1994년까지 생존하였다. 이 야생 출생 개체들은 대부분 인간의 도움 없이 거의 독립 생존하는 것으로 보였다. 따라서 이 10년간의 재도입 결과는, 재도입한 총 136개체로부터 124개체의 생존 개체가 남았다. 이들은 번식 가능한 28개 집단을 이루며, 포수다스안타스 생물보호 구역 및 11곳의 개인 농장 안에서 생활하고 있다. 사유 농지에 황금사자타마린의 재도입을 허용한 농장주들은 GLTCP에 참여하여 숲을 보호할 것을 서약하였으며, 이들이 보호하고 있는 숲의 면적은 2,300헥타르(23㎢)로, 이는 황금사자타마린을 위한 전체 보호 서식지의 43%에 해당한다.

어린 개체를 데리고 있는 가족 집단이 성체 한 쌍으로 구성된 집단보다 재도입 후 생존에 더 유리한 경향을 보였다. 또한, 재도입한 황금사자타마린의 야생 출생 자손은 부모 세대보다 생존율이 높고 독립 시기도 더 빨랐다 (Kleiman 등, 1986, 1991; Beck 등, 1991). 짝짓기, 성행동, 그리고 부모 양육 행동은 사육환경의 영향을 크게 받지 않는 것으로 보이며, 사육 출생 개체들도 방생 후 성공적으로 번식하고 있다. 주요 손실 원인(폐사, 실종, 구조 포함)은 밀렵, 굶주림, 극한 기후 노출(저체온 또는 열사), 벌에 쏘인 사고, 질병, 사회적 투쟁으로 인한 부상, 독성 열매 섭취 또는 뱀에게 물린 것 등이 있다(Beck 등, 1991).

제1 귀무가설:
재도입 전 환경 풍부화는 방생 후 생존 기간에 영향을 주지 않는다

훈련을 언제, 어떻게 시행할 것인지 혹은 아예 시행하지 말 것인지에 대한 결정은 재도입 과정에서 매우 중요한 요소다. 이는 사육하에서 태어난 개체들에게 적용하는 다양한 훈련 방식이 방생 이후 자연 서식지에서의 장기 생존에 필요한 행동 기술 향상에 서로 다른 영향을 미칠 수 있기 때문이다. 황금사자 타마린의 첫 재도입 이후, GLTCP는 야생 적응과 생존율 향상을 위해 방생 프로토콜을 지속적으로 개선했다. 이 장에서는 재도입 조건에 대해 간략히 설명한다(표 5).

1984년, 황금사자타마린 재도입 프로젝트의 첫해에, 한 가족 집단과 세 쌍 (그중 1개체는 야생 출신 개체) 등 총 15개체를 포수다스안타스 생물보호구역에 방생했다. 방생 전, 사육환경에서 태어난 14개체는 10개월간 사육장에서 훈련을 받았으며, 훈련 내용은 주로 먹이 탐색 능력 향상에 집중했다. 방생 후에는 추가 훈련을 받지 않았으나, 7~10일간 먹이와 물을 공급했다. 1985년, 포수다스안타스 보호구역 외부에 두 집단을 방생했다. 'NO' 집단은 방생 전 112㎡ 크기의 사육장에서 3개월간 훈련을 받았으며, 방생 후에도 1개월간 훈련을 받았다. 훈련 내용은 먹이 탐색 및 이동 능력 강화에 중점을 두었다. 대조군

표 5 | 황금사자타마린 재도입 조건

방생 연도	훈련 개월 수		집단 내 노련 개체[b]	방생 후 지원	
	방생 전[a]	방생 후		기간(개월수)	특수먹이 여부[c]
1984	10	0	예	0.2~0.3	아니오
1985					
'No' 집단	3	1	아니오	6~12	아니오
'WITCH' 집단	0	3	아니오	6~12	아니오
1987	0	6	아니오	12~18	아니오
1988	0(또는 FR)	12~18	아니오	12~18	예
1989, 1990~1991, 1992~1993	0(또는 FR)	12~18	예	12~18	예

a: 괄호 속 '또는 FR'은 일부 개체가 방생 전에 자유방사 상태였음을 의미.
b: '노련 개체'는 야생 개체이거나 이전에 방생 경험이 있는 개체를 의미.
c: 특수 급이기는 채식 행동을 유도하기 위해 특별히 설계한 급이장치.

'WITCH' 집단은 훈련 없이 방생하고, 방생 이후 3개월간 훈련을 받았다. 두 집단 모두에게 방생 후 6~12개월간 먹이를 지원했다. 1987년, 재도입한 황금사자타마린은 방생 전 훈련 없이, 방생 후 6개월간 훈련을 받았으며, 12~18개월 동안 먹이를 지원 받았다(Kleiman 등, 1986; Beck 등, 1991).

재도입 프로그램의 네 번째 해인 1988년, 방생을 앞둔 집단들은 방생 전에 훈련을 받지 않았거나, 미국 국립동물원 또는 다른 동물원 부지 내, 숲이 우거진 구역에서 수 개월간의 자유방사 경험을 가진 경우였다(자유방사 훈련 과정에 대한 자세한 내용은 Bronikowski 등, 1989 참조). 이후 포수다스안타스 보호구역 인근의 사유림 내 적합한 서식지에 방생하였으며, 방생 후 12~18개월 동안 먹이지원은 자연스러운 먹이 탐색행동을 유도하는 훈련과 병행하였다. 구체적으로는, 자연스러운 먹이 찾기 행동을 유도하도록 설계한 급이기를 통해 먹이를 주고, 시공간적으로 분산시켜 급이 함으로써 동물들이 스스로 탐색하도록 유도하였다. 1989년 이후부터, 일부 황금사자타마린 집단은 다음과 같은 야생 경험이 있는 '노련 개체'와 함께 방생했다. 노련 개체란 이전에 재도입된 경험이 있는 개체, 재도입한 개체로부터 태어난 야생 출생 자손, 또는 한동안 사육 상태에 있었던 야생 개체(보통 애완동물로 길러졌다가 당국이 압수한 개체) 등이었다. 각 유형의 노련 개체(즉, 야생 경험이 있는 황금사자타마린)는 새롭게 방생하는 개체들이 야생에 보다 쉽게 적응할 수 있도록 도와줄 수 있다.

1985년 재도입 결과는 제1가설을 지지하였다. 즉, 생존율은 통계적으로 유의미한 차이가 없었다. 방생 전 'NO' 집단에게 적용한 3개월간의 먹이 탐색 및 이동 훈련이, 방생 후에만 훈련을 받은 'WITCH' 집단보다 장기 생존 면에서 특별한 이점이 없었음을 의미한다(훈련 절차에 대한 자세한 내용은 Beck 등, 1991 참조). 그러나 통계적으로 유의한 차이가 없었음에도 현장에서 관찰한 연구자들의 주관적 판단에 따르면, 훈련받은 집단이 훈련받지 않은 집단보다 야생 집단과 더 유사한 행동 양상을 보였다는 데 대체로 의견이 일치하였다.

1987년부터 1991년 사이에 재도입한 황금사자타마린 59개체를 대상으로, 방생 후 생존 일수를 분석하였다. 이 표본은 다음 두 집단으로 구성되었다. 첫 번째 집단은 국립동물원의 숲이 우거진 구역에서 자유롭게 산 경험이 있는 19개체, 두 번째 집단은 그런 경험이 없는 40개체였고, 두 집단은 나이, 성별, 사회적 집단 구성을 맞추어 분석하였다. 생존 중인 개체를 제외하고 분석한 결과, 자유로운 야생생활 경험이 있는 집단의 평균 생존 일수는 572.6일(표준편차, SD=692.7일)이었고, 경험이 없는 집단은 585.9일(SD=484.4일)이었다. t-test 통계 검정 결과(t=-0.068; n=49; p=0.947, 95% 신뢰구간)는 자유방생 훈련과 같은 이전의 훈련은 생존 기간에 유의미한 영향을 미치지 않았음을 다시 한번 보여주었다.

그러나 이 가설을 검토하는 과정에서, 각 개체의 배경과 관련한 수많은 교란 변수가 존재함을 확인하였고, 그로 인해 질문에 대해 명확한 결론을 내리기가 더 많이 어려워졌다. 생애 전반에 걸쳐, 개체가 겪는 경험에는 다음과 같은 다양한 차이가 존재한다. 생후 초기 몇 달 동안 지냈던 사육장의 물리적 특성, 적절한 사회 구조와 함께 자란 형제자매 수, 살아 있는 먹이(예: 설치류 포함)에 노출된 경험, 사람에 대한 습관화 정도와 사육사와의 상호작용 수준, 살아 있는 식물에 노출된 경험, 생활 방식의 변화 횟수(예: 사육장 간 이동, 집단 구성의 변화 등)와 같은 경험적 요소들은 환경 풍부화 프로그램만큼이나 개체의 행동에 영향을 줄 수 있는 중요한 요인이 될 수 있다. 따라서, 이 글에서 제시한 대부분의 결과는 재도입 전 각 개체의 경험을 고려한 후속 검토가 필요한 '경향성'이라 할 수 있다.

제2 귀무가설: 사육환경에서 태어난
황금사자타마린과 야생에서 태어난 개체 간의 행동에는 차이가 없다

재도입한 황금사자타마린을 야생에 방생 후 불리한 조건에 놓이는지를 확인하고, 야생 방생 첫해에 나타난 41% 손실률의 원인을 밝히기 위해, 야생 개체와 사육 개체 간 일부 행동 특성을 비교하였다(Beck 등, 1991). 현재, 같은 환경에서 생활하고 있는 서로 다른 배경(즉, 야생 출생과 사육 출생 재도입 황금사자타마린)을 가진 개체들의 행동을 비교하기 위해 공간사용, 이동, 포식자 회피, 음성 의사소통, 먹이 탐색행동 등을 대상으로 실험적 연구를 진행 중이다. 이러한 연구의 예비 결과들을 소개한다.

공간사용

최근에 재도입한 황금사자타마린 집단의 세력권 크기는 야생 집단보다 훨씬 작다. 브라질 포수다스안타스 생물보호구역에서 관찰한 야생 황금사자타마린 집단의 평균 세력권 크기는 0.414㎢(SD=21.1, n=47; Dietz와 Baker, 1993)며, 이는 다소 보수적인 수치일 수 있다. 이는 해당 보호구의 수용 한계에 도달한 것으로 보이며, 황금사자타마린에게 적합한 산림 서식지가 매우 제한적이기 때문이다. 방생 직후, 사육 출생 타마린들은 지름 약 50m 정도의 매우 제한된 공간만을 사용했다. 그러나 2~4년이 지나 야생 출생 자손들이 성숙하면서, 이들의 생활권은 약 40헥타르(0.4㎢) 규모로 확장되었다.

의사소통

청각적 의사소통은 황금사자타마린 대부분의 사회적 상호작용, 이동, 집단 결집을 시작하고 조율하는 역할을 하며(Boinski 등, 1994), 이는 생존과 번식 성공에 직접 영향을 미치는 것으로 보인다. 따라서, 사육환경이 청각적 의사소통 능력에 어떤 영향을 미치는지를 이해하는 것이 중요하다. 이 문제를 다음의 두 가지 방법을 통해 조사하였다. 첫째, 야생 출생 및 사육 출생 재도입 개체들을 대상으로 한 롱콜[30]재생 실험을 하였다. 두 번째, 미국 국립동물원에서 사육했거나 자유 방생 상태의 황금사자타마린과 브라질 현지로 재도입한 개체와 야생 개체들의 자연스러운 발성과 관련한 행동을 녹음하여 비교·분석하였다. 황금사자타마린의 롱콜은 크고 길며 잘 들리는 발성으로, 두세 개의 구절로 구성되며 구절마다 음절 수가 다르다(Halloy와 Kleiman, 1994). 롱콜 재생 실험은 야생 개체 13개 집단과 재도입 개체 6개 집단을 대상으로 하였다(Kleiman, 미출간 자료). 녹음한 롱콜 일부는 야생에서 살아가는 28개체(수컷 16개체, 암컷 12개체)와 사육상태로 출생 후 재도입한 21개체(수컷 7개체, 암컷 14개체)로부터 수집하였다. 그 밖의 발성 자료는 Green(1979)의 사육 21개체에 대한 연구와 Ruiz-Miranda(미출간 자료)가 자유방사 상태의 동물원 8개체, 재도입 23개체, 야생 21개체에게서 수집하였다.

사육 출생 황금사자타마린은 종 특유의 모든 발성 유형을 표현한다. 그러나 사육 출생 개체와 야생 개체 간에는 다음과 같은 주요 차이점이 관찰된다. (1) 특정 발성의 음조, (2) 소리를 내는 맥락, (3) 일부 발성 유형의 결합 방식, (4) 일부 호출음(sortie calls[31] 등)의 발성 빈도, (5) 녹음한 발성 재생에 대한 반응이 그것이다. 구체적으로는, 사육 출생 재도입 개체의 롱콜은 야생 개체보다 주파수 범위가 유의하게 높았으며, 암컷의 롱콜이 수컷보다 더 높은 주파수를 갖는 경향도 나타났다(Ruiz-Miranda, 미출간 자료; Kleiman, 미출간 자료). 49개체의 황

---

30   Long calls: 황금시자타마린은 울창한 열대림에서 실기 때문에 시야 확보가 어려워 청각 신호에 의존하는 경향이 강하고, 롱콜은 원거리 의사소통, 개체 식별 및 사회적 구조 유지에 사용.

31   Sortie calls: 일부 영장류의 특정한 음성 신호로, 무리에서 떨어져 나가거나 다시 합류할 때 발성하는 소리. 이 호출은 개체 위치나 이동 의도를 다른 개체들에게 전달해 무리 응집력을 유지하는 역할을 함.

금사자타마린을 대상으로, 각 개체당 최소 5회에서 최대 10회의 롱콜을 분석한 결과, 롱콜의 첫 번째 및 두 번째 구절에서 16개의 음성 변수에 대해 요인 분석을 실시하였고, 그 중 제1요인에 크게 기여한 6개 변수는 모두 주파수에 관련된 것이었다. 이러한 사육 출생 재도입 개체와 야생 개체 간의 주파수 차이는, 발성 학습 초기 단계에서 사육환경이 야외에 비해 더 폐쇄적인 구조이므로 지각 차이가 발생하여 주파수가 달라졌을 가능성이 있다. 이 결과는 양육 환경이 표현 행동의 형태에 영향을 미치지 않는다고 보고한 영장류 연구나 (Mason, 1985), 격리 상태에서의 발성은 환경에 의해 영향을 받지 않는다고 한 연구(Newman과 Symmes, 1982), 그리고 대부분의 포유류 발성은 경험 때문에 달라지지 않는다는 학계의 일반적 의견과는 상반된다.

야생 황금사자타마린의 '칙(tsick)' 발성은 대부분 먹이 탐색 중에만 나타나지만(Ruiz-Miranda, 미출간 자료), 사육환경에서는 흥분하거나 경계 상태일 때도 이 소리를 낸다(Green, 1979). 또한, 미국 국립동물원의 자유방사 전시 공간에서 관찰한 3개 성체 집단의 경우, '트릴(trill)'[32] 발성의 50%는 동물들이 서로 시야로 접촉 가능한 상태에서 정지해 있을 때 나왔다(Ruiz-Miranda, 미출간 자료). 이에 반해, 야생 개체들은 대부분의 트릴을 이동 중이거나 무리의 주변부에서 먹이를 찾는 상황에서 낸다(Boinski 등, 1994). 현재 집단 내 발성이 어떤 맥락에서 나타나는지 분석하고 있다.

청각적 의사소통을 평가하는 또 다른 지표는 발성 단위의 구조다. 청각적 의사소통은 동물원 환경에서 자연 서식지로 바뀌면서 변화하며, 이에 따라 재도입 개체와 나머지 두 실험 집단 간에 차이가 나타난다. 야생 개체와 자유방사 동물원의 성체 황금사자타마린은 전체 발성 단위 중 34%에서 서로 다른 유형의 소리를 결합한 발성 단위를 사용한다. 반면, 사육환경에서 자란 재도

---

32   Trill: 짧고 **빠르게** 떨리는 연속된 소리로 무리의 가장자리에서 이동하거나 먹이를 찾을 때 냄.

입 성체는 이러한 조합을 전체 발성 단위의 44%에서 나타냈다(Ruiz-Miranda, 미출간 자료). 이 차이는 통계적으로 유의미하며(t-test, $p < .05$), 그 해석 중 하나는 다음과 같다. 사육환경에서 태어난 개체는 자연환경을 마주쳤을 때 새로운 환경과 문제 상황에 직면하게 된다. 이에 따라 발성 방식이 변하는데 이는 동물의 모호한 자극 인식이나 발성이 지칭하는 대상의 변화로 나타날 수 있다.

물리적 환경 변화에 따른 이러한 행동 변화는, 전체 발성 빈도(분당 발성 수)는 물론, 와인[33], 트릴, 클럭[34] 등 각 발성 유형의 발현 빈도에서도 나타난다(Green, 1979). 사육 개체의 전체 발성 빈도는 재도입 개체와 야생 황금사자타마린에 비해 유의하게 낮다(Ruiz-Miranda, 미출간 자료). 이러한 차이는 다음과 같은 요인들로 설명할 수 있는데, 사육 개체들이 이동 중 먹이 탐색을 하거나, 경계 반응 또는 집단 간 조우 상황에서 내는 트릴 발성의 빈도가 전반적으로 낮다. 트릴은 야생 황금사자타마린이 먹이를 탐색하거나 이동할 때 사용하는 발성으로, 집단 응집력을 강화하는 데 기여하는 것으로 여겨진다(Boinski 등, 1994; Ruiz-Miranda 등, 미출간 자료). 사육 개체와 자유방사 동물원 황금사자타마린은 이동 중 먹이 탐색을 하지 않는데, 정해진 장소에서 먹이를 얻기 때문이며(자유방사 개체들은 먹이 장소를 선택할 수는 있지만 이동 거리는 짧다). 또한, 이들은 대부분 서로 볼 수 있는 거리에 머무른다. 반면, 재도입 개체와 야생 개체는 이동 중에도 자주 먹이를 탐색한다. 사육 황금사자타마린은 재도입 개체나 야생 개체에 비해 클럭 발성도 더 적게 내며, 이는 놀라운 일이 아니다. 클럭은 야생 개체가 먹이 탐색, 포식자에 대한 집단 대응, 그리고 영역 다툼 상황에서 사용하는 발성이기 때문이다.

이 세 가지 행동 맥락은 자유방사 개체(먹이 탐색과 포식자에 대한 집단 대응), 재도입 개체(먹이 탐색, 포식자에 대한 집단 대응, 영역 다툼), 야생 개체(먹이 탐색, 포식자에

---

33   Whine: 높은음의 길고 날카로운 소리로 불편함이나 불안할 때 낸다. 껑껑대는 소리로 표현.

34   Cluck: 짧고 뚜렷한 탁음성 소리로 먹이 탐색, 적 위협 시 집단 몰이나 영역 방어 상황에서 냄.

대한 집단 대응, 영역 다툼)의 환경에서 모두 관찰된다. 사육 개체는 주로 먹이 급이시간이나, 사람이 사육장 안에 들어올 때 집단 내 흥분이 고조되면서 클럭 발성을 한다. 마찬가지로, 사육 개체가 와인 소리를 거의 내지 않는 것도 놀라운 일이 아니다. 와인 소리는 야생 개체가 다른 종과의 상호작용 중 포식자에 대한 집단 대응 상황이나 놀랐을 때 사용하는 약한 경고 발성이기 때문이다. 발성 빈도의 변화는 서로 다른 환경의 물리적 특성 차이와 관련된 것으로 본다. 특히, 발성 빈도 변화는 사육환경에서 자유방사, 재도입, 그리고 야생환경으로 갈수록 더 뚜렷하게 나타내며 기존 연구와는 차이를 보인다. 히말라야 원숭이(*Macaca mulatta*) 연구(Mason, 1985)나 비슷한 결과를 보인 망토개코원숭이 (*Papio hamadryas*) 연구(Kummer와 Kurt, 1965)는 사육 출생과 야생 개체 간 표현 행동 빈도가 유사하다고 보고한 바 있다. 이러한 예비 결과를 더 면밀히 평가하기 위해 재도입한 성체가 시간이 지남에 따라 야생에서 발성 행동을 변화시키는지, 그리고 재도입 개체의 야생 출생 자손이 부모처럼 발성하는지, 아니면 야생 개체처럼 발성하는지를 평가하는 후속 연구를 진행하고 있다.

마지막으로, 사육 출생 개체와 야생 개체는 롱콜 재생에 대한 반응에서 차이를 보인다. Kleiman(1990)은 재도입 개체와 야생 성체 모두가 재생한 소리 방향으로 이동하는 등 반응 형태는 유사했지만, 야생 개체의 반응이 더 오래 지속되었다는 점에서 차이가 있었다. 또한, 야생 개체는 각기 다른 유형의 롱콜에 대해 일관되게 상이한 반응을 보였으며, 이는 발성 유형을 명확히 구별하고 있다는 점을 시사한다. 야생 개체는 롱콜 재생에 따라 이동 방향을 변경하거나 발성 빈도를 조절하는 정도도 사육 출생 재도입 개체보다 더 뚜렷하게 나타났다. 유사하게, Ruiz-Miranda(미출간 자료)는 초기 연구에서 사육 출생 재도입 성체를 어린 개체의 발성('라습'[35]과 '트릴') 재생에 반응하게 하려면, 야생

---

35   Rasp: 마치 목을 긁는 듯한, 거칠고 쉰 소리로 짧고 단속적임. 어린 개체가 어미나 다른 무리 구성원에게 반응을 유도할 때 사용하는 소리.

성체를 대상으로 사용할 때보다 3~4배 더 많이, 더 오랫동안 사용해야 한다는 결과를 확인하였다. 또한, 재도입 개체는 야생 개체보다 더 빠르게 원래의 행동으로 돌아갔다. 즉, 재도입 황금사자타마린은 반응을 유도하기 위해 더 많은 자극이 필요했고, 그 반응은 야생 개체보다 더 느리고 강도도 약했다.

요약하자면, 야생 개체와 사육 개체 간의 차이는 환경과 밀접한 관련이 있으며, 일부 차이는 재도입 후 일정 시간이 지난 뒤에야 뚜렷하게 나타난다. 발성에서 나타나는 일부 차이는 환경의 물리적 특성에 기인하는 것으로 보이며, 다른 일부는 환경이 제공하는 경험의 다양성과 관련이 있는 것으로 보인다. 예를 들어, 야생 황금사자타마린은 인접 집단과 에너지를 많이 소모하는 접촉을 자주 경험하며(Peres, 1989), 이를 통해 영역의 경계를 유지하고 이웃 집단의 활동을 감시한다. 이러한 접촉에서 주로 롱콜과 다른 발성으로 이루어진 정형화된 행동을 보이며, 때때로 추격 행동을 하기도 한다. 야생 개체는 이러한 집단 간 공격 행동과 갈등을 피하기 위한 사회적 행동 방식으로 익힐 필요가 있는 것으로 보인다. 반면, 동물원 개체는 다른 집단과 마주칠 기회가 거의 없기 때문에, 처음 마주치는 상황에서 더 공격적인 행동을 보일 수 있다.

위험 대응

Beck 등(1991)은 재도입 황금사자타마린 손실 원인이 확인된 36건 중 12건(33%)이 위험한 동물이나 독성 식물과의 접촉과 관련이 있다고 보고하였다. 위험 인지 및 회피와 관련된 풍부화를 제공하는 일은 특히 어려운데, 이는 개체가 부상 입을 가능성이 있거나, 자극에 익숙해져 무뎌지는 현상이 발생할 수 있기 때문이다. Castro(1990)는 사육환경에서 사육 출생과 야생 출생 황금사자타마린을 대상으로 실험한 결과, 출생 장소에 관계없이 모두 공중 포식자 모형(맹금류 박제)에 유사한 반응을 보였다고 보고하였다. 맹금류 박제의 대조 자극(플라스틱 꽁)에 대한 즉각적인 반응은, 황금사자타마린속의 선천적 행동일 가능성이 있다. 같은 연구에서 개체들은 땅과 나무 양쪽에서 활동하는 포식자 모형(고무 뱀)에 대해 포식자 집단 대응 행동을 보였지만, 대조 자극(대나무 조각)에 대해서는 그런 반응을 보이지 않았다. 이러한 관찰 결과는, 황금사자타마린의 포식자 집단 대응 행동 또한 선천적일 가능성이 있지만, 포식자 인식 능력의 발달 과정에 대해서는 아직 명확히 밝혀지지 않았다.

이 연구에서 기록한 모든 행동 중, 야생 개체와 사육 출생 개체 간에 차이를 보인 것은 단 두 가지였다. 사육 출생 개체는 맹금류 자극 이후 지면을 더 자주 살펴보았고, 뱀 자극 이후에는 지면으로 더 적게 내려갔다. 이러한 차이는 개체가 성장한 환경에 따라 서로 다르게 형성된 안전지대에 대한 인식 차이에서 비롯된 것일 수 있다. 예를 들어, 사육 출생 개체는 사육장 내의 하층부를 개방된 위험 지역으로 인식하고, 상층부를 더 안전하다고 판단하여, 위협이 있을 때 하층부를 더 경계하고 피하려는 행동을 보였을 가능성이 있다. 이러한 결과는 다시 한번, 황금사자타마린의 특정 행동 표현이 개체가 자란 환경에 따라 달라질 수 있음을 시사한다. 사육 출생 개체와 야생 개체 간의 경계 행동 차이가 실제로 안전지대에 대한 인식 차이를 반영하는 것이라면, 사육 출생 황금사자타마린이 자신이 자란 환경에서는 '잘못된' 포식자 회피 행동을 보인 것은 아닌 셈이다. 그러나 재도입 이후 야생에서는 자신의 행동을 상황에 맞게 적용하는 법을 새로 배워야 한다.

이동 행동

최근 재도입한 황금사자타마린은 야생 개체보다 숲의 상층부에서 유의하게 더 낮은 위치에 자리를 잡는 경향이 있다(Kleiman, 1990). 이러한 차이가 운동상의 어려움 때문인지, 단순한 선호 차이 때문인지는 아직 명확하지 않다. 또한, Rosenberger와 Stafford(1994)가 비디오 및 족적 분석을 통해 수행한 연구에서는, 사육 출생 개체들이 횡축 도약 보행(transaxial bounding)이라는 네발보행 방식의 이동을 더 자주 사용하며, 이들은 재도입 이후 야생에서도 이 이동 방식을 계속해서 보이는 것으로 나타났다. 풍부화하지 않은 동물원 사육장에서 생활하는 사육 출생 황금사자타마린은, 동물원 숲의 자유방사 개체나 야생 개체보다 이 이동 방식의 빈도가 더 높았다(Stafford 등, 1994; Stafford 와 Rosenberger, 미출간 자료). 이 결과는 횡축 도약 보행이 서식지의 바닥면 종류와 가용성 같은 환경 변수에 의해 조절된다는 점을 시사한다(Rosenberger와 Stafford, 1994; Stafford 등, 1994). 이런 이동 방식의 빈도가 야생에서 일정 시간이 지난 후 감소하는지 또는 재도입 개체의 야생 출생 자손에게도 나타나는지, 나타난다면 어느 정도인지는 아직 밝혀지지 않았다. 또한, 이 이동 방식이 황금사자타마린이 대부분의 시간을 보내는 중층부에서 이동 용이성에 어느 정도 영향을 미치는지도 아직 알 수 없다.

고찰

제1 귀무가설: 재도입 전 환경 풍부화는 방생 후 생존 연장에 기여하지 않는다

이 연구에서는 설명한 방생 전 훈련 방식이나 자유방생 경험이 방생 후 생존율에 영향을 미쳤다는 근거를 발견하지 못했다. 앞서 언급했듯이, 다양한 교란 변수들이 일종의 환경 풍부화로 작용해 생존에 영향을 미쳤을 가능성도 있다. 예를 들어, Masataka(1993)는 기아나다람쥐원숭이(*Saimiri sciureus*)를 연구하는 과정에서, 포식자에 대한 경험이 없는 사육 출생 개체라도 식단에 살아 있는 곤충을 줬을 경우 뱀과 첫 조우 시 뱀을 두려워하고 적절히 반응했다고 보고했다. 그는 이러한 결과가 개체가 다른 소형 생물과의 상호작용을 통해 뱀이라는 특정 자극에 민감해졌기 때문이라고 해석했다. 우리의 연구 결과에 대한 또 다른 해석은, GLTCP의 재도입 프로그램에서 제공한 훈련이 야생 생존에 필요한 충분한 수준이나 적절한 유형의 경험을 주지 못했을 수 있다는 점이다.

환경 풍부화를 위해 의도한 자극이 오히려 스트레스를 유발할 때도 있다(Beck, 1991, 1995; Beck과 Castro, 1994). Moodie와 Chamove(1990)는 사육 목화머리타마린(*Saguinus oedipus*)이 짧은 시간 동안 자극을 받은 후, 더 풍부한 환경에서 지낸 개체들과 유사한 행동을 보인다는 사실을 발견했다. 짧은 위협적 사건이 사육 상태의 개체에게는 오히려 긍정 효과를 줄 수 있다고 보았다. Shepherdson(1994)은 사육동물의 복지를 극대화하기 위해 모든 스트레스를 제거할 필요는 없으며, 오히려 최적의 자극을 주는 것이 중요하다고 강조했다. 이와 마찬가지로, 재도입을 위한 행동 훈련도 일정 수준의 스트레스를 줄 때 더 효과적일 수 있다. 만약 그렇다면, 훈련 절차와 동물원의 환경은 스트레스를 포함한 자연 서식지의 특성을 더욱 정밀하게 반영해야 한다(Beck, 1991, 1995; Beck과 Castro, 1994; Shepherdson, 1994; 5장 참조).

요약하자면, 재도입 전 훈련에 관한 제1 가설은, 개체별로 상이한 경험 배경과 재도입 전 제공한 풍부화의 종류를 함께 고려하여 보다 면밀하게 검토해야 한다.

제2 귀무가설: 사육환경에서 태어난 황금사자타마린과 야생에서 태어난 황금사자타마린의 행동에는 차이가 없다

연구 결과는 비록 예비적 단계지만, 전통적인 동물원 환경에서 자란 황금사자타마린도 종 특유의 행동 유형을 보유하고 있음을 뒷받침한다. 즉, 행동 양식 자체가 사라지지는 않았다는 것이다. 다만, 사육 출생 황금사자타마린은 야생 개체와 동일한 행동을 하더라도, 행동이 나타나는 상황이나 빈도에서 차이를 보일 수 있다. Marler 등(1980)은 행동의 시점이나 방향성은 움직임 자체만큼 유연할 수 있으며, 각각은 서로 다른 메커니즘에 의해 조절될 수 있다고 한 바 있다. 관찰한 바에 따르면, 동물원 사육장에서 자란 황금사자타마린은 자신의 행동을 정밀하게 조절하고 상황에 적절히 표현하기 위한 경험을 충분히 쌓지 못했을 수 있다. 따라서, 보다 자연에 가까운 자유방사형 환경에서 이들을 사육하면, 물리적 환경의 특성에 크게 의존하는 행동 기술(예: 특정 발성) 발달에 도움이 될 수 있다. 부가적으로, 동물원 관람객은 자유롭게 생활하는 개체들에 더 큰 관심을 보이는 경향이 있기 때문에, 이러한 전시 방식은 종의 보전 및 서식지 보호의 중요성을 전달하는 데 더 효과적일 수 있다.

GLTCP는 재도입 기법을 지속해서 개선하려는 노력을 이어가고 있지만, 황금사자타마린 재도입은 다음과 같은 점에서 이미 성공적인 결과를 보여주고 있다. 재도입을 통해 현지 개체군 규모는 20% 증가했으며, 기존 서식지 내 보호구역 면적도 40% 이상 확대되었다. 야생에 방생한 사육 개체에게 먹이, 둥지, 일정 수준의 관리 등을 제공하면(Beck 등, 1991 참조), 새로운 환경에 적응할 시간을 확보할 수 있고, 낯선 상황에 적절하게 대응하는 방법을 학습하며, 번식에도 성공할 가능성이 높아진다. 이러한 방생 후 보조급이와 훈련을 병행하는 방식은 여전히 황금사자타마린 재도입에 있어 비용 대비 가장 효과적이고 시간 효율적인 방법으로 평가하고 있다.

요약

현재까지의 연구 결과에 따르면, 전통적 사육환경에서 자란 황금사자타마린도 종 특유의 모든 행동 유형을 표현할 수 있는 능력을 갖추고 있다(즉, 특정 행동이 완전히 사라진 것은 아니다). 그러나, 야생 개체와 비교하면 일부 행동을 다른 상황에서 하거나, 표현 빈도가 다르게 나타날 수 있다. 이는 전통적 사육환경이 일부 행동(예: 특정 발성)의 표현을 유도할 수 있는 적절한 자극이나 기회를 충분히 주지 못하기 때문일 수 있으며, 이러한 행동은 자유롭게 생활하는 전시와 같이 더 자연에 가까운 환경에서 더 잘 나타나는 경향이 있다.

환경 풍부화를 통한 사전 방생 훈련(즉, 사육실에서의 먹이 탐색 및 이동 훈련 또는 자유방사 경험)은 황금사자타마린의 방생 이후 생존율을 높이는 데 별다른 이점을 주지 않는 것으로 나타났다. 그러나 이러한 훈련이 실제 생존에 미치는 영향은, 개체의 사전 경험과 제공한 풍부화의 유형 등을 고려해 추가 연구가 필요하다. 사육 출생 황금사자타마린에게 야생에서 충분한 적응 시간을 주는 것이 다양한 상황에서 적절한 반응을 학습하고 행동을 상황에 맞게 조절하도록 돕는 데 있어 비용이나 시간 면에서 더 효과적인 방식일 수 있다.

감사의 말

M. I. Castro는 오리건주 포틀랜드 소재 메트로워싱턴파크동물원의 지원으로 제1회 환경 풍부화 회의(First Environmental Enrichment Conference)에 참석할 수 있었으며, 국제야생보전기금(Wildlife Preservation Trust International)의 지원으로 실내자연친화적시설회의(Conference on Indoor Naturalistic Facilities, Stony Brook, New York)에도 참석할 수 있었다. M. I. Castro의 대학원 연구는 브라질 국가과학기술개발위원회(Conselho Nacional de Desenvolvimento Cientifico e Tecnologico, CNPq, Brazil) 장학금과 미국 국립동물원후원회(Friends of the National Zoo)의 지원을 받아 수행하였다. 본 원고 작성 과정에서 M. I. Castro와 Carlos R. Ruiz-Miranda는 미국 국립동물원후원회의 보조금을 지원받았다. Alfred L. Rosenberger는 미국 국립동물원의 연구개발지원금과 시카고동물학회(Chicago Zoological Society)의 지원을 받았다. 황금사자타마린 보전프로그램은 미국 국립동물원이 주관하며, 다음 기관들의 보조금으로 운영하였다. 스미스소니언협회(Smithsonian Institution) 산하 국제환경과학프로그램(International Environmental Sciences Program), 학술연구기금(Scholarly Studies Program), 미국 국립동물원후원회, 세계자연기금(World Wide Fund for Nature), 미국 국립과학재단(National Science Foundation) - 연구과제번호: DBS9008161, 내셔널 지오그래

픽(National Geographic Society), 프랑크푸르트동물학회-위기야생동물지원기금 (Frankfurt Zoological Society-Help for Threatened Wildlife), 저지야생보전신탁(Jersey Wildlife Preservation Trust), 국제야생보전기금, 트랜스브라질항공(TransBrasil Airline).

참고문헌

- Ballou, J. D. 1992. Genetic and demographic considerations in endangered species captive breeding and reintroduction programs. In *Wildlife 2001: Populations*, ed. D. McCullough and R. Barrett, 262-275. Barking, U.K.: Elsevier.

- Beck, B. B. 1991. Managing zoo environments for reintroduction. In *Proceedings of the American Association of Zoological Parks and Aquariums Annual Conference*, 436-440. Wheeling, W.Va.: AAZPA.

- Beck, B. B.1995. Reintroduction, zoos, conservation, and animal welfare. In *Ethics on the Ark: Zoos, Animal Welfare, and Wildlife Conservation*, ed. B. G. Norton, M. Hutchins, E. F. Stevens, and T. L. Maple, 155-163. Washington, D.C.: Smithsonian Institution Press.

- Beck, B. B., and M. I. Castro. 1994. Environments for endangered primates. In *Naturalistic Environments in Captivity for Animal Behavior Research*, ed. E. F. Gibbons, E. Wyers, E. Waters, and E. Menzel, 259-270. Albany: State University of New York Press.

- Beck, B. B., D. G. Kleiman, J. M. Dietz, M. I. Castro, C. Carvalho, A. Martins, and B. Retteberg-Beck. 1991. Losses and reproduction in reintroduced golden lion tamarin, *Leontopithecus rosalia. Dodo, Journal of the Jersey Wildlife Preservation Trust* 27:50-61.

- Boinski, S., E. Moraes, D. G. Kleiman, J. M. Dietz, and A. J. Baker. 1994. Intragroup vocal behaviour in wild golden lion tamarins, *Leontopithecus rosalia*: Honest communication of individual activity. *Behaviour* 130:53-75.

- Bronikowski, E. J., B. B. Beck, and M. Power. 1989. Innovation, exhibition, and conservation: Free-ranging tamarins at the National Zoological Park. In *Proceedings of the American Association of Zoological Parks and Aquariums Annual Conference*, 540-546. Wheeling, W.Va.: AAZPA.

- Castro, M. I. 1990. A comparative study of anti-predator behavior in the three species of lion tamarins (*Leontopithecus*) in captivity. Master's thesis, University of Maryland, College Park.

- Dietz, J. M., and A. Baker. 1993. Polygyny and female reproductive success in golden lion tamarin, *Leontopithecus rosalia. Animal Behaviour* 46:1067-1078.

- Dietz, L. A., and E. Y. Nagagata. 1986. Projeto mico-leão: Programa de educação comunitária para a conservação do mico-leão-dourado *Leontopithecus rosalia* (Linnaeus, 1766). Desenvolvimento e avaliação de educação como tecnologia para a conservação de uma espécie em extinção. In *A*

Primatologia no Brasil, 2, ed. M. Thiago de Mello, 249-256. Brasília: Sociedade Brasileira de Primatologia.

- Dietz, L. A., and E. Y. Nagagata. 1995. Golden lion tamarin program: A community education effort for forest conservation in Rio de Janeiro State, Brazil. In *Conserving Wild Life: International Education and Communication Approaches*, ed. S. K. Jacobson, 64-86. New York: Columbia University Press.

- Green, K. M. 1979. Vocalizations, behavior, and ontogeny of the golden lion tamarin *Leontopithecus rosalia rosalia*. Ph.D. dissertation, Johns Hopkins University, Baltimore.

- Halloy, M., and D. G. Kleiman. 1994. Acoustic structure of long calls in free-ranging groups of golden lion tamarins, *Leontopithecus rosalia. American Journal of Primatology* 32:303-310.

- Kleiman, D. G. 1981. *Leontopithecus rosalia. Mammalian Species* 148:1-7.

- Kleiman, D. G. 1990. Responses to long call playbacks: Differences between wild and reintroduced golden lion tamarins (*Leontopithecus rosalia*). Paper presented at the Animal Behavior Society Annual Meeting, State University of New York, Binghamton, June 10-15, 1990.

- Kleiman, D. G., B. B. Beck, J. M. Dietz, and L. A. Dietz. 1991. Costs of a re-introduction and criteria for success: Accounting and accountability in the golden lion tamarin conservation program. *Symposia of the Zoological Society of London* 62:125-142.

- Kleiman, D. G., B. B. Beck, J. M. Dietz, L. A. Dietz, J. D. Ballou, and A. Coimbra-Filho. 1986. Conservation program for the golden lion tamarin: Captive research and management, ecological studies, educational strategies, and reintroduction. In *Primates: The Road to Self-Sustaining Populations*, ed. K. Benirschke, 959-979. New York: Springer-Verlag.

- Kleiman, D. G., B. J. Hoage, and K. M. Green. 1988. The lion tamarins, genus *Leontopithecus. Ecology and Behavior of Neotropical Primates* 2:299-347.

- Kummer, H., and F. Kurt. 1965. A comparison of social behavior in captive and wild hamadryas baboons. In *The Baboon in Medical Research*, ed. H. Vagtborg, 65-80. Austin: University of Texas Press.

- Marler, P. R., R. J. Dooling, and S. Zoloth. 1980. Comparative perspectives on ethology and behavioral development. In *Comparative Methods in Psychology*, ed. M. Burnstein, 189-230. Hillsdale, N.J.: Lawrence Erlbaum.

- Masataka, N. 1993. Effects of experience with live insects on the development of fear of snakes in squirrel monkeys, *Saimiri sciureus. Animal Behaviour* 46:741-746.

- Mason, W. A. 1985. Experiential influences on the development of expressive behaviors in rhesus monkeys. In *The Development of Expressive Behaviors: Biology-Environment Interactions*, ed. G. Zivin, 117-152. San Diego: Academic Press.

- Moodie, E. M., and A. S. Chamove. 1990. Brief threatening events beneficial for captive tamarins? *Zoo Biology* 9:275-286.

- Newman, J. D., and M. Symmes. 1982. Inheritance and experience in the acquisition of primate acoustic behavior. In *Primate Communication*, ed. C. T. Snowdon, C. H. Brown, and M. R. Petersen, 259-278. New York: Cambridge University Press.

- Peres, C. 1989. Costs and benefits of territorial defense in wild golden lion tamarins, *Leontopithecus rosalia. Behavioral Ecology and Sociobiology* 25:227-233.

– Rosenberger, A. L., and B. J. Stafford. 1994. Locomotion in captive *Leontopithecus* and *Callimico*: A multimedia study. *Zoo Biology* 94:379-394.

– Shepherdson, D. 1994. The role of environmental enrichment in the captive breeding and reintroduction of endangered species. In *Creative Conservation: Interactive Management of Wild and Captive Animals*, ed. G. Mace, P. Olney, and A. Feistner, 167-177. New York: Chapman & Hall.

– Stafford, B. J., A. L. Rosenberger, and B. B. Beck. 1994. Locomotion of free ranging golden lion tamarins (*Leontopithecus rosalia*) at the National Zoological Park. *Zoo Biology* 13:333-344.

제9장

사육 영장류의 심리적 복지 : 실험 연구로 얻은 교훈

Carolyn M. Crockett

과거 동물원에서 사용하던 전통적인 사육장에는 구조물이나 바닥재가 없었으며, 오늘날에도 많은 실험실의 영장류 사육장에서는 여전히 이런 요소들이 부족하다. 그러나 1966년에 제정한 '동물복지법(Animal Welfare Act)'을 1985년에 개정하며 '심리적 복지'라는 개념을 처음 도입하였다. 이 개념은 동물도 인간과 함께 살아가는 생명체라는 윤리적 인식과 전시 동물이나 연구 대상을 건강하게 사육해야 할 필요성에서 비롯하였다. 1991년 동물복지 기준에는 다음과 같이 명시되어 있다.

"동물 판매업자, 전시업자, 그리고 연구 기관은 비인간 영장류의 심리적 복지를 증진할 수 있는 적절한 환경 풍부화 계획을 수립하고, 문서로 작성하며, 이를 실천해야 한다. 이 계획은 관련 전문 학술지나 지침서에서 제시한 현재의 전문 기준에 부합해야 하며, 담당 수의사의 방침에 따라야 한다. …(중략)… 또한 이 계획에는 야생에서 사회적 집단을 이루며 살아가는 종의 비인간 영장류가 필요로 하는 사회적 요구를 충족시키기 위한 구체적 방안이 있어야 한다…. 기본 사육장의 물리적 환경은 해당 종에게 해를 끼치지 않으면서 종 특유의 행동을 표현할 수 있도록 다양해야 하며, 풍부화의 유형과 방법을 정할 때는 종 간의 차이를 고려해야 한다. 환경 풍부화의 예시로는 횃대, 그네, 거울 등 구조물 제공, 조작할 수 있는 물체 제공, 다양한 먹이 제공, 먹이 탐색이나 과제 기반의 급이 방식 활용, 그리고 사육사 또는 익숙하고 전문성을 갖춘 사람과의 상호작용 등이 있으며, 이 모든 활동은 반드시 사육 인력의 안전을 고려해야 한다."(U.S. Department of Agriculture, 1991, 6499~6500쪽)

이 규정에 따르면 동물원과 연구 기관은 사육 중인 영장류의 물리적 환경을 풍부화하고 사회적 요구를 충족시키기 위한 계획을 수립해야 한다. 다만, 사회적 사육은 과도한 공격성, 신체적 쇠약이나 질병, 그리고 실험실 영장류의 경우 사회적 접촉을 허용하지 않는 연구 등의 사유로 면제될 수 있다. 비인간 영장류의 심리적 복지 개념과 이를 어떻게 측정할 것인지에 대한 환경 풍부화 문헌이 점점 더 축적되고 있다(Moberg, 1985; Novak과 Suomi, 1988; Segal, 1989; Thomas와 Lorden, 1989; Bayne, 1991; Mendoza, 1991b; Novak과 Petto, 1991; U.S. Department of Agriculture 등, 1992).

동물권 단체들은 1991년에 제정한 규정이 동물의 복지를 개선하기에 불충분하다며 법적으로 문제를 제기했지만, 이들이 요구하는 강경하고 획일적인 규칙은 아직 이르다고 본다(Crockett, 1993). 검증하지 않은 이론에 기반한 규정은, 사육 영장류의 삶을 개선하려는 본래의 목적을 제대로 달성하지 못할 수 있다. 비인간 영장류의 심리적 복지를 어떻게 증진할 것인가에 대한 여러 측면에서 여전히 자료가 부족한 상황이므로, 사육동물을 돌보는 데 있어 전문가의 판단은 여전히 중요한 역할을 한다. 환경이 풍부하다고 해서 반드시 동물의 심리적 복지를 개선한다고 볼 수는 없으며, 풍부화의 효과를 평가하기 위해 복지를 어떻게 측정할 것인지 먼저 결정해야 한다. 단지 구조물이나 장난감으로 사육장을 꾸며놓고, 결과가 좋기를 기대하는 방식으로는 부족하다. 환경 풍부화는 금전적 비용과 인력 소요라는 직접 자원을 투입하기 때문에 그 효과와 비교해 신중하게 판단해야 한다. 또한 일반적으로 풍부화 요소로 보는 것들이 실제로는 동물에게 해를 끼칠 수도 있는데, 어떤 물체는 동물이 얽히는 사고를 유발하거나 세균 증식의 매개체가 될 수 있다(Bielitzki, 1992; Bayne 등, 1993a; Murchison, 1993).

동물원 동물들은 자연 서식지를 모방한 사육장이 주는 복잡한 환경으로부터 긍정적인 영향을 받는 것으로 본다(Hutchins 등, 1984). 이러한 자연 친화적 전시가 관람객에게 교육적 효과까지 제공한다면, 그 사육장이 동물의 건강을 해치지 않는 한, 시간과 노력을 들일 정당성이 충분하다. 하지만 환경 풍부화를 위한 모든 노력이 비용으로 직결되는 실험실 사육장이나 일반인에게 공개하지 않는 동물원 내부 시설에는 이러한 원칙이 항상 적용되는 것은 아니다.

아래 내용은 워싱턴대학교 지역영장류연구센터(University of Washington's Regional Primate Research Center)에서 진행 중인 연구 프로그램에 관한 이야기다. 연구팀은 1988년부터 미국 국립보건원의 지원을 받아 주로 마카크속(*Macaca* spp.)이 일반적으로 경험하는 다양한 실험실 환경에서의 심리적 복지를 조사했다. 무리 사육하는 영장류의 환경 풍부화가 동물원과는 더 밀접한 관련이 있지만, 단독 사육 원숭이 대상 연구는 보다 통제된 환경에서 심리적 복지 지표를 시험할 수 있다는 장점이 있다. 몇몇 연구는 특정한 환경 풍부화 요소의 효과를 평가했지만, 대부분의 연구는 실험실 원숭이의 사회적 요구를 충족하는 방안과 개별 사육장 크기, 새로운 사육 공간의 이동, 그리고 정기 처치를 위한 진정과 같은 사육환경 요소에 대한 반응에 중점을 두고 있다. 연구팀은 사육환경에서 원숭이에게 무엇이 좋고 나쁜지에 대한 기존의 통념 중 일부가 사실과 다르다는 것을 밝히고 있다(Crockett과 Bowden, 1994). 이 연구들 중 일부는 이미 발표하였고, 일부는 현재도 진행 중이며, 과학자, 학생, 그리고 여러 지원 인력을 포함한 많은 이들이 협력하고 있다.

심리적 복지 측정

심리적 복지를 평가할 때는 단일 지표만으로는 전반적인 상태를 충분히 파악하기 어렵기 때문에, 다양한 평가 지표를 함께 사용한다(Broom, 1988; Novak과 Suomi, 1988; International Primatological Society, 1993; Mason과 Mendl, 1993). 연구팀은 정상행동, 이상 혹은 정형행동, 활동 주기와 환경 풍부화 물품의 활용 여부 등을 관찰하고 기록한다. 특히 정형행동과 같은 이상행동은 동물복지에 결함이 있음을 나타내는 지표로 본다(Goosen, 1981; Capitanio, 1986; Dantzer, 1986; Mason, 1991; Lawrence와 Rushen, 1993; 11장 참조). 하지만 정상행동이라 해도 지나치게 많거나 낮은 빈도로 나타날 경우, 또는 활동 주기의 변화가 나타날 경우도 열악한 복지 상태를 의미할 수 있다(International Primatological Society, 1993).

이 연구는 특수 관찰실에서 이루어지며, 컴퓨터로 제어하는 비디오카세트 녹화기와 적외선 감지 카메라를 통해 동물의 행동을 촬영할 수 있다. 촬영한 행동은 이후 컴퓨터 프로그램을 이용해 코딩한다(Crockett과 Bowden, 1994; Crockett 등, 1994a, 1995). 이러한 장비 구성 덕분에 하루 중 언제든지, 심지어 야간에도 동물의 세밀한 행동 자료를 수집할 수 있다. 코딩 시스템은 이상행동을 단독으로 집계하거나, 그것이 유래한 정상행동과 함께 통합하여 분석할 수 있게 되어 있다(예: 정상행동, 반복행동, 전체행동). 한편, 주요 연구 프로젝트에 속하지 않는 군집 사육 개체에게 제공한 풍부화 도구에 관한 연구는 간단하게 종이 기록지에 작성했다(Crockett 등, 1989; Crockett, 1990; Heath 등, 1992).

여러 연구에서 스트레스의 생리적 지표이자 부정적인 심리적 복지 상태를 나타내는 수단으로 코르티솔 분석용 소변을 수집해 왔다(Crockett 등, 1993a,b, 1994a). 소변 내 코르티코스테로이드는 수십 년 동안 인간의 스트레스 수준을 평가하는 데 활용해 왔다(Fishman 등, 1962; Hamburg, 1962; Friedman 등, 1963; Bunney 등, 1965; Lundberg, 1980). 소변은 동물에게 스트레스를 거의 유발하지 않고 수집할 수 있으며, 소변 내 유리코르티솔과 크레아티닌의 비율은 부신-뇌하수체 활동을 반영하여 스트레스 반응을 간접적으로 추정할 수 있는 생리적 지표로 사용한다. 이러한 방법은 마카크속(*Macaca* spp.), 가축 및 야생 고양이과 동물, 그리고 큰뿔양(*Ovis canadensis*) 등에 적용해 왔다(Miller 등, 1991; Carlstead 등, 1992; Crockett 등, 1993a). 혈청이나 혈장 내 코르티솔 수치도 스트레스 지표로 사용하지만(Line 등, 1987; Mendoza, 1991b; Reinhardt 등, 1991a), 동물에게 비침습적으로 혈액 채취가 어렵고, 특별히 훈련이 안 된 경우 채취 과정 자체가 코르티솔 수치를 상승시킬 수 있다(Reinhardt 등, 1991b). 소변 채취는 단독 사육 개체에서 가장 용이하지만, 무리 생활을 하는 개체나 심지어 야생 영장류에게도 적용이 가능하다(Kelley와 Bramblett, 1981; Bond, 1991; Byrne과 Suomi, 1991; van Schaik 등, 1991).

식욕 또한 심리적 복지의 지표로 활용해 왔다(Crockett 등, 1990, 1993b). 원숭이들에게는 예상 섭취량보다 많은 수의 비스킷을 미리 세어 주고, 다음 날 청소 전에 남은 비스킷의 개수를 기록한다. 식욕 저하는 평균 섭취량을 기준으로, 체중 1kg당 섭취한 비스킷의 양(g)이 감소한 정도로 산출한다. 일부 연구에서는 심박수와 기타 심장 관련 지표(Bowers 등, 1993)도 복지 척도로 활용하였지만, 행동 관찰, 소변 코르티솔 분석, 식욕 측정은 동물원 환경이나 동물에게 부담을 주지 않는 비침습적 상황에서 특히 유용한 지표로 간주한다.

다음 장에서는 지금까지 진행한 주요 연구 결과를 요약하고, 보다 넓은 관점을 제시하기 위해 다른 연구 기관들의 연구 결과도 간단히 검토한다.

실험 환경에서 사육장 크기의 최소 영향

미국의 동물복지규정은 비인간 영장류에 대한 최소 사육장 크기를 엄격히 규정하고 있다(U.S. Department of Agriculture, 1991). 이 기준은 개체의 체중에 따라 결정하며, 하나의 사육장에 2개체 이상의 영장류를 함께 두는 경우, 전체 바닥 면적은 각 개체에게 필요한 면적을 모두 합한 수준 이상이어야 한다. 이러한 최소 기준은 동물원에서는 큰 문제가 아니지만, 많은 연구 기관에서는 사육장 크기를 몇 ㎝ 늘리기 위해서도 상당한 비용이 드는 시설 개선을 감수해야 하는 상황에 놓여 있다. 미국 국립보건원(1985)에서는 이 기준을 '권고 사항'으로 제시했으나, 이후 동물복지 기준 최종 규정(Animal Welfare Standards, Final Rule)에서는 이를 '법적 규정'으로 전환하였다(U.S. Department of Agriculture, 1991). 이 최소 기준은 비인간 영장류가 정상 자세를 취할 수 있는 공간에 대한 다소 자의적 판단에 기반하고 있으며, 예를 들어 "네발로 섰을 때 개체가 차지하는 면적의 최소 세 배에 해당하는 바닥 공간을 줘야 한다"고 명시하고 있다(U.S. Department of Agriculture, 1991, 6499쪽).

이러한 자의적인 기준에 따라 설정한 최소 사육장 크기를 수의사들은 오랫동안 충분하다고 여겼지만, 일부 대중들은 지나치게 좁다고 인식했다. 초기에는 양측 모두 자신들의 주장을 뒷받침할 객관적 자료를 갖고 있지 않았다. 하지만 '좁은 공간이 동물에게 불행을 유발한다'고 널리 알려진 인식에 대해 최근의 정량적 연구들은 이를 뒷받침하지 못하고 있다. 무리 생활을 하는 영장류의 경우, 공격성은 개체당 주어진 공간 면적과 직접적 관련이 있다기보다는 구조적 복잡성과 사회적 안정성의 영향을 더 많이 받는 것으로 나타났다(Erwin, 1979; de Waal, 1989; Erwin과 Sackett, 1990; Bercovitch와 Lebron, 1991; Estep과 Baker, 1991). 단독 사육하는 원숭이들에 대해서도, 초기 연구에서는 작은 사육장에서 이상행동 발생률이 증가한 보고가 있었으나(Draper와 Bernstein, 1963;

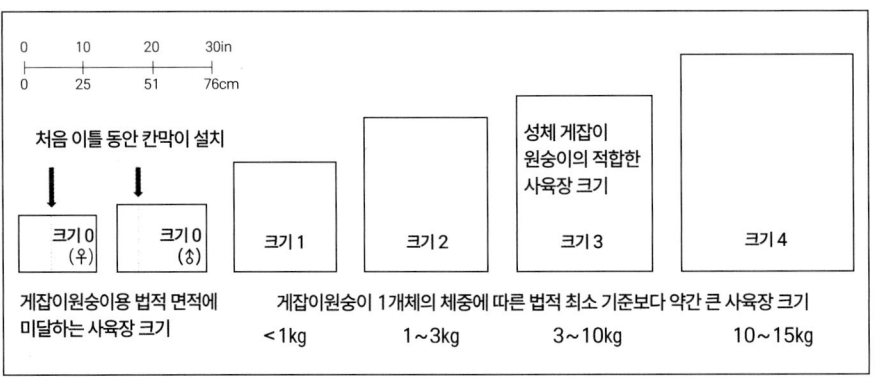

그림 18 단독 사육하는 3~8kg 성체 게잡이원숭이의 사육장 확대 효과 연구에 사용한 사육장 크기. 비교를 위해, 해당 사육장에서 단독 사육을 허용하는 게잡이원숭이의 체중 등급(U.S. Department of Agriculture, 1991)도 함께 제시(Crockett 등, 1993a 내용을 본문에 맞게 재구성함).

Paulk 등, 1977), 이후의 연구들에서는 이러한 결과가 입증되지 않았다(Bayne과 McCully, 1989; Line 등, 1989, 1990b, 1991a). 초기 연구에서는 원숭이들의 실험을 위해 생소한 사육장으로 옮겨 관찰했지만, 최근 연구에서는 원래 사육하고 있는 다양한 크기의 사육장에서 행동을 관찰하였다. 또한, 같은 크기의 새로운 사육장으로 옮긴 마카크들 역시 이상행동이 증가하는 경향을 보였다(Mitchell과 Gomber, 1976).

이 연구는 사육장 크기의 작은 차이가 원숭이의 심리적 복지에 미치는 영향이 매우 제한적이라는 최근 연구 흐름에 중요한 근거를 추가했다. 철저하게 통제한 조건에서 사육장 크기의 효과를 평가했으며, 이 연구에는 게잡이원숭이(*Macaca fascicularis*) 성체 암컷 10개체(체중 3~4kg)와 이후 동종 수컷 성체 10개체(5~8kg)를 포함했다. 이들은 각기 다섯 가지 크기의 사육장(체중 3~10kg급 영장류에 대해 규정된 바닥 면적의 20%에서 148% 범위)에서 2주씩 단독 사육하였다(그림 18). 20개체는 모두 야생에서 성체로 포획한 동물로, 이는 최근까지도 이 종을 대상으로 한 연구에서 일반적으로 사용하던 방식이다.

소변 내 코르티솔 수치, 식욕 저하, 이상행동 중 어느 것도 사육장 크기에 따라 유의미한 차이를 보이지 않았다(Crockett 등, 1990, 1993a, 1995). 단독 사육한 원숭이들은 전체 시간 중 평균 5%만을 '이상행동'을 보였으며, 자해 행동은 전혀 나타나지 않았다. 참고로, 군집 사육하는 동물원의 마카크와 개코원숭이 속(*Papio* spp.)은 정형행동에 평균 약 3%의 시간을 사용하는 것으로 보고된 바 있다(Marriner와 Drickamer, 1994). 실험에서 관찰한 유일한 행동 변화는, 이동 행동 시간(이에 수반하는 분당 전체 행동 빈도)이 그림 18의 가장 작은 두 사육장(0번과 1번)에서 유의하게 감소했다는 점이었다. 이는 제공한 공간이 협소하다는 점을 고려하면 충분히 예상 가능한 결과였다. 원숭이들은 규정한 크기(3번), 그보다 한 단계 큰 크기, 한 단계 작은 크기에서는 어떤 측정 지표에서도 차이를 보이지 않았다. 원숭이들이 사육장 크기와 관계없이 스트레스를 경험할 수 있다는 가설을 반박하기 위해 비교실험을 하였다. 진정, 수술 등 예측 가능한 스트레스 요인이나, 부신피질자극호르몬(ACTH)을 통해 부신피질계를 자극했을 때 나타나는 높은 소변 내 코르티솔 수치와 비교할 때 사육장 크기 변화에 따른 수치가 낮다는 점을 확인하였다(Crockett 등, 1993a). 이 연구를 다른 종인 남방돼지꼬리원숭이(*Macaca nemestrina*) 암컷 8개체를 대상으로 반복했을 때도, 사육장 크기는 소변 내 코르티솔 수치, 식욕, 행동에 유의미한 영향을 미치지 않았다(Crockett 등, 1993b, 1994b).

이러한 결과에 기반하여, 단독 사육한 마카크에게 사육장 크기가 심리적 복지에 미치는 영향은 매우 제한적이라는 결론을 내렸다. 확실히, 동물복지 규정(U.S. Department of Agriculture, 1991)에서 정한 사육장 크기 범위 내에서는, 예를 들어 0.37㎡ 크기의 사육장을 0.4㎡(성체 게잡이원숭이에 대한 최소 기준 크기인 3번 사육장)로 늘린다고 해서, 그 안에 있는 개체의 심리적 복지가 증가한다는 객관적 증거는 없다. 연구에서는 사육장 크기를 0.59㎡로 확장했을 때조차 행동, 코르티솔 수치, 식욕 등으로 측정한 심리적 복지 지표에서 유의미한 변화는 나타나지 않았다. 더 큰 크기인 1.16㎡의 사육장에서 '운동'에 할애한 시간에 대한 예비 분석 결과에서도 증가 폭은 매우 작았다(Leu 등, 1993). 이동 행동은 주로 개체가 다른 원숭이들과 시각적 접촉(즉, '사회적 관심')을 위해 위치를 바꿀 때 나타났다(Crockett 등, 준비 중 원고). 따라서 단지 사육장 크기를 늘리는 것만으로는 단독 사육한 마카크에게 환경 풍부화를 제공한다고 보기 어렵다. 마카크를 규정 사육장 크기인 0.40㎡보다 작은 2번 크기인 0.28㎡의 사육장에서 사육해야 한다고 주장하는 것이 아니다. 사육장의 측정 결과에서 두 크기 간에 유의미한 차이가 나타나지 않았다고 해서, 더 작은 크기의 사육장이 곧 적절하다는 뜻은 아니다. 작은 크기의 사육장은 횃대와 같은 의미 있는 환경 풍부화 장치의 설치를 어렵게 만들 수 있기 때문이다(다음 절 참조). 또한, 시설이 허용한다면 원숭이를 최소 기준보다 더 큰 사육장에서 사육하는 것을 말리고자 하는 의도도 전혀 없다. 강조하고자 하는 바는, 연구실이나 동물원의 비공개 사육 공간처럼 현실적으로 가능한 범위 내에서 사육장 크기를 늘리는 것이, 마카크에게 의미 있는 환경 풍부화를 제공할 것이라는 환상을 깨고자 함이다.

또한 본 연구에서는, 단독 사육 또는 소규모 무리(5개체 이하)의 개체당 바닥 면적 기준을 더 큰 무리 사육환경에 그대로 적용하는 것이 타당한지 평가할 수 있는 근거는 부족했다. 다만 무리 사육환경에서도, 동물 복지가 단순히 제공하는 공간 넓이에 비례하지 않는다는 점은 분명하다. 예를 들어, 50개체 이상의 히말라야원숭이(*Macaca mulatta*) 무리에게, 개체당 15.5㎡의 공간을 제공한 경우와 1.25㎡를 제공한 경우, 공격 행동 발생률은 거의 차이가 없었다(de Waal, 1989). 참고로, 현행 동물복지 규정에서는 성체 마카크 1개체당 최소 사육장 면적을 0.40~0.56㎡로 규정하고 있으며, 이는 개체의 크기에 따라 달라진다.

원숭이와 환경 변화: 이로울까? 아니면 방해가 될까?

사육동물들은 흔히 지루함을 겪는다고 생각한다(Wemelsfelder, 1993). 이에 대해 간단하고 직관적인 해결책으로 환경에 자주 변화를 주어 자극을 주면 좋겠다고 생각할 수 있지만, 실제 연구 결과에 따르면 환경 변화는 오히려 원숭이들에게 일시적인 혼란을 주고 경미한 스트레스 반응을 일으킬 수 있다. 그러나 마카크들은 시간이 지남에 따라 환경의 새로움에 익숙해지면서 점차 환경 변화에 대한 반응이 감소하는 습관화 현상을 보였다. 새로운 환경적 자극은 동물들의 호기심을 자극하여 탐색행동을 유발하는 긍정적 효과가 있지만, 동시에 두려움이나 불안을 초래할 수도 있다(Mitchell과 Gomber, 1976; Clarke 등, 1988a; Mench, 1994, 참조). 또한 심리적 복지를 평가할 때 스트레스의 개념을 명확히 정의하고, 환경 변화에 대한 적응적 스트레스 반응과 만성적으로 지속되는 부정적 스트레스를 구분하는 건 매우 까다로운 문제로 작용한다(Moberg, 1985, 1987). 한편, 한 연구에서는 짧고 위협적인 자극이 오히려 사육 중인 목화머리타마린(*Saguinus oedipus*)에게 유익할 수 있다는 흥미로운 의견도 있었다. 이는 해당 사건들에 대한 행동적 반응이 환경 풍부화 조건에서 나타나는 반응과 유사했기 때문이지만(Moodie와 Chamove, 1990), 이 연구에서는 실제 스트레스 수준을 반영하는 스트레스 호르몬을 측정하지 않았다는 점을 유념해야 한다.

앞 절에서 설명한 사육장 크기 연구는, 원숭이들을 체중 등급에 맞는 기준 사육장 크기(그림 18의 크기 3번)에 해당하는 관찰용 유리창을 설치한 새로운 사육장으로 옮긴 후에 실시하였다. 새로운 사육장으로 옮긴 첫 24시간 동안, 원숭이들은 다소 스트레스를 받은 것으로 나타났는데, 이는 코르티솔 수치의 유의미한 상승(Crockett 등, 1993a), 뚜렷한 수면 방해, 자기 털고르기 감소, 무활동 증가(Crockett 등, 1995), 그리고 며칠간 지속된 식욕 저하(Crockett 등, 1990)를 통해 확인하였다. 새롭고 깨끗한 사육장으로 옮길 때마다(사육장 크기와 관계없이), 식욕 저하와 행동 변화는 이전보다 약하게 나타났지만, 코르티솔 수치는 상승하지 않았다. 반복적 사육장 교체 후에는 식욕 저하가 점차 줄어들었는데, 이는 같은 방 안에서 위치가 바뀌는 '새로움'에 대해 원숭이들이 점차 익숙해졌음을 시사한다. 이러한 반응은 원숭이들이 환경 변화에 직면했을 때 일시적이고 경미한 스트레스를 경험하지만 비교적 빠르게 적응한다는 것을 보여준다. 환경 변화는 어느 정도는 피할 수 없는 것으로, 사육장은 세척해야 하며 일부 원숭이에게는 오히려 '유익한 각성 자극'일 수도 있다. 그러나 코르티솔 수치와 행동 자료를 종합해 보면, 원숭이를 낯선 방으로 옮기는 것은 상당한 스트레스를 유발하기 때문에 꼭 필요하지 않은 이상 자주 해서는 안 된다고 판단한다.

무생물적 환경 풍부화

1991년 동물복지규정(U.S. Department of Agriculture, 1991, 6499~6500쪽)에서 제시한 여러 환경 풍부화 방식들이 모두 동일한 효과를 가지는 것은 아니다. 게다가 각각의 방식이나 그 조합이 다양한 영장류 종에서 실제로 얼마나 효과적인지를 평가한 연구도 충분하지 않다. 풍부화 기구의 효과는 동물이 그 기구를 사용하는 시간, 정형행동과 같은 이상행동의 감소 및 바람직한 행동의 증가, 그리고 스트레스 호르몬 수치 등을 통해 평가할 수 있다.

실험실에서 비인간 영장류에게 제공한 무생물적 환경 풍부화는 크게 네 가지 유형으로 나눌 수 있다. 첫째는 횃대와 같은 구조물, 둘째는 반려견 장난감처럼 먹이 보상이 없이 조작 가능한 물체, 셋째는 동물이 먹이를 얻기 위해 행동해야 하는 먹이 탐색 보드 등의 장치(그림 19), 마지막으로는 음악, 텔레비전, 벽화처럼 선택이나 통제 여부와 관계없이 주어지는 외부 감각 자극이다(Schapiro 등, 1991). 개체별 또는 쌍으로 사육하는 원숭이들이 가장 지속적으로 사용한 기구는 횃대, 먹이 탐색 장치, 그리고 털고르기 행동을 유도하는

그림 19 마모셋(*Callithrix jacchus*) 사육장에 제공한 풍부화 물품. 달걀과 꼬치를 이용하여 적극적 반응을 유도하고 활동 시간을 늘리고자 했다(국립생태원, ⓒ계하은).

플리스 재질로 덮은 보드였다(Fajzi 등, 1989; Reinhardt, 1989b, 1990b; Bayne 등, 1991; Kopecky와 Reinhardt, 1991; Bayne 등, 1992b; Reinhardt와 Reinhardt, 1992).

원숭이들이 횃대에서 보내는 시간은 매우 다양하며, 주간 활동 시간의 약 7%에서 최대 48%까지 차이를 보인다(Reinhardt, 1989b, 1990b; Kopecky와 Reinhardt, 1991; Bayne 등, 1992b; Reinhardt와 Reinhardt, 1992; Shimoji 등, 1993). 하단 사육장에 사육한 원숭이들이 상단 사육장에 있는 개체들보다 횃대를 더 오래 사용하는 경향이 있다(Reinhardt, 1989b). 또한, 횃대를 방의 출입문이 보이도록 배치했을 때, 원숭이들은 횃대의 앞부분에서 더 많은 시간을 보내는 것으로 나타났다(Crockett 등, 1996). 환경 변화에 대한 원숭이의 망설임을 보여주는 또 다른 사례로, 야생에서 태어난 성체 게잡이원숭이 20개체 중 6개체는 횃대 설치 후 처음 3일 동안 전혀 사용하지 않았으나, 결국 모든 개체가 횃대를 사용하는 모습을 보였다(Shimoji 등, 1993).

먹이 탐색이나 털고르기를 유도하는 장치만이 이상행동을 줄이는 효과가 있는 것으로 보고하였지만(Bayne 등, 1991; Lam 등, 1991; Line 등, 1991a; Bayne 등, 1992a,b), 게잡이원숭이에게 반려동물용 장난감을 제공한 연구에서는 자기지향적 이상행동이 지속적으로 줄어든다는 결과도 있었다(Weld와 Erwin, 1990; Weld 등, 1991). 자연 목재 조각과 고무, 플라스틱, 나일론으로 만든 장난감 중 어느 재질이 조작행동을 유도하는 데 더 효과적인지는 연구마다 견해가 다르며(Line 등, 1991b; Reinhardt와 Reinhardt, 1992), 어떤 연구에서는 반투명하고 유연한 플라스틱이 가장 효과적인 장난감 재료로 꼽히기도 했다(Weld 등, 1991). 반려견용 고무제품인 'Kong'과 같은 단순한 장난감은 초반에는 흥미를 유발하지만, 영장류는 빠르게 익숙해져 관심을 잃는다. 실제로 많은 연구에서 대부분의 풍부화 기구는 사용 시간이 급격히 줄어들며, 주간 활동 시간의 10% 이하로 떨어지는 경향을 보였다(Crockett 등, 1989; Maki와 Bloomsmith, 1989; Line과 Morgan, 1991; Line 등, 1991b). 하지만 일부 연구에서는 이러한 사용 시간이 시간 경과에 따라 유의미하게 변화하지 않은 사례도 있다(Bayne 등, 1992b). 비록 장난감과 상호작용을 하는 시간이 횃대 사용 시간보다는 짧지만, 하루 전체 활동 시간 중 10%를 차지한다는 것은 결코 적은 비율이 아니다. 이는 이상행동이 줄어들었는지와 관계없이, 사육환경에서 원숭이들이 보내는 일과 중 중요한 부분을 차지한다고 볼 수 있다(그림 20).

단순한 장난감은 원숭이의 행동을 꾸준히 변화시키는 데는 효과가 없지만, 장난감을 주기적으로 교체해 주면, 사용률이 높아질 수 있다(Line과 Morgan, 1991; Line 등, 1991b; Reinhardt와 Reinhardt, 1992; Weld, 1992). 또, 시간이 지나면서 원숭이들은 단순한 먹이 퍼즐이나 먹이 탐색 보드, 털고르기 보드의 활용도를 스스로 높이는 경향이 있다(Bayne 등, 1991, 1992a; Murchison과 Nolte, 1992). 이처럼 복잡한 장치는 단순한 장난감보다 시간과 비용이 더 많이 들며, 대개 먹이가 들어있을 때만 사용한다. 그 대안으로는 비스킷을 꺼내기 위해 약간의 조작이

그림 20 놀이 행동을 유도하고 체온유지를 위해 스스로 선택할 수 있도록 보르네오오랑우탄(*Pongo pygmaeus*)에게 넝마를 제공했다(독일 부퍼탈동물원, ⓒ김영준).

필요한 단순한 먹이 상자가 있다. 이 장치는 같은 종류의 먹이를 담고 있어도 일반적인 먹이 상자보다 마카크의 흥미를 더 오래 유지한다는 연구 결과가 있다(Reinhardt, 1994a). 이와 함께 신선한 과일과 채소는 비인간 영장류에게 특히 환영받는 자연적 먹이 탐색 자극제다(Smith 등, 1989; Crockett, 개인 관찰).

여러 연구에서 풍부화 장치의 사용 여부는 개체의 종, 성별, 연령, 출생 배경(야생 출생 또는 사육 출생)에 따라 유의미한 차이를 보이는 것으로 나타났다 (Crockett 등, 1989; Maki와 Bloomsmith, 1989; Line 등, 1991b; Murchison과 Nolte, 1992; Weld, 1992). 예를 들어, 파타스원숭이(*Erythrocebus patas*)는 조작형 장난감에 거의 반응하지 않았다(Weld, 1992). 두 건의 연구를 통해 풍부화 장치에 대한 초기 반응이 장기적 흥미를 예측하는 경향이 있다는 사실을 확인했다. 실제로 Kong 장난감에 처음부터 관심을 보인 마카크만이 이후에도 그 장난감을 꾸준히 사용했다(Crockett 등, 1989). 또한 영장류 야외 연구소에서 개발한 비교적 저렴한 먹이 퍼즐을 평가한 연구(Murchison, 1991)에서는, 어린 마카크 개체들 사이에서 초기 단계부터 퍼즐을 푸는 능력에 뚜렷한 차이가 나타났다(Heath 등, 1992). 9개체 중 3개체(히말라야원숭이 1개체와 돼지꼬리원숭이 2개체)는 빠르게 퍼즐을 익혀, 4층의 PVC 튜브 퍼즐 안에서 아래층으로 땅콩을 계속 밀어 넣어 결국 가장 아래의 구멍까지 이동시켰다. 반면, 나머지 원숭이들은 먹이를 꺼낼 수 없자 흥미를 잃고 퍼즐을 거의 건드리지 않았다.

풍부화를 적용한 사육장과 그렇지 않은 사육장에 대한 원숭이 선호도를 비교한 연구는 특히 주목할 만하다(Bayne 등, 1992b). 정형행동이나 기타 이상행동을 보이는 아성체 및 성체 수컷 히말라야원숭이 8개체를, 서로 연결된 두 개의 작은 사육장 안에 각각 단독으로 사육했다. 사육장 간의 조명, 출입문 위치, 인접 개체와의 사회적 관계 등 외부 요인에 차이가 없었음에도, 모든 개체는 한쪽 사육장을 선호하는 모습을 확인했다. 이후 연구팀은 원숭이가 선호하지 않던 쪽 사육장에 횃대, 털고르기 보드, 사슬로 고정한 두 개의 장난감을 설치했다. 이 기발한 실험 설계는, 기존의 공간 선호도를 환경 풍부화로 바꿀 수 있는지, 그리고 이상행동 감소 효과가 있는지를 평가하기 위한 것이었다. 그 결과, 8개체 중 절반은 풍부화 장치들을 설치한 쪽으로 선호도를 바꾸었으며, 모든 개체가 전체 시간의 평균 27%를 풍부화 장치를 사용하면서 시간을 보냈고, 이상행동이 모두 감소하는 효과를 보였다. 그러나 풍부화 장치들을 제거하자 이상행동은 다시 원래 수준으로 되돌아갔다. 이처럼 풍부화가 반드시 원숭이의 공간 선호도를 바꾸지는 않더라도, 풍부화 장치를 사용하는 행동을 유도하여 이상행동을 줄이는 데는 분명한 효과가 있다는 점을 확인하였다.

신체적, 먹이, 감각 자극(비디오 영상)과 같은 다양한 풍부화 요소를 제공한 경우와 아무런 풍부화를 제공하지 않은 경우를 비교했을 때, 한 살배기 히말라야원숭이의 이상행동이나 스트레스 지표인 코르티솔 수치에서는 유의미한 차이가 나타나지 않았다(Schapiro 등, 1993; Schapiro와 Bloomsmith, 1994). 다만, 신체적 풍부화와 먹이 풍부화는 원숭이의 놀이 행동을 증가시키고 자기 털고르기 행동을 줄였다. 반면, 감각적 풍부화는 거의 효과가 없었다(Schapiro와 Bloomsmith, 1994).

무생물적 환경 풍부화에 대해 이 간략한 연구 요약은, 사육 영장류에게 이러한 풍부화를 제공한다고 해서 이상행동이 일관되게 감소하는 것은 아니라는 사실을 보여준다. 하지만 대부분 동물이 이러한 풍부화 기구를 적어도 일부 시간 동안은 활용하기 때문에, 일정 수준의 무생물적 풍부화 제공은 실질적으로 유의미하다는 근거가 충분하다. 실험실 영장류를 위한 기관 환경 개선 계획에는 최소한의 횃대, 조작이 가능한 물품(주로 Kong이나 다른 고무 또는 플라스틱 장난감), 그리고 일주일에 최소 2일 이상 간식(과일이나 채소)을 제공한다는 내용이 있다.

사회적 환경 풍부화

여러 연구자들은 무생물적 풍부화가 객관적인 사육 영장류의 심리적 복지를 유의미하게 향상시키는 데 있어 효과가 일관되지 않다고 지적했고, 동물복지법 취지를 가장 효과적으로 실현하는 방법으로 '사회적 접촉'을 제안하였다(Crockett, 1990; Line 등, 1991b; Reinhardt와 Reinhardt, 1992). 관련 규정에 따르면, 영장류의 사회적 요구는 반드시 충족해야 하며, 가능하다면 집단 사육을 통한 사회적 환경 조성이 바람직하다. 다만, 모든 경우에 반드시 신체 접촉이 필요하진 않다는 점도 함께 명시되어 있다(Bayne, 1991; U.S. Department of Agriculture, 1991). 또한, 먹이를 주는 사육사와의 접촉은 동종 개체와의 사회적 상호작용을 대신할 수도 있다(Johnson-Delaney와 White, 1992; Bayne 등, 1993b).

실험실 환경에서 영장류의 사회적 욕구를 충족시키는 가장 효과적 방법 중 하나는 짝 사육이며, 수컷과 암컷 히말라야원숭이와 짧은꼬리원숭이(*M. arctoides*) 모두에서 성공한 사례가 있다(Reinhardt 등, 1988, 1989; Reinhardt, 1989a, 1990a,b). 그러나 짝 사육은 개체군 관리 측면에서 여러 가지 중요한 사항들을 고려해야 한다. 어떤 유형의 짝이 상대 개체의 심리적 복지 개선에 가장 효과적인가? 긍정적 짝이 상대에게도 똑같은 효과를 줄 수 있는가? 2개체 모두가 만족하는 조합을 만들기 위해, 신체적 충돌 없는 짝 선별 방법은 존재하는가?

성체 게잡이원숭이의 심리적 복지에 대한 동성 개체 간 공동 사육의 효과를 평가하기 위해, 암컷-암컷 15쌍과 수컷-수컷 15쌍을 대상으로 행동 궁합과 소변 내 코르티솔 배출량을 분석했다(Crockett 등, 1994a). 각 사육장 측면에는 분리 가능한 패널이 있어, 이를 금속제 미닫이문으로 바꾸면 인접 사육장과 연결된 쌍을 형성할 수 있었다(그림 21). 불투명 또는 투명 플라스틱 격벽을 조합하여 접촉을 아예 막거나, 시각적 접촉만 허용하거나, 또는 인접 우리로 이동하여 신체적으로 접촉할 수 있도록 만들 수 있었다. 각 개체는 각각의 짝과 2주간 공동 사육했으며, 물리적 접촉을 허용한 첫날에는 90분 동안 연속 관찰 후 분리했고, 이후 물리적 접촉 기간에 하루 7시간씩 같은 공간에서 함께 지내게 했다. 연구 결과, 동성 간 공동 사육은 암컷 개체의 심리적 복지에는 긍정적 영향을 주었으나, 수컷 대부분에게는 효과가 없거나 오히려 부정적 결과를 보였다. 모든 분석 결과는 성별이 공동 사육의 성공 여부에 결정적 요인임을 보여주었다. 암컷 쌍은 전부 서로 잘 지냈던 반면, 수컷 쌍의 절반은 조기 분리가 필요했고, 수컷 쌍의 3분의 1만이 암컷 쌍과 비슷한 수준의 궁합을 보였다. 암컷은 하루 시간 중 3분의 1 이상을 사회적 털고르기에 사용하며, 낯선 개체도 쉽게 무리로 받아들였지만, 수컷 성체는 전반적으로 상호작용 빈도가 낮았다. 또한 수컷은 짝과 처음 합사했을 때 일시적 스트레스를 경험한 것으로 보였으며, 소변 내 코르티솔 수치 상승을 확인하였다. 반면, 암컷은 동거 개체의 털고르기에 열의를 보였음에도 불구하고(이는 사회적 각성의 행동적 지표로 해석된다; Moodie와 Chamove 1990), 단독 사육 상태와 짝 사육 상태에서 소변 코르티솔 수치에는 차이가 없었다. 이 결과는 코르티솔 수치 상승이 단순히 긍정적 흥분 상태가 아니라 스트레스를 반영하는 생리적 지표임을 뒷받침한다.

그림 21 간격이 넓은 철창 사이로 게잡이원숭이(*Macaca fascicularis*)들이 사회적 털고르기를 하는 모습. 각 개체는 이러한 접촉을 위해 사육장 철망문을 스스로 열어야 한다. 왼쪽 사진: 수컷이 수컷에게 털고르기 하는 모습. 오른쪽 사진: 수 컷이 암컷에게 털고르기 하는 모습(사진: C. Crockett의 사진을 AI로 색감, 화질 등 재가공).

야생에서 태어난 성체 암컷 게잡이원숭이들로 사회적 접촉을 허용하는 연구를 진행한 결과, 대개 동성 간 짝 사육으로 미 농무부가 요구하는 사회적 군집 요건을 충족시킬 수 있다는 결론을 내렸다. 그러나 완전하게 연결한 사육장에서 수컷 간의 동성 사육은 자주 실패했으며, 전체 수컷의 최소 20%는 투쟁 때문에 합사가 불가능했다. 일부 수컷 쌍은 잘 지냈지만, 비접촉 선호도 평가를 통해 어떤 조합이 성공할지 사전에 예측할 수는 없었다(Crockett 등, 1994a). 암수 간의 뚜렷한 차이와 수컷 쌍의 낮은 사회적 친화 행동 빈도는, 동성 간 짝 사육이 대부분 수컷의 심리적 복지 개선에 효과적이지 않음을 시사한다. 이 결과는 원숭이 무리의 일반 특성과도 일치하는데, 수컷 간의 경쟁과 낮은 사회적 유대는 일부다처제 영장류 무리에서 공통으로 나타나는 특성이다 (Melnick과 Pearl, 1987; Lindburg, 1991; Crockett 등, 1994a). 다만 다른 원숭이 종에서는 수컷 간 짝 사육을 성공한 사례가 있으며, 이 연구는 풍부화에 대한 종 간 반응 차이를 보여주는 예일 수 있다. 이는 기질적 또는 행동적 차이와도 관련되어 있을 수 있다(Thierry, 1986; Clarke와 Mason, 1988; Clarke 등, 1988a,b; Mendoza, 1991a,b; Clarke와 Lindburg, 1993). 이처럼 종별, 성별, 개체별 차이는 실험실에서 영장류에게 사회적 풍부화를 제공하려는 사람들에게 중요한 도전 과제로 남아 있다.

초기 연구에서, 성체 수컷 게잡이원숭이에게 동성 간 공동 사육이 사회적 욕구를 충족시키지 못했기 때문에 실패한 것인지, 아니면 이들이 본래 사회적 접촉에 대한 요구 자체가 낮기 때문인지 명확히 판단할 수 없었다(Crockett 등, 1994a). 이 질문을 탐구하기 위해, 원숭이가 사회적 접촉을 원하는지를 선택하고 표현할 수 있도록 환경에 선택권을 도입했다. 사육동물에게 선택의 기회를 주고, 동물이 선호도를 표현하도록 하는 것은, 여러 연구에서 동물복지를 개선하는 적절한 풍부화의 선택 방법으로 제안한 바 있다(Chamove와 Anderson, 1989; Dantzer, 1989; Dawkins, 1989; Line 등, 1991a; Bayne 등, 1992b; Mench, 1994; 3장 참조). 실험에서 원숭이들을 미닫이 철망문과 간격이 넓은 철창을 연결한 사육장에 배치했으며(그림 21), 서로 물리적 거리를 확보해 공격적 접촉을 피할 수 있도록 설계하였다(Crockett 등, 1995). 실험은 오전 10시부터 오후 3시까지 진행됐으며, 양쪽의 원숭이가 모두 문을 열었을 경우 철창 사이로 털고르기 접촉이 가능했다. 오전 11시부터 오후 2시까지는 매시 정각마다 문을 모두 닫아 새로운 실험을 시작했으며, 하루에 총 다섯 번을 실험했다. 각 쌍은 한 시간에 네 번, 1분씩 비디오 촬영하였다. 오후 3시에는 시각 차단막을 설치하고 문을 잠가 하루 실험을 종료했다. 첫 번째로 실험했던 암-암 쌍과 수-수 쌍은 선택권이 있는 상황에서 주 4일, 쌍당 2주 동안 다시 실험했다(이미 익숙한 개체들). 그 후, 각 수컷은 암컷 2개체와 짝지어, 수암 짝이 양쪽 모두에게 사회적 풍부화로 적절한지를 평가했다. 연구의 세 번째 단계에서는 가능한 수-수 조합들(각 수컷을 낯선 수컷 6개체와 짝지음)을 대상으로 추가 실험을 진행했다.

행동 자료는 현재 코딩화 및 분석 중이지만, 예비 결과는 일일 관찰지를 기반으로 일부 추정할 수 있다. 해당 메모에는 오전 10시에 몇 개체가 문을 열었는지 기록했으며, 2개체가 모두 문을 열어야만 물리적 접촉이 가능하므로, 각 개체의 개방 비율을 제곱하면(옮긴이 주: 두 독립사건이 동시에 일어날 확률을 계산하기 위함이다.) 물리적 접촉이 가능했던 시간의 추정치를 계산할 수 있다. 그 결과, 서로 익숙한 수컷 쌍(15쌍)이 문을 연 시간은 평균 49%, 서로 낯선 수컷 쌍(30쌍)은 61%로 나타났다(이 차이가 통계적으로 유의한 지는 아직 미분석). 간격이 넓은 철창을 통해 원숭이들이 접촉 여부를 선택할 수 있었던 이 실험에서는, 익숙한 수컷 쌍의 경우 모두 분리할 필요가 없었다. 반면, 초기 연구에서는 같은 쌍 중 47%는 공격성 때문에 조기 분리했었다. 낯선 수컷 쌍의 경우, 총 8일의 실험 기간 중 13%를 도중에 분리하였다. 전반적으로 철창 구조를 도입한 45쌍의 수컷-수컷 조합 중 4쌍(9%)을 분리하였으며, 이는 히말라야원숭이에서 보고된 12%의 불화율과 유사하다(Reinhardt, 1994b). 게잡이원숭이 수컷들 중 일부는 공격적이거나 사회적 접촉을 꺼렸지만, 다른 개체들은 긍정적 상호작용을 보였으며, 털고르기나 놀이를 함께 하기도 했다. 따라서 간격이 넓은 철창 구조는 일부 수컷에게 사회적 풍부화 제공에 효과적인 방법으로 보인다. 또한, 일부 수컷이 수컷과의 접촉에는 무관심했지만, 수컷-암컷 짝에서는, 모든 수컷이 암컷과의 사회적 접촉에 높은 관심을 보였다. 암컷 역시 수컷에게 암컷끼리와 비슷한 수준의 친화적 행동을 보였다. 문을 연 시간은 수컷-암컷 쌍에서 평균 95%, 암컷-암컷 쌍은 93%로 거의 유사했다. 수컷-암컷 쌍은 활발한 털고르기 행동을 보였으나, 다양한 짝 조합 간 털고르기 시간은 행동자료 분석을 끝낸 이후에 통계적 비교가 가능하다. 안타깝게도 관리 측면에서는, 간격이 넓은 철창이 교미까지 허용했기 때문에, 20쌍 중 1쌍이 원치 않은 임신을 했다. 현재는 접촉은 허용하되 교미는 불가능하도록 개량한 철창 구조를 개발하여, 신체 부위가 끼는 사고는 발생하지 않고 있다. 실제로 수컷-암컷 9쌍을 수 개월간 하루 24시간 접촉이 가능한 철창 사육장에서 사육하였고, 그 동안 임신이나 부상은 보고되지 않았다(Crockett 등, 미발표 자료).

대부분의 성체 게잡이원숭이는 사회적 욕구가 있으며 간격이 넓은 철창 구조는 동물 스스로 접촉 정도를 조절하고 부상 위험을 줄이는 데 도움이 된다는 결론에 도달했다. 수컷은 대체로 암컷보다 사회성이 낮지만, 적절한 짝이 있고 접촉을 조절할 수 있는 환경을 제공한다면, 공동 사육을 통해 복지가 개선되는 경향을 보였다. 그러나 여전히 해결이 어려운 과제는, 합사 가능한 수컷 쌍을 사전에 찾아서 부상 위험을 피할 수 있을지에 있다. 암컷 간 짝에서도 부상과 합사 불가능성은 피할 수 없는 문제며(Line 등, 1990a), 적절한 짝을 찾기 위해 발생하는 경제적 비용과 부상 위험성은 여러 실험에서 수컷 짝 사육을 일반화하기 어렵게 하는 이유이다. 그러나 교미와 임신을 방지하는 철창 구조를 개발한 현재, 수컷-암컷 짝 사육은 하나의 유효한 대안일 수 있다.

동물원 환경 풍부화를 위한 시사점

동물원이 종보전 계획을 충실히 이행하려 할수록, 여러 영장류 수컷 성체가 과도하게 많아져 따로 사육해야 할 상황이 점차 늘어날 수 있다(Bound 등, 1988). 이러한 맥락에서, 성체 수컷의 사회적 요구를 충족시키려는 실험실 기반 연구들은 동물원 환경에도 매우 시사하는 바가 크다. 왜냐하면 동물원 역시 미국 농무부의 동물복지규정을 적용받기 때문이다(U.S. Department of Agriculture, 1991). 동물원은 성체 수컷 개체를 단독 사육장에 둘 수밖에 없는 상황에 종종 직면하며, 실험실 연구 결과에 따르면 이러한 환경에서는 횃대와 먹이 탐색행동 유도 장치가 가장 좋은 무생물적 풍부화 요소로 작용한다. 또한 목재 칩이나 건초 같은 바닥재는 효과가 알려져 있으나(Chamove 등, 1982; Bryant 등, 1988; Byrne과 Suomi, 1991), 배수 문제가 있는 실험실 표준 사육장보다, 동물원 전시장이나 일부 실험시설 외부 공간에서 훨씬 더 실용적이다. 실험실 연구는 또한, 개체의 특성, 종, 나이, 성별, 사육 배경의 차이가 풍부화 도구의 활용도와 효과성에 큰 영향을 미친다는 사실을 보여주고 있다. 연구에 따르면, 사육장의 바닥 면적을 조금 늘리는 것만으로는 실험실에서 사육하는 마카크의 심리적 복지에 큰 영향을 미치지 않지만, 사육실 자체를 옮기는 행위는 일정 수준의 스트레스를 유발하므로 불필요한 이동은 자제할 필요가 있다.

실험실에서 사육하는 영장류의 심리적 복지를 효과적으로 증진하기 위해서는, 동물이 실제로 필요로 하는 것과 선호하는 것에 대한 정확한 이해, 그리고 그 지식을 일상적인 사육 관리에 적극적으로 반영하려는 실천적 의지가 필요하다. 기존의 통념을 체계적이고 과학적으로 검증해 나감으로써, 실질적이고 신뢰할 수 있는 과학적 근거를 축적하여, 그 결과 영장류 복지를 효과적으로 개선할 수 있는 환경 풍부화 전략에 대해 보다 정확하고 실용적으로 이해해 나갈 수 있다(Crockett과 Bowden, 1994).

결론

영장류의 심리적 복지를 개선하기 위해 환경 풍부화 계획을 시행하도록 명시한 1991년 동물복지규정은, 동물원과 연구시설 모두에 적용된다. 실험실에서 통제한 연구는, 사육환경의 어떤 요소들이 실제로 영장류의 심리적 복지에 영향을 미치는지를 객관적으로 규명할 수 있게 한다. 그러나 사육장 크기만으로는 복지 수준에 큰 영향을 주지 않는다. 특히 단독 사육한 원숭이는, 사육장을 넓혀주는 것만으로 심리적 복지가 유의하게 개선된다는 증거가 없다. 오히려 새로운 사육장 이동과 같은 환경 변화는 동물에게 스트레스를 유발하며, 이는 식욕 감소, 일상 활동 리듬의 붕괴, 스트레스 호르몬 수치 상승을 일으킨다. 따라서 충분한 이유가 없는 한, 불필요한 이동은 지양해야 한다.

무생물적 환경 풍부화 장치가 항상 영장류의 심리적 복지를 개선하는 것은 아니며, 이상행동을 줄이는 데 있어서 그 효과는 일관되지 않은 것으로 나타났다. 영장류는 횃대와 먹이 탐색 유도 장치를 대부분 꾸준히 활용하는 편이며, 일부 형태나 재질의 장난감은 다른 것들보다 선호하는 경향이 있다. 동물들이 이러한 장치들과 상호작용하는 시간으로 볼 때, 풍부화 장치를 사육장 내에 두어야 한다는 근거는 충분하지만, 눈에 띄는 행동 변화가 반드시 나타날 것이라고 기대해서는 안 된다.

성체 암컷 게잡이원숭이는 암컷 간 짝 사육을 통해 효과적인 사회적 풍부화를 누릴 수 있다. 성체 수컷 또한 사회적 욕구가 있으나, 이러한 욕구는 주로 암컷에게서 더 강하게 나타나는 경향이 있다. 많은 수컷 개체는 다른 수컷에 대해 무관심하거나 공격적 반응을 보이지만, 일부 수컷 쌍은 높은 합사 가능성을 보이기도 한다. 털고르기 접촉이 가능한 간격 넓은 철창을 설치한 짝 사육장은, 공격성 추격을 방지하고 수컷 합사의 성공률을 높이는 데 효과적이다. 또한 수컷-암컷 짝 사육도 동일한 방식의 사육장에서 매우 성공적으로 이루어졌으며, 털고르기는 허용하면서도 교미와 임신은 방지할 수 있는 철창 구조를 개발하였다. 앞으로 동물원에서 잉여 수컷 개체들을 단독 또는 따로 사육해야 하는 사례가 증가할 것으로 예상되는 만큼, 실험실 연구로 얻은 이러한 지식은 동물원 운영에 매우 유용할 것이다.

필자의 개인적 견해

나는 과거에 야생 서식지와 동물원 환경에서의 영장류 행동에 관해 연구해 왔다(Crockett과 Wilson, 1980; Gaspari와 Crockett, 1984; Hutchins 등, 1984; Crockett과 Eisenberg, 1987; Crockett, 1996). 이러한 연구 경험으로 영장류에게 사육환경의 어떤 요소가 실제로 중요한지를 과학적으로 밝혀내고자 하는 동기가 생겼다. 사육 영장류의 심리적 복지를 위해 무엇이 좋고 나쁜지에 대해, 과학적 근거 없이 단정해 버리는 의견이 지나치게 많다. 게다가, 환경 풍부화를 실현할 수 있는 시간과 재정적 자원은 항상 제한적이기에, 나는 이러한 자원이 실제로 효과가 있기를 바란다.

열대우림에서 마카크들을 관찰하는 것을 더 좋아하지만, 마카크들의 내

면에 관한 정말 흥미로운 사실 중 상당수는 오직 사육환경에서만 확인할 수 있었다. 이전 내 생각(선입견)들은 체계적 연구 결과와 맞지 않았다. 따라서 사육사를 즐겁게 하고 때론 사육사에게 배움을 주는 이 지적인 동물들을 위한 환경 풍부화가 의미 있도록 하기 위해서 반드시 객관적 연구에 기반한 지식을 바탕으로 접근해야 한다.

감사의 말

이 연구에 자금을 지원한 연구비의 책임자 Douglas Bowden은 실험 설계와 원고 작성 전반에 핵심적인 기여를 해주었다. Charles Bowers, Mika Shimoji, Matthias Leu, Rita Bellanca는 자료 수집에 적극적으로 참여했으며, 여러 학생 조교들의 도움도 받았다. 이들의 이름은 본문에 인용한 논문들에서 확인할 수 있다. 또한 이 연구에 함께한 주요 공동 연구자들로는 G. P. Sackett, O. A. Smith, F. A. Spelman, J. T. Bielitzki, C. Emerson, C. Johnson-Delaney, W. R. Morton이 있다. 이번 연구는 지역영장류연구센터의 개체군 관리부와 생명공학부의 적극적인 협조가 없었다면 수행할 수 없었을 것이다. 또한 이 원고는 K. Elias와 M. Hutchins의 건설적인 의견과, 영장류정보센터의 탁월한 참고문헌 지원 덕분에 더욱 완성도를 높일 수 있었다. 본 연구는 미국 국립보건원의 RR00166, RR04515 연구비 지원으로 수행하였다.

참고문헌

- Bayne, K. A. L. 1991. Alternatives to continuous social housing. *Laboratory Animal Science* 41:355-369.
- Bayne, K. A. L., S. L. Dexter, J. K. Hurst, G. M. Strange, and E. E. Hill. 1993a. Kong toys for laboratory primates: Are they really an enrichment or just fomites? *Laboratory Animal Science* 43:78-85.
- Bayne, K. A. L., S. Dexter, H. Mainzer, C. McCully, G. Campbell, and F. Yamada. 1992a. The use of artificial turf

as a foraging substrate for individually housed rhesus monkeys (*Macaca mulalta*). *Animal Welfare* 1:39-53.

- Bayne, K. A. L., S. L. Dexter, and G. M. Strange. 1993b. The effects of food treat provisioning and human interaction on the behavioral well-being of rhesus monkeys (*Macaca mulatta*). *Laboratory Animal Science* 32 (2): 6-9.

- Bayne, K. A. L., J. K. Hurst, and S. L. Dexter. 1992b. Evaluation of the preference to and behavioral effects of an enriched environment on male rhesus monkeys. *Laboratory Animal Science* 42:38-45.

- Bayne, K. A. L., H. Mainzer, S. Dexter, G. Campbell, F. Yamada, and S. Suomi. 1991. The reduction of abnormal behaviors in individually housed rhesus monkeys (*Macaca mulatta*) with a foraging/grooming board. *American Journal of Primatology* 23:23-35.

- Bayne, K. A. L., and C. McCully. 1989. The effect of cage size on the behavior of individually housed rhesus monkeys. *Lab Animal* 18 (7): 25-28.

- Bercovitch, F. B., and M. R. Lebron. 1991. Impact of artificial fissioning and social networks on levels of aggression and affiliation in primates. *Aggressive Behavior* 17:17-25.

- Bielitzki, J. T. 1992. Letter to the editor: Enrichment hazards. *Laboratory Primate Newsletter* 31 (3): 36.

- Bond, M. 1991. How to collect urine from a gorilla. *Gorilla Gazette* 5 (3): 12-13.

- Bound, V., H. Shewman, and J. Sievert. 1988. The successful introduction of five male lion-tailed macaques (*Macaca silenus*) at Woodland Park Zoo. In *Proceedings of the American Association of Zoological Parks and Aquariums Regional Conference*, 122-133. Wheeling, W.Va.: AAZPA.

- Bowers, C. L., C. M. Crockett, M. Shimoji, R. Bellanca, and D. M. Bowden. 1993. Heart rate variability and psychological well-being. *American Journal of Primatology* 30 (4):22.

- Broom, D. M. 1988. The scientific assessment of animal welfare. *Applied Animal Behaviour Science* 20:5-19.

- Bryant, C. E., N. M. J. Rupniak, and S. D. Iversen. 1988. Effects of different environmental enrichment devices on cage stereotypies and autoaggression in captive cynomolgus monkeys. *Journal of Medical Primatology* 17:257-269.

- Bunney, W. E., J. W. Mason, and D. A. Hamburg. 1965. Correlations between behavioral variables and urinary 17-hydroxycorticosteroids in depressed patients. *Psychosomatic Medicine* 27:299-308.

- Byrne, G. D., and S. J. Suomi. 1991. Effects of woodchips and buried food on behavior patterns and psychological well-being of captive rhesus monkeys. *American Journal of Primatology* 23:141-151.

- Capitanio, J. P. 1986. Behavioral pathology. In *Comparative Primate Biology*. Vol. 2A, *Behavior, Conservation, and Ecology*, ed. G. Mitchell and J. Erwin, 411-454. New York: Alan R. Liss.

- Carlstead, K., J. L. Brown, S. L. Monfort, R. Killens, and D. E. Wildt. 1992. Urinary monitoring of adrenal responses to psychological stressors in domestic and nondomestic felids. *Zoo Biology* 11:165-176.

- Chamove, A. S., and J. R. Anderson. 1989. Examining environmental enrichment. In *Housing, Care, and Psychological Well-Being of Captive and Laboratory Primates*, ed. E. F Segal, 183-202. Park Ridge, N.J.: Noyes Publications.

- Chamove, A. S., J. R. Anderson, S. C. Morgan-Jones, and S. P. Jones. 1982. Deep woodchip litter: Hygiene, feeding, and behavioral enhancement in eight primate species. *International Journal for the Study of Animal*

Problems 3:308-318.

- Clarke, A. S., and D. G. Lindburg. 1993. Behavioral contrasts between male cynomolgus and lion-tailed macaques. *American Journal of Primatology* 29:49-59.

- Clarke, A. S., and W. A. Mason. 1988. Differences among three macaque species in responsiveness to an observer. *International Journal of Primatology* 9:347-364.

- Clarke, A. S., W. A. Mason, and G. P. Moberg. 1988a. Differential behavioral and adrenocortical responses to stress among three macaque species. *American Journal of Primatology* 14:37-52.

- Clarke, A. S., W. A. Mason, and G. P. Moberg. 1988b. Interspecific contrasts in responses of macaques to transport cage training. *Animal Science* 38:305-309.

- Crockett, C. M. 1990. Psychological well-being and enrichment workshop held at Primate Centers', Directors' Meeting. *Laboratory Primate Newsletter* 29 (3): 3-6.

- Crockett, C. M. 1993. Rigid rules for promoting psychological well-being are premature. *American Journal of Primatology* 30:177-179.

- Crockett, C. M. 1996. Data collection in the zoo setting, with emphasis on behavior. In *Wild Mammals in Captivity*, ed. D. G. Kleiman, M. E. Allen, K. V Thompson, S. Lumpkin, and H. Harris, 545-565. Chicago: University of Chicago Press.

- Crockett, C. M., R. U. Bellanca, C. L. Bowers, and D. M. Bowden, n.d. Grooming contact bars provide social contact for individually caged laboratory macaques. *Contemporary Topics in Laboratory Animal Science* (in press).

- Crockett, C. M., J. Bielitzki, A. Carey, and A. Velez. 1989. Kong toys as enrichment devices for singly-caged macaques. *Laboratory Primate Newsletter* 28 (2): 21-22.

- Crockett, C. M., and D. M. Bowden. 1994. Challenging conventional wisdom for housing monkeys. *Lab Animal* 23 (2): 29-33.

- Crockett, C. M., C. L. Bowers, R. Bellanca, M. Shimoji, and D. M. Bowden. 1995a. How often do singly housed longtailed macaques choose grooming contact with a neighbor? *American Journal of Primatology* 36:118.

- Crockett, C. M., C. L. Bowers, D. M. Bowden, and G. P. Sackett. 1994a. Sex differences in compatibility of pair-housed adult longtailed macaques. *American Journal of Primatology* 32:73-94.

- Crockett, C. M., C. L. Bowers, G. P. Sackett, and D. M. Bowden. 1990. Appetite suppression and urinary cortisol responses to different cage sizes and tethering procedures in longtailed macaques. *American Journal of Primatology* 20:184-185.

- Crockett, C. M., C. L. Bowers, G. P. Sackett, and D. M. Bowden. 1993a. Urinary cortisol responses of longtailed macaques to five cage sizes, tethering, sedation, and room change. *American Journal of Primatology* 30:55-74.

- Crockett, C. M., C. L. Bowers, M. Shimoji, R. Bellanca, and D. M. Bowden. 1994b. Behavioral responses to four sizes of home cage by adult female pigtailed macaques. *American Journal of Primatology* 33:203-204.

- Crockett, C. M., C. L. Bowers, M. Shimoji, M. Leu, R. BeDanca, and D. M. Bowden. 1993b. Appetite and urinary cortisol responses to different cage sizes in female pigtailed macaques. *American Journal of Primatology* 30:305.

– Crockett, C. M., C. L. Bowers, M. Shimoji, M. Leu, D. M. Bowden, and G. P. Sackett. 1995b. Behavioral responses of longtailed macaques to different cage sizes and common laboratory experiences. *Journal of Comparative Psychology* 109:368-383.

– Crockett, C. M., and J. F. Eisenberg. 1987. Howlers: Variations in group size and demography. In *Primate Societies*, ed. B. B. Smuts, D. L. Cheney; R. M. Seyfarth, K. W Wrangham, and T. T. Struhsaker, 54-68. Chicago: University of Chicago Press.

– Crockett, C. M., and W. L. Wilson. 1980. The ecological separation of *Macaca nemestrina* and M. fascicularis in Sumatra. In *The Macaques: Studies in Ecology, Behavior, and Evolution*, ed. D. G. Lindburg, 148-181. New York: Van Nostrand Reinhold.

– Crockett, C. M., J. Yamashiro, S. DeMers, and C. Emerson. 1996. Engineering a rational approach to primate space requirements. *Lab Animal* 25 (9): 44-47.

– Dantzer, R. 1986. Behavioral, physiological, and functional aspects of stereotyped behavior: A review and a re-interpretation. *Journal of Animal Science* 62:1776-1786.

– Dantzer, R. 1989. Assessment of psychological well-being in animals: Lessons from farm animal studies. *American Journal of Primatology Supplement* 1:5-7.

– Dawkins, M. S. 1989. From an animal's point of view: Consumer demand theory and animal welfare. *Behavioral and Brain Sciences* 13:1-61.

– de Waal, F. B. M. 1989. The myth of a simple relation between space and aggression in captive primates. *Zoo Biology Supplement* 1:141-148.

– Draper, W. A., and I. S. Bernstein. 1963. Stereotyped behavior and cage size. *Perceptual and Motor Skills* 16:231-234.

– Erwin, J. 1979. Aggression in captive macaques: Interaction of social and spatial factors. In *Captivity and Behavior: Primates in Breeding Colonies, Laboratories, and Zoos*, ed. J. Erwin, T L. Maple, and G. Mitchell, 139-171. New York: Nostrand Reinhold.

– Erwin, J., and G. P. Sackett. 1990. Effects of management methods, social organization, and physical space on primate behavior and health. *American Journal of Primatology* 20:23-30.

– Estep, D. Q., and S. C. Baker. 1991. The effects of temporary cover on the behavior of socially housed stumptailed macaques (*Macaca arctoides*). *Zoo Biology* 10:465-472.

– Fajzi, K., V. Reinhardt, and M. D. Smith. 1989. A review of environmental enrichment strategies for singly caged nonhuman primates. *Lab Animal* 18 (3): 23-35.

– Fishman, J. R., D. A. Hamburg, J. H. Handlon, J. W. Mason, and E. Sachar. 1962. Emotional and adrenal cortical responses to a new experience: Effect of social environment. *Archives of General Psychiatry* 6 (2): 29-36.

– Friedman, S. B., J. W. Mason, and D. A. Hamburg. 1963. Urinary 17-hydroxycorticosteroid levels in parents of children with neoplastic disease: A study of chronic psychological stress. *Psychosomatic Medicine* 25:364-376.

– Gaspari, M. K., and C. M. Crockett. 1984. The role of scent marking in Lemur catta agonistic behavior. *Zoo Biology* 3:123-132.

- Goosen, C. 1981. Abnormal behavior patterns in rhesus monkeys: Symptoms of mental disease? *Biological Psychiatry* 16:697-716.

- Hamburg, D. A. 1962. Plasma and urinary corticosteroid levels in naturally occurring psychologic stresses. *Proceedings of the Association for Research on Nervous Mental Disease* 40:406-413.

- Heath, S., M. Shimoji, J. Tumanguil, and C. Crockett. 1992. Peanut puzzle solvers quickly demonstrate aptitude. *Laboratory Primate Newsletter* 31 (1): 12-13.

- Hutchins, M., D. Hancocks, and C. Crockett. 1984. Naturalistic solutions to the behavioral problems of captive animals. *Zoologische Garten* 54:28-42.

- International Primatological Society. 1993. IPS international guidelines: IPS code of practice. 1. Housing and environmental enrichment. *Primate Report* 35 (1): 8-16.

- Johnson-Delaney, C. A., and J. White. 1992. Human primate/non-human primate social interaction program [abstract]. Regional Proceedings, *American Association of Laboratory Animal Science*.

- Kelley, T. M., and C. A. Bramblett. 1981. Urine collection from vervet monkeys by instrumental conditioning. *American Journal of Primatology* 1:95-97.

- Kopecky, J., and V. Reinhardt. 1991. Comparing the effectiveness of PVC swings versus PVC perches as environmental enrichment objects for caged female rhesus macaques (*Macaca mulatta*). *Laboratory Primate Newsletter* 30 (2): 5-6.

- Lam, K., N. M. J. Rupniak, and S. D. Iversen. 1991. Use of a grooming and foraging substrate to reduce cage stereotypies in macaques. *Journal of Medical Primatology* 20:104-109.

- Lawrence, A. B., and J. Rushen, eds. 1993. *Stereotypic Animal Behaviour: Fundamentals and Applications to Welfare*. Wallingford, U.K.: CAB International.

- Leu, M., C. M. Crockett, C. L. Bowers, and D. M. Bowden. 1993. Changes in activity levels of singly housed longtailed macaques when given the opportunity to exercise in a larger cage. *American Journal of Primatology* 30:327.

- Lindburg, D. G. 1991. Ecological requirements of macaques. *Laboratory Animal Science* 41:315-322.

- Line, S. W., A. S. Clarke, and H. Markowitz. 1987. Plasma cortisol of female rhesus monkeys in response to acute restraint. *Laboratory Primate Newsletter* 26 (4): 1-4.

- Line, S. W., H. Markowitz, K. N. Morgan, and S. Strong. 1991a. Effects of cage size and environmental enrichment on behavioral and physiological responses of rhesus macaques to the stress of daily events. In *Through the Looking Glass: Issues of Psychological Well-Being in Captive Non-human Primates*, ed. M. A. Novak and A. J. Petto, 160-179. Washington, D.C.: American Psychological Association.

- Line, S. W., and K. N. Morgan. 1991. The effects of two novel objects on the behavior of singly caged adult rhesus macaques. *Laboratory Animal Science* 41:365-369.

- Line, S. W., K. N. Morgan, and H. Markowitz. 1991b. Simple toys do not alter the behavior of aged rhesus monkeys. *Zoo Biology* 10:473-484.

- Line, S. W., K. N. Morgan, H. Markowitz, J. A. Roberts, and M. Riddell. 1990a. Behavioral responses of female long-tailed macaques (*Macaca fascicularis*) to pair formation. *Laboratory Primate Newsletter* 29 (4): 1-5

– Line, S. W., K. N. Morgan, H. Markowitz, and S. Strong. 1989. Influence of cage size on heart rate and behavior in rhesus monkeys. *American Journal of Veterinary Research* 50:1523-1526.

– Line, S. W., K. N. Morgan, H. Markowitz, and S. Strong. 1990b. Increased cage size does not alter heart rate or behavior in female rhesus monkeys. *American Journal of Primatology* 20:107-113.

– Lundberg, U. 1980. Catecholamine and cortisol excretion under psychologically different laboratory conditions. In *Catecholamines and Stress: Recent Advances*, ed. E. Usdin, S. Kvetnansky; and I. J. Kopin, 455-460. Amsterdam: Elsevier-North Holland.

– Maki, S., and M. A. Bloomsmith. 1989. Uprooted trees facilitate the psychological well-being of captive chimpanzees. *Zoo Biology* 8:79-87.

– Marriner, L. M., and L. C. Drickamer. 1994. Factors influencing stereotyped behavior of primates in a zoo. *Zoo Biology* 13:267-275.

– Mason, G. J. 1991. Stereotypies: A critical review. *Animal Behaviour* 41:1015-1037.

– Mason, G. [J.], and M. Mendl. 1993. Why is there no simple way of measuring animal welfare? *Animal Welfare* 2:301-319.

– Melnick, D. J., and M. J. Pearl. 1987. Cercopithecines in multimale groups: Genetic diversity and population structure. In *Primate Societies*, ed. B. B. Smuts, D. L. Cheney, R. M. Seyfarth, R. W. Wrangham, and T. T. Struhsaker, 121-134. Chicago: University of Chicago Press.

– Mench, J. 1994. Environmental enrichment and exploration. *Lab Animal* 23 (2): 38-41.

– Mendoza, S. P. 1991a. Behavioural and physiological indices of social relationships: Comparative studies of New World monkeys. In *Primate Responses to Environmental Change*, ed. H. O. Box, 311-335. London: Chapman & Hall.

– Mendoza, S. P. 1991b. Sociophysiology of well-being in nonhuman primates. *Laboratory Animal Science* 41:344-349.

– Miller, M. W., N. T. Hobbs, and M. C. Sousa. 1991. Detecting stress responses in Rocky Mountain bighorn sheep (*Ovis canadensis canadensis*): Reliability of cortisol concentrations in urine and feces. *Canadian Journal of Zoology* 69:15-24.

– Mitchell, G., and J. Gomber. 1976. Moving laboratory rhesus monkeys (*Macaca mulatta*) to unfamiliar home cages. *Primates* 17:543-546.

– Moberg, G. P. 1985. Biological response to stress: Key to assessment of animal wellbeing? In *Animal Stress*, ed. G. P. Moberg, 27-49. Bethesda, Md.: American Physiological Society.

– Moberg, G. P. 1987. Problems in defining stress and distress in animals. *Journal of the American Veterinary Medical Association* 191:1207-1211.

– Moodie, E. M., and A. S. Chamove. 1990. Brief threatening events beneficial for captive tamarins? *Zoo Biology* 9:275-286.

– Murchison, M. A. 1991. PVC-pipe food puzzle for singly caged primates. *Laboratory Primate Newsletter* 30 (3): 12-14.

– Murchison, M. A. 1993. Potential animal hazard with ring toys. *Laboratory Primate Newsletter* 32 (1): 7.

– Murchison, M. A., and R, E. Nolte. 1992. Food puzzle for singly caged primates. *American Journal of Primatology* 27:285-292.

– Novak, M. A., and A. J. Petto, eds. 1991. *Through the Looking Glass: Issues of Psychologi cal Well-Being in Captive Non-human Primates*. Washington, D.C.: American Psychological Association.

– Novak, M. A., and S. J. Suomi. 1988. Psychological well-being of primates in captivity. *American Psychologist* 43:765-773.

– Paulk, H. H., H. Dienske, and L. G. Ribbens. 1977. Abnormal behavior in relation to cage size in rhesus monkeys. *Journal of Abnormal Psychology* 86:87-92.

– Reinhardt, V. 1989a. Behavioral responses of unrelated adult male rhesus monkeys familiarized and paired for the purpose of environmental enrichment. *American Journal of Primatology* 17:243-248.

– Reinhardt, V. 1989b. Evaluation of the long-term eSectiveness of two environmental enrichment objects for singly caged rhesus macaques. *Lab Animal* 18 (6): 31-33.

– Reinhardt, V. 1990a. Environmental enrichment program for caged stump-tailed macaques (*Macaca arctoides*). *Laboratory Primate Newsletter* 29 (2): 10-11.

– Reinhardt, V. 1990b. Time budget of caged rhesus monkeys exposed to a companion, a PVC perch, and a piece of wood for an extended time. *American Journal of Primatology* 20:51-56.

– Reinhardt, V. 1994a. Caged rhesus macaques voluntarily work for ordinary food. *Primates* 35:95-98.

– Reinhardt, V. 1994b. Continuous pair-housing of caged *Macaca mulatta*: Risk evaluation. *Laboratory Primate Newsletter* 33 (1): 1-4.

– Reinhardt, V, D. Cowley, and S. Eisele. 1991a. Serum cortisol concentrations of single-housed and isosexually pair-housed adult rhesus macaques. *Journal of Experimental Animal Science* 34:73-76.

– Reinhardt, V., D. Cowley, S. Eisele, and J. Scheffler. 1991b. Avoiding undue cortisol responses to venipuncture in adult male rhesus macaques. *Animal Technology* 42 (2): 83-86.

– Reinhardt, V., D. Houser, D. Cowley, S. Eisele, and R. Vertein. 1989. Alternatives to single caging of rhesus monkeys (*Macaca mulatta*) used in research. *Zeitschrift für Versuchstierkunde* 32:275-279.

– Reinhardt, V., D. Houser, S. Eisele, D. Cowley, and R. Vertein. 1988. Behavioral responses of unrelated rhesus monkey females paired for the purpose of environmental enrichment. *American Journal of Primatology* 14:135-140.

– Reinhardt, V., and A. Reinhardt. 1992. Quantitatively tested environmental enrichment options for singly-caged nonhuman primates: A review. *Humane Innovations and Alternatives* 6:374-384.

– Schapiro, S. J., and M. A. Bloomsmith. 1994. Behavioral effects of enrichment on singly-housed, yearling rhesus monkeys: An analysis including three enrichment conditions and a control group. *American Journal of Primatology* 35:89-101.

– Schapiro, S. J., M. A. Bloomsmith, A. L. Kessel, and C. A. Shively. 1993. Effects of enrichment and housing on cortisol response in juvenile rhesus monkeys. *Applied Animal Behaviour Science* 37:251-263.

– Schapiro, S. J., L. Brent, M. A. Bloomsmith, and W. C. Satterfield. 1991. Enrichment devices for nonhuman primates. *Lab Animal* 20 (6): 22-28.

– Segal, E. F., ed. 1989. *Housing, Care, and Psychological Well-Being of Captive and Laboratory Primates*. Park Ridge, N.J.: Noyes Publications.

– Shimoji, M., C. L. Bowers, and C. M. Crockett. 1993. Initial response to introduction of a PVC perch by singly caged *Macaca fascicularis*. *Laboratory Primate Newsletter* 32 (4): 8-11.

– Smith, A., D. G. Lindburg, and S. Vehrencamp. 1989. Effect of food preparation on feeding behavior of lion-tailed macaques. *Zoo Biology* 8:57-65.

– Thierry, B. 1986. A comparative study of aggression and response to aggression in three species of macaque. In *Primate Ontogeny, Cognition, and Social Behaviour*, ed, J. G. Else and P C. Lee, 307-313. New York: Cambridge University Press.

– Thomas, R. K., and R. B. Lorden. 1989. What is psychological well-being? Can we know if primates have it? In *Housing, Care, and Psychological Well-Being of Captive and Laboratory Primates*, ed. E. E Segal, 12-26. Park Ridge, N.J.: Noyes Publications.

– U.S. Department of Agriculture. 1991. Animal welfare, standards, final rule (part 3, subpart D: Specifications for the humane handling, care, treatment, and transportation of nonhuman primates). *Federal Register* 56 (32): 6495-6505.

– U.S. Department of Agriculture, U.S. Public Health Service, and Primate Information Center. 1992. *Environmental Enrichment Information Resources for Nonhuman Primates*: 1987-1992. Beltsville, Md.: National Agricultural Library, Animal Welfare Information Center.

– U.S. Public Health Service. 1985. *Guide for the Care and Use of Laboratory Animals*. NIH 85-23. Bethesda, Md.: National Institutes of Health.

– van Schaik,C. P., M. A. van Noordwijk, T. van Bragt, and M. A. Blankenstein. 1991. A pilot study of the social correlates of levels of urinary cortisol, prolactin, and testosterone in wild long-tailed macaques (*Macaca Jascicularis*). *Primates* 32:345-356.

– Weld, K. P. 1992. Environmentai enrichment of laboratory-housed nonhuman primates. Master's thesis, University of Maryland, College Park.

– Weld, K., and J. Erwin. 1990. Provision of manipulable objects to cynomolgus macaques promotes species-typical behavior. *American Journal of Primatology* 20:243.

– Weld, K., B. Metz, and J. Erwin. 1991. Environmental enrichment for *Macaca fascicularis*: Effects of shape and substance of manipulable objects. *American Journal of Primatology* 24:139.

– Wemelsfelder, F. 1993. The concept of animal boredom and its relationship to stereotyped behaviour. In *Stereotypic Animal Behaviour: Fundamentals and Applications to Welfare*, ed. A. B. Lawrence and J. Rushen, 65-95. Wallingford, U.K.: CAB International.

제10장

동물원, 풍부화, 그리고 회의적인 관찰자 : 평가의 실용적 가치

Kathleen N. Morgan, Scott W. Line과 Hal Markowitz

공공 여론과 법률, 그리고 인간으로서 도덕적 책임감은 동물복지 개선을 위해 더 노력하도록 요구하고 있다. 살아 있는 동물을 보유한 연구 기관들은 다양한 동물권 단체로부터 점점 더 큰 압력을 받고 있으며, 동물원도 그들의 관심에서 예외가 아니다. 미국의 경우, 동물원은 '동물복지법(Animal Welfare Act)'이 요구하는 기준을 충족해야 할 법적 책임도 지고 있다. 이러한 법적 의무 외에도, 동물원은 자신들이 돌보는 동물들의 삶을 개선하고 풍부하게 만듦으로써 얻을 수 있는 다양한 이점을 알아야 한다.

예를 들어, 동물원에서 풍부화에 힘써서 얻는 이점 중 하나는 대중의 관심을 끌 수 있다는 점이다. 대부분의 동물원은 공공기관이며, 수익의 일부를 기부금이나 회원 가입비에 의존하고 있다. 방문객들은 전통적인 방식의 낡고 열악한 전시시설에서 사육 중인 동물들이 보이는 '비자연적 행동'에 대해 우려를 나타내는 경우가 많다. 이러한 전시 환경을 풍부화하여 종 고유의 행동을 유도하면, 대중의 관심을 유도하고 동물에 대한 이해와 교육 효과를 높일 수 있다(Shettel-Neuber, 1988; Falk와 Dierking, 1992). 따라서 동물원의 환경 풍부화 노력은 사육동물의 생활 환경을 개선하는 동시에 수익 향상에도 도움이 될 수 있다. 하지만 동시에, 더 자연적인 환경을 꾸미면 오히려 동물이 잘 보이지 않게 되는 경우도 생겨 일부 관람객이 불만을 품거나 실망할 수도 있다(Bitgood 등, 1988; Donahoe, 1988; Falk와 Dierking, 1992; Morgan과 Bergman, 미출간 자료). 이처럼, 동물원을 운영하는 입장에서는 사육동물을 위한 환경 개선과 관람객 만족이라는 두 가지 목표를 동시에 달성해야 하는 과제를 안고 있다.

사육동물의 복지를 개선하여 얻을 수 있는 또 다른 이점은 동물을 인도적으로 돌볼 수 있다는 점이다. 사육환경은 필연적으로 동물의 선택권을 제한한다. 인간은 먹이 종류와 제공 시기, 사회적 상호작용의 기회, 타 개체를 회피할 수 있는 환경의 여부를 결정하게 된다. 이러한 제한 때문에 발생하는 스트레스는 신체적·행동적 이상으로 이어질 수 있다. 과도한 공격성, 털 뽑기, 이상섭식, 자해 행동 등이 그 예다. 따라서 풍부화 노력에서 중요하게 다뤄야 할 책임 중 하나는, 동물의 삶의 질을 개선하는 것뿐만 아니라, 그들의 일상적인 건강과 안녕을 지속적으로 유지하는 일이다.

동물원 환경을 풍부화하려는 시도에서 또 하나 중요한 요소는 바로 멸종위기종의 성공적인 종보전이다. 오늘날 동물원은 종보전 주체로서 점점 더 그 역할이 중요해지고 있다. 인구 급증으로 야생 서식지를 빠르게 파괴하면서, 많은 생물에게 자연은 더 이상 안전하지 않은 장소가 되어가고 있다. 일부 종은 야생 생존 개체수보다 사육 개체수가 더 많아졌으며(Savage, 1988), 어떤 동물은 야생에서는 이미 멸종하고 오직 사육시설에만 존재한다(예: 사불상,

Elaphurus davidianus). 이러한 종들을 보전하기 위해서 동물원이 건강하고 번식 가능한 사육 집단을 유지할 수 있는 기술과 지식, 전문성을 갖추는 것이 필수적이다(Tudge, 1991a). 환경 풍부화는 사육동물의 신체적·심리적 요구를 충족시킨다는 점에서, 이러한 노력의 핵심적인 부분이다. 더 나아가, 현지 복원 프로그램의 성공 여부 또한 사육환경에서 진행하는 풍부화 노력에 어느 정도 달려 있다. 만약 방생 동물들이 야생에서 살아가는 데 필요한 경험을 사육 상태에서 충분히 갖추지 못했다면, 현지 복원에 들인 시간과 자원, 노력이 모두 헛된 일이 될 수 있다(Shepherdson, 1994; 7장, 8장 참조).

이러한 상황에서는, 환경 풍부화가 실제로 효과적이어야 하며 제한된 자원을 효율적으로 활용할 수 있어야 한다. 이제 환경 풍부화의 효과를 검증하려는 노력이 필요하다는 점을 강조하고자 한다(9장 참조). 이를 위해 일상적으로 사용하는 다양한 인식론과, 이러한 인식론들이 돌보는 동물들의 삶과 복지에 관한 결정에 어떤 영향을 미치는지 간단히 살펴보고자 한다. 또한, 이 인식론에서 도출한 가설이 어떻게 사육동물의 삶을 풍부하게 하는지에 대한 통찰을 소개하고자 한다. 특히 이 가설을 검증하기 위해 경험주의라는 인식법을 적극적으로 활용해야 한다. 이는 동물복지와 생명이 직결된 중요한 상황에서 특히 더 필요하다. 그 일환으로 사육 영장류의 삶을 풍부하게 만들기 위해 제안한 여러 기법의 효과를 실증적으로 검토한 연구 사례를 함께 소개하려 한다. 구체적으로는, 사육 영장류의 생활 조건을 개선하기 위해 직관적으로 가장 타당해 보이는 일부 기법들이 실제로는 행동 변화(그리고 일부 경우에는 생리적 변화) 측면에서 통계적으로 유의미한 효과를 거의 보이지 않았다는 점을 보여준다.

동물을 이해하는 여러 가지 방식

인간이 세상에 대한 지식을 얻는 방법 중 하나는 단순히 다른 사람의 말을 신뢰하는 것이다. 권위를 이용한 방식이란, 특정인이 말하는 내용을 그 권위에 기대 사실로 받아들이는 것이다. 예를 들어, Jane Goodall의 책(1971, 1986, 1990)을 읽고 침팬지(*Pan troglodytes*)가 흰개미집에서 흰개미를 꺼내 먹기 위해 도구를 만들고 사용한다는 걸 알게 됐다면, 이는 권위를 통한 학습에 해당한다. 실제로 야생 개체군의 종 고유한 행동에 관한 연구 결과는 사육동물을 위한 풍부화 아이디어 도출에 풍부한 자료가 될 수 있다. 예를 들어, Goodall이 연구한 침팬지의 '흰개미 낚시' 행동을 부분적으로 참고하여, David Shepherdson은 런던동물원(London Zoo)에서 사육하는 침팬지들에게 플라스틱 튜브를 줬다. 침팬지들은 이 튜브 안에 있는 과일 조각을 얻기 위해 작은 구멍 입구를 막대기로 찌르거나 쑤시면서, 더 큰 구멍까지 과일 조각을 밀어내어 꺼낼 수 있었다. 마찬가지로, 야생에서의 곰 행동에 관한 문헌을 바탕으로, Law는 스코틀랜드의 글래스고동물원(Glasgow Zoo)에 있는 반달가슴곰(*Ursus thibetanus*) 전시장을 개선하여 은신처 만들기 같은 종 고유 행동을 할 수 있도록 했다(Tudge, 1991b).

권위를 통한 학습 방식은 교육 시스템의 대부분에 바탕을 이루고 있다. 이는 보편적으로 인정받아 널리 쓰이는 지식 습득 방식이다. 하지만 이런 방식으로 얻은 지식은 결국 그 권위자의 신뢰성과 정확성에 좌우된다. 예를 들어, 다양한 사육동물종에 대한 전문가라 하더라도, 때때로 의도치 않게 불완전한 정보를 줄 수 있기 때문이다. 필자 중 한 명은 과거에 권위 있는 양서파충류 전문가들이 추천한 깔짚을 사용했다가 몇몇 상자거북이 그 속에 갇혀 움직이지 못하고 있는 걸 보고 충격을 받은 적이 있다. 그 깔짚은 젖은 뒤 마르면서 단단하게 굳어 거북이들을 옴짝달싹 못하게 만들었던 것이다. 이처럼,

타인의 의견에 전적으로 의존하는 것은, 특히 정확한 정보가 매우 중요한 상황에서는 한계가 있다. 그래서 대부분의 사람들은 지식 습득에 있어 타인의 권위에만 기대지 않는다. 대신 자신의 경험이나 세상에 대한 이해, 즉, 흔히 말하는 '상식(일반적인 생각)'을 통해 지식을 얻는다. 그러나 상식에 근거한 주장 역시 문제를 일으킬 수 있다. 그것은 무의식적으로 가지고 있는 개인적인 '현실에 대한 의견'에 기반하기 때문이다. 이러한 개인적 의견은 특정 종에 대해 부적절하거나 잘못된 판단을 유도할 수 있다. 예컨대, 좁은 공간에 가두는 것이 불쾌하다고 생각하기 때문에, 사육장 크기를 늘리는 것이 동물복지를 개선하는 일반적인 방법이라고 생각할 수 있다. 하지만 일부 종에게는 공간을 넓혀주는 것이 효과적인 풍부화 방법이 아닐 수도 있다.

동물 행동에 대해 일반적이라 생각한 설명이 종종 동물을 의인화하는 경향이 있다. 의인화란, 인간의 특성이나 감정, 동기를 비인간 동물에게 투사하는 것으로, 이는 중세 이전부터 지적 담론으로는 바람직하지 않다고 여겨졌다. 특히 Romanes(1882)가 동물인지에 대한 일화들을 모아 발표한 이후로 더욱 부정적으로 인식되었다. 그러나 경험적 근거가 뒷받침된다면, 적당한 수준에서의 의인화는 꼭 나쁘지만은 않다. 실제로 일부 연구자들은 동물이 처한 환경이 수용 불가능한 수준인지, 또는 어떻게 하면 그 상태를 개선할 수 있을지 판단하기 위해서는 어느 정도의 의인화가 오히려 필수적이라고 주장해 왔다(Dawkins, 1980). 그러나 상식에 기반한 인식론의 연장선상에서 보면, 의인화 역시 유사한 문제를 내포하고 있다. 한 종의 삶을 풍부하게 만드는 요소가 다른 모든 종에게도 동일한 효과를 낼 것이라는 보장이 없듯이, 인간에게 매력적으로 보이는 것이 모든 영장류 동물에게도 똑같이 매력적일 것이라는 보장이 없다. 예를 들어, 미국 동식물검역소(Animal and Platns Health Inspection Service, APHIS)는 1990년, 개별 사육해야 하는 실험용 원숭이에게 인간과 상호작용을 할 기회를 줘야 한다고 권고했다. 이 제안은 원숭이들이 혼자 있는 것보다는 인간과의 상호작용을 선호할 것이라는 가정을 전제로 하고 있다. 그러나 동물이 인간의 존재를 어떻게 받아들이는지는 종마다 크게 다르며, 심지어 같은 종 내에서도 개체에 따라 반응은 천차만별이다. 가장 잘 안다고 생각하는 동물들조차 실제로는 인간의 존재에 민감하게 반응하고 있음에도, 우리는 그 사실을 인식하지 못한 채 지나치는 경우가 많다.

예를 들어, 이 장에서 소개하는 한 연구에서는 피하에 이식한 무선 송신기를 이용해 개체의 상대적 활동 수준을 측정하였다. 성체 암컷 히말라야원숭이 (*Macaca mulatta*) 7개체의 활동 수준을 관찰 전, 관찰 중, 관찰 후로 나누어 추적했다. 1년 이상 지속하여 이 개체들을 연구했고, 인간 관찰자의 존재에 익숙해졌다고 추정했었다. 그러나 관찰자가 있는 동안에 동물들은 관찰 전이나 후에 비해 통계적으로 유의미하게 사육장 안에서의 활동 수준이 낮아지는 양상을 보였으며(F=6.4; df=2, 6; p<0.05), 이는 곧, 인간 관찰자가 행동을 기록하는 동안에 원숭이들은 가장 적게 움직였다는 것을 의미한다. 이 결과가 동물복지 측면에서 무엇을 의미하는지는 아직 명확하지 않다. 다만, 매일 상호작용하는 동물들조차도 인간이 없는 상태에서 보일 '정상' 행동을 인간이 있을 때는 보이지 않을 가능성이 있음을 시사한다. 일반적으로 뱀, 도마뱀, 거북류 등과 같이 인간에게 둔감하다고 보는 동물들도 특정 사육사나 관찰자가 근처에 있을 경우, 실제로는 행동을 달리할 수 있다(Bowers와 Burghardt, 1992; 13장 참조).

동물이 인간의 존재에 따라 행동을 바꾸는 것은, 여전히 인간과의 상호작용에 반응하고 있음을 시사한다. 이에 따라 또 하나의 상식적 역설에 직면하게 된다. 즉, 비인간 동물에게 인간과의 상호작용은 바람직한가, 아니면 스트레스 요인인가? 당연히, 상호작용의 방식이 이 문제에서 중요한 변수로 작용한다는 점은 여러 연구자들이 지적한 바 있다(Hemsworth와 Barnett, 1987; Duncan, 1992). 인간과의 불쾌하거나 원치 않는 접촉은 동물에게 두려움과 공격성을 유발할 수 있으며, 이는 궁극적으로 건강, 번식 상태나 전반적인 복지에 영향을 미치는 일련의 생리적 반응을 초래할 수 있다. 따라서 안전한 핸들링과 건강한 번식 개체군 유지를 위해서는, 스트레스를 유발하는 방식의 접촉은 피해야 한다. 하지만 동시에, 현지 복원을 염두에 둔다면, 동물원에서 여러 세대를 거치며 인간 존재에 과도하게 익숙해지지 않도록 조절해야 한다. 야생으로 돌아갔을 때 살아남기 위해서는 회피 행동과 같은 적응 반응을 보일 수 있어야 하기 때문이다(7장 참조).

동물원 동물과 인간의 상호작용에 있어서 그 성격이나 빈도, 질 등에 대한 의견이 오직 상식에만 기반할 경우, 이는 매우 매력적으로 느껴질 수 있다. 상식이라는 것은 가장 깊고 개인적인 신념과 밀접하게 연관되어 있기 때문이다. 그러나 Peter Medawar(1979, 33쪽)가 적절하게 지적했듯, "어떤 가설이 옳다고 느끼는 강도는, 그 가설이 실제로 옳은지 여부와는 아무 관련이 없다." 어떤 가설이 옳은지 알기 위해서는 경험적 평가라는 인식 방식을 사용해야 한다. 경험적 평가의 강점은, 어떤 개입의 효과가 단지 우연에 의한 것인지 아닌지를 판단할 수 있게 해준다는 점이다. 즉, 이 방법은 단순한 직관이나 상식보다 더욱더 많은 정보를 준다. 특히, 경험적 평가는 어떤 선택을 할 때 그에 따른 확률적 근거를 제공해 준다. 즉, 동물복지 개선을 위한 노력들이 실제로 효과가 있는지 더 높은 확신을 가지고 예측할 수 있게 해준다. 따라서, 성공 여부가 매우 중요하고, 효과를 극대화하는 것이 필요한 상황에서는 경험적 평가가 필수적이다.

일반적인 생각과 경험적 평가의 통합

비록 그 한계가 있지만, 상식은 사육동물의 삶을 개선하기 위한 아이디어 도출에 여전히 유용하다. 특히 동물원과 같은 환경에서는, 개인의 경험이 풍부화 프로그램 설계에 매우 소중한 정보가 된다. 사육사, 큐레이터, 연구자들

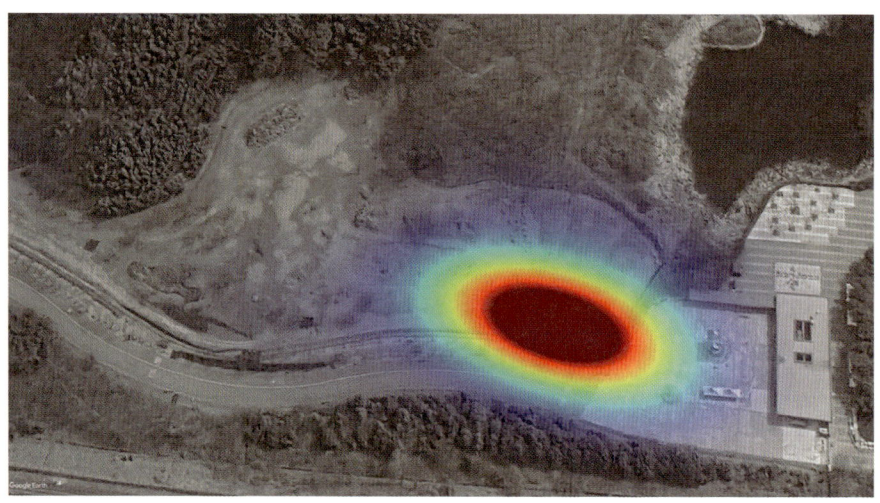

그림 22 사육 산양(*Naemorhedus caudatus*)에게 부착한 위치 추적장치로 주로 머무는 전시장소를 히트맵으로 표시. 이러한 분석으로 사육환경을 개선할 수도 있다(국립생태원, ⓒ김영준).

은 사육동물들과 매일 밀접하게 상호작용 하며, 책으로는 얻을 수 없는 동물들에 대한 깊은 이해를 하고 있다. 이들은 또한 작업 환경이 지닌 제약들을 잘 알고 있기 때문에, 재정적으로나 물리적 여건상 실현이 불가능한 개선안을 제시할 가능성이 상대적으로 낮다. 사육사와 연구자의 아이디어를 수렴하는 것은 동물복지 개선을 위한 시도에서 매우 효과적인 방법으로 나타나고 있다(그림 22). 예를 들어, Bayne(1988)은 이러한 접근법을 통해 실험실에서 사육하는 영장류의 삶을 풍부하게 할 약 30가지의 방법을 제시하였다. 이 가운데 몇 가지 제안은 미국 동식물검역소(APHIS, 1990)가 1985년 '동물복지법'을 개정하기 위해 마련한 규정 초안에 언급한 내용이기도 하다. 그러나 이 제안 중 일부는 실행 비용이 수십억 달러에 달할 것으로 추산된다(Holden, 1988). 따라서 복지 개선을 위해 제안한 조치들이 실제로 효과를 낼 수 있을지에 대한 문제는, 단순히 동물의 생존율이나 복지 개선뿐만이 아닌, 사육 군집을 유지하는 기관들의 재정적 건전성까지도 함께 고려해야 한다(9장 참조).

1987년부터 1991년까지 캘리포니아 데이비스에 있는 캘리포니아영장류 연구센터(California Primate Research Center, CPRC)에서 진행한 연구는 심리적 복지의 증진과 평가를 위해 활발한 연구 프로그램을 구축하고자 했다. 행동과 생리 지표에 기반해 사육 영장류 복지에 대한 비교적 객관적이고, 신뢰할 만한 타당한 작업 정의를 개발하는 것부터 시작하였다. 사용한 *행동 지표*는 다음과 같다. (1) 이상행동 빈도의 감소(반복보행, 몸 흔들기, 기이한 자세, 자해행동), (2) 종 고유 행동 빈도의 증가(서로 털 골라주기, 먹이탐색), 그리고 (3) 종 고유 행동의 빈도가 야생 개체에서 나타나는 수준과 유사한 방향으로 변화하는 것이다. 또한, *생리 지표*는 다음의 두 가지다. (1) 기초 심박수와 혈중 코르티솔 수치의 감소, (2) 일상적 스트레스 요인(보정, 사육장 교체 등)에 대한 심박수 및 코르티솔 반응도의 감소다.

여기서 제시한 복지의 정의가 보편적으로 적용 가능하다거나, 완전하다거나, 독보적이라고 생각하지 않는다. 오히려 이 정의들의 논의하기 위한 출발점, 즉 향후 논의와 연구를 확장해 나갈 수 있는 기반으로 보고 있다. 이 정의들은 부분적으로는 자연환경에서의 종 고유 행동에 대한 기존 권위자들의 지식, 관련 문헌에서 제시한 내용, 그리고 우리와 동료들의 상식적 판단에 기반하고 있다. 이러한 정의를 바탕으로 다양한 환경 풍부화 기법이 사육동물에게 미치는 효과를 평가하였으며, 그 과정에서 행동 지표와 생리 지표를 함께 기록하여 분석에 활용하였다. 다음으로 이 연구에서 도출된 일부 주요 결과들을 소개하고자 한다.

사육장 크기 확대

사육장 크기를 확대하는 것은 사육 영장류의 삶을 개선하는 가장 자명해 보이는 방법 중 하나로, 특히 실험실 환경에서 자주 고려한다. 하지만 동시에,

이는 가장 비용이 많이 드는 방법이기도 하다. 새로운 사육장을 건설하는 데 드는 비용 자체도 상당하지만, 이러한 대형 사육장을 관리할 인력을 추가로 확보해야 하므로, 사육장을 확대한 이후에도 지속적으로 운영비가 증가하게 된다. 따라서 사육장 크기 확대가 동물복지라는 목표에 거의 또는 전혀 효과가 없다면, 그로 인한 재정적 손실은 매우 클 수 있다. 이처럼 사육장 확대는 실질적 비용과 동물복지라는 두 측면에서 높은 위험이 따르므로, 이러한 조치를 실제로 시행하기에 앞서, 그 효과성을 객관적으로 평가하는 것이 반드시 필요하다(Bowden, 1988; Novak와 Suomi, 1988; 9장 참조).

이처럼 높은 비용 때문에, 동물들을 더 큰 사육장으로 옮겼을 때의 효과를 조사하였다(Line 등, 1989, 1990a). 실험 대상은 평균 연령이 5세인 성체 암컷 히말라야원숭이 10개체였으며, 모두 캘리포니아영장류연구센터에서 태어나 자란 개체들이었다. 이 중 6개체는 피하에 삽입한 원격 측정장치를 통해 심박수와 활동을 지속적으로 관찰할 수 있었다. 연구 기간 동안 각 개체는 실내에서 개별 사육했으며, 실험용 사육장은 스테인리스 재질의 스퀴즈케이지 형태로, 다음의 세 가지 크기 중 하나였다. '표준' 사육장(0.61 × 0.66 × 0.81m), '대형' 사육장(0.86 × 0.66 × 0.81m), 그리고 '특대형' 사육장(0.70 × 0.90 × 1.10m)이다.

각 동물의 행동은 매주 두 번씩 25분간 관찰 및 기록하였으며, 실험 조건 또는 대조 조건마다 개체당 총 네 번씩 관찰했다. 이 세션 동안에는 바코드 스캐너와 노트북 컴퓨터를 함께 사용하여, 행동의 빈도와 지속 시간을 모두 연속적으로 기록하였다. 기록한 행동 지표는 다음의 항목들과 같다. 공격 행동(다른 원숭이나 관찰자를 향해 사육장을 흔들거나 입을 벌리는 위협 행동), 복종 행동(립스매킹[36] 또는 찡그리기[37]), 사육장 조작 행동(사육장의 어느 부분이든 입이나 손으로 조작하는

---

36 Lipsmacking: 사회적 의사소통 행동으로 우호적 복종 행동. 입술을 빠르게 오므렸다 펴는 행동으로, 마치 '쪽쪽' 소리를 내듯 입을 움직이는 모습이 특징임.

37 Grimacing: 영장류의 얼굴 표정 중 하나로, 주로 두려움, 복종, 불안을 나타내는 행동으로 입을 좌우로 당기면서 치아(특히 앞니)가 드러내는 모습임.

행동), 음성 행동(쿠잉[38], 그르렁거리기, 비명지르기), 이상행동(자해, 자기 껴안기, 자기 빨기, 이상 자세, 털 뽑기, 머리 흔들기, 소변 먹기, 경례 행동) 등에 대한 빈도를 측정했다. 또한 털고르기, 정형행동(원을 그리며 돌거나 배회하는 행동), 몸 흔들기, 앉아 있기, 서 있기 등에 관한 지속 시간을 측정했다. 각 원숭이는 실험의 순서 효과를 통제하기 위해 균형교차설계[39]를 이용하여 각각 두 종류의 대형 사육장에 두 차례씩, 각기 일주일 동안 사육하였다.

두 가지 대형 사육장에서의 개체 행동 및 기초 심박수를 표준형 사육장에서의 행동 및 심박수와 비교한 결과, 유의미한 차이는 나타나지 않았다. 본 연구에서 사육장 크기 증가와 복지 개선에 관한 결과를 얻지 못한 이유는, 연구에 사용한 사육장 크기의 범위가 상대적으로 제한적이었기 때문일 수 있다. 그러나 다른 연구자들 역시, 사육장 크기를 늘려도 측정 가능한 행동의 변화는 나타나지 않았다는 결과를 보고한 바 있다(Crockett 등, 1993; 9장 참조)(그림 23). 심지어 그 증가 폭이 표준형 사육장보다 600배 이상 큰 경우에도 마찬가지였다(Goosen, 1988). 이러한 경험적 평가에서 얻어진 자료는, 사육장 크기만 변경할 수 있는 상황일지라도, 이것이 동물 서식 환경의 풍부화나 개선 수단으로 그 비용 대비 효과가 크지 않을 수 있음을 시사한다. 따라서 사육동물의 생활 조건을 개선하기 위해 상당한 자원을 투입하고자 한다면, 실제로 긍정적 효과가 입증된 방식에 자원을 투자해야 한다고 본다. 적어도 사육장 크기 확대의 경우, 상식적으로는 그 효과가 분명할 것처럼 보이지만, 실제로는 원하는 결과를 가져오지 못하는 조치일 수 있다.

---

38 Cooing: 부드럽고 낮은 소리를 내며, 흔히 사회적 유대, 안정감, 친화적 의도를 나타내는 음성 의사소통 수단으로 침착하고 긍정적인 정서 상태에서 주로 나옴.

39 Counterbalanced design: 실험 조건의 적용 순서를 고르게 배분함으로써 순서로 인한 왜곡 없이 조건 간 차이만을 비교할 수 있도록 해주는 통계적·실험적 통제 기법.

그림 23 사육환경 개선 방법 중 면적 확장 외에 수직 공간을 추가해 주는 등 복잡성을 증가시키는 방법도 있다(독일 부퍼탈동 물원, ⓒ김영준).

사회적 기회 확대

사회성 영장류의 복지 개선을 위한 가장 흔한 방법 중 하나는, 이들을 종 고유의 집단 형태로 사육하는 것이다(Reinhardt 등, 1987). 일반적으로 단독 생활을 하지 않는 종이라면 최소한 상호 친화적인 개체끼리 짝을 맞춰 사육할 것을 권장하고 있다. 확실히 사회적 사육은 단일 사육 상태에서는 불가능한 종 고유 행동을 표현할 기회를 제공해 준다. 또한 현재 미국에서는 가능하면, 영장류 사육 시 사회적으로 사육해야 한다고 규정하고 있다(APHIS, 1992). 그러나 일정 기간 단독 사육하던 개체들을 다시 집단으로 사육할 경우, 여러 가지 위험이 따른다(Line, 1987; Novak와 Suomi, 1988). 이전 연구에서도 단독 사육하던 영장류를 재사회화하는 과정에서 일부는 싸움으로 인해 상처를 입거나 폐사한 바 있고, 일부는 먹이를 충분히 먹지 못해 쇠약해지고 건강이 나빠진 바 있다.

실험실 및 동물원에서 단독 사육하던 영장류의 재사회화를 시도한 연구에서는 복지 개선에 대한 이러한 노력의 효과가 분명하지 않았다(다른 견해에 대해서는 Reinhardt 등, 1987, 1988; Crockett 등, 1994; 9장 참조).

한 예비 조사에서는, 또래와 함께 사육하던 아성체 히말라야원숭이 6개체를 나이 든 암컷 개체들과 1:1로 짝지어 각각 사육장에 두었다. 당초 나이 든 암컷들은 비교적 높은 빈도의 이상행동을 보였으며, 아성체와 동거시키면 이들의 일부 정형행동이 줄 것으로 기대하였다. 이렇게 구성한 짝 중 한 쌍을 제외하고는 성체들이 어린 개체들을 안거나 털을 손질해 주며 잘 지냈다. 그러나 매일 15분씩 관찰해보니 성체들의 이상행동 빈도는 감소하지 않았으며, 오히려 몇몇 아성체가 동거 성체의 '가장 마음에 드는 정형행동'을 따라 하는 양상을 보였다. 예를 들어, 이전까지 배회 행동을 한 적 없던 한 아성체가, 자주 배회하던 성체와 함께 지내게 되자 배회 행동을 시작했으며, 2개체는 종종 함께 배회하는 모습을 보였다. 따라서 외견상 잘 지내는 짝을 짓는 데는 성공했으나, 이상행동을 줄이는 데는 기대한 효과를 얻지 못했다. 실제로는, 의도치 않게 이상행동을 보이는 개체 수가 늘어나는 결과를 초래했다.

또 다른 연구에서는 야외에서 사육하는 나이 든 히말라야원숭이 13개체(수컷 6개체, 암컷 7개체; 평균 연령 23.3세)로 혼성 집단을 구성하였다(Line 등, 1990b). 이 개체들은 연구 전 평균 13.1년 동안 단독으로 지내왔으며, 앞서 설명한 바코드 및 노트북 컴퓨터 기반의 기록 방식을 사용하여, 이상행동 및 기타 행동의 발생률에 대한 기초 자료를 수집하였다. 이러한 행동 지표 외에도, 체중, 피부 주름의 두께, 손톱 성장 속도, 심박수, 혈압, 전체 혈구 수치 등의 생리적 변수를 일련의 항목으로 모니터링하였다. 비교를 위해 평균 연령이 10.5세인 더 젊은 12개체로 구성된 다른 혼성 집단에서도 동일한 측정을 수행했다. 나이 든 실험 개체들은 모두 출생 후 수년간을 야외 사회 집단에서 보냈으나, 본 연구 시점에서는 평균 5.5년 동안 실내에서 단독 사육 중이었다.

이 노령 개체들을 사회적 환경에 다시 적응시키기 위해, 동성 개체들끼리 서로 익숙해지도록 준비 과정을 거쳤다. 익숙화 과정은 일련의 단기 짝 실험으로 이루어졌다. 짝 실험은 2개체의 원숭이를 각각 이동식 철망사육장에 넣어 조용한 방으로 데려간 다음, 두 사육장을 약 7cm 간격으로 옆에 두었다. 일주일에 여러 차례, 각 세션당 30분간, 개체들은 이러한 방식으로 '짝을 지어', 충분히 서로를 볼 수 있고 제한된 범위 내에서 접촉할 수 있도록 하였다. 또한, 집단 형성 몇 주 전부터는 각 개체를 몇 시간씩 향후 사용하게 될 집단 사육장에 풀어놓아 새로운 환경에 익숙해지도록 하였다. 즉, 충분한 시간과 노력을 들여 준비 과정을 거친 뒤에야 재사회화를 시도하였다.

그런데도 집단 형성에는 상당한 손실이 있었다. 첫날에는 싸움이 흔하게 발생했는데, 수컷들 사이에서는 시간당 평균 8.41회의 싸움이, 암컷들 사이에서는 시간당 평균 2.1회의 싸움이 발생하였다. 둘째 날에는 싸움 빈도가 감소했지만(수컷의 경우 시간당 0.89회, 암컷의 경우 시간당 0.54회) 첫 주 동안 암컷 1개체가 폐사하였고, 다른 3개체(암컷 1개체와 수컷 2개체)는 위축된 행동을 보이거나 치료가 필요하여 분리해야 했다. 실제로 안정적인 서열 체계를 형성하기 전에 집단은 두 개로 나눠야 했다. 긍정적인 측면을 보자면, 집단 내에 남을 수 있었던 개체들은 더 다양한 종 고유 행동을 보였으며, 단독 사육 시에 이상행동을 자주 보이던 개체들도 그 빈도가 줄어들었다.

집단 형성과 관련해 측정했던 생리적 변수들 중 의미 있는 차이를 보인 것은 '손톱 성장 속도' 단 하나뿐이었다. 집단 형성 이전에는 나이 든 원숭이들의 손톱 성장률이 비교군인 더 젊은 개체들보다 확실히 낮았지만, 집단 형성 이후에는 나이 든 개체들과 젊은 개체들 간의 손톱 성장 속도가 뚜렷하게 차이를 나타내지 않았다. 손톱 성장 속도는 일반적으로 나이 든 원숭이에서 더 느린 경향이 있으며(Short 등, 1987), NK세포 활성도와 같은 일부 면역 기능 지표들과 관련이 있는 것으로 나타났다(Coe, 1989). 따라서 이 결과에 대한 해석 중 하나는 새로운 물리적 및 사회적 환경에 노출됨으로써 나이 든 개체들의 면역 상태가 좋아졌다는 것이다. 다른 한편으로는 싸움 중에 동물들이 입은 경미한 상처가 면역 체계의 활동을 자극하여 손톱 성장에 영향을 미쳤을 가능성도 있다. 어떤 경우든 간에 단독 사육동물의 재사회화는 일부 개체에게 이점이 있었지만, 동물 건강 측면에서는 일정 부담도 수반됐다.

연구팀이 사회적 기회를 확대하는 것이 동물의 복지에 미치는 효과를 조사한 다른 연구들에서도 결과가 일관되지 않고 혼합된 양상을 보였다. 한 실험에서는, 표준형 스테인리스 실험용 사육장 10개를 개조하여, 격벽을 제거하면 인접 사육장에 있는 동물들이 서로 오갈 수 있도록 하였다. 히말라야원숭이 암컷 성체 12개체를 대상으로 이전에 설명한 컴퓨터 기반 관찰 기법을 사용하여 다음 세 가지 조건에서 행동을 관찰하였다. (1) 격벽을 설치한 상태에서 자기 사육장에 혼자 있는 조건, (2) 구멍이 뚫린 격벽을 설치한 상태에서 혼자 있는 조건(서로를 볼 수 있고, 제한적 접촉 가능), (3) 격벽 제거 상태에서 이웃 개체와 짝을 이루는 조건이 앞서 언급한 세 가지 조건이다. 조건마다 개체당 총 90분간 관찰했다. 짝 사육 조건에서는 정해진 관찰 시간 외에 발생한 공격 및 복종 행동의 방향성을 바탕으로 개체 간의 상대적 서열(상위 및 하위)을 판단했다. 행동 지표 외에도 지속적으로 심박수 및 활동 수준을 측정할 수 있도록 12개체 중 8개체에게는 피하에 원격측정장치를 삽입하였다.

실험 개체들이 머물고 있던 인접 사육장 사이의 격벽을 제거했을 때 이상행동은 감소하였으나, 통계적으로 유의미하지 않았다. 그러나 서열과 사육장 조건 간의 상호작용은 통계적으로 유의미하게 나타났으며(F=5.53; df=1, 1; p=0.05), 하위 개체는 짝 사육 조건에서 이상행동이 감소한 반면, 단독 사육 조건에서는 뚜렷하게 많았다. 야생에서는 드물지만 단독 사육하는 영장류에서 빈번하게 나타나는 자기 털고르기는 짝 사육 조건에서 감소하였으나, 이 역시 통계적으로 유의미하지는 않았다. 또한, 상위 개체는 하위 개체보다 전반적으로 자기 털고르기 행동을 더 많이 보였다(F=8.05; df=1, 1; p=0.02). 심박수는 짝 사육 조건에서 유의미하게 상승하였으며(F=12.58; df=2, 7; p=0.0007), 이는 짝 형성으로 인한 긴장 때문일 수 있다.

성체 암컷 22개체의 게잡이원숭이(*Macaca fascicularis*)를 대상으로 한 유사한 연구에서는 더 긍정적인 결과가 나타났다(Line 등, 1991a). 앞서 설명한 것과 동일한 행동 자료 수집 방식을 사용하여, 개체별로 다음 세 가지 조건 중 하나에 대해 100분간 자료를 수집하였다. (1) 인접 사육장 사이의 격벽을 제거하기 전, 자기 사육장에서 단독 사육한 상태, (2) 격벽 제거 후 첫 2주 동안 인접 개체와 함께 있는 상태, 그리고 (3) 짝 형성 후 두 달이 지난 상태의 조건이다. 짝 형성은 이상행동 빈도의 유의미한 감소와 관련이 있었다(F=4.88; df=2, 20; p=0.01). 짝 형성 후 두 달이 지난 시점에서는, 이상행동의 평균 발생률이 첫 2주 동안 도달했던 낮은 수준에서 다시 증가하는 양상을 보였으나, 이 두 시점 간의 차이는 통계적으로 유의미하지 않았다. 자기 털고르기 역시 짝 형성 후 처음 2주 동안 빈도가 감소하였으며, 두 달 후 평균 발생률이 다시 증가하는 듯했으나 이 변화 또한 유의미하지는 않았다. 마지막으로, 짝 형성 후 처음 2주 동안 관찰한 빈도와 비교했을 때, 2개월 후 사회적 털고르기는 유의미하게 감소하였다(F=16.71; df=1, 20; p=0.0006). 짝 형성 두 달 후 사회적 털고르기 빈도의 변화는, 짝 형성 초기에 나타났던 과도한 반응이 가라앉고, 다시 원래 상태로 돌아가는 과정을 반영한 것일 수 있다.

가장 최근에는 Morgan의 지도로, 매사추세츠주 노턴(Norton)에 위치한 위튼대학(Wheaton College)의 학부생 Betsey Brewer가 진행한 연구가 있다. 그는 서로 다른 종이지만 동일 지역에 서식하는 동물원의 어린 수컷 원숭이 2개체를 짝지었을 때 나타나는 이상행동의 상대적 빈도 변화에 대해 연구하였다(Brewer와 Morgan, 원고 준비 중). 두 어린 개체(검은머리다람쥐원숭이, *Saimiri boliviensis*, 흰이마카푸친, *Cebus albifrons*)는 모두 어미의 거부로 인해 작은 실내 사육장에서 인공 포육됐으며, 다른 원숭이들과는 격리되어 있었다. 두 동물을 짝 사육 전, 연구진은 매주 30분씩 세 차례 관찰로 몸 흔들기, 반복보행, 머리 흔들기, 자기 껴안기, 먹이 탐색, 털고르기와 몇 가지 사회적 행동에 대해 보정한 빈도를 산출하였다. 30초 간격의 1-0 샘플링 기법[40](Altmann, 1974)을 이용해 30분 단위로 자료를 수집했다(총 60구간). 총 9주간 주 1회 관찰했으며, 짝 사육 직전 3주, 더 큰 실내 사육장에서 짝지은 후의 3주, 그리고 그 후 더 넓은 실외 전시장으로 옮긴 후 3주간 각각 관찰하였다.

짝 사육 후 첫 3주 동안 2개체 모두 사회적 털고르기나 사회적 놀이와 같은 종 고유의 친사회적 행동을 보였다. 그러나 이 행동들의 빈도는, 실외 전시장으로 옮긴 후인 두 번째 3주 동안에는 감소하였다. 먼저 어린 카푸친이 친사회적 행동을 보인 평균 구간 수를 살폈다. 짝지은 후 첫 3주 동안에는 30.0구간이었으나, 두 번째 3주 동안에는 21.3구간에 불과했다. 마찬가지로, 어린 다람쥐원숭이가 친사회적 행동을 보인 평균 구간 수는, 짝지은 후 첫 3주 동안에는 30.0구간이었으나, 두 번째 3주 동안에는 13.0구간으로 줄어들었다. 이러한 사회적 행동의 감소는 단순히 사육환경 변화 때문에 주의가 분산된 결과일 수도 있지만, 공격 행동의 증가는 또 다른 해석 가능성을 시사한다. 어린 카푸친이 공격 행동을 한 평균 구간 수는, 짝지은 후 첫 3주 동안에는 고작 7.0구간이었으나, 두 번째 3주 동안에는 18.0구간으로 증가하였다. 어린 다람쥐원숭이는 짝지은 후 첫 3주 동안에는 공격 행동이 전혀 없었으나, 두 번째 3주 동안에는 평균 6.0구간에서 공격 행동을 보였다. 실험 대상 개체 수가 적어 통계 분석은 불가능했지만, 이 결과는 두 동물 사이의 관계 변화 가능성을 시사했고 실제로 이 쌍은 몇 달 후 분리해야 했다.

40　One-zero sampling technique: 행동 관찰 연구에서 사용하는 시간 기반 샘플링 방법의 하나로, 관찰 간격마다 특정 행동이 한 번이라도 발생했는지만을 0과 1로 기록하는 방식.

이 두 개체가 서로 잘 맞지 않았음에도 불구하고, 사회적 짝 형성 이후에는 이상행동이 감소하였다. 원숭이들이 사회적으로 고립되어 있었던 시기 동안, 이상행동이 기록된 평균 구간 수는 17.2구간이었으며(범위: 5~40), 짝 사육의 첫 3주 동안에는 이상행동이 관찰당 평균 8.3구간으로 감소하였다. 그러나 첫 세 차례의 관찰 이후부터는 이상행동 빈도가 다시 증가하기 시작하여, 이후 평균 12.5구간으로 올라갔다. 이러한 경향은 특히 다람쥐원숭이에서 뚜렷하게 나타났다. 이 개체는 단독 사육할 때는 관찰 세션당 평균 17.1구간에서 이상행동을 보였고, 짝 사육의 첫 3주 동안에는 평균 10.3구간으로 감소하였다. 그러나 마지막 3주 동안에는 이상행동이 다시 증가하여 관찰 세션당 평균 15.1구간에서 나타났다. 이러한 증가는 카푸친이 다람쥐원숭이를 대상으로 보인 공격 행동의 증가와 시기적으로 일치했다. 따라서 앞서 설명한 연구들과 마찬가지로, 짝 사육은 심리적 복지에 복합적인 영향을 미칠 수 있다. 즉, 이상행동을 감소시키고 친사회적 상호작용의 가능성을 높이는 동시에, 피할 수 없는 공격과 부상 가능성에도 노출됨으로써 사육 스트레스를 증가시킬 수도 있다. 또한, 사회적 짝 형성의 긍정적 효과는 어느 정도 시간이 경과하고, 서열 관계가 안정된 이후에야 나타나는 것일 가능성도 있다.

일반적으로 사회적 기회를 확대하는 것은 종 고유 행동의 빈도를 증가시켜, 어느 정도는 행동을 정상화하였다. 그러나 이 전략이 이상행동의 빈도에 미치는 영향은 매우 다양하게 나타났다. 대부분 임의로 선택된 낯선 개체들을 함께 사육하는 것만으로도 서로 잘 맞는 쌍을 찾을 수 있었지만, 공격 행동은 드물지 않았으며, 입원이 필요한 수준의 부상을 당하기도 했고 1개체가 죽기도 했다. 이러한 사육 영장류의 복지에 대한 사회적 사육의 영향을 경험적으로 평가한 결과가 일관되지 않았다는 점은, 사육동물들이 경험하는 삶의 질을 어떻게 개선할 것인가와 동시에 그들을 부정적 영향으로부터 어떻게 보호할 것인가에 대한 의문을 제기한다(Markowitz와 Spinelli, 1986). 단독 사육 개체들을 다시 사회화하려는 시도의 결과를 객관적이고 신중하게 기록하는 것은 이러한 질문에 답하는 하나의 단계며, 동물들에게 더 풍부한 삶을 제공하면서도 그 비용을 최소화하고자 한다면 반드시 필요한 단계이기도 하다.

장난감이나 다른 풍부화 도구 제공

간단한 장난감

흔히 간단한 반려견용 혹은 어린이용 장난감을 주는 것을, 영장류의 사육 환경을 풍부화하는 방법 중 비교적 저비용으로 할 수 있는 방법으로 여기곤 한다. 그래서 장난감을 주는 방법은 다른 풍부화 방법에 비해 간단하게 시도해 볼 수 있고 효과가 없다고 하더라도 위험부담이 적다. 가장 흔한 연구 자료는 동물의 장난감 사용으로 그 활용 사례가 잘 정리되어 있다(Renquist와 Judge, 1985; Watson 등, 1989). 특정 상황에서는 다양한 장난감 사용 여부를 관찰하는 것만이 유일한 방법일 수도 있다. 하지만 장난감도 주고 다른 풍부화 방법을 함께 활용한다면(아래 참조), 이 방법에 드는 비용이 낮기 때문에 장난감으로 얻을 수 있는 풍부화 효과를 엄격하게 검증하지는 않아도 될 것이다. 그러나 특정 장난감에 대한 반응을 복지 개선 지표로 써볼 만하다고 밝혀지면, 환경 풍부화 도구로 장난감을 활용하는 근거가 강화될 것이다. 캘리포니아영장류연구센터는 단독 사육하는 영장류의 상대적 이상행동 빈도가 다양한 장난감 사용에 따라 어떻게 변하는지 조사하였다.

단독 사육하는 히말라야원숭이에게 나무 막대, 나일론 공, 반려견용 고무 장난감을 주었을 때 이상행동 빈도를 낮추거나 활동성을 높이는 데 효과가 있는지 실험해 보았다(Line과 Morgan, 1991; Line 등, 1991b). 연구 결과, 장난감을 주는 것으로는 18가지 행동 변수 모두에서 통계적으로 유의미한 변화는 없었다. 장난감 사용 빈도는 도입 첫날 이후 급격히 감소하였고, 사육환경에서 태어난 개체가 야생 포획 개체보다 유의미하게 장난감을 더 자주 사용하였으나, 그것만으로 유의미한 행동 변화를 보이지는 않았다. 막대는 주로 갉는 용도로 사용했으며 나일론 공보다 더 자주 사용했다(Line과 Morgan, 1991). 또한, 장난감과 막대에 대한 반응은 개체마다 상당한 차이를 보였다. 이러한 결과들을 종합하면, 동물이 지속적으로 대상에 관심을 보이게 하려면 장난감과 새로운 물체를 자주 교체하는 것이 필요할 수 있다(Paquette과 Prescott, 1988). 단순히 장난감을 주는 것은 동물복지를 평가하는 행동 지표에 큰 영향을 주지 못했다. 따라서 환경 풍부화를 위해 단순히 장난감을 주는 방식으로는 효과를 볼 수 없으며, 이외에 추가적인 노력이 필요함을 시사한다.

상호작용 장치

사육동물들이 자신이 처한 환경에 대해 거의 통제권을 갖지 못한다는 점은, 동물들이 사육환경에서 가장 스트레스를 느끼는 점 중 하나일 수 있다 (Markowitz, 1982). 따라서 풍부화 프로젝트 중 하나에서는, 성체 암컷 히말라야 원숭이 10개체에게 음악-급이 장치를 설치해주고, 자신의 일부 주변 환경에 대해(비록 제한적일지라도) 어느 정도의 통제권을 가질 수 있도록 하였다. 배터리로 작동되는 이 장치는, 원숭이가 장치에서 사육장 안으로 뻗어 있는 세 개의 막대 중 하나를 건드려서 라디오를 켜고 끄거나, 급이 분배기를 조작할 수 있도록 설계하였다. 먹이를 받기 위해 원숭이가 들여야 하는 노력량 대비 보상의 일정은 사육사가 조절할 수 있었으며, 이를 통해 과제의 도전성을 유지할수 있었다. 행동 자료는 앞서 설명한 바코드 및 노트북 컴퓨터 시스템을 사용하여 10개체 모두에게서 수집하였다. 또한 기초 혈장 코르티솔 수치 및 일상적 스트레스에 대한 혈중 코르티솔 변화도 함께 측정하였다. 이 외에 6개체에게 원격 측정기를 삽입하여 심박수와 활동을 관찰하였다. 기계 도입 전 12주간의 기초 자료를 수집하였고, 도입 후 12주간 자료를 수집하여 비교하였다.

모든 원숭이들은 음악-급이 장치를 도입한 직후 빠르게 사용하기 시작하였으며, 사용량은 시간이 지남에 따라 급격히 증가하였다. 급이 막대 사용은 첫 주에 하루 평균 약 2,000회에서, 그다음 주에는 하루 평균 9,000회 이상으로 증가하였다. 라디오도 실험 조건을 적용한 12주 동안 지속적으로 사용하였다. 따라서 동물들은 이 장치와 상호작용을 하는 데 큰 관심을 보였고, 이 관심은 지속되었다고 볼 수 있다.

이 상호작용 장치를 제공한 상태에서는 이상행동이 유의미하게 감소하였다(Wilcoxon 검정: $Z=2.8$; $p=0.005$). 비정형행동 또한 증가하였는데, 각 관찰 세션당 평균 58초에서 평균 80초로 늘어났다. 따라서 동물에게 자신의 환경 일부에 대한 통제권을 주는 상호작용 기기를 제공하는 것은, 이상행동 발생률에 명확한 영향을 미치는 것으로 보인다.

생리 지표들을 보면 상호작용 장치가 동물의 대처 능력을 개선하는 데도 효과가 있음을 알 수 있다. 동물에게 상호작용 장치를 준 상태에서는 기초 코르티솔 수치가 유의미하게 낮았으며($F=12.6$; df=1, 9; $p<0.005$), 동물을 스퀴즈케이지에 넣어 짧은 시간 움직이지 못하게 한 경우에도 상호작용 장치를 넣으면 심박수가 유의미하게 낮아졌다($F=15.9$; df=1, 5; $p<0.003$). 음악-급이 장치 연구 결과를 종합하면, 동물이 복잡한 장치를 조작하여 환경을 일부라도 스스로 통제할 수 있게 하는 것은 사육환경 개선에 효과적임을 시사한다.

고찰

이 연구 결과들은 가장 성공적인 환경 풍부화 전략을 판단하는 데 경험적 평가의 중요성을 분명히 보여준다. 특정 상황에서는 이런 평가가 비실용적이거나 불가능할 수 있다. 사육동물의 삶을 개선하는 방안을 결정할 때 다른 방법들을 포기하라고 주장하는 것은 아니다. 그러나 특정 제안을 실행하는 데 드는 비용이 많거나, 해당 제안이 실패했을 경우 동물이 감수해야 할 위험이 상당할 것으로 예상된다면, 그 계획을 실행하기 전에 반드시 경험적 평가를 해야 한다. 이러한 평가 없이는, 사육동물의 삶 개선과 개체군 유지처럼 어려운 문제에 대해 합리적인 해결책으로 보일 수 있는 것들이, 실제로는 불충분한 결과를 초래할 위험이 있다. 어쩌면 Peter Medawar(1973, 110쪽)의 말이 이를 가장 잘 설명할 수 있을 것이다. "동물의 복지는 동물에 대한 이해에 달려있으며, 이 이해는 직관적으로 얻어지는 것이 아니라 반드시 학습을 통해 얻어야 한다."

결론

사육동물의 복지를 개선하기 위한 아이디어를 수집하는 데는 여러 가지 유용한 방법이 있지만, 그 아이디어들의 상대적 효과성을 검증할 수 있는 유일한 방법은 경험적 평가뿐이다. 경험적 평가를 통해, 영장류 복지를 개선하기 위한 몇몇 아이디어는 효과적인 것으로 나타났지만, 일부는 그렇지 않았다. 예를 들어, 관찰자, 방문자, 사육사가 원숭이들에게 미치는 영향은 이전에 믿거나 인정했던 것보다 훨씬 더 클 수 있다. 원숭이의 사육장 크기를 100%까지 증가시키더라도 이상행동 수준에는 거의 영향을 미치지 않을 수 있다. 단순한 장난감이나 막대는 제공 초기 며칠 동안만 행동에 긍정적 영향을 줄 수 있다. 상호작용 기기는 영장류의 이상행동을 지속적으로 줄이는 효과가 있는 것으로 나타났다. 사회적 짝 사육은 원숭이에게 높은 건강상의 위험을 동반하며, 복지 향상 측면에서는 혼합된 결과를 초래할 수 있으므로, 일단 시행한 후에는 신중한 모니터링과 평가를 해야 한다. 효과성을 극대화해야 하거나, 실패의 비용 또는 위험이 특히 클 경우, 경험적 평가는 필수적이다.

감사의 말

　본 연구는 부분적으로 미국국립보건원(National Institutes of Health)의 연구 지원(RR0169)과 캘리포니아영장류연구센터의 연구 지원을 받아 수행했다. 자료 수집과 분석에 도움을 준 많은 학생들에게 감사를 전하며, 특히 Sharon Strong, Carmel Stanko, Mark Nakazono, Patt Stine, 그리고 Mike Riddell 에게 깊이 감사를 표한다. Chris Tromborg, Warren Miller, Jim Wetterer, Tommasina Gabriele은 원고 초안에 대해 유익한 의견을 작성해 주었다. 또한 익명의 두 심사위원이 제안한 조언과 이 원고 작성에 필요한 실험실 사용과 지원을 아끼지 않은 G. D. Mitchell에게도 감사드린다.

참고문헌

- Altmann, J. 1974. Observational studies of behaviour: Sampling methods. *Behaviour* 49:227-265.
- APHIS (Animal and Plant Health Inspection Service). 1990. Proposed rules for animal welfare standards. *Federal Register* 55:33448-33531.
- APHIS (Animal and Plant Health Inspection Service). 1992. *Animal Welfare Regulations*. Document 311-364/60638. Washington, D.C.: U.S. Government Printing Office.
- Bayne, K. 1988. Resolving issues of psychological well-being and management of laboratory nonhuman primates. In *Housing, Care, and Psychological Well-Being of Captive and Laboratory Primates*, ed. E. Segal, 183-199. Park Ridge, N.J.: Noyes Publications.
- Bitgood, S., D. Patterson, and A. Benefield. 1988. Exhibit design and visitor behavior: Empirical relationships. *Environment and Behavior* 20:474-491.
- Bowden, D. M. 1988. Primate research and "psychological well-being." *Science* 240:12.
- Bowers, B. B., and G. M. Burghardt. 1992. The scientist and the snake: Relationships with reptiles. In *The Inevitable Bond: Examining Scientist-Animal Interactions*, ed. H. Davis and D. Balfour, 250-263. Cambridge: Cambridge University Press.
- Coe, C. 1989. What immunology can tell us about primate behavior. Paper presented at the American Society of Primatologists 12th Annual Meeting, Mobile, Ala., August 27-30, 1989.
- Crockett, C. M., C. L. Bowers, D. M. Bowden, and G. P. Sackett. 1994. Sex differences in compatibility of

pair-housed adult longtailed macaques. *American Journal of Primatology* 32:73-94.

- Crockett, C. M., C. L. Bowers, G. P. Sackett, and D. M. Bowden. 1993. Urinary cortisol responses of longtailed macaques to five cage sizes, tethering, sedation, and room change. *American Journal of Primatology* 30:55-74.

- Dawkins, M. S. 1980. *Animal Suffering: The Science of Animal Welfare*. London: Chapman & Hall.

- Donahoe, S. 1988. Visitor data is a three-way street. In *Visitor Studies 1988: Theory, Research, and Practice* [Proceedings of the 1st Annual Visitor Studies Conference], ed. S. Bitgood, J. T. Roper, and A. Benefield, 171-179. Jacksonville, Ala.: The Center for Social Design.

- Duncan, I. J. H. 1992. The effect of the researcher on the behaviour of poultry. In *The Inevitable Bond: Examining Scientist-Animal Interactions*, ed. H. Davis and D. Balfour, 285-294. Cambridge: Cambridge University Press.

- Falk, J. H., and L. D. Dierking. 1992. *The Museum Experience*. Washington, D.C.: Whalesback Books.

- Goodall, J. 1971. *In the Shadow of Man*. Boston: Houghton Mifflin.

- Goodall, J. 1986. *The Chimpanzees of Gombe: Patterns of Behavior*. Cambridge: Belknap Press of Harvard University Press.

- Goodall, J. 1990. *Through a Window: My Thirty Years with the Chimpanzees of Gombe*. Boston: Houghton Mifflin.

- Goosen, C. 1988. Developing housing facilities for rhesus monkeys: Prevention of abnormal behavior. In *New Developments in Biosciences: Their Implications for Laboratory Animal Science*, ed. A. C. Beyen and H. A. Solleveld, 67-70. Dordrecht: Martinus Nijhoff.

- Hemsworth, P. H., and J. L. Barnett. 1987. Human-animal interactions. In *The Veterinary Clinics of North American Food Animal Practice*. Vol. 3, Farm Animal Behavior, ed. E. O. Price, 339-356. Philadelphia: W. B. Saunders.

- Holden, C. 1988. Billion dollar price tag for new animal rules. *Science* 242:662-663.

- Line, S. W. 1987. Environmental enrichment for laboratory primates. *Journal of the American Veterinary Association* 190:854-859.

- Line, S. W., and K. N. Morgan. 1991. The effects of two novel objects on the behavior of singly caged adult rhesus monkeys. *Laboratory Animal Science* 41:365-369.

- Line, S. W., K. N. Morgan, and H. Markowitz. 1991a. Pair formation among adult female long-tailed macaques (*Macaca fascicularis*). *American Journal of Primatology* 24:115-116.

- Line, S. W., K. N. Morgan, and H. Markowitz. 1991b. Simple toys do not alter the behavior of aged rhesus monkeys. *Zoo Biology* 10:473-484.

- Line, S. W., K. N. Morgan, H. Markowitz, and S. Strong. 1989. Influence of cage size on heart rate and behavior in rhesus monkeys. *American Journal of Veterinary Research* 50:1523-1526.

- Line, S. W., K. N. Morgan, H. Markowitz, and S. Strong. 1990a. Increased cage size does not alter heart rate or behavior in female rhesus monkeys. *American Journal of Primatology* 20:107-113.

- Line, S. W., K. N. Morgan, J. A. Roberts, and H. Markowitz. 1990b. Preliminary comments on resocialization of aged rhesus macaques. *Laboratory Primate Newsletter* 9:-12.

- Markowitz, H. 1982. *Behavioral Enrichment in the Zoo*. New York: Van Nostrand Reinhold.

- Markowitz, H., and J. Spinelli. 1986. Environmental engineering for primates. In Primates: *The Road to Self-Sustaining Populations*, ed. K. Benirschke, 489-498. New York: Springer-Verlag.

- Medawar, P. B. 1973. *The Hope of Progress: A Scientist Looks at Problems in Philosophy, Literature, and Science*. New York: Anchor.

- Medawar, P. B. 1979. *Advice to a Young Scientist*. New York: Harper Colophon.

- Novak, M. A., and S. J. Suomi. 1988. Psychological well-being of primates in captivity. *American Psychologist* 43:765-773.

- Paquette, D., and J. Prescott. 1988. Use of novel objects to enhance environments of captive chimpanzees. *Zoo Biology* 7:15-23.

- Reinhardt, V., W. D. Houser, S. G. Eisele, and M. Champoux. 1987. Social enrichment of the environment with infants for singly caged adult rhesus monkeys. *Zoo Biology* 6:365-371.

- Reinhardt, V., W. D. Houser, S. G. Eisele, and D. Cowley. 1988. Behavioral responses of unrelated rhesus monkey females paired for the purpose of environmental enrichment. *American Journal of Primatology* 14:135-140.

- Renquist, D. M., and F. J. Judge. 1985. Use of nylon balls as behavioral modifiers for caged primates. *Laboratory Primate Newsletter* 24:4.

- Romanes, G. J. 1882. Animal Intelligence. London: Kegan, Paul, Trench, and Trubner.

- Savage, A. 1988. Collaboration between research institutions and zoos for primate conservation. *International Zoo Yearbook* 27:140-148.

- Shepherdson, D. 1994. The role of environmental enrichment in captive breeding and reintroduction of endangered species. In *Creative Conservation: Interactive Management of Wild and Captive Animals*, ed. G. Mace, P. Olney, and A. Feistner, 167-177. London: Chapman & Hall.

- Shettel-Neuber, J. 1988. Second- and third-generation zoo exhibits: A comparison of visitor, staff, and animal responses. *Environment and Behavior* 20:452-473.

- Short, R., D. D. Williams, and D. M. Bowden. 1987. Cross-sectional evaluation of potential biological markers of aging in pigtailed macaques: Effects of age, sex, and diet. *Journal of Gerontology* 42:644-654.

- Tudge, C. 1991a. *Last Animals at the Zoo*. Washington, D.C.: Island Press.

- Tudge, C. 1991b. The buzz word in the best zoos is "behavioral enrichment" or how to make a captive environment more like the wild. *New Scientist* 129:26-30.

- Watson, D. B. B., J. Houston, and G. E. Macallum. 1989. The use of toys for primate environmental enrichment. *Laboratory Primate Newsletter* 28:20.

제11장

육식동물의 정형행동 원인 결정과 적절한 풍부화 전략 수립

Kathy Carlstead

환경 풍부화 목적은 동물원에서 사육하는 동물에게 자연스러운 환경을 조성하여 동물들의 행동적 요구를 충족하기 위한 것이다. 사육동물의 정형화된 움직임을 연구함으로써 각 동물의 행동적 요구사항을 보다 잘 이해할 수 있다(Hediger, 1934). 정형행동(*stereotypy*)이란, 반복적이며, 형태가 일정하고, 뚜렷한 목적이나 기능이 없는 행동을 의미한다(Odberg, 1978)(옮긴이 주: 이 장에서 저자는 실제 정형행동을 의미하는 stereotypic behavior보다, 정형행동이 나타나는 현상 전체나 경향성을 가리키는 용어인 stereotypy를 반복 기술하였으나, 저자의 의도와 학문적 용례를 반영하여 두 단어를 모두 '정형행동'으로 번역하였다.). 정형행동은 인간을 포함한 다양한 종과 상황에서 발현되며, 정형행동을 하게 되는 원인과 형태가 모두 다르다

(Mason, 1991a). 정형행동 원인 중 가장 잘 알려진 것은 생명체-환경 간의 비정상적인 상호작용의 결과라는 점이다.

　일부 정형행동 유형은 선천적 결함, 비정상적 발달, 또는 고차 자극 처리 메커니즘[41]의 장애와 같이 개체의 병리학적 상태에 대한 반응에서 비롯된 것으로 보인다. 예를 들어, 심각한 지적 장애, 자폐증, 조현병, 약물중독이 있는 사람에게서도 정형행동이 발생할 수 있다. 격리 사육했거나 발달 장애가 있는 동물은 발가락 빨기, 흔들기, 자기 껴안기와 같은 자기 지향적 행동을 보일 수 있으며, 이는 실험실 영장류에서 자주 관찰된다(Berkson, 1967). 한편, 다른 많은 유형의 정형행동은 환경 요인으로 유발된다. 개체 자체는 정상이지만 사육환경이 부족할 때 정형행동이 나타난다. 이러한 유형은 종종 '사육장 정형행동'이라고 부르며(Ridley와 Baker, 1982), 동물원에서 가장 흔하게 관찰되는 유형이다. Monika Holzapfel(1938, 1939)은 동물원 동물들이 반복적 움직임을 보이는 행동 유형과 그 행동이 유발되는 상황을 최초로 기술한 연구자 중 한 명이다.

　사육동물의 정형행동이 어떤 기능을 하는지에 대해서는 아직 논쟁 중이지만, 가장 설득력 있는 가설은 동물이 열악한 환경에서 정형행동을 통해 생리적 또는 심리적 완화 효과를 얻는다는 것이다. 정형행동은 동물이 스트레스를 많이 받는 상황에서 자주 나타난다. 스트레스 상황이란, 자극이 거의 없는 지루한 환경, 몸이 구속되어 자유롭게 움직일 수 없는 상황, 무서운데 도망갈 수 없는 상황, 혹은 하고 싶은 욕구 행동을 할 수 없어 좌절을 느끼는 상황 등이 있고, 이것은 행동적·생리적 증거로 밝혀진 바 있다. 다시 말해 동물이 불편함을 느끼지만 불편하게 하는 환경을 제어할 수 없는 상태로 지내야 할 때, 그로 인해 받는 스트레스를 해소하거나 상황을 견디기 위해 반복적인 정형행

41　Higher-order stimulus-processing mechanism: 감각 자극을 단순히 인식하는 수준을 넘어 의미 해석, 맥락 통합, 감정적 평가 등 복합적인 인지적 과정을 수행하는 신경 체계.

동을 하게 된다(Mason, 1991b). 이러한 이유로, 정형행동을 오랫동안 열악한 동물복지 지표로 간주해 왔다(Broom, 1983; Wiepkema, 1983). 정형행동에 대한 '대처(coping) 가설'[42]은 다음과 같은 내용을 담고 있다. 즉, 동물이 정형행동을 보이는 이유는 스트레스를 받거나 불쾌한 상황에 놓였기 때문이며, 이때 정형행동을 반복함으로써 동물이 느끼는 긴장감이나 흥분 상태(즉, 각성 수준)를 어느 정도 낮춘다. 쉽게 말해, 동물은 불안하거나 불편한 환경에서 자신을 진정시키거나 상황을 견디기 위해 정형행동을 하며, 이것이 일종의 '스트레스 해소 전략' 역할을 한다(Mason, 1991a,b 참조).

그러나 최근 몇 년간의 연구는 대처 가설에 대해 불명확한 증거만을 내놓았으며, 모든 정형행동이 스트레스에 대한 반응이라고 보지 않았다. 예를 들어, de Passille 등(1991)이 소(*Bos taurus*)를 대상으로 한 연구에 따르면, 영양 섭취와 무관한 빨기 행동과 같은 일부 구강 정형행동이 소화 호르몬 분비에 영향을 미쳤다. 이는 정형행동이 스트레스와 관련없는 다른 생리적 기능 작용에 중요함을 시사한다. 다시 말해, 정형행동이 단순히 스트레스를 해소하기 위한 것이 아니라, 소화와 같은 다른 신체 기능에도 영향을 미칠 수 있는 것이다. 또한, 동일한 사육환경에서 정형행동을 보이는 개체가 그렇지 않은 개체에 비해 더 나은 상태에 있다거나 혹은 더 나쁜 상태에 있다고 입증하기가 어렵다(Ladewig 등, 1993 참조). 개체별 행동 유형은 어느 동물이 정형행동을 나타낼 것인지를 결정하는 데 중요한 역할을 한다(Schouten 등, 1991). 일반적으로 정형행동의 원인은 복합적이며, 다양한 기능적 이유가 이러한 행동 발달에 관여할 수 있다고 결론지을 수 있다.

동물을 전시하는 동물원에서 정형행동은 문제가 된다. 왜냐하면 관람객이 동물의 정형행동을 보게 될 경우 본래 동물의 야생에서 하는 자연스러

---

42   Coping hypothesis of stereotypies: 스트레스나 좌절 상황에서 정형행동은 동물이 사용하는 자기조절적 대처 메커니즘일 수 있다는 가설.

운 행동을 제대로 관찰하거나 이해하기가 어렵기 때문이다(Hutchins 등, 1984; Shepherdson, 1989). 정형행동의 기능에 대해서는 아직 충분히 규명되지 않았지만, 사육환경에서 동물에게 적절한 환경 풍부화를 제공하면 정형행동이 줄어드는 경우가 많다(Hediger, 1950; Morris, 1962). 따라서, 환경 풍부화가 정형행동을 감소시키는지 이유를 규명하는 일은 가치 있는 일이다.

대부분 동물원 동물이 보이는 정형행동은 사육환경에서 동물이 오랫동안 반복하게 되는 주요 행동 패턴에서 비롯된다. 동물의 주요 행동 패턴은 제한된 사육환경 때문에 종 특이적인 자연스러운 행동으로 이어지지 못하며, 이 때 정형행동이 나타나게 된다(Holzapfel, 1939; Morris, 1964; Fentress, 1976; Cronin, 1985). 적절한 외부 자극은 동물의 행동을 적절한 결과로 이어지게 하지만, 제한된 사육환경에서는 이러한 외부 자극이 부족하거나 없다. 따라서 정형행동은 동물이 주요 행동 패턴을 정상적인 방식으로 완결할 수 없는 환경에서 발생한다. 즉, 동물이 원래 하려는 행동(예: 젖을 빠는 행동이나 먹이를 찾는 행동 등)을 자연스럽게 끝맺을 수 없는 상황일 때, 그 행동이 반복적이며 목적을 상실한 정형행동으로 나타나는 것이다. 이러한 자극이 없으면, 해당 행동을 해도 실질 효과는 거의 없지만, 주요 행동을 하려는 동기는 여전히 남아있다(Hughes와 Duncan, 1988). 이러한 주요 행동은 대개 욕구에 따른 행동으로, 동물이 자연환경에서 특정 외부 자극을 찾으려는 활동을 의미한다. 예를 들면, 먹이 탐색, 짝 찾기, 안전한 장소로 도피하기, 동종 개체로부터 거리를 확보하기 등이 있다.

욕구를 채우려는 동기에서 비롯된 정형행동의 경우, 적절한 환경 풍부화가 정형행동을 줄이는 효과적인 방법이 될 수 있다. 그 이유는, 환경 풍부화로 동물이 원래 찾고 있었던 자극이나 활동 기회를 줌으로써, 그 행동을 더 이상 반복할 필요가 없게 할 수 있기 때문이다. 이러한 풍부화를 제공하기 위해서는 (1) 동물이 하고자 하는 동기가 있는 행동의 유형은 무엇인지, 그리고 (2) 그 동기를 기능적으로 충족시킬 수 있는 외부 자극은 어떤 것인지 파악해야 한다. 이러한 질문에 답하기 위해서 동물원 동물이 보이는 정형행동의 다양한 원인을 연구해야 하며 정형행동에 대한 구체적인 분석이 필요하다. 그리고 이러한 분석은 앞으로도 지속적으로 필요할 것이다. 왜냐하면 정형행동이 생기는 구체적인 원인은 상황에 따라 다양하므로 그 원인을 일반화하기 어렵기 때문이다.

이 장에서는 정형행동이 육식동물에서 널리 나타나기 때문에 육식동물을 중심으로 다뤘다. 곰, 고양이과, 사막여우(*Vulpes zerda*), 북미밍크(*Neogale vison*)에 대한 연구 결과에 따르면 특정 종 내에서도 정형행동은 질적 또는 시간적으로 다양할 수 있으며, 이러한 다양성은 해당 동물이 처한 감정 상태나 동기의 차이를 나타낼 수 있다. 또한, 적절한 환경 풍부화로 정형행동이 감소하거나 사라진 사례도 다수 소개한다.

정형행동의 원인 요인들

실험동물에서 나타나는 반복적이고 목적 없는 행동에 영향을 주는 원인에 대해서는 방대한 실험 문헌이 존재한다. 초기 실험심리학자들은 간헐적으로 먹이를 주는 실험 상자에 동물을 다양한 시간 동안 노출시켰을 때 어떤 행동 변화가 일어나는지를 연구하였다(Falk, 1971; Staddon, 1977). 예를 들어, 굶주린 쥐나 비둘기, 돼지에게 4분마다 소량의 먹이를 주는 실험을 했다. 이때 동물은 먹이를 받기 위해 아무런 행동도 하지 않고 단지 기다리기만 하면 됐다. 이러한 조건에서 일정한 경험을 반복하면서, 동물은 급이 간격을 예측하게 되었고, 이를 예상하게 됐다. 이 상황에서 실험동물에게 두 가지 일반적인 유형의 '부수적 행동'[43]이 나타난다는 사실을 확인했다. 여기에서는 질적 특성과 시간 분배 방식에서 차이를 보였다. '중간기 행동'[44]은 주로 먹이가 없는 시간

---

43   Adjunctive activities: 주어진 자극 때문에 유도되지만 목표 행동은 아닌 것.

44   Interim activities: 보상이 없거나 보상을 주기 훨씬 전에 발생하는 반복적, 불완전한 행동.

그림 24 수달의 부수적 행동. 수달이 먹이 급이 시간을 예측하고 담당자에게 다가와 급이 장소를 배회하면서 기다리는 모습이다(국립생태원, ⓒ김영준).

대에 나타났으며 다음 먹이를 주기 전에 중단되었고, '말기 행동'[45]은 먹이 제공 직전에 최대치로 나타났다(그림 24). 일부 섭식 행동은 먹이 제공 직전에 더 많이 활성화되었고, 먹이 제공 가능성이 낮은 중간기에는 물 마시기나 체인 씹기와 같은 다른 비섭식 행동이 나타났다.

이러한 부수적 행동은 정형행동의 기준 안에 들어간다. 1개체가 일관된 행동을 하며, 반복적으로 하고, 뚜렷한 기능이나 목적이 없다. 심리학자들은 이러한 행동을 통해 고전적 조건형성 반응과 강박행동의 관계를 배울 수 있다고 보고 있으며, 이 연구에서 두 가지 주요 결론을 도출할 수 있다. (1) 자극이 결핍되고 지나치게 통제된 환경에서 예측 가능한 방식으로 동물에게 먹이를 주면 정형행동이 나타날 수 있다. (2) 그리고 이러한 환경에서는 적어도 두 가

---

45   Terminal activities: 보상이 임박했을 때 나타나는 준비 또는 기대 행동.

지 유형의 동기가 정형행동으로 나타날 수 있는데, 바로 먹이-예측 동기와 비섭식 동기다. 이 결론은 제한된 공간에서 사육하는 동물원 동물에게 중요하다. 동물원 역시 본질적으로 이와 유사하게 조건 없이 먹이를 주기 때문이다. 동물원의 동물들은 자연이 아닌, 비교적 자극이 부족하고 제한된 공간에서 생활하고 있으며, 거의 혹은 전혀 노력을 기울일 필요가 없이 매우 예측 가능한 방식으로 먹이를 얻는다. 앞선 실험에서 먹이를 4분마다 줬다면, 동물원의 경우 24시간 간격으로 준다는 차이만 있을 뿐이다.

전통적인 사육장과 먹이 급이 방식으로 사육하는 동물원 육식동물들의 경우, 24시간 동안의 정형행동 양상을 먹이 급이 시간과 연관지어 살펴보면 많은 경우에 유사한 말기 행동과 중간기 행동 양상을 확인할 수 있다. 예를 들어, 미국 워싱턴 D.C.의 국립동물원 야외 사육시설에 전시 중인 재규어(*Panthera onca*), 퓨마(*Puma concolor*), 표범(*Panthera pardus*), 그리고 서벌(*Leptailurus serval*)의 경우, 각각의 개체가 보인 정형적 반복보행 자료를 보면, 급이 시간 전후에 이런 행동이 주로 나타났다. 반복보행은 항상 사육사가 접근하는 것을 볼 수 있는 사육시설 안의 특정 지점에서 나타났다(그림 25). 퓨마와 서벌은 늦은 오후 시간대에 또 한 차례 증가하는 반복보행 양상을 보였다. 밍크, 아메리카흑곰(*Ursus americanus*), 조프로아고양이(*Leopardus geoffroyi*)도 유사한 정형행동을 보였는데, 매일 먹이 급이 0~3시간 전에 정형행동이 최고조에 달했고, 밍크는 급이 10시간 후에 2차 정점이 나타났다(de Jonge 등, 1986). 곰과 조프로아고양이는 오후와 밤에 여러 차례 정형행동이 발생하였다.

이는 앞서 설명한 연구와 마찬가지로, 일정한 시간에 먹이를 받는 동물원 동물들도 정해진 시간에 먹이를 기대하며 정형행동을 보일 수 있으며, 이 행동은 급이 일정에 따라 만들어진 말기 행동과 유사하다는 점을 시사한다. 또한, 동일한 개체나 종이더라도, 먹이 급이(중간기 행동) 시간 사이에 먹이와는 관련 없는 다른 정형행동을 나타낼 수도 있다. 이는 모든 동물원 동물이 정형행

그림 25 치타가 반복보행한 결과, 사육장 울타리를 따라서 땅이 다져져 풀이 자라지 않는다(독일 퀼른동물원, ⓒ김영준).

동을 이 같은 방식으로 보인다는 의미는 아니다. 그러나 동물원 관리자들은 급이 일정과 방식이 동물의 행동에 미치는 잠재적 영향을 인식해야 한다. 정형행동에 대한 더 정밀한 연구는 비정상적이고 반복적인 행동의 동기 요소를 구체적으로 파악한 뒤, 기존의 예측 가능하고 동물의 행동과 무관했던 급이 방식의 개선 필요성을 강조하는 데 도움이 될 것이다. 특히, 다음과 같은 연구가 필요하다. (1) 먹이 급이 일정이나 방법이 정형행동을 어느 정도까지 유발하는지, (2) 급이 시간 외에 발생하는 정형행동의 원인은 무엇인지 알아야 한다(12장 참조).

정형행동의 원인을 규명하기 위한 출발점은 몇 가지 질문을 던지는 것에서 시작한다. 급이와 비급이 정형행동은 형태적으로 질적인 차이를 보이는가? 정상적이고 자연적인 행동과 유사한가? 이러한 유사성은 정형행동을 하는 동기가 서로 다를 수 있다는 점에 대해 무엇을 알 수 있는가? 동물원 동물의 정형행동 원인에 관한 이러한 질문에 답하기 위해서는 여러 접근이 필요하다. 우선, 동물이 다양한 활동과 정형행동에 할애하는 시간이 하루나 계절에 따라 어떻게 달라지는지를 살펴볼 수 있다. 또한 환경을 바꿨을 때 정형행동의 빈도가 어떻게 변하는지를 분석하고, 종이나 개체 간의 자연적 행동 양식의 차이가 정형행동의 차이와 어떤 관련이 있는지를 비교할 수도 있다. 이러한 방법은 사육 밍크와 아메리카흑곰을 대상으로 한 연구를 통해 설명하고자 한다.

네덜란드의 밍크 농장에서, 총 149개체의 밍크를 대상으로 타임랩스 비디오를 통해 24시간 동안 각각 관찰한 결과, 약 절반의 개체에서 뚜렷하게 정형화된 특이 행동이 나타났다(de Jonge 등, 1986). 전체 개체를 대상으로 시간대별 정형행동 빈도를 나타낸 그래프는 앞서 언급한 바와 같이 급이 0~3시간 전 사이에 발생 빈도가 가장 높았고, 급이 9~10시간 후에 또 하나의 비교적 낮은 정점이 나타났다. 그러나 각 개체의 행동 유형에 따라 다음 세 가지 범주 중 하나로 분류할 수 있었다. (1) 사육장 바닥 가장자리에서 앞뒤로 달리기, (2) 사육장 측면을 따라 8자 형태나 머리를 원형으로 돌리는 행동, (3) 먹이가 놓인 둥지 상자와 사육장 천장을 향해 복잡하게 움직이는 양상, 이 세 가지다. 각 정형행동 유형에 따라 시간대별로 살펴본 결과, 세 가지 유형 모두 급이 전 시간대에 발생 빈도가 가장 높았다. 그러나 달리기와 8자 형태의 정형행동을 보인 개체는 먹이를 주면 활동이 급격히 감소한 반면, 먹이 방향으로 복잡하게 움직인 개체는 먹이를 사육장 위에 준 후에도 높은 수준의 정형행동을 지속했다. 먹이 급이 사이 시간대에 발생한 정형행동을 보면, 달리기 유형의 정형행동만 급이 8~10시간 후에 다시 정점을 나타냈다.

그러나 안타깝게도 이 연구에서는 나이가 많은 개체가 가장 복잡한 형태를 보인다는 것 외에는 밍크 정형행동의 다른 동기에 대해 더 자세히 알 수 없었다. 밍크의 정형행동에 관한 훨씬 장기적인 연구에서 Mason(1993)은 여러 정형행동이 서로 다른 환경에서 나타나며, 나이가 들수록 변동성이 줄어들고 더 빈번해진다는 사실을 발견했다. 밍크는 매우 활발한 사냥꾼이며, 물속, 육지, 굴속 등에서 다양한 먹이를 사냥하는 일반 육식동물이다. 게다가 포식행동은 필연적으로 적응력이 뛰어나고 다양하다. 개체 고유의 정형행동 양상이 이 종에서 관찰되는 다양한 먹이 활동, 추적, 매복, 포획, 사냥 행동의 여러 구성 요소를 표현하는 것인지, 혹은 도피와 같이, 먹이와 관련 없는 동기도 정형행동으로 표현되는지를 확인하기 위해서는 추가 조사가 필요하다(Mason, 1993).

국립동물원에서 단독으로 사육하던 수컷 아메리카흑곰(이름은 Smokey다)은 전시 공간 가장자리를 따라 매우 강한 반복보행을 보였다. 이 습관은 한 방향으로 열일곱 걸음을 걷고, 방향을 바꾼 뒤 다시 열일곱 걸음을 되돌아가는 식으로 반복되었다. 1년 동안 수집한 행동 자료를 종합해 보면, 시간에 따른 보행 양상은 먹이 주기 전과 오후 시간대에 가장 활발하게 나타났다. 그러나 보행 양상을 계절별로 분석했을 때, 이 두 정점은 각각 다른 시기에 두드러지게 나타났다. 6월과 7월에는 대부분의 반복보행이 먹이를 준 후인 오후 및 저녁에 나타났지만, 9월부터 11월까지는 먹이 주기 전에 발생했다. 또한, 곰이 방향을 바꿀 때의 몸 방향도 계절에 따라 달랐다. 여름에는 사육사가 먹이를 들고 오는 방향(사육 관리 구역)을 향해 몸을 돌리는 비율이 47%였으나, 가을에는 100%에 달했다. 반면 어떤 경우에는 일반 관람객이 있는 공간이나 다른 곰이 있는 전시구역 쪽을 향해 돌기도 했다.

아메리카흑곰의 번식기는 늦봄부터 초여름까지며, 이 시기에 수컷은 행동권을 돌아다니며 암컷과 접촉하고 다른 수컷과 경쟁하는 행동을 보인다. 여름과 가을 동안에는 지방을 축적하기 위해 먹이를 먹으며, 야생에서는 보통 이 시기에 하루 최대 18시간까지 먹이를 찾는 경우도 있다(Eagle와 Pelton, 1983). 6월과 7월에 관찰된 반복보행은 안쪽과 바깥쪽 방향 전환이 동일하게 나타났고 주로 섭식 이후에 발생하였는데, 이는 짝을 찾으려는 동기에 의한 것으로 추정했다. 연말에 가까워질수록 반복보행은 100% 안쪽으로만 방향을 바꿨고 주로 섭식 전에 발생하였으며, 이는 먹이를 찾으려는 동기에 의한 것으로 해석했다(Carlstead와 Seidensticker, 1991). 밍크와 아메리카흑곰 모두의 사례는 한 종 내 또는 개체 수준에서 적어도 두 가지 유형의 정형행동에 대한 원인 요인들을 구분할 수 있었다.

정형행동 예방

환경 풍부화는 많은 경우 정형행동을 감소시키는 것으로 알려져 있다. 이는 다양한 방식으로 작용한다. 예를 들어, 동물이 스스로 찾고자 하는 자극을 주어 특정 행동을 하려는 동기를 줄이거나, 환경을 더 예측 불가능하고 다양하게 만드는 방식이다. 야생에서 많은 종은 깨어 있는 대부분의 시간을 먹이를 찾고, 추격하고, 모으고, 다루고, 숨기거나, 동종이나 포식자를 찾거나 피하는 데 사용한다. 그러나 사육환경에서는 많은 경우 동물이 하루 한 번 또는 몇 번 사육사로부터 먹이를 받으며, 먹이를 얻기 위해 에너지를 거의 사용하지 않고 빠르게 먹는다. 사육동물들의 사회적 및 물리적 환경은 대부분 변화가 없다. 다음의 사례는 육식동물에 관한 연구 결과로, 예측할 수 없고 복잡한 환경을 제공했을 때 정형행동에 미치는 영향을 보여준다.

아메리카흑곰인 Smokey의 반복보행을 감소시킬 수 있는지 확인하기 위해 환경에 새로운 자극을 주는 실험을 했다. 짝을 찾는 시기에는 다른 곰의 체취를 제공하였고, 번식기와 '먹이탐색' 시기 모두에 먹이를 찾을 기회를 줬다(Carlstead와 Seidensticker, 1991). 5월과 6월 며칠 동안 수컷과 암컷 곰의 소변으로 만든 시판 사냥용 유인제를 사육장 안에 뿌렸다. 그러자 사냥용 유인제를 뿌리기 전 같은 계절에 비해 반복보행의 빈도가 33%로 크게 감소했다. 번식기에는 사육장에 곰 일일급이량 대부분을 사육장 곳곳에 숨겨 직접 찾거나 땅을 파야 먹을 수 있도록 기회를 준 경우, 반복보행이 25% 감소했다. 게다가 늦여름부터 가을까지 반복보행을 77%까지 감소시켜 더 효과적이었다(Carlstead와 Seidensticker, 1991). 또한, 먹이탐색 기회(foraging opportunity), 즉 먹이를 찾기 위해 물체나 바닥재를 조작할 기회는 여름과 가을 동안의 정형행동을 제거한 핵심 자극이었다는 것이다. 또 다른 실험에서는 나무로 된 자동 먹이급이기로 동일한 양의 먹이를 무작위 간격으로 줬고, 곰은 나무 자동급이기에 있는 여섯 개의 구멍 중 하나에서 먹이를 핥기만 하면 되었지만, 이 조건에서는 반복보행이 감소하지 않았다(Carlstead 등, 1991).

Smokey의 환경에 적절한 자극을 줘서 반복보행을 감소시킬 수 있었다. 표본 수는 적지만, 이 자료는 곰의 방사장에서 먹이탐색 기회를 증가시키는 것이 본능적인 먹이 탐색행동에 필요한 자극을 준 것으로 해석할 수 있다. 번식기 동안 방사장에 곰의 체취를 분사한 것도 성적 자극과 관련된 새로운 자극을 주는 역할을 했을 가능성이 있다. 어쩌면 궁합이 맞는 다른 곰과 함께 사육하는 것도 해당 시기에 반복보행을 줄이거나 예방하는 데 도움이 될 수 있을 것이다.

동물이 보이는 정형행동을 통해, 그들이 환경에 어떤 자극을 필요로 하는지 알 수 있으며, 환경 풍부화로 이러한 자극을 제공함으로써 동물의 욕구를 충족시킬 수 있다는 또 하나의 사례가 있다. 단독 사육하는 4개체 삵(*Prionailurus bengalensis*)을 대상으로 한 실험이다. 이들은 사자(*Panthera leo*), 호랑이(*Panthera tigris*), 퓨마가 함께 있는 건물 내의 열악한 사육장에 단독 사육했을 때 스트레스 수치(소변으로 측정된 코르티솔)와 반복보행 빈도가 만성적으로 높았다. 그러나 사육장에 여러 개의 속이 빈 통나무, 상자, 나뭇가지, 구조물 등을 설치하자 코르티솔 수치와 반복보행이 뚜렷하게 감소했다. 이전에는 자신들이 포식자로 인식하는 건물 내 다른 대형 고양이과 동물 앞에서 숨을 수 있는 장소가 없었기 때문이라는 가설을 세웠다(Carlstead 등, 1993). 이 고양이과 동물들이 찾고 있던 환경적 요소, 즉 숨을 수 있는 공간을 제공하였을 때, '공포' 때문에 나타난 은신 행동 욕구가 충족되었을 것으로 추측했다(그림 26).

풍부화는 특정하게 행동하려는 동기를 줄이는 역할도 할 수 있다. 국립동물원에서 사육하는 사막여우 두 쌍의 수컷은 다양한 환경적 자극에 반응하여 정형적 달리기를 보였고, 각 수컷은 동일 자극에 대해 서로 다른 정도로 반응했다. 이 개체들에서는 섭식 후 정형행동이 흔히 관찰됐다. 수컷 1은 섭식 후 한 시간 중 평균 25분 동안, 수컷 2는 평균 13분 동안 정형행동을 보였다. 이 행동은 야생에서 사막여우가 먹지 않은 먹이를 저장하는 습성과 관련된 것으로 추정했다. 그러나 전시장 내에는 먹이를 숨길 공간이나 바닥재가 부족하였다. 이에 따라 저장 본능을 줄이기 위해, 기존에는 한 덩어리로 주던 먹이를 작은 조각으로 나누어 실험적으로 제공하였다. 저장이 필요할 정도의 과도한 양의 먹이를 주지 않았다. 그 결과, 정형행동을 가장 많이 보인 수컷 1에게 먹

그림 26 은신처에 숨은 삶은 휴식을 취할 수도 있고, 관람객 소음이나 주간의 뜨거운 햇빛으로부터 회피할 수도 있다. 이러한 은신처는 고양이과 동물의 사냥 과정 중 잠복 기회를 제공하여 사냥 행동 형성에 기여한다(부산야생동물구조센터, ⓒ김영준).

이를 준 후 정형행동은 평균 6분으로 상당히 감소하였다. 반면, 수컷 2에게는 효과가 없었다(Carlstead, 1991).

앞서 언급된 바와 같이, 정형행동을 유발하는 요인 중 하나는 정해진 시간에 반복적으로 급이하는 것이다. 이로부터 알 수 있는 또 다른 관리 전략은, 사육동물의 정형행동을 조절하기 위해 급이 일정을 보다 다양하고 예측 불가능하게 만드는 것이다. 앞서 언급한 삵 네 개체를 대상으로 한 실험에서 급이 일정을 예측할 수 없게 조정하였다. 물리적 환경 풍부화가 정형적 반복보행을 줄이기는 했지만, 이 개체들은 여전히 이른 오후 급이 이후 저녁과 밤, 다음 날 아침 사육사가 돌아올 때까지 매우 자주 반복보행을 했다. 이 행동은 하루 한 번의 주는 먹이와 관련된 것으로 보였기 때문에 급이 횟수를 하루 한 번에서 네 번으로 늘렸다. 급식 빈도의 증가 후 반복보행은 유의미하게 감소했고, 탐색행동은 크게 증가하였다(Shepherdson 등, 1993). 또한, 하루 네 번 먹이를 줄 때 바닥 위 먹이 그릇에 단순히 먹이를 두는 대신 덤불 속에 먹이를 숨기자, 보행의 질적 변화도 나타났다. 이러한 먹이 공급 방식을 적용했을 때 반복보행의 지속 시간은 유의하게 짧아졌고, 탐색행동의 지속 시간은 유의하게 길어졌다. 기존의 전통적인 급이 방식은 동물이 어떤 행동을 하지 않아도 먹이를 얻을 수 있는 방식이었다. 그러나 보다 자연적인 방식은 먹이를 숨기고 동물이 먹이를 얻기 위해 노력하게 하는 것이다. 이와 관련한 다양한 사례들이 보고되었으며, 1980년대 초반(Hancocks, 1980; Hutchins 등, 1984)부터 동물원 동물 사육 관리에서 이 방식을 점차 활발하게 권장하고 있다.

결론

비록 표본 수는 적지만, 이 모든 결과는 육식동물의 정형행동에서 급식 방식과 빈도가 가장 중요한 요소임을 시사한다. 종에 따라 다양하게 먹이 제공 방식을 조절함으로써, 급식에 대한 기대, 먹이탐색 동기, 저장 동기와 관련된 정형행동을 줄일 수 있다. 먹이를 숨겨둔 경우, 급식은 사육사가 먹이를 주는 시점에 대한 동물의 기대가 아니라, 동물 자신의 행동에 따라 이루어진다. 이에 따라 동물은 앞서 이 장의 시작에서 언급한 매우 부자연스러운 방식, 즉 조건 없는 간헐적 먹이 확보라는 방식에서 벗어나게 된다. 많은 환경 풍부화 기법은 야생에서 자연스럽게 나타나는 먹이 탐색행동을 실제 또는 모의 먹이 획득 행동으로 유도하는 데 초점을 맞추어 왔다. Hediger(1966)가 지적했듯이, 급이는 생리적일 뿐만 아니라 심리적인 측면도 있다. 그는 동물에게 정상적인 먹이탐색 활동을 대체할 수 있는 무언가를 제공해야 할 필요성을 인식하였다.

여기에서 제시한 자료는 동물원 전문가들이 스트레스나 불쾌한 자극에서 동물들이 벗어날 수 있는 환경 제공 방법을 찾아야 한다고 말하고 있다. 많은 정형적 보행이나 달리기 행동은 위협적인 상황에서 벗어나려는 동기에서 비롯될 수 있다. 도피 역시 탐색행동의 일종이며, 이 동기를 충족시킬 수 있는 적절한 은신처가 없다면, 동물은 반복적으로 좌우로 달리는 행동만을 할 수밖에 없다.

마지막으로, 정형행동 양상을 면밀하게 분석하면 사육사는 동물이 반복적으로 그 행동을 보이는 이유를 단서로 삼아 사회적 자극, 둥지 재료, 털 손질을 위한 기질과 같이 환경 속에서 결핍되어 있을 수 있는 다른 유형의 자극을 찾아내는데 도움 받을 수 있다. 육식동물을 포함한 다양한 종의 개체들은 유전적 배경, 사육 및 사회적 경험, 대처 방식, 물리적·사회적 환경에 대한 반응성이 서로 다르다. 이러한 요인들은 제한된 환경에서 정형행동의 발달과 발생에 영향을 미칠 수 있다. 정형행동은 특정 개체에게 해당 환경이 최적이 아님을 나타내는 중요한 지표며, 그 환경이 동물의 강한 동기 행동을 방해하고 있음을 보여준다. 동물원이란 공간에서, 일반 관람객은 정형행동을 보이는 동물을 보면 스트레스를 받거나 불안하고, 지루하거나 몹시 흥분한 상태로 인식하며, 이러한 행동은 전시 동물의 교육적 가치 또한 떨어뜨린다. 그럼에도 이러한 바람직하지 않은 행동은 정밀한 행동 분석과 적절한 환경 풍부화를 통해 감소시키거나 제거할 수 있다.

참고문헌

– Berkson, G. 1967. Abnormal stereotyped motor acts. In *Comparative Psychopathology: Animal and Human*, ed. J. Zubin and H. F. Hunt, 76-94. New York: Grune & Stratton.

– Broom, D. M. 1983. Stereotypies as animal welfare indicators. In *Indicators Relevant to Farm Animal Welfare*, ed. D. Schmidt, 8-87. The Hague: Martinus Nijhoff.

– Carlstead, K. 1991. Husbandry of the Fennec fox, *Fennecus zerda*: Environmental conditions influencing stereotypic behaviour. *International Zoo Yearbook* 30:202-207.

– Carlstead, K., J. L. Brown, and J. Seidensticker. 1993. Behavioral and adrenocortical responses to environmental changes in leopard cats (*Felis bengalensis*). *Zoo Biology* 12:321-331.

– Carlstead, K., and J. Seidensticker. 1991. Seasonal variation in stereotypic pacing in an American black bear *Ursus americanus*. *Behavioural Processes* 25:155-161.

– Carlstead, K., J. Seidensticker, and R. Baldwin. 1991. Environmental enrichment for *zoo bears*. *Zoo Biology* 10:3-16.

– Cronin, G. M. 1985. The development and significance of abnormal stereotyped behaviours in tethered sows. Ph.D. dissertation, Agricultural University of Wageningen, The Netherlands.

– de Jonge, G., K. Carlstead, and P. R. Wiepkema. 1986. *The Welfare of Ranch Mink*. COVP Issue 08. Beekbergen, The Netherlands: Het Spelderholt.

– de Pasille, A. M. B., R. J. Christopherson, and J. Rushen. 1991. Sucking behaviour affects post-prandial secretion of digestive hormones in the calf. In *Applied Animal Behaviour: Past, Present, and Future*, ed. M. C. Appleby, R. I. Horrell, J. C. Petherick, and S. M. Rutter, 130-131. Potters Bar, U.K.: Universities Federation for Animal Welfare.

– Eagle, T. C., and M. R. Pelton. 1983. Seasonal nutrition of black bears in the Great Smoky Mountains National Park. *International Conference on Bear Research and Management* 5:94-101.

– Falk, J. L. 1971. The nature and determinants of adjunctive behavior. *Physiology and Behavior* 6:577-597.

– Fentress, J. C. 1976. Dynamic boundaries of patterned behaviour: Interaction and self-organization. In *Growing Points in Ethology*, ed. P. P. G. Bateson and R. A. Hinde, 135-167. Cambridge: Cambridge University Press.

– Hancocks, D. 1980. Bringing nature into the zoo: Inexpensive solutions for zoo environments. *International Journal for the Study of Animal Problems* 1:170-177.

- Hediger, H. 1934. Über Bewegungsstereotypien bei gehaltenen Tieren. *Revue Suisse de Zoologie* 41:349-356.

- Hediger, H. 1950. *Wild Animals in Captivity: An Outline of the Biology of Zoological Gardens*. New York: Dover.

- Hediger, H. 1966. Diet of animals in captivity. *International Zoo Yearbook* 6:37-58.

- Holzapfel, M. 1938. Über Bewegungsstereotypien bei gehaltenen Saugern. I. Mitt. Bewegungsstereotypien bei Caniden und Hyaena. *Zeitschrift für Tierpsychologie* 2:46-72.

- Holzapfel, M. 1939. Die Entstehung einiger Bewegungsstereotypien bei gehaltenen Saugern und Volgeln. Revue *Suisse de Zoologie* 46:567-580.

- Hughes, B. O., and I. J. H. Duncan. 1988. The notion of ethological "need," models of motivation, and animal welfare. *Animal Behaviour* 36:1696-1707.

- Hutchins, M., D. Hancocks, and C. Crockett. 1984. Naturalistic solutions to the behavioral problems of captive animals. *Zoologische Garten* 54:28-42.

- Ladewig, J., A. M. B. de Pasille, J. Rushen, W. Schouten, E. M. C. Terlouw, and E. von Borell. 1993. Stress and the physiological correlates of stereotypic behaviour. In *Stereotypic Animal Behaviour: Fundamentals and Applications to Welfare*, ed. A. B. Lawrence and J. Rushen, 97-118. Wallingford, U.K.: CAB International.

- Mason, G. J. 1991a. Stereotypies: A critical review. *Animal Behaviour* 41:1015-1037.

- Mason, G. J. 1991b. Stereotypies and suffering. *Behavioural Processes* 25:103-115.

- Mason, G. J. 1993. Age and context affect the stereotypies of mink. *Behaviour* 127:191-229.

- Morris, D. 1962. Occupational therapy for captive animals. In *The Environment of Laboratory Animals*, vol. 2, 7-42. Carshalton, U.K.: MRC Laboratories.

- Morris, D. 1964. The response of animals to a restricted environment. *Symposia of the Zoological Society of London* 13:99-120.

- Odberg, F. 1978. Abnormal behaviours (stereotypies). In *Proceedings of the First World Congress on Ethology Applied to Zootechnics*, ed. J. Garsi. Madrid: Industrias Graficas.

- Ridley, R. M., and H. F. Baker. 1982. Stereotypy in monkeys and humans. *Psychological Medicine* 12:61-72.

- Schouten, W., J. Rushen, and A. M. de Passille. 1991. Stereotypic behavior and heart rate in pigs. *Physiology and Behavior* 50:617-624.

- Shepherdson, D. 1989. Stereotyped behaviour: What is it and how can it be eliminated? *Ratel* 16:100-105.

- Shepherdson, D., K. Carlstead, J. M. Mellen, and J. Seidensticker. 1993. The influence of food presentation on the behavior of small cats in confined environments. *Zoo Biology* 12:203-216.

- Staddon, J. E. R. 1977. Schedule-induced behavior. In *Handbook of Operant Behavior*, ed. W. K. Honig and J. E. R. Staddon, 125-152. Englewood Cliffs, N.J.: Prentice-Hall.

- Wiepkema, P. R. 1983. On the significance of ethological criteria for the assessment of animal welfare. In *Indicators Relevant to Farm Animal Welfare*, ed. D. Schmidt, 71-79. The Hague: Martinus Nijhoff.

제12장

소형 고양이과 동물의 사육환경

Jill D. Mellen, Marc P. Hayes와 David J. Shepherdson

사육 육식동물을 위한 풍부화는 다른 동물에 비해 계획하기가 매우 어렵다. 풍부화의 주요 목적이 야생 개체가 나타내는 행동과 활동을 사육동물에게 유도해 내는 것이라면(Seidensticker와 Forthman, 1994; 1장 참조), 육식동물 중에서도 특히 단독 생활을 하는 고양이과 동물을 위한 환경 풍부화가 아마 가장 까다로울 것이다. 야생 고양이과 동물은 '잠복-돌진-제압하여 죽임'의 연속된 행동으로 사냥하며(Leyhausen, 1979), 사냥한 먹이는 목덜미를 물어 죽이거나 기도를 물어 질식시킨 후 처리한다(Ewer, 1973). 먹이로 사용하는 동물에 대한 동물복지 문제와 살아있는 동물을 먹이로 주는 것에 대한 대중의 부정적 반응 때문에, 대부분 북미 동물원은 먹이로 쓰는 조류나 포유류를 살아있는 채로 고양이과 동물에게 주지 않는다(Shepherdson 등, 1993). 이런 상황에서 사육동물에게 영양 균형이 맞는 식단을 주기 위한 노력은 야생에서 먹던 먹이와는 많이 다른 형태인 가공육 식단을 개발하는 결과를 낳고 말았다. 또한 북미동물원·수족관협회의 종보전계획(Species Survival Plans, SSP)과 같은 번식 프로그램은 유전 다양성과 개체군 구조를 중심으로 이루어지므로, 사육 공간이 제한된 동물원은 증식을 철저히 통제한다. 야생에서는 고양이과 동물이 먹이나 짝을 찾기 위해 광범위한 영역을 이동하며, 동족과 의사소통을 위해 체취를 남겨 표시를 하거나 울음소리로 소통한다. 반면, 사육환경에서는 사육장 면적이 야생 영역권에 비해 훨씬 좁고, 동종과의 접촉도 인접한 곳에 있는 소수 개체에 한정될 뿐이다.

이처럼 중대한 제약이 많은 조건에서, 사육 고양이과 동물을 위한 최적의 전시시설은 어떻게 설계할 수 있을까? 야생 고양이과 동물이 하는 자연스러운 행동을 할 수 있게끔 하는 전시장 구성 요소는 무엇이며, 반대로 반복보행처럼 대중이 보기에도 문제가 있다고 여기는 행동은 어떻게 줄일 수 있을까? 이에 못지않은 중요한 질문으로, 사육환경이 적합한지 어떻게 평가할 수 있는가? 이번 장에서는 이러한 질문들에 답하기 위한 첫 단계로 소형 고양이과 동물의 사육시설에서 나타나는 다양성을 평가한다(평가 대상 종은 표 6 참조). 구체적으로는, 다양한 전시 설계에 따라 16종의 고양이과 동물들이 여러 활동을 하며 보낸 시간을 분석하였다. 또한, 반복보행에 드는 시간이 동물복지의 유용한 지표가 될 수 있다는 점(Mason, 1993)에 따라, 사육 소형 고양이과 동물의 물리적 및 사회적 환경 요인과 반복보행 간의 관계를 조사했다.

<h1>연구 방법</h1>

대상 개체

공동 저자 중 한 명인 Mellen은 소형 고양이과 16종, 총 68개체를 465.89시간 동안 관찰했다. '표 6'에는 관찰한 종과 집단 구성(성별과 집단 크기)에 대한 세부 정보가 있다.

표 6 | 관찰 대상 고양이과 동물 목록

사육장 번호	동물종	개체수 (♂.♀)	기관명[a]	관찰 주기(일)[b]	총 시간[c]	사육시설 면적(m²)
1	Pampas cat, *Leopardus colocolo*[46]	1.1	CIN	17.10.88~ 28.10.88	3.25	27
2	Pampas cat, *Leopardus colocolo*	1.1	CIN	17.10.88~ 28.10.88	4.17	6
3	Jungle cat, *Felis chaus*	1.1	SAC	17.02.85~ 27.04.85	37.47	12
4	Geoffroy's cat, *Leopardus geoffroyi*[47]	1.1	WPZ	02.11.86~ 10.01.87	25.63	65
5	Geoffroy's cat, *Leopardus geoffroyi*	1.1	NZP	07.07.85~ 05.02.85	27.69	18
6	Pallas' cat, *Otocolobus manul*	1.2	BRK	24.06.84~ 18.08.84	25.50	782
7	Sand cat, *Felis margarita*	1.2	BRK	24.06.84~ 18.08.84	7.48	229
8	Sand cat, *Felis margarita*	1.1	BRK	24.06.84~ 27.07.84	16.59	15

---

46   원문에 *Oncifelis colocolo*로 기재한 학명을 최신 학명으로 수정함.

47   원문에 *Oncifelis geoffroyi*로 기재한 학명을 최신 학명으로 수정함.

사육장 번호	동물종	개체수 (♂.♀)	기관명[a]	관찰 주기(일)[b]	총 시간[c]	사육시설 면적(m²)
9	Sand cat, *Felis margarita*	1.1	BRK	24.06.84~ 27.07.84	14.37	7
10	Sand cat, *Felis margarita*	1.1	WPZ	23.02.86~ 10.05.86	21.71	62
11	Black-footed cat, *Felis nigripes*	1.1	CIN	17.10.88~ 28.10.88	4.00	37
12	Ocelot, *Leopardus pardalis*	1.1	ASM	27.01.88~ 05.02.88	6.00	130
13	Ocelot, *Leopardus pardalis*	1.1	CIN	17.10.88~ 28.10.88	3.90	41
14	Ocelot, *Leopardus pardalis*	1.1	PTL	02.04.89~ 15.04.89	6.50	255
15	Rusty-spotted cat, *Prionailurus rubiginosus*	1.1	CIN	17.10.88~ 28.10.88	3.50	6
16	Serval, *Leptailurus serval*	1.1	WPZ	18.01.87~ 28.03.87	13.15	501
17	Serval, *Leptailurus serval*	1.1	SDZ	30.03.88~ 09.04.88	6.00	78
18	Serval, *Leptailurus serval*	1.1	SAC	15.02.85~ 25.04.85	32.73	12
19	Serval, *Leptailurus serval*	1.1	NZP	01.07.85~ 08.09.85	31.03	621
20	Scottish wildcat, *Felis silvestris grampia*	1.2	SDZ	30.03.88~ 09.04.88	6.00	78
21	Asiatic wildcat, *Felis silvestris ornata*	1.1	PTL	02.04.89~ 15.04.89	4.00	203
22	Asian golden cat, *Catopuma temminckii*	1.1	WPZ	23.06.87~ 29.08.87	21.92	83

사육장 번호	동물종	개체수 (♂.♀)	기관명[a]	관찰 주기(일)[b]	총 시간[c]	사육시설 면적(m²)
23	Asian golden cat, *Catopuma temminckii*	1.1	PTL	02.04.89~ 15.04.89	4.50	505
24	Fishing cat, *Prionailurus viverrinus*	1.1	WPZ	23.02.86~ 10.05.86	17.05	94
25	Fishing cat, *Prionailurus viverrinus*	1.1	SDZ	30.03.88~ 09.04.88	7.50	78
26	Fishing cat, *Prionailurus viverrinus*	1.1	PTL	02.04.89~ 15.04.89	4.00	236
27	Jaguarundi, *Herpailurus yagouaroundi*	1.1	ASM	26.01.88~ 05.02.88	8.97	125
28	Jaguarundi, *Herpailurus yagouaroundi*	1.1	CIN	17.10.88~ 28.10.88	3.25	44
29	Caracal, *Caracal caracal*	1.1	SAC	03.04.85~ 17.05.85	22.84	12
30	Caracal, *Caracal caracal*	1.1	SAC	24.02.85~ 18.05.85	35.52	12
31	Caracal, *Caracal caracal*	1.1	CIN	17.10.88~ 28.10.88	3.42	36
32	Caracal, *Caracal caracal*	1.1	PTL	02.04.89~ 15.04.89	4.50	596
33	Canadian lynx, *Lynx canadensis*	1.1	SAC	03.03.85~ 18.05.85	31.75	
	총	33.36		24.06.84~ 15.04.89	465.89	

a: ASM, Arizona-Sonora Desert Museum, Tucson; BRK, Brookfield Zoo, Chicago; CIN, Cincinnati Zoo, Cincinnati, Ohio; NZP, National Zoological Park, Washington, D.C.; PTL, Port Lympne, Kent, Great Britain; SAC, Sacramento Zoo, Sacramento, Calif.; SDZ, San Diego Zoo, San Diego, Calif.; WPZ, Metro Washington Park Zoo, Portland, Ore.

b: 관찰주기가 표현된 방식은 일.월.연도 임 **c**: 사육장 내 동물 집단을 관찰한 총 시간

자료 수집

30초 간격 마다 자료를 모으는 스캔-샘플링 기법[48](Altmann, 1974)은 동물이 여러 가지 활동을 하는 데 드는 시간 비율을 추정하기 위해 쓴 방법이다. 동물 관찰은 동물원이 개장하는 주간 시간대인 오전 9시부터 오후 5시 사이에 했

표 7 | 고양이과 동물 사육환경에 대한 분석 변수

변수 이름	설명과 채점 방법
사육장 기후	이진 범주형 변수로, 실내형(기후 조절됨)과 실외형(외부 기후에 노출됨)으로 분류.
사육장 크기	연속형 변수로, 단위는 세제곱미터(m³)임. 관찰 대상 사육장 크기는 6~782m³ 사이 였음(표6 참조).
시각적 차단물	정수형 변수로, 방사장 안 차단물 수를 기록. 차단물이란, 고양이과 동물이 방사장 안의 동종 개체 시야에서 완전히 벗어나도록 하는 구조물을 의미함(Mellen, 1991). 본 연구에서는 1개에서 10개 사이의 시각적 차단물이 있었고, 6, 8, 9개인 경우는 없었음.
은신처 수	정수형 변수로, 방사장 내 고양이과 동물이 접근할 수 있는 은신처 수를 기록. 은신처는 0개에서 4개 사이였음.
집단 크기	이진 정수형 변수로, 사육장 내 동종 집단 크기를 기록. 집단은 항상 2개체 또는 3개체 고양이과 동물로 구성됨.
사육 관리	1에서 5까지의 정수 중 하나를 선택하는 범주형 변수. 이 변수는 대상 사육장 안에서 고양이과 동물과 사육사의 상호작용 정도를 정성적으로 평가함. '1'은 상호작용이 거의 없거나 전혀 없는 경우를, '5'는 매우 자주 상호작용할 때를 의미함. Mellen(1991) 논문에 이 변수에 관한 세부사항이 실려있음.
식단 다양성	정수형 변수로, 고양이과 동물 1개체에게 제공하는 먹이 종류 수를 기록함(Mellen, 1991). 이 변수는 1에서 7사이며, 식단의 다양성을 평가함. 동종 집단 내에서도 개체 간 식단 다양성에는 차이가 있으므로, 식단 다양성은 각 개체별로 평가함.

---

48   Scan sampling: 일정 시간 간격마다 대상 동물의 행동을 기록하는 방법. 집단 내 전체 개체의 행동 분포나 행동 비율을 파악할 때 유용하며, 정해진 시점에 현재 집단 상태를 스냅숏처럼 기록하는 방식.

고, 1회 관찰 시간은 45분에서 90분 사이였다. 이 자료를 주간 시간에만 수집한 이유는 이 연구의 기초 연구(Mellen, 1989)가 동물의 번식 행동이 사육사가 관찰할 수 있는 시간대에 일어나는지 확인하기 위해 자료를 수집했기 때문이었다. '표 6'에는 관찰 날짜와 시간, 그리고 관찰 기관 정보도 있다. 총 11가지 행동 범주를 기록했으나(Mellen, 1989), 이 장에서는 4가지 범주인 반복보행, 휴식, 경계 상태의 휴식, 관찰 불가 상태에 대해서만 논의한다. 이 중 반복보행은 유일하게 단독 분석한 활동 지표로, 반복적인 보행 동작으로 정의하였다. 반복보행을 판단하는 기준은 같은 경로를 최소 두 번 이상 왕복하는 것이다(반복보행 이외에 10가지 행동 범주의 정의는 Mellen, 1989 참조). 또한, 각 고양이과 동물의 사육환경에 대한 주요 특성을 설명하는 7개의 독립 변수 자료도 함께 수집하였다(표 7 참조).

자료 분석

활동 지표는 Mellen(1989)이 처음 기록한 11가지 행동 범주를 바탕으로 산출하였다. 행동 범주의 총합은 개체가 정해진 기간에 보여주는 다양한 행동별 시간 비율[49]이 된다. 비활동 시간 비율은 다음 세 가지 행동 범주, 즉 휴식, 경계 상태의 휴식, 관찰 불가 상태일 때의 드는 시간의 비율을 합산하여 계산하였다. 이러한 비활동 시간 비율을 기반으로 한 활동성 유형 분석은 개체 수준, 사육장 수준, 그리고 분류군 수준에 따라 각각 분석하였다. 이 연구에서는 변수 유형이 이진 범주형 변수(예: 사육장 기후)부터 연속형 변수(예: 사육장 크기), 그리고 다봉 분포[50]를 보이는 복합 변수(예: 시각적 차단물)나 비대칭 분포[51]를 가

---

49   Time budget: 행동별 시간 사용 비율로, 동물이 하루 또는 특정 기간 동안 여러 활동에 어떻게 시간을 분배하는지를 나타내는 분석 지표로 동물행동학에서 자주 쓰는 개념임.
50   Multimodal distribution: 최대 분포를 보이는 값이 둘 이상인 자료의 분포 형태.
51   Skewed distribution: 분포 곡선이 대칭이 아닌 한쪽으로 치우친 분포 형태.

진 변수(예: 반복보행)까지 다양하므로, 모든 비교·분석에 비모수 검정[52]을 사용했다. 모든 분석은 개체 수준 또는 소규모 집단 수준에서 수행하였다. 관찰한 동물은 총 68개체였지만, 개체 자료는 총 69건이었다. 이는 수컷 사막고양이(*Felis margarita*) 1개체가 두 개의 다른 집단(7번과 9번 사육장, 표 6과 8 참조)에 속해 있었기 때문이다. 일부 불연속형 변수(예: 시각적 차단물)는 더 넓은 범주로 통합하여, Kruskal-Wallis 비모수 분산 분석[53]을 할 수 있도록 하였다. 동일한 자료를 대상으로 두 가지 이상의 통계 검정을 할 경우, Sidak의 곱셈 부등식[54](Zar, 1974)을 사용해 유의수준을 보정하였다. 분석 결과에 혼돈을 줄 수 있는 여러 편향과 변동 요인에 주의하고, 이 중 성별, 분류군, 시간에 따른 중요한 변동 요인에 대해서는 별도로 검토하였다.

결과

비활동

개체별 비활동 시간 비율은 매우 다양했으며, 서벌(*Leptailurus serval*) 수컷은 3%였던 반면 스코틀랜드들고양이(*Felis silvestris grampia*) 암컷은 99%에 달했다(표 8 참조). 이러한 변동성에도 불구하고, 전체 69개체 중에서 비활동 시간 비율이 50% 미만인 개체는 단 13개체(수컷 10개체, 암컷 3개체)에 불과했다. 또한 3개체로 구성된 집단에서의 비활동성은 2개체로 구성된 집단과 유의한 차이

---

52 Nonparametric analysis: 모수(parameter)에 대한 가정 없이 자료를 분석하는 통계 방법. 정규성을 가정하기 어렵거나, 순위형 자료나 범주형 자료를 다룰 때, 혹은 표본 수가 적을 때 쓰는 방법.

53 Kruskal-Wallis nonparametric analysis of variance: 줄여서 KW ANOVA라고도 하며, 정규성 가정 없이 중앙값만 비교하는 비모수 분산 분석법으로 세 그룹 이상 비교 시 사용함.

54 Sidak's multiplicative inequality: 다중 비교에서 오류를 보정하기 위한 통계 기법.

를 보이지 않았다. 통계 검정을 위해 Mann-Whitney U 검정[55]결과, n_2(2개체 집단)=60, n_3(3개체 집단)=9, 동 순위 보정을 반영한 z=-1.971, p=0.049[56]으로 분석되었다. 3개체 집단을 제외하고는, 수컷과 암컷 사이의 비활동 수준 역시 유의미한 차이를 보이지 않았다. 이를 위해 Wilcoxon 부호 순위 검정[57]을 실시한 결과, n=30, z=-2.056, p=0.040로 나타났다. 2개체 무리에서 수컷의 평균 비활동 시간 비율은 58%이었던 반면 암컷은 67%였다(표 8 참조). 3개체 집단의 수컷과 암컷 간 평균 차이는 9%였지만, 집단 내 개체 수가 적어 통계적 비교는 불가능하였다. 한편 분류군 간 전체 분석으로, 비활동 시간 비율에 유의한 차이가 없음을 알 수 있었다. Kruskal-Wallis 비모수 분산 분석을 시행한 결과, df=15, n=69, 동률 보정 H=16.009, p=0.382 이었다. 앞서 언급한 세 가지 통계 검정의 유의 확률 임곗값은 p=0.017 이었다.

반복보행

조사 대상 7개 독립 변수 중 두 가지인 사육장 기후와 은신처 수는 반복보행과 유의미한 상관관계를 보이지 않았다. 첫 번째, 사육장 기후와 반복보행의 상관관계 평가를 위한 Mann-Whitney U 검정 결과, n_i(실내형)=34, n_o(실외형)=35, z=-0.157, p=0.876 이었다. 은신처 수와 반복보행 상관관계 평가를 위한 KW-ANOVA 검정 결과, df=4, n=69, H=5.765, p=0.217 이었다. 반면, 사

---

55 Mann-Whitney U-test: 두 독립 집단 간 중윗값 차이를 비교하는 비모수 검정법. Mann-Whitney 검정은 본래 U 통계량을 기준으로 계산하는데, U 통계량이란 두 독립 집단 간 순위를 기반한 차이를 비교.

56 p=0.049: 일반적으로 a=0.05를 기준으로 통계적 유의성을 판단하므로, 0.049는 통계적으로 유의함.

57 Wilcoxon signed-rank test: 대응 표본 간 순위 차이를 비교하는 비모수 검정법.

육장 크기와 반복보행 간에는 역상관관계를 보였으며 이는 Kendall's tau[58]상관계수 분석에서 유의하게 나타났다(n=69, z=-4.494, τ=-0.370, p=0.0001). 이 관계는 음의 로그함수 분포를 보였으며 가장 적합한 회귀식은 다음과 같다. '반복보행에 소요된 시간 비율 = -8.174 × log(사육장 크기) + 23.806'. 시각적 차단물 개수와 반복보행도 역상관관계를 보였다. KW-ANOVA 검정 결과, df=3, n=69, H=16.593, p=0.0009로 나타났다. 시각적 차단물이 7개 이상인 경우 반복보행이 매우 낮은 수준으로 나타났다. 또한 3개체 집단의 개체는 2개체 집단보다 반복보행을 통계적으로 유의하게 적게 하였다(Mann-Whitney U 검정 결과, n_2(2개체 집단)=60, n_3(3개체 집단)=9, z=-3.185, p=0.0014). 사양 관리 수준과 반복보행 간에도 역상관관계가 있었다(Kendall's tau 상관관계 분석 결과, n=69, z=-3.495, τ=-0.288; p=0.0005). 즉, 사양 수준이 높을수록 반복보행이 줄어드는 경향을 보인 것이다.

식단 다양성과 반복보행 사이에는 유의미한 관계가 있는 것으로 분석되었다(KW-ANOVA 검정 결과, df=3, n=69, H=20.113, p=0.0002). 사후 분석 결과, 식단 다양성 수준이 가장 낮은 두 집단(다양성 변수 1과 2)의 개체들이, 다음 상위 두 수준(다양성 변수 3과 4)의 개체들보다 반복보행이 유의미하게 많았다. 식단 다양성 수준 3단계과 4단계에 속한 개체들을 5단계 이상인 개체들과 비교했을 때도 이와 동일한 유형이 나타났다. 이들 일곱 가지 통계 검정에 적용한 유의 확률 임곗값은 p=0.007이었다.

---

58   Kendall's tau: Kendall의 τ(타우) 상관계수 분석. 두 변수 간 일관된 순위(순서) 관계를 측정하는 비모수 통계 기법. 값의 범위는 -1에서 +1 사이며, +1은 완전한 양의 상관관계로 서열이 완전히 일치함을 의미하며, -1은 완전한 음의 상관관계로 서열이 완전히 반대임을 의미함. 0은 순위 상관없음을 의미.

표 8 | 고양이과 동물의 비활동 시간 비율

사육장 번호	동물종	수컷[a]	암컷[b]
1	Pampas cat, *Leopardus colocolo*	48	73
2	Pampas cat, *Leopardus colocolo*	24	61
3	Jungle cat, *Felis chaus*	70	65
4	Geoffroy's cat, *Leopardus geoffroyi*	68	62
5	Geoffroy's cat, *Leopardus geoffroyi*	56	85
6	Pallas' cat, *Otocolobus manul*	69	73, 75
7	Sand cat, *Felis margarita*	83	84, 82
8	Sand cat, *Felis margarita*	69	73
9	Sand cat, *Felis margarita*	85	69
10	Sand cat, *Felis margarita*	69	51
11	Black-footed cat, *Felis nigripes*	89	95
12	Ocelot, *Leopardus pardalis*	63	79
13	Ocelot, *Leopardus pardalis*	43	44
14	Ocelot, *Leopardus pardalis*	74	72
15	Rusty-spotted cat, *Prionailurus rubiginosus*	39	69
16	Serval, *Leptailurus serval*	32	55
17	Serval, *Leptailurus serval*	3	61
18	Serval, *Leptailurus serval*	69	71
19	Serval, *Leptailurus serval*	72	71
20	Scottish wildcat, *Felis silvestris grampia*	55	56, 99
21	Asiatic wildcat, *Felis silvestris ornata*	73	73
22	Asian golden cat, *Catopuma temminckii*	41	53
23	Asian golden cat, *Catopuma temminckii*	74	73

사육장 번호	동물종	수컷[a]	암컷[b]
24	Fishing cat, *Prionailurus viverrinus*	70	31
25	Fishing cat, *Prionailurus viverrinus*	38	92
26	Fishing cat, *Prionailurus viverrinus*	72	74
27	Jaguarundi, *Herpailurus yagouaroundi*	24	66
28	Jaguarundi, *Herpailurus yagouaroundi*	75	88
29	Caracal, *Caracal caracal*	50	57
30	Caracal, *Caracal caracal*	45	43
31	Caracal, *Caracal caracal*	74	62
32	Caracal, *Caracal caracal*	73	73
33	Canadian lynx, *Lynx canadensis*	70	80
모든 집단 평균값		59	69
2개체 집단에서 생활하는 고양이과 동물 평균값		58	67
3개체 집단에서 생활하는 고양이과 동물 평균값		69	78

a: 7번, 9번 사육장의 수컷 사막고양이는 같은 개체임.

b: 암컷 2개체가 있는 사육장의 경우, 개체별 값을 표기.

고찰

비활동

주간 시간대 활동 시간을 평가한 결과, 사육하는 소형 고양이과 동물은 평균 57% 이상을 비활동 상태로 보내고, 나머지 43%의 시간 동안 활동적인 것으로 나타났다. 만약 풍부화의 주요 목적이 사육동물들이 야생 행동을 모방할 수 있도록 환경을 조성하는 것이라면(1장 참조), 고양이과 동물의 생태계 내 활동 양상을 살펴보는 것이 도움이 될 것이다(Seidensticker와 Forthman, 1994). 소형 고양이과 동물에 속하는 종 대부분은 주야간 활동에 관한 자료가 별로 없지만, 일부 종에 관한 자료를 보면 야생 개체들도 주간 시간의 57% 이상을 비활동 상태로 보낸다고 한다. 야생 조프로아고양이는 주간 시간의 75%를(Johnson과 Franklin, 1991로 추정), 오셀롯은 57%를 비활동 시간으로 보냈다(Ludlow와 Sunquist, 1987; Crawshaw와 Quigley, 1989). 이 결과들은 본 연구 결과와 비슷해 보이지만, 본 연구 자료는 주간 시간 중 일부만 수집하였기 때문에 직접적 비교는 어렵다.

소형 고양이과 동물의 주간 비활동 시간은 사육 개체와 야생 개체가 비슷하게 나타나며, 이는 주간 비활동 시간의 길이가 유전적으로 고정되어 있을 가능성을 시사한다. 따라서, 사육하는 고양이과 동물들에게 주간 활동성을 인위적으로 높이려는 시도 자체가 헛되고 자연스럽지 않을 수 있다(Hutchins 등, 1984). 따라서 풍부화 방향은 고양이과 동물의 주간 활동 시간 자체를 늘리기보다, 활동 시간 동안 하는 행동을 바꾸도록 하는 것이 바람직하다. 행동을 바꾸도록 한다는 것은 예를 들면, 동물이 반복보행하는 시간을 줄이고 대신 환경을 탐색하는 데 더 많은 시간을 쓰도록 행동 변화를 유도하는 것을 의미한다. 다시 정리하자면, 종 특이적 풍부화 기법은 고양이과 동물이 활동 시간 동안 자신이 할 행동들을 재구성할 수 있도록 하는 데 중점을 두어야 한다.

반복보행과 사육장 복잡성

이 연구에서 가장 흥미로운 결과 중 하나는, 사육환경이 복잡할수록 고양이과 동물들의 반복보행 시간이 현저히 줄어들었다는 점이다. 반복보행 시간은 다양했는데, 사육장별 평균 0~37% 범위였다. 사육장 복잡성을 구성하는 여러 요소들을 측정했으며, 그중에서 시각적 차단물 개수에 따라 반복보행이 영향을 많이 받았다. 사육장 내에 시각적 차단물이 일곱 개 이상인 경우, 반복보행이 줄어들거나 아예 관찰되지 않았다.

이 결과는 삵(*Prionailurus bengalensis*)을 대상으로 한 실험에서 은신처를 제공했을 때 반복보행 시간이 50% 감소한 실험 연구와 일치한다(Carlstead 등, 1993a). 은신처를 늘린다는 것은 시각적 차단물 때문에 사육장 복잡성이 높아졌고, 결과적으로 반복보행을 줄인 것으로 보인다. 여기서 중요한 점은, 시각적 차단물이 반복보행 동선을 단순히 물리적으로 막는 것을 의미하는 게 아니라는 점이다. 왜냐하면 시각적 가림기능이 없는 구조물을 설치한 경우에는 반복보행을 줄이지 않았기 때문이다(Mellen, 개인 관찰). 또한, 이 연구 결과는 사육장 내에 일정 수준 이상 복잡성이 충족된 후에는 시각적 차단물이 더 이상 큰 영향을 미치지 않는 복잡성 임계치가 있을 수 있음을 시사한다. 이 가설은 전시 공간을 최적으로 설계하는 데 중요한 점을 시사하므로 후속 연구가 필요하다.

반복보행: 기능과 동기

사육 고양이과 동물이 반복보행을 완전히 하지 않도록 하는 것이 목표가 되어야 할까? 기존 자료에 따르면 소형 고양이과 동물들은 시각적 차단물을 만들어주면 반복보행 빈도가 줄어드는 경향이 있었다. 그러나 시각적 차단물이 있더라도 여전히 어느 정도로는 반복보행을 할 수 있다. 그렇다면 반복보행을 한다는 사실 만으로 복지가 저하되었다고 단정할 수 있을까? 아니면 고양이과 동물의 반복보행이 다른 동기에서 비롯되었을 가능성은 없을까?

고양이과 동물은 배가 고프지 않아도 먹이를 잡는 행동을 하고자 하는 욕구가 있을 수 있다(Eaton, 1972; Leyhausen, 1979). 이러한 행동을 할 기회를 빼앗기면 이 행동이 이상행동으로 전환될 수 있다(Shepherdson 등, 1993). 야생에서 소형 고양이과 동물은 두 가지 전략으로 사냥을 한다. 자신의 행동권 내를 순찰하며 우연히 마주치는 먹이를 사냥하는 전략(Emmons, 1987), 혹은 은신처에 숨어있다가 매복하여 사냥하는 전략이다(Kitchener, 1991). 대부분 사냥감은 소형 동물이기 때문에, 소형 고양이과 동물은 일반적으로 하루에 여러 번 사냥한다 (Sunquist와 Sunquist, 1991). Hughes와 Duncan(1988)은 예측 모형으로 이 동물들의 먹이 탐색행동을 하려는 욕구가 꾸준히 높은 수준으로 유지될 수 있으며, 그 행동이 실제 먹이 획득과 같은 결과로 연결되지 못할 때 동물은 점점 자극과 반응이 반복되는 폐쇄적 피드백 고리에 갇히게 되고, 이에 따라 해당 행동을 정형화된 방식으로 반복할 수 있다고 말한다. 따라서 고양이과 동물이 하는 반복보행과 같은 정형행동은 행동 욕구가 좌절되어 나타나는 것일 수 있다 (Shepherdson 등, 1993).

반면에, 반복보행은 스트레스를 줄이기 위한 대처 기제로 보기도 한다 (Mason, 1991). 삵을 대상으로 한 반복보행을 포함한 행동과 요중 코르티솔 수치에 관한 연구에서, Carlstead 등(1993a)은 은신처가 있는 사육장과 없는 사육장을 비교하였다. 그 결과, 은신처를 추가하면 반복보행과 요중 코르티솔 수치가 모두 감소하였다. 집고양이(*Felis catus*)에 관한 연구(Carlstead 등, 1993b)도 스트레스 완화에 관한 해석을 뒷받침한다. 자주 숨는 개체일수록 평균 코르티솔 수치가 낮았으며, 이는 예측 불가능한 환경에서 은폐 행동이 스트레스 완화에 중요할 수 있음을 시사한다. 이러한 연구 결과를 종합해 보면, 보다 복잡한 환경에서 사육하는 고양이과 동물은 반복보행을 덜 하고 복지 수준은 더 높다고 볼 수 있다. 복지는 또한 사육환경의 다른 요소와 관련이 있을 수 있어, 그 중 먹이와 사양 관리에 관해서는 다음에 다루겠다.

위의 연구들은 반복보행이 스트레스를 줄이는 대체 활동이라고 보는 가설을 뒷받침하는 것처럼 보일 수 있으나, 반복보행이 사냥 행동을 하고자 하는 욕구에서 비롯된다는 가설을 배제하지는 않는다. 만약 반복보행을 오로지 몸을 숨기지 못하는 데서 오는 스트레스에 대한 대처 기제로만 본다면(Mason, 1991), 복잡한 환경에서는 반복보행을 하지 않아야 할 것이다. 그러나 이 연구에서 숨을 기회가 많고 복잡하게 구성한 사육장에서도 반복보행은 여전히 관찰되었다. 연구자 중 한 명인 Mellen이 주관적으로 관찰한 결과는 사냥 행동 욕구에 관한 가설을 뒷받침하는 것으로 볼 수 있다. 반복보행은 사육사가 지나가거나, 새가 사육장 안에 들어오는 경우와 같은 외부 자극에 쉽게 멈추는 경우가 많았는데, 이는 반복보행이 오직 스트레스로만 유발된 행동이 아님을 시사한다. 반복보행은 사육하는 고양이과 동물에게는 일종의 탐색행동일 수 있고, 탐색 대상은 사육환경에 따라 다를 것이다. 복잡한 환경에 있는 고양이과 동물은 반복보행을 하면서 먹이를 찾거나, 자신의 행동권을 순찰하거나, 짝을 찾는 탐색행동일 수 있는(Freeman, 1983) 반면, 비교적 단조로운 환경에서는 숨을 곳을 찾는 탐색행동일 수 있다. 따라서 반복보행을 유발하는 동기는 전시 공간의 설계로 큰 영향을 받을 수 있다.

동물복지 관점에서(Carlstead 등, 1992), 행동을 유발하는 동기를 이해하는 것은 매우 중요하다. 만약 고양이과 동물이 반복보행을 하는 동기가 먹이를 찾거나, 자신의 행동권을 순찰하거나, 짝을 찾는 데 있다면, 사육사 관점에서 이러한 행동은 자연 상태보다 좁은 공간에서 정상적인 행동이 자연스럽게 발현한 것으로 볼 수 있다. 반면 반복보행을 하게 된 동기가 숨고 싶은 욕구거나 특정 스트레스 자극에 대한 반응인 경우는, 반복보행이 동물복지에 문제가 생겼다는 신호라고 볼 수 있다. 이 두 가지 가능성은 서로 배타적인 것이 아니라서(11장 참조), 다양한 전시 환경에서 반복보행 동기가 어떻게 달라지는지 이해하기는 무척 어렵다. 반복보행하는 동기를 밝히기 위해서는 향후 다양한 분류군을 대상으로 반복보행이 일어나기 전후 연관된 일련의 행동과 시간별 연관성을 정량적으로 측정하는 연구를 해야 한다.

반복보행과 사육관리 체계

본 연구에서는 사육하는 고양이과 동물을 관리하는 데 중요한 세 가지 변수인 집단 크기, 사육 관리, 식단 다양성을 조사했다. 반복보행 시간과 이 세 가지 변수 간의 관계를 분석한 결과, 반복보행 시간은 세 가지 변숫값과 반비례 관계에 있었다. 즉, 각 변숫값이 클수록 반복보행 시간은 줄어들었다. 이 관계가 의미하는 바는 변수별로 논의하겠다.

고양이과 동물은 2개체를 한 쌍으로 사육할 때보다 3개체를 함께 사육할 때 반복보행이 덜 했다. 고양이과 동물의 단독 생활 습성(Kitchener, 1991)을 고려해 볼 때, 함께 사육하는 개체가 많을수록 반복보행을 더 많이 할 것으로 예상했기 때문에 이 연구 결과는 다소 의외였다. 3개체로 구성한 집단 사례가 적지만(n=3), 이 결과를 바탕으로 소형 고양이과 동물은 3개체를 함께 사육할 수 있다고 성급하게 결론지을 수도 있다. 그러나 활동 시간 비율을 분석해보니, 3개체로 구성한 집단은 모든 종류의 활동이 감소한 것으로 나타났다. Mellen(1991)은 위 연구와 같은 소형 고양이과 동물 68개체를 대상으로 집단 크기와 번식 성공률 간의 관계를 분석했는데, 그 결과 3개체 구성 집단은 2개체 집단보다 번식 성공률이 낮았다. 이러한 자료는 3개체를 함께 사육할 때 활동성이 전반적으로 낮아지며, 그 원인은 아마도 강제로 다른 개체와 가깝게 지내야 하는 환경과 그로 인한 사회적 스트레스일 것이라는 의견을 뒷받침한다. 따라서, 소형 고양이과 동물은 2개체 이상 함께 사육하지 말 것을 권장한다.

사육사와 고양이과 동물 간의 상호작용이 많을수록 반복보행을 하는 시간이 감소했다. 사육사-고양이과 동물 상호작용 변수는 복합적인 개념으로, 사육사가 자신이 돌보는 동물과 얼마나 친밀하게 유대 관계를 맺고 있는지 평가하고자 하였다. 이러한 상호작용은 일반적으로 사육사가 철망이나 울타리를 사이에 두고 동물에게 말을 걸거나, 긁어주거나, 놀아주는 행동을 포함한다. 대부분은 사육사가 실제 사육장 안으로 들어가지 않고도 동물과 상호작용을 했다. 사육장을 청소하거나 시설 정비를 위해서 들어갈 때도 의도적인 상호작용은 하지 않았다. 즉, 사육사와 고양이과 동물 간에 높은 수준의 상호작용을 위해 반드시 전시장 안으로 들어갈 필요는 없었다(Mellen, 1991).

위 연구 결과는 사육사의 관리 방식을 다룬 최근의 다른 연구 결과와도 일치한다. 동일한 68개체 고양이과 동물을 대상으로 한 Mellen(1991)의 연구에서 사육사와 상호작용 수준이 높을수록 번식 성공률이 높게 나왔다. Carlstead 등(1993b)은 질적으로 열악한 사육 관리 방식이 집고양이에게 심각한 스트레스를 준다고 했다. 이들은 제한된 공간에서 지내는 집고양이가 인간이 자신에게 어떻게 행동하는지, 특히 그 행동이 얼마나 예측 가능한 지에 매우 민감하다고 주장했다. Carlstead 등(1993b)은 동물을 돌보고 관리하는 수준이 집고양이의 동물복지에 매우 중요한 요소며, 이런 관점은 동물원에서 사육하는 고양이과 동물에게도 적용할 수 있다고 보았다. 반면, 반복보행이 사냥 행동 욕구를 표현하는 것이라면, 이 연구에서 반복보행이 감소한 것은 사육사와 상호작용이 늘어난 결과, 행동 욕구와 관련한 스트레스가 줄어든 것으로 해석하였다.

Mellen(1991)의 연구 결과와 개인적으로 관찰한 바와 같이, 사육사가 더 많은 관심을 준 고양이과 동물이 번식 성공률이 높고 스트레스를 나타내는 명백한 행동을 하지 않는다는 점에서 앞서 제기한 주장과 상반될 수 있다. 그러나 Carlstead 등(1993b)이 강조한 바와 같이, 이번 연구에서 관찰한 행동 양상의 원인은 사육사와 상호작용 수준 자체라기보다 오히려 사육사의 사육 관리 일과를 동물이 예측할 수 있었기 때문일 수 있다. 현재의 자료만으로는 이 두 가지 가능성 중 어느 쪽이 더 타당한지는 구분할 수 없다. 다만, 사육사는 자신이 돌보는 외래 고양이과 동물을 반려동물처럼 대해서는 안 된다는 점을 강조하고자 한다. 오히려 동물에게 장기적인 스트레스를 최소화하는 방향으로 관리해야 한다. 따라서 향후 연구는 사육사가 자신이 돌보는 동물에게 미치는 영향을 체계적으로 평가하여 만성 스트레스를 유발하는 요인이 무엇인지 정확히 밝혀내는 데 초점을 맞춰야 한다. 사람과 동물 간 유대관계는 Estep과 Hetts(1992)를 참조하길 바란다.

먹이 종류가 많을수록, 즉 식단 다양성이 높을수록 반복보행을 더 적게 했다. 사육하는 고양이과 동물에게 주는 먹이 연구는 지금까지 거의 생리적 영양 요구조건을 충족하는 데 초점을 맞춰왔으며, 이는 Hediger가 1966년에 지적한 문제기도 하다. 최근에는 먹이의 영양 외적인 측면에 대해서도 관심이 늘어나고 있다(15장 참조). 영양적으로 균형 잡힌 식단이라 하더라도, 전적으로 가공 먹이에만 의존하게 되면 충치가 생기고, 그 외 치과 질환, 씹는 행동과 관련한 근육 위축과 더불어 전반적인 건강에 문제가 생길 수 있다(Bond와 Lindburg, 1990). 고양이과 동물에게 사체를 통째로 주거나 일부분을 주면 동물이 단조로운 사육환경에서 느끼는 따분함을 해소하는 데 도움이 될 수 있다 (Hediger, 1966; Hutchins 등, 1984). Bond와 Lindburg(1990)는 죽은 먹이 동물을 먹는 치타(*Acinonyx jubatus*)가 사료를 먹는 개체보다 식욕이 더 강하고, 더 오랫동안 먹고, 먹이에 대한 소유욕도 더 강한 것을 발견했다. 먹이 먹는 시간이 늘어난 것은 냄새 맡기와 같이 먹이를 탐색하는 데 드는 시간과 먹이를 씹고 어금니로 자르는 먹이 손질 시간이 모두 늘어났기 때문이다.

고양이과 동물에게 사체를 주는 것은 신체 건강뿐만 아니라 심리적 복지도 향상시킬 수 있다(Hutchins 등, 1984; Bond와 Lindburg, 1990), 이는 단조로운 사육환경에서 느끼는 지루함을 줄이기 때문이다. Lindburg(1988)는 치타에게 먹이로 토끼, 닭, 유제류 사체를 제공했을 때 치타가 때때로 사체 주변에서 노는 것을 관찰했는데, 이러한 행동의 변화를 동물복지 향상을 나타내는 지표로 해석하였다. 만약 치타의 반복보행이 사냥 욕구를 표현하는 행동이라면, 이 연구 결과는 먹이를 먹는데 드는 시간이 반복보행 시간을 대체할 수 있음을 시사한다. 이 추론이 맞다면, 고양이과 동물에게 가공하지 않은 형태의 다양한 먹이를 제공해 준다면 동물들은 반복보행을 줄일 수 있을 것이다.

고양이과 동물에 맞는 환경 풍부화

어떠한 형태의 풍부화도 지속적으로 효과적이지는 않다. 이는 고양이과 동물을 포함한 많은 생물들이 새로운 환경이나 자극에 비교적 빠르게 적응하기 때문이다. 야생 고양이과 동물이 끊임없이 변화하고 복잡한 환경을 경험하는 것처럼 사육환경 풍부화 역시 역동적이고 꾸준히 변해야 야생 개체의 행동 특성을 사육동물에게서 이끌어낼 수 있다. 어떤 풍부화 방식이 효과가 있는지 평가하려면 모니터링 체계가 반드시 있어야 한다(10장 참조). Bloomsmith 등 (1991)은 어떤 풍부화 물품을 사용하는지 매일 점검할 수 있도록 일일 점검 목록 사용을 제안했고, 풍부화가 행동과 복지에 미치는 효과를 확인하기 위해서는 더욱 자세하게 기록해야 한다고 강조했다. 풍부화 프로그램을 개선하기 위해서는 관찰하거나 실험해 보고 풍부화 효과를 평가하는 것이 중요하다. 따라서 다음으로는 소형 고양이과 동물의 사육환경 구성 요소를 살펴보고 그 환경을 어떻게 개선할 수 있을지 방안에 대해 논의할 것이다. 그리고 고양이과 동물의 행동과 활동성에 사육환경이 미치는 영향을 더 잘 이해하기 위한 향후 연구 방향도 함께 제시할 것이다.

'사냥'과 섭식 기회 제공

1장에서는 최적의 사육환경은 사육동물이 야생에서 하는 행동을 똑같은 수준으로 발현할 수 있는 환경이라고 설명했다(Seidensticker와 Forthman, 1994). 그러나 살아있는 포유류나 조류를 먹이로 주는 것은 일반적으로 바람직하지도, 현실적으로 가능하지도 않기 때문에, 사육하는 고양이과 동물의 '사냥' 행동을 대체할 수 있는 기법이 필요하다. 가장 명확한 기법은 인도적으로 처리한 동물을 주는 것인데, 랫이나 마우스를 통째로 주거나, 닭이나 토끼는 내장을 제거하고 주거나, 혹은 양이나 송아지 다리처럼 사체 일부를 급이하는 것이다(Law, 1993). 이렇게 사체 전체나 일부분을 주면 많은 경우 고양이과 동물은 '잠복-돌진-제압' 과정의 전체 또는 일부를 실제로 보여준다(Richardson, 1982; Mellen, 개인 관찰; Shepherdson, 개인 관찰). 이는 앞서 논의한 내용과 마찬가지로, 심리적 복지 향상 가능성 외에도(Lindburg, 1988), 신체적 건강에도 긍정적인 영향을 줄 수 있다.

살아있는 물고기를 급이하는 것은 고기잡이삵(*Prionailurus viverrinus*)의 활동성을 높이는 데 아주 효과가 있었다. Shepherdson 등(1993)은 작은 웅덩이 안에 살아있는 물고기를 줬을 때, 고기잡이삵 암컷 1개체의 수면 시간이 60% 줄고, 사육장 활용성이 늘어난 것을 관찰하였다. 고기잡이삵 외에도 호랑이 (*Panthera tigris*), 재규어(*Panthera onca*), 오셀롯(*Leopardus pardalis*) 같은 몇몇 고양이과 동물에게 살아있는 물고기를 주면 사냥 행동을 했다(Mellen, 개인 관찰). 사막고양이와 검은발고양이(*Felis nigripes*)는 살아있는 귀뚜라미를 사냥하는 데 관심을 보이기도 했다(Mellen, 개인 관찰). 바닥에 구멍을 뚫은 양동이를 사육장 상단에 걸어두면 귀뚜라미 급이통으로 간단하게 사용할 수 있다. 양동이 안에 넣은 귀뚜라미가 구멍을 통해 탈출하면 사육장 안으로 떨어지게 되어 동물은 사냥할 기회를 얻게 된다.

먹이 종류 뿐 아니라 먹이를 주는 방식도 동물에게 풍부한 자극이 될 수 있다. 사육장에 통나무나 덤불 더미를 만들어 주면, 고양이과 동물에게 사냥 행동을 유도할 수 있다. 작은 덤불 더미 속에 먹이를 숨겨서 여러 번 주면, 삵은 탐색행동이 6%에서 14%로 증가했고 행동 다양성도 증가했다(Shepherdson 등, 1993). 유사한 성공 사례로 큰 통나무 더미에 말린 생선 조각을 숨겨 줬을 때, 재규어 한 쌍도 유사한 효과가 있었다(Law, 1993; Menche 등, 1993). 또한, 사육장 상단에 큰 고기 조각을 매달아 두면 사냥 행동뿐 아니라 뛰어난 도약 행동도 유도할 수 있었다(Law, 1993).

이번 연구 결과는 사육하는 소형 고양이과 동물의 먹이는 최소한 서너 가

지 종류로 다양하게 주어야 함을 시사한다. 또한 급이를 계획할 때는 다음의
세 가지를 고려해야 한다. (1) 먹이 형태나 질감, (2) 먹이를 주는 방식, 그리고
(3) 급이 일정이다. 먹이는 가능한 한 자연 상태의 사냥감에 가까운 형태가 좋
다. 건강과 영양상 항상 사체를 통째로 주기 어려울 수 있지만, 내장을 제거한
사체를 가끔 주는 것은 항상 사료만 주는 것보다 낫다. 또한, 소형 고양이과
동물이 먹이를 사냥하거나 탐색하는 데 노력을 기울일 수 있도록, 먹이를 주
는 방식을 세심하게 고려해야 한다. 예를 들어, 마우스를 바로 죽인 후 사육장
곳곳에 무작위로 숨겨두는 방식으로 사냥 행동을 유도할 수 있다. 하루 급이
횟수나 정해진 급이 시간 등 급이 일정도 중요한 요소며, 체계적 평가가 필요
하다. 왜냐하면 많은 고양이과 동물은 정해진 급이 시간이 가까워질수록 반복
보행이 늘어나는 경향이 있기 때문이다. 따라서 Carlstead 등(1993b)의 연구와
유사한 방식으로, 정해진 급이 일정과 불규칙한 무작위 급이 일정이 동물 행
동과 복지에 미치는 영향을 비교·평가하는 후속 연구가 필요하다.

새로운 물체와 냄새

사육장에 새로운 물체를 넣어주면 먹이와 직접 관련이 없더라도 고양이
과 동물에게 사냥 행동의 일부 요소를 유도할 수 있다. 그 예로, 반려견용 공
(Boomer Ball)이나 크고 단단한 플라스틱을 넣어주면 잠복이나 돌진 행동을 유
도할 수 있다. 사육장에 호박을 넣었을 때도, 이를 두고 잠복하며 탐색하거나
공격하기도 했다(Lewis, 1992). 탐색행동을 유도하기 위해, 반려견용 공 일부를
잘라내고 그 안에 큰 뼈를 끼워 넣는 방식도 활용해 볼 수 있다. 동물 가죽은
플라스틱 재질보다 훨씬 다양하고 자연스러운 행동을 유도했고 흥미를 더 오
래 끄는 효과가 있었다(B. Holst, 개인 소통).

새로운 냄새는 고양이과 동물에게 강한 흥미를 유발할 수 있다. 고양이과
동물은 후각으로 동종 개체 정보를 얻는다(Kitchener, 1991). 이들은 다른 개체의

냄새를 맡는 데 큰 관심이 있을 뿐 아니라, 소변 흔적, 배설물 긁기 행동, 또는 발톱 다듬기 행동을 하면서 자신의 '후각 표식'을 남긴다(Mellen, 1993). 야생 고양이과 동물은 행동권을 순찰하면서 다른 개체의 냄새 흔적을 확인하고 자신의 표식을 남기기도 한다(Kitchener, 1991). 사육하는 고양이과 동물의 후각 환경을 풍부하게 하는 새로운 냄새 자극은 다양하다. 예를 들어, 수렵용으로 파는 노새사슴 사향이나 메이스, 올스파이스, 쓰란, 육두구와 같은 향신료, 혹은 신선한 캐트닙, 라놀린, 장미 꽃잎, 혹은 먹이 동물의 배설물(예를 들어, 사자에게는 얼룩말 배설물) 등이 있다. 먹이와 마찬가지로, 새로운 냄새의 제공 방식은 그 냄새 자극의 종류만큼이나 공간적·시간적으로 어떻게 제공하느냐도 매우 중요하다.

사육장 복잡성

사육장 복잡성을 고려할 때는 특히 시각적 차단물 배치에 주의를 기울여야 한다. 시각적 차단물은 소형 고양이과 동물이 다른 동물이나 사람의 시야에서 완전히 벗어나 숨을 수 있어야 한다. 시각적 차단물을 많이 설치하면 관람객이 동물을 볼 수 없게 되겠지만, 창의적인 전시 공간 구현은 소형 고양이과 동물의 복지 요구와 관람객이 동물을 관찰하고자 하는 욕구를 모두 충족시킬 수 있을 것이다. 이 연구 결과를 인용하자면 소형 고양이과 동물 사육장에는 최소 일곱 개 이상의 시각적 차단물을 설치해야 하지만, 이 기준에 대해서는 실험을 바탕으로 한 평가가 필요하다.

사육장 크기도 또한 사육환경 복잡성을 논의할 때 중요한 요소다. 사육하는 소형 고양이과에게 필요한 사육장 크기는 다양할 수 있지만, 본 연구 결과 최소 200㎡ 이상은 되어야 동물에게 충분하다. 다만, 이 기준은 상대적으로 소수의 대형 사육장에 기반한 결과다. 또한 사육장 형태나 동물종에 따른 차이는 다루지 않았기 때문에 잠정적인 기준으로 보아야 한다. 일반적으로, 사육장 크기 자체보다는 구조의 복잡성이 더 중요할 수 있다. 사육장은 고양이과 동물이 사육장을 순찰하고 사냥행동을 할 수 있도록 설계해야 하며, 잠복하고 돌진하는 행동을 유도할 수 있는 대상물, 후각 자극을 주는 요소, 그리고 오르거나 도약 행동을 유도하는 수직·수평 방향의 다양한 이동 구조물(나뭇가지와 통나무 등)들을 설치해야 한다.

동종의 풍부화 가치

대부분의 고양이과 동물은 단독 생활을 하지만, 동물원에서는 2~3개체를 함께 사육할 때가 많다. 동종 개체와 함께 사육하는 것은 사회적 자극을 주는 풍부화 일환으로 볼 수도 있지만, 반대로 만성적인 스트레스의 잠재적 원인이 될 수도 있다. 사회적 자극은 종 간의 행동 차이뿐 아니라 개체 간 행동 차이에 따라 더욱 복잡해진다. 어떤 개체는 다른 개체와 함께 있을 때 매우 잘 지내는 것처럼 보이기도 하지만, 다른 개체는 계속 함께 있어야 하는 동종 개체 존재 자체를 두려워한다. 이런 상황에서 동물의 행동을 사육사가 체계적으로 관찰해야 동종 개체와의 합사가 풍부화로서 가치가 있는지 판단할 수 있다. 관리 방식이 번식 성공에 미치는 영향에 대해서는 Mellen(1989, 1991)을 참조하기를 바란다.

미국 오리건주 포틀랜드에 있는 메트로워싱턴파크동물원(Metro Washington Park Zoo)은 서로 궁합이 맞지 않는 아무르호랑이(*Panthera tigris altaica*) 한 쌍을 관리하기 위해 1개체씩 전시장으로 매일 번갈아 내보내고 있다. 암컷이 하루 중 절반 동안 전시장에 나갔다가 비전시구역으로 돌아가면, 수컷이 다음날 아침까지 전시장에 나가 있는다. 각 개체는 상대가 전시장에 남긴 오줌 표식, 똥 흔적, 그리고 뺨을 문지른 표식들을 탐색하고 나서, 자신의 냄새 표식을 남긴다. 이에 따라 관람객들은 후각적 표식 행동을 활발하게 하는 호랑이를 볼 수 있다. 이와 유사한 순환 전시 기법은 소형 고양이과 동물에게 자연스러운 사회적 자극을 주는 풍부화 기법으로 활용할 수 있다.

풍부화에 대한 대중 교육

대중 교육은 동물원의 주요 목표 중 하나다. 환경 풍부화의 목적과 효과를 설명하는 시각 자료는 사육 관리법과 동물이 누리는 이점을 대중이 보다 잘 이해할 수 있도록 한다. 전시 안내판은 야생과 사육 고양이과 동물이 어떤 행동을 하며 시간을 보내는지, 반복보행은 어떤 기능을 하는지, 풍부화 절차가 중요한 이유(예로, 죽은 먹이동물을 통째로 급이하는 것) 등에 대한 교육 자료로 관람객의 인식을 전환할 수 있다. 또한 풍부화 기법은 지속적으로 발전하는 과학에 기반한 활동임을 알리고 사육동물의 복지에 대해 보다 깊은 공감과 지지를 얻는 데 활용할 수 있다.

향후 연구 분야

반복보행의 기능을 밝히는 것은, 다양한 사육 관리와 풍부화 절차의 긍정적인 면과 부정적 측면을 구별하기 위해 매우 중요하다. 반복보행을 하게 되는 동기는 반복보행이 발생하는 것과 사육환경 내 구성 요소 간의 시간적·행동적 연관성을 관찰과 실험으로 분석해야만 밝혀낼 수 있다.

이번 연구 결과는 사육사와 고양이과 동물 간의 상호작용 수준을 높이는 것이 바람직할 수 있음을 시사하지만, 그것이 무엇을 의미하는지는 아직 명확하게 알기는 어렵다. 본 연구에서 사용한 사육 관리 변수는 여러 가지 상호작용하는 요인들을 포함하고 있으며, 그중 하나가 Carlstead 등(1993b)이 설명한 사육사와 동물 간 상호작용이 얼마나 예측 가능하냐는 것이었다. 이런 요인들이 정확히 어떤 방식으로 동물복지에 영향을 미치는지 이해하려면, 각 요소들을 각각 분리하여 실험하고, 평가해보아야 한다. 그래야만 정확히 어떤 조건에서, 어느 수준으로 사육사와 동물이 상호작용을 해야 하는지 확신할 수 있을 것이다.

고양이과 동물이 잠을 자거나 전반적으로 비활동 상태로 보내는 시간 비율이 유전적으로 고정되어 있을 가능성이 있으므로, 동물원 개방 시간 동안 고양이과 동물의 활동성을 늘리려는 시도는 어렵고, 어쩌면 부자연스러울 수 있다고 추정하였다. 그러나 어떤 현장 조사자들은 고양이과의 먹이 탐색 시간이 종간에 상당한 차이가 있다고 보고한 바 있다(Emmons, 1987). 그러나 현재 대부분의 고양이과 종에 관한 시간 사용 자료는 확보하지 못했다. 야생 고양이과 동물의 활동성 수준은 계절, 먹이 가용성, 기후 조건, 인간의 존재, 번식 상태 등 다양한 요인에 영향을 받는다. 이런 변동성에도 불구하고 야생동물 활동 수준에 관한 정보는 사육 고양이과 동물의 적정 활동 범위를 정하는 데 참고 자료로 활용할 수 있다.

고양이과 동물을 포함하여 동물원은 사육동물에게 후각 자극과 같이 다양하고 새로운 풍부화 기법을 사용해 왔으나, 대부분 풍부화 기법의 생리적 또는 행동적 효과를 체계적으로 분석하지 않았다. 그러나 이런 분석 정보는 언제, 어떻게, 그리고 어떤 종에게 풍부화 기법을 적용해야 하는지 이해하기 위해 꼭 필요하다. 풍부화가 실제로 효과가 있었는지 판단하기 위해서는 단순하게 추정하는 것이 아니라, 측정할 수 있는 행동 변화나 활동성 변화를 평가할 수 있어야 한다. 정리해서 말하면, 추정하는 바를 실험으로 검증해야 한다.

감사의 말

이번 연구를 위해 시설을 이용할 수 있도록 지원해 준 여덟 개 기관에 깊이 감사드린다. 여덟 개 기관은 다음과 같다. 시카고동물학회가 후원하는 일리노이주 브룩필드의 브룩필드동물원[(Brookfield Zoo), 워싱턴 D.C.의 국립동물원(National Zoological Park, Washington, D.C), 오리건주 포틀랜드의 메트로워싱턴파크동물원, 캘리포니아주 샌디에이고의 샌디에이고동물원(San Diego

Zoo, San Diego, California), 오하이오주 신시내티의 신시내티동물원(Cincinnati Zoological Gardens, Cincinnati, Ohio), 캘리포니아주 새크라멘토의 새크라멘토동물원(Sacramento Zoo, Sacramento, California), 애리조나주 투손에 위치한 애리조나-소노라사막박물관(Arizona-Sonora Desert Museum), 그리고 영국 켄트주 림프네항구동물원(Port Lympne Zoo Park)에서 각각 여름 인턴십 기회를 주었으며, 이에 대해 깊은 감사를 표한다. 박물관서비스연구소(Institute of Museum Services)에도 감사드리며, 이 연구소에서 지원한 환경보호보조금 덕분에 다음의 네 개 기관(샌디에이고동물원, 신시내티동물원, 애리조나-소노라사막박물관, 림프네항구동물원)을 직접 방문하여 자료를 수집할 수 있었다. 이 기관의 사육사들께 특히 깊이 감사드린다. 그들은 자신이 돌보는 고양이과 동물에 관한 매우 귀중한 통찰을 깨닫게 하였다. 풍부화 자극 기법의 목적으로 사용하는 동물 가죽 사용법에 대한 통찰을 주신 Bengt Holst께 감사드린다. 마지막으로, John Seidensticker, Michael Hutchins, 익명의 검토위원, 그리고 특히 Kathy Carlstead께 이 장에 대한 여러 조언과 제안에 깊은 감사를 드린다.

참고문헌

- Altmann, J. 1974. Observational study of behaviour: Sampling methods. *Behaviour* 49:227-267.
- Bloomsmith, M., L. Brent, and S. Schapiro. 1991. Guidelines for developing and managing an environmental enrichment program for nonhuman primates. *Laboratory Animal Science* 41:372-377.
- Bond, J., and D. Lindburg. 1990. Carcass feeding of captive cheetahs (*Acinonyx jubatus*): The effects of a naturalistic feeding program on oral health and psychological well-being. *Applied Animal Behaviour Science* 26:373-382.
- Carlstead, K., J. Brown, S. Monfort, R. Killens, and D. Wildt. 1992. Urinary monitoring of adrenal responses to psychological stressors in domestic and nondomestic felids. *Zoo Biology* 11:165-176.
- Carlstead, K., J. Brown, and S. Seidensticker. 1993a. Behavioral and adrenocortical responses to environmental changes in leopard cats (*Felis bengalensis*). *Zoo Biology* 12:321-332.
- Carlstead, K., J. Brown, and W. Strawn. 1993b. Behavioural and physiological correlates of stress in laboratory cats. *Applied Animal Behaviour Science* 38:143-158.

– Crawshaw, P., and H. Quigley. 1989. Notes on ocelot movement and activity in the Pantanal region, Brazil. *Biotropica* 21:377-379.

– Eaton, R. L. 1972. An experimental study of predatory behavior and feeding behavior in the cheetah (*Acinonyx jubatus*). *Zeitschrift für Tierpsychologie* 31:270-280.

– Emmons, L. H. 1987. Comparative feeding ecology of felids in neotropical rainforest. *Behavioral Ecology and Sociobiology* 20:271-283.

– Estep, D. Q., and S. Hetts. 1992. Interactions, relationships, and bonds: The conceptual basis for scientist-animal relations. In *The Inevitable Bond: Examining Scientist-Animal Interactions*, ed. H. Davis and D. Balfour, 6-26. Cambridge: Cambridge University Press.

– Ewer, R. F. 1973. The Carnivores. Ithaca, N.Y.: Cornell University Press.

– Freeman, H. 1983. Behavior in adult pairs of captive snow leopards (*Panthera uncia*). *Zoo Biology* 2:1-22.

– Hediger, H. 1966. Diet of animals in captivity. *International Zoo Yearbook* 6:37-58.

– Hughes, B., and I. Duncan. 1988. The notion of ethological need, models of motivation, and animal welfare. *Animal Behaviour* 36:1696-1707.

– Hutchins, M., D. Hancocks, and C. Crockett. 1984. Naturalistic solutions to the behavioural problems of captive animals. *Zoologische Garten* 54:28-42.

– Johnson, W., and W. Franklin. 1991. Feeding and spatial ecology of *Felis geoffroyi* in southern Patagonia. *Journal of Mammalogy* 72:815-820.

– Kitchener, A. 1991. *The Natural History of the Wild Cats*. New York: Comstock.

– Law, G. 1993. Cats: Enrichment in every sense. *Shape of Enrichment* 2:3-4.

– Lewis, C. 1992. Cat nips. *Shape of Enrichment* 1:1-2.

– Leyhausen, P. 1979. Cat Behavior: *The Predatory and Social Behavior of Domestic and Wild Cats*. New York: Garland STPM Press.

– Lindburg, D. 1988. Improving the feeding of captive felines through the application of field data.

– Ludlow, M., and M. Sunquist. 1987. Ecology and behavior of ocelots in Venezuela. *National Geographic Research* 3:447-461.

– Mason, G. 1991. Stereotypies: A critical review. *Animal Behaviour* 41:1015-1037.

– Mason, G. 1993. Forms of stereotypic behaviour. In Stereotypic *Animal Behaviour: Fundamentals and Application to Welfare*, ed. A. Lawrence and J. Rushen, 7-40. Tucson: University of Arizona Press.

– Mellen, J. 1989. Reproductive behavior of small captive exotic cats (*Felis* spp.). Ph.D. dissertation, University of California, Davis.

– Mellen, J. 1991. Factors influencing reproductive success in small captive exotic felids (*Felis* spp.): A multiple regression analysis. *Zoo Biology* 10:95-110.

– Mellen, J. 1993. A comparative analysis of scent-marking, social and reproductive behavior in 20 species of small cats (*Felis*). *American Zoologist* 33:151-166.

– Menche, E., D. Shepherdson, C. Lewis, P. Prewett, and J. Rorman. 1993. Large cat enrichment: Providing foraging opportunities for captive jaguars. Poster paper presented at the First Conference on Environmental Enrichment, Portland, Ore., July 1993.

- Richardson, D. 1982. Wild felid management at Howletts Zoo Park. *Animal Keepers' Forum* 9:362-365.

- Seidensticker, J., and D. Forthman. 1994. Planning for the species: Incorporating behavioral and ecological data. In *Proceedings of the American Zoo and Aquarium Association Annual Conference*, 39-45. Wheeling, W.Va.: AZA.

- Shepherdson, D., K. Carlstead, J. Mellen, and J. Seidensticker. 1993. The influence of food presentation on the behavior of small cats in confined environments. *Zoo Biology* 12:203-216.

- Sunquist, F., and M. Sunquist. 1991. Ocelots and servals. In *The Great Cats*, ed. J. Seidensticker and S. Lumpkin, 156-161. Emmaus, Pa.: Rodale Press.

- Zar, J. H. 1974. *Biostatistical Analysis*. Englewood Cliffs, N.J.: Prentice-Hall.

제3편

사육 관리와 훈련,
그리고 환경 풍부화

제13장

포유류를 넘어서:
양서류와 파충류의 환경 풍부화

Marc P. Hayes, Mark R. Jennings와 Jill D. Mellen

지난 10여 년간 동물의 신체적 건강뿐만 아니라 심리적 복지에 대한 관심이 높아지면서, 환경 풍부화는 사육동물 관리의 핵심 개념으로 자리 잡았다(Shepherdson, 1989, 1991a,b, 1992). 이 개념이 발전함에 따라, 사육동물이 지각할 수 있는 감각 세계 또는 지각할 수 있는 감각적·인지적 환경(umwelt)[59](von Uexküll, 1909)에 영향을 미치는 거의 모든 변수까지 그 범위가 확장하였다(Shepherdson, 1992). 그러나 이러한 개념이 빠르게 발전하였음에도 불구하고,

---

59   Umwelt: 20세기 초 Jakob von Uexküll이 제안한 개념으로, 생명체가 가진 고유한 인지 체계와
      감각 능력에 따라 각각 서로 다른 주관적 세계를 경험하는 것을 의미함.

환경 풍부화는 여전히 주로 포유류를 대상으로 적용하고 있다(Warwick, 1990a; Shepherdson, 1992; King, 1993). 반면 양서류나 파충류 같은 다른 분류군은 거의 다루지 않고 있다. 예를 들어, 코펜하겐동물원(Copenhagen zoo, 1990)이 출간한 환경 풍부화 아이디어에 대한 방대한 내용에도 이 두 분류군에는 단 한 페이지만을 할애했다. 다른 문헌들에서도 양서류와 파충류는 전혀 언급하지 않거나(duBois, 1991; Griede, 1992; Shepherdson, 1991a; Tudge, 1991), 잠깐 언급하는 수준에 그친다(Markowitz, 1982). 최근에는 사육환경에서 파충류의 심리생리학적 문제를 다루기 위한 시도를 일부 하고 있지만(Bels, 1989; Warwick, 1990a,b; Burghardt와 Layne, 1995), 이는 아직까지도 드문 예외에 불과하다.

이 장에서는 양서류와 파충류를 위한 환경 풍부화 프로그램 설계에 필요한 기초를 제공하고자 한다. 1993년에도 4,000종 이상의 양서류와 6,000종 이상의 파충류가 보고되어 있었을 만큼(Zug, 1993), 종 다양성이 매우 높고, 행동에 관한 문헌 또한 방대하다. 따라서 이 글은 포괄적 검토를 목표로 하기보다는, 풍부화 가능성을 탐색하는 데 토대가 될 수 있는 몇 가지 주제를 중심으로 다룬다. 특히, 사육 양서류와 파충류의 복지를 향상시킬 수 있는 환경 풍부화 요소를 다음의 세 가지 영역으로 나누어 살펴본다. (1) 동종 개체와의 접촉, (2) 이종 개체와의 상호작용, 그리고 (3) 사육환경의 물리적 특성이다. 이와 관련된 실험 및 관찰 자료들을 환경 풍부화 관점에서 해석하고, 이를 통해 사육환경 개선의 기회를 모색한다. 나아가, 사육환경에서 성장한 양서류와 파충류 개체의 성숙과 사회화에는 일정 형태의 풍부화가 필요할 수 있으며(7장 참조), 이는 특히 현지 개체군의 현지 복원을 목표로 하는 사육 번식 프로그램에서도 환경 풍부화가 핵심적인 내용임을 강조하고자 한다(Nielsen, 1988; Reinert, 1991 참조).

동종 개체끼리 접촉

　사육관리의 세 가지 핵심 영역 중에서, 동종 개체와의 접촉 기회는 비교적 잘 이해하고 있는 분야다. 전통적으로는 다종 혼합 사육보다 단일 종 사육 방식을 선호해 왔는데, 이는 공격이나 포식으로 인한 심각한 부상이나 폐사를 최소화할 수 있다고 여겼기 때문이다(Pawley, 1967; McKeown, 1985). 그러나 이러한 접근은 사육 상태의 양서류와 파충류의 사회적 환경을 대부분 간과해 온 결과였다. 아마도 포유류에서 흔히 나타나는 사회적 스트레스의 뚜렷한 행동 징후를 양서류와 파충류는 잘 드러내지 않기 때문일 것이다. 비포유류 척추동물에서 스트레스가 생리적 기능에 미치는 영향을 본격적으로 이해하기 시작한 것도 비교적 최근의 일이다(Bels, 1989; Lance, 1990, 1992).

　사육환경은 종종 야생과 다르며, 이는 주로 관람객의 시야 확보 요구 때문에 공간이 제한되어 개체 밀도가 높아지기 때문이다. 이와 같은 높은 밀도는 같은 종 개체 간의 접촉을 더욱 빈번하게 만들며, 이에 대한 동물들의 반응은 다양하다. 야생에서 양서류와 파충류가 유지하는 개체 밀도는 그 종의 사회적 체계에 따라 다양하게 결정된다. 예를 들어, 많은 도마뱀류처럼 명확한 세력권을 가진 종들은 뚜렷하게 서로 떨어져 있지만(Stamps, 1977), 일부 개구리처럼 먹이 자원 등을 배타적으로 방어하지 않는 종들은(Wells, 1977a) 개체들이 서로 명확하게 거리를 두고 있지는 않다. 이러한 공간 구성의 차이는 성별, 개체 간 관계, 혹은 종 간의 사회적 구성과 행동의 차이를 반영할 수 있다. 극단적인 경우, 밀도가 높아짐에 따라 동종 개체 간의 과도한 접촉이 발생하고 이는 개체의 생존 자체를 위협하는 수준으로 악화될 수 있다.

　두 가지 형태의 과밀 환경은 사육 중인 양서류와 파충류의 생존에 심각한 위협이 된다. (1) 강한 영역성을 가진 동종 개체들을 함께 사육할 경우, (2) 체격 차이가 큰 개체들을 한 공간에 수용할 경우다. 이 상황에서 열세한 개체가 도망칠 공간이 없는 경우, 즉각적으로 혹은 장기간에 걸쳐 폐사할 위험에 처하게 된다. 예를 들어, 야생에서 수컷 간 영역성이 강하게 나타나는 골리앗개구리(*Conraua goliath*)의 수컷들을 가까운 거리(청각 및 시각적으로 직접 접촉 가능한 거리)에서 사육한 결과, 열세한 개체들은 모두 폐사했다는 관찰 결과가 있다(A. Koffman, 개인 소통; M. Hayes, 개인 관찰). 실제로 5년 이상 생존한 유일한 수컷 골리앗개구리는 단독 사육한 개체였다(R. Pawley, 개인 소통). 이와 유사하게, 양서류와 파충류에서 큰 개체가 작은 개체를 잡아먹는 '동종포식' 현상은 다양한 종에서 잘 기록되어 있다(Auffenberg, 1981; Simon, 1984; Polis와 Myers, 1985).

과거에는 동종포식을 이상행동으로 간주했지만, 최근에는 이것이 야생 개체군 내에서 밀도에 따라 나타나는 자연스러운 개체 수 조절 기작이라는 점을 뒷받침하는 연구들이 늘고 있다(Simon, 1984; Rootes와 Chabreck, 1993). 초기 양서류 '양식업자들'은 수익을 내기 위해 밀집 사육을 했고, 이에 따라 체격이 다른 개체들 간 동종포식이 빈번히 발생한다는 사실을 가장 먼저 알게 되었다(Schorsch, 1933). 그런데도 사육 양서류와 파충류에서의 동종포식 또는 그에 준하는 극단적 행동에 대한 체계적 보고는 매우 드물다. 이러한 사례가 드문 이유 중 하나는 많은 동물 사육사들이 현명하게도 동종 간에 심한 공격성이 있거나 체격 차이가 큰 개체들을 같은 공간에서 집단 사육하지 않도록 주의해 왔기 때문일 것이다.

하지만 과밀 사육환경이 반드시 극단적 결과만을 초래하지는 않는다. 양서류와 파충류는 사육 상태에서 종종 지배서열을 형성한다. 이는 개구리(Boice와 Witter, 1969; Boice와 Williams, 1971), 두꺼비(Boice와 Boice, 1970), 도룡뇽(Keen과 Reed, 1985), 도마뱀(Colnaghi, 1971; Stamps, 1977; Alberts, 1994), 뱀(Barker 등, 1979), 거북(Evans와 Quaranta, 1951; Boice, 1970; Harless와 Lambiotte, 1971) 등 다양한 종에서 관찰된다. 그러나 야생에서는 이러한 지배서열이 뚜렷하게 나타나지 않는 경우가 많다(Alberts, 1994). 지배서열의 존재 자체가 반드시 밀도에 따른 스트레스를 의미하지는 않지만, 열세한 개체는 우세한 개체보다 먹이 접근성이 떨어지거나 공간 이용에 제약을 받을 수 있다(Boice와 Witter, 1969; Boice, 1970; Boice와 Boice, 1970; Boice와 Williams, 1971; Colnaghi, 1971; Keen과 Reed, 1985; Alberts, 1994). 이러한 제약은 우세 개체의 직접 공격(예: 수생 거북의 경우; Warwick, 1990a) 때문일 수도 있고, 스트레스 때문에 생긴 생리적 변화에 따른 간접적 결과일 수도 있다(예: 도마뱀; Alberts, 1994). 또한, 열세한 개체는 번식하지 못할 수도 있다(Evans와 Quaranta, 1951). 그러나 이러한 번식 억제가 생리적으로 해롭지 않다면, 사육 개체군 내 번식 조절의 한 방법으로 오히려 유용하게 작용할 수 있다. 반대로, 열세한 개체의 번식을 유도하는 방식은 사육 개체군 내 유전적 다양성을 높이는 장점이 있을 수도 있다.

양서류와 파충류에서 고밀도 환경과 관련한 생리적 스트레스를 식별하려면, 반드시 적절한 독립 변수와 대조군을 설정한 비교 연구가 필요하다. 가장 유망한 스트레스 지표로는 성장률과 혈장 내 코르티코스테로이드 농도가 있다(Greenberg와 Lingfield, 1987). 예를 들어, 집단 사육한 늑대거북(*Chelydra serpentina*) 부화개체들은 단독 사육한 개체보다 성장률이 더 낮았는데(McKnight와 Gutzke, 1993), 먹이 경쟁으로 지배서열이 생겼을 수 있다(Froese와 Burghardt, 1974). 또한, 어린 미시시피악어(*Alligator mississippiensis*)를 고밀도로 사육하면 성장률이 떨어지고, 혈중 코르티코스테로이드 농도는 상승하는 것으로 나타났다(Elsey 등, 1990). 하지만 호르몬 분석이나 그 외의 방법을 이용한 스트레스 지수 측정은 간혹 어려움을 동반한다. 대부분 분류군은 야생 개체에 대한 기준 자료가 부족하며, 있더라도 포유류와는 다른 양상을 보이기도 한다. 예를 들어, 야생 개구리는 스트레스 지수가 낮았음에도 불구하고 포유류보다 훨씬 높은 혈중 코르티코스테로이드 농도가 나타난 사례도 있다(Reinking 등, 1980). 더욱이, 현재 많은 야생 개체군이 다양한 환경적 스트레스를 겪고 있기 때문에, 수집 자료에 다른 요인이 영향을 미칠 가능성도 높아졌다.

사육 양서류와 파충류에 대해 측정할 수 있는 대부분의 변수에 대한 이해가 부족하기 때문에, 이 분야의 연구는 실험적으로 접근해야 한다. 여러 어려움에도 불구하고, 사육환경에서 밀도와 관련한 스트레스를 규명하는 일은 시급하다. 특히 야생 개체군과 비교할 때 더욱 그러하다. 만약 특정 스트레스가 과밀 사육과 연관이 있다면, 그로 인한 행동적 또는 생리적 이상 반응을 줄이도록 개체 밀도를 줄여야 할 수 있다. 그러나 이러한 환경 풍부화는 상황에 맞게 신중하게 적용해야 한다. 스트레스가 전혀 없는 사육환경도, 과도한 스트레스 환경만큼 바람직하지 않다. 예를 들어, 단기간 고밀도의 임시 사육으로 인한 스트레스는, 추후 고밀도 서식지로 현지 복원시킬 개체에게는 오히려 긍정적 영향을 줄 수도 있다(5장 참조).

한편, 단독 사육한 양서류와 파충류는 정반대의 문제에 직면할 수 있다. 즉, 동종 개체와의 접촉이 지나치게 부족할 수 있는 것이다. 이러한 우려는 많은 분류군에서는 큰 문제가 아닌 것처럼 보일 수 있지만, 이 가설에 대해서는 실험적 검증이 필요하다. 일부 분류군은 발달 과정에서 동종 개체와의 접촉이 사회화에 필수적이거나, 동종 또는 혈연 개체를 인식하는 데 반드시 필요한 경우가 있다. 예를 들어, 일부 양서류 유생은 혈연 인식을 하는 것으로 알려져 있다(Blaustein과 O'Hara, 1986). 그러나 단독 사육이 인식 능력에 미치는 영향과 혈연을 인식하지 못하는 것이 사육환경에서 일으키는 문제는 아직 명확하지 않다. 특히 현지 복원을 목표로 하는 보전번식 프로그램에서 충분한 사회화가 결정적으로 중요하다는 점을 거듭 강조한다(7장 참조). 적절히 사회화되지 않은 개체를 야생에 방생할 경우, 정교하게 계획한 현지 복원 프로그램 전체가 실패로 돌아갈 수 있다. 예를 들어, 사막거북(*Gopherus agassizii*)의 복원 프로그램에서 생존율이 낮았던 주요 원인 중 하나가 부적절한 사회화였던 것으로 보인다. 사육환경에서 자란 개체들은 야생에서 살아가기에는 사람 의존도가 지나치게 높았던 행동 특성을 보였다(Cook 등, 1978; G. Stewart, 개인 소통).

이른바 양육방생 및 현지 복원 프로그램에서는 어린 육지거북과 바다거북의 사회화 요구를 신중하게 평가해야 한다. 현재 많은 프로그램에서 사용하는 접근 방식은 다양한 잠재적 문제 때문에 개체의 성공적인 재도입을 방해할 수 있으므로 이러한 평가는 반드시 필요하다(Dodd와 Seigel, 1991; Reinert, 1991). 이 평가는 반드시 분류군별로 진행해야 한다. 일부 파충류의 경우, 격리 사육한 어린 개체가 동종의 다른 개체와 함께 사육한 개체들보다 먹이 섭취량이 많고 성장 속도도 빠르며, 장기적인 사회적 영향도 없다는 실험 결과가 있다(Burghardt와 Layne, 1995).

잠재적 번식 상대의 경우, 사육환경에서 접촉이 지나치게 많아지면, 번식 활력이 낮아질 수 있다. 특히 후각으로 동종 개체를 주로 인지하는 뱀류에서 나타난다고 알려졌다(Gillingham, 1987). 구체적 기전은 명확하지 않지만, 사육 개체들은 지속적으로 서로의 냄새를 맡아 후각적 포화 상태에 이르기 때문이다. 이에 따라 야생에서처럼 동종의 체취를 따라가며 장거리에서 짝을 찾는 행동을 억제할 수 있다. 야생에서는 이러한 냄새 흔적이 정교하게 작용해 수컷이 멀리 있는 암컷을 찾는 데 이용한다(Duvall 등, 1990a,b). 특히, 새로운 후각 자극은 장기간 함께 사육한 뱀이나 거북의 번식을 유도할 수 있다. 번식을 유도하는 데 효과적일 수 있는 방법은 다음과 같다. (1) 특정 성(주로 암컷)을 일정 기간 격리한 후 다시 합사하는 방법(뱀의 경우 탈피 직전 또는 직후에 다시 합사했을 때 반응이 더 크게 나타남)(Radcliffe와 Murphy, 1983; Copenhagen Zoo, 1990), (2) 같은 종의 개체, 특히 수컷을 추가 투입하여 의례적인 수컷 간 경쟁 행동을 유도하는 방법, (3) 인공강우를 뿌려주거나 사육장 구조를 바꾸는 등 환경 조건을 조절하는 방법, 그리고 (4) 기존의 개체 쌍을 새로운 사육장으로 옮기는 방법(Murphy와 Campbell, 1987)이다. 이러한 방법들은 모두 후각 환경에 영향을 줄 수 있다. 하지만 어떤 자극이 실제로 환경 내에서 어떻게 작용하며, 어떤 조합이 번식을 유도하는지는 여전히 명확한 실험적 검증이 필요하다. 이러한 번식 관련 기법들의 효과와 작동 기작을 규명하지 않는 한, 사육환경이나 개체를 어떻게, 언제 관리해야 번식을 효과적으로 유도할 수 있을지는 여전히 불확실하다.

후각은 연령대가 다른 동종 개체 간에도 중요한 의사소통 수단이다. 예를 들어, 어린 초록이구아나(*Iguana iguana*)는 성체의 넓적다리선 분비물을 회피하는 행동을 보인다(Morgan과 Nee, 1993). 이러한 반응은 초록이구아나나 유사한 행동 특성을 가진 종을 다양한 연령군으로 섞어 사육할 때 반드시 고려해야 한다. 이 행동 반응을 활용해, 넓적다리선 분비물의 추출물 또는 그 유사물질로 어린 개체의 행동을 조절하는 데 사용할 가능성도 있다.

이와 유사하지만, 아직 연구하지 않은 영역 중 하나는 '청각'이 번식에 중요한 종에 대한 것이다. 청각이 번식에 중요한 많은 양서류(예: 다양한 개구리 종)는, 울음소리가 성별, 나이, 개체의 신체 상태, 그리고 기타 사회적 정보를 전달하는 수단으로 보고 있다(Wells, 1977a,b, 1988; Wagner, 1992). 이러한 특성을 바탕으로 동종 개체의 소리를 녹음하여 재생해주면 사육 개구리의 번식을 촉진하거나 억제하고, 그 외 사회적 행동을 변화시킬 가능성이 매우 크다. 1990년도 초반까지[60] 알려진 바로는, 푸에르토리코에 서식하는 멸종위기종 푸에르토리코벗두꺼비(*Peltophryne lemur*)의 보전번식 프로그램에서 단 한 차례 시도한 바 있다. 실제로 녹음한 동종의 울음소리를 사용해 번식 행동을 유도하는 데 성공했다(Johnson, 1991). 악어류 또한 상당 부분은 음성 신호로 의사소통하기 때문에 동종 개체간 소리를 사용한 풍부화가 가능하다(Herzog와 Burghardt, 1977; Lang, 1989).

---

60   옮긴이 주: 원서에서는 '현재까지'로 표현하였으나, 저술 당시가 1990년대 초반이므로 독자들의
      혼돈을 줄이기 위해 '1990년도 초반까지'로 수정함.

이종 간 상호작용

사육 양서류와 파충류가 야생 개체들과 가장 크게 다른 점 중 하나는 이종과의 상호작용이다. 최근 몇몇 동물원들은 일부 양서류와 파충류를 포함한 복합 다종 전시 개발에 상당한 노력을 해왔다(그림 27). 대표적 예로는 뉴욕의 브롱크스동물원/야생생물보전원과 시애틀의 우드랜드파크동물원의 열대우림 전시가 있다(Stockton, 1992). 그러나 대부분 기관은 여전히 양서류와 파충류를 단일 종으로 전시하고 있다(Pawley, 1967; McKeown, 1985). 앞서 언급했듯, 동종 개체를 함께 사육하는 것조차 외상, 공격성 또는 포식 가능성에 대한 우려로 기피해 왔다. 이러한 접근이 과연 정당한지 아닌지를 떠나, 결과적으로 사육 환경에서는 다른 종과 접촉할 기회가 거의 없어졌다.

그러나 야생에서 활동하는 양서류와 파충류에게 다양한 공서종은 청각적, 미각적, 후각적, 시각적 자극, 그리고 어쩌면 아직 인식하지 못한 자극까지도 지속적으로 제공한다. 이러한 자극의 구성과 특성은 야생 개체가 환경에 얼마나 민감하고 반응적으로 행동하는지를 결정짓는 요소다. 이러한 자극이 양서류와 파충류 복지에 영향을 미치는 방식은 매우 다양할 것으로 예상하지만, 이 장에서는 그 모든 가능성을 다루지는 않는다. 대신, 본문에서는 사육 개체가 다른 생물을 포식하는 상황이나 사육 개체가 다른 생물의 포식 대상이 되는 상황과 같은 두 가지 주요한 형태의 이종 간 상호작용에 초점을 맞추고자 한다.

먹이

사육환경에서는 양서류와 파충류에게 줄 수 있는 먹이 생물 종류가 매우 부족하다. 그 이유는 여러 가지가 있지만, 우선 사육환경에 사용할 수 있는 먹이 생물의 상업적 공급이, 야생에서 마주칠 수 있는 먹이의 다양성을 지속적

그림 27 사막거북(*Gopherus agassizii*)과 보석도마뱀(*Timon lepidus*)의 이종간 합사. 인공광을 쬐기 위해 모여있는 모습(벨기에 파이리다이자동물원, ⓒ김영준).

으로 충족시키기에는 턱없이 부족하기 때문이다. 예를 들어, 북미에 있는 동물원이 곤충을 주식으로 삼는 양서류 및 파충류에게 주로 주는 상업적 먹이들은 집귀뚜라미(*Acheta domesticus*), 노랑초파리(*Drosophila melanogaster*), 밀웜(갈색거저리(*Tenebrio molitor*) 유충), 그리고 왁스웜(꿀벌부채명나방(*Galleria mellonella*) 애벌레) 등 네 종류의 곤충으로 국한돼 있다. 그러나 이들 곤충이 모든 곤충식 동물에게 적절한 것은 아니다. 예를 들어, 덩치가 큰 바실리스크 도마뱀류(*Basiliscus* spp.)나 반응 속도가 느린 카멜레온속(*Chamaeleo* spp.) 등은 작고 날아다니는 곤충(예: 초파리)을 무시하거나 제대로 못 잡을 수도 있다. 포획이 더 어려운 먹이일수록 동물에게 풍부화 요소로 작용할 수 있다(Copenhagen Zoo, 1990). 단, 이러한 먹이는 과도한 에너지 소비나 스트레스를 유발하지 않는 범위 내에서 줘야 한다. 또한 사육환경에서는 보통 정해진 일정에 따라 살아 있는 먹이를 주지만, 야생에서는 먹이 출현이 더 우연적이고 불규칙하게 일어나는 경우가 많다.

살아 있는 먹이는 즉시 먹지 않으면 사육 개체에게 해를 끼칠 수 있다. 특히 소형 포유류를 먹이로 주는 경우, 사육 중인 파충류가 나중에 먹을 것이라고 가정하고 사육사가 없이 방치하는 것은 위험한 판단이다. 살아 있는 포유류를 방치하면, 사육 중인 파충류(특히 뱀류)가 다치거나, 심지어 죽는 사례가 매우 많기 때문에 대부분의 사육사는 이러한 실수를 피하려고 한다(Mattison, 1982; Frye, 1991). 잘 알려지지 않은 사실이지만, 포유류가 아닌 먹이 생물도 동일한 위험을 초래할 수 있다. 실제로 한 필자(Hayes)는 탈피 직후의 밀웜을 한 번에 다 먹지 못할 정도로 과도하게 준 결과, 사육 중인 고리목뱀(*Diadophis punctatus*)이 죽고 남부악어도마뱀(*Elgaria multicarinata*)도 다친 사례를 관찰했다. 전자의 경우, 밀웜이 목 부위의 비늘과 연한 조직을 갉아 먹어 척추가 드러날 정도였고, 후자는 옆구리를 뚫고 체강까지 도달하였다. 양서류와 파충류는 특히 활동성이 낮을 때, 살아 있는 먹이 생물에 더 취약할 수 있다. 더불어, 이러한 먹이 제공 방식은 특히 조류나 포유류를 산 채로 먹이로 주는 것에 대한 대중의 반감과 먹이 생물의 복지에 대한 우려와 충돌할 수 있다(5장 참조).

이러한 제약 속에서도, 사육 중인 양서류와 파충류의 환경을 먹이 생물 또는 그에 준하는 자극으로 풍부화할 수 있는 다양한 방식이 존재한다. 그중 일부는 풍부화를 적용할 동물의 주요 감각에 따라 달라질 수 있다. 첫째, 곤충을 주로 먹는 분류군에 대해서는, 사육장 내부에 곤충 유인 장치를 설치하는 방법이 있다. 예를 들어, 잘 익은 과일을 쪼개 놓거나 정향이나 페퍼민트 오일과 같은 향기를 고정된 물체에 발라 곤충을 유인하여 기존 먹이가 아닌, 유인 곤충을 추적하거나 포획할 기회를 주는 방식이다. 이러한 방식이 효과를 가지려면 다음의 조건들이 충족되어야 한다. (1) 사육장은 곤충 침입을 완전히 차단하는 구조여서는 안 된다. (2) 사육장 자체가 상대적으로 곤충이 풍부한 지역에 있어야 한다. (3) 유인 장치는 사육 개체에게 위험할 수 있는 곤충이나 기타 생물을 유인하지 않아야 한다. (4) 장치가 사육환경에 바람직하지 않은 부수적 결과를 유발하지 않아야 한다(예: 건강상의 위험 요소 등).

둘째, 먹이 급이 일정을 다양하게 조절하는 방법도 있다. 여러 연구 결과, 다양한 종이 먹이 급이 일정의 변화에 서로 다른 반응을 보이는 것으로 알려져 있으므로, 이러한 방식은 분류군별로 실험적 접근이 필요하다. 셋째, 사육 동물에게 잠재적으로 위험할 수 있는 살아 있는 먹이를 줄 경우, 몇 가지 대안이 존재한다. 사육환경은 일반적으로 먹이생물이 도망칠 수 있는 공간이 부족하므로, 사육동물이 먹이에 관심을 보이지 않거나, 추적에 오랜 시간이 걸리거나, 먹이를 즉시 치명적으로 공격하지 않을 때는 먹이생물이 스스로 피할 수 있는 구조물을 마련해야 한다. 이를 위해 사육사는 먹이 급이 과정을 직접 관찰해야 하며, 제공한 먹이는 단시간 내에 모두 먹을 수 있도록 양을 조절해야 한다. 이러한 방식에서는 포식자뿐만 아니라 피식자의 복지도 함께 고려해야 하며, 이러한 접근법에 대한 대중의 이해와 교육도 병행해야 한다.

현지 복원 예정인 양서류와 파충류의 경우, 어느 정도 살아 있는 먹이에 대한 경험이 필요할 수 있다. 그러나 주로 후각에 의존하는 뱀의 경우, 살아 있는 먹이를 주는 것은 단순히 사육개체에 대한 위험이나 조류·포유류 먹이동물에 대한 대중의 정서적 반감 외에도 다른 문제점이 존재한다. 야생에서는 먹이 생물이 남긴 체취 흔적을 따라 뱀이 비교적 정밀하게 추적할 수 있다. 하지만 사육환경에서는 방사장 내에 먹이 생물이 짧은 시간 내에 체취를 넓게 확산시킬 수 있고, 이에 따라 먹이 위치를 찾는 것이 오히려 더 어려워질 수 있다. 이런 경우에는 포유류나 조류를 먹이로 삼는 뱀에게 죽은 먹이를 주는 것이 더 효과적일 수 있다. 이때 사전에 정해진 경로를 따라 죽은 먹이 생물을 문질러서 인위적으로 체취 흔적을 남기는 방식을 활용할 수 있다. 방울뱀속(*Crotalus* spp.)의 경우, 먹이에 일격을 가한 후에야 체취 추적 반응을 보이므로(Chiszar 등, 1977), 이러한 종에게는 죽은 먹이를 먼저 공격할 기회를 주고, 이후 해당 먹이를 사육장의 먼 지점에 두거나 체취 흔적을 만들어주는 방식을 적용한다. 일부 파충류 전시 기관에서는 이 방식을 일상적으로 사용하고 있다(S. McKeown, 개인 소통).

양서류와 파충류의 사육환경에서 먹이와 관련된 요소를 중심으로 한 새로운 풍부화 전략을 설계할 때는, 반드시 해당 종의 주요 감각 체계를 고려해야 한다. 때에 따라서는 실제 먹이를 주는 대신, 특정 감각을 자극하는 먹이 유사 자극을 주는 것만으로도 실제 먹이를 주는 것과 같은 풍부화 효과를 얻을 수 있다. 예를 들어, 후각이 주요 감각 체계인 종에게는 먹이 생물 자체보다 주기적으로 만들어주는 먹이의 체취가 행동 유도 측면에서 더 효과적일 수 있다(Chiszar 등, 1990; Schell 등, 1990). 일부 개구리류는 자신이 잡아먹는 개구리의 울음소리에 반응할 수 있다(Jaeger, 1976; M. Hayes, 개인 소통). 따라서 소리에 집중하는 포식성 개구리류나 심지어 악어류에게도 먹이동물의 소리를 활용한 청각적 풍부화가 가능할 수 있다. 어떤 형태의 풍부화가 가장 바람직한지는, 제공 빈도와 자극 순서를 포함하여 실험적으로 평가해야 한다.

먹이와 급이 방식을 다양화하는 풍부화 프로그램은 현지에 복원시킬 사육 개체에게 특히 중요하다(7장 참조). Marmie 등(1990)은 야생에서 포획한 어린 바하방울뱀(*Crotalus enyo*)이 사육 상태에서 자란 개체들보다 훨씬 더 활발한 포식 행동을 보인다는 것을 입증하였다. 야생 개체들은 실제 먹이를 일정 거리 이상 추적하고 잡아본 경험이 있는 반면, 사육 개체들은 수 cm 이내에서만 먹이를 받았다는 점에서 차이가 생겼을 수 있다고 보았다(Scudder 등, 1992 참조). 하지만 이 가설은 아직 실험적으로 검증되지 않았다. Burger(1991)는 생후 초기 생쥐를 먹어본 경험이 있는 어린 소나무뱀(*Pituophis melanoleucus*)이 생쥐의 체취를 추적하는 능력을 보였다는 사실을 보여주었지만, 그런 경험이 없는 어린 개체들은 그러한 능력을 나타내지 않았다. 이는 초기 경험이 갖는 중요성을 더욱 잘 보여준다.

반면, 현지 복원 대상이 아닌 사육 개체들에 대해서는 이러한 먹이 경험을 주는 풍부화 방식이 반드시 바람직하지 않을 수 있다. 예를 들어, 사육 상태에서 부화한 뿔도마뱀속(*Phrynosoma* spp.)은 개미가 아닌 먹이로도 성공적으로 성장할 수 있다. 반면, 야생에서 포획한 개체에게 같은 개미가 아닌 먹이를 주려 할 경우, 기존 개미 먹이에 대한 습관 때문에 적응에 실패할 수 있다 (Montanucci, 1989). 이 경우, 부화 후 초기 발달 시기의 경험이 식이 유연성을 결정짓는 변수일 수 있다. Sherbrooke(1987)는 사육 상태에서 부화한 리갈뿔도마뱀(*Phrynosoma solare*) 여러 개체를 개미가 아닌 먹이로, 동면 없이 2세까지 사육하는 데 성공했지만, 이 방법의 장기적 유효성은 평가하기 어렵다. 왜냐하면 이들 개체 중 번식까지 성공한 사례는 없었기 때문이다. 따라서 어떤 먹이 풍부화 접근 방식을 사용할지, 혹은 사용할 필요가 있는지는 해당 사육 개체의 조건뿐만 아니라 분류군 특성을 함께 고려하여 평가해야 한다.

포식자

앞서 언급한 일부 복합 종 전시 사례를 제외하면, 대부분의 사육환경에는 포식자가 존재하지 않는다. 이는 사육공간이 제한적이므로, 양서류나 파충류를 포식자와 함께 둘 경우 살아남을 수 없기 때문이다. 그뿐만 아니라, 사육동물을 포식자와 함께 사육하는 것이 풍부화의 기본 요소여야 한다는 의미도 아니다. 그러나 최근 제안하고 있는 한 가지 개념은, 포식자 관련 자극으로부터의 완전한 차단이 오히려 스트레스를 유발할 수 있다는 것이다(Moodie 와 Chamove, 1990; Beck, 1991; Shepherdson, 1992). 이 개념은, 포식자와 관련된 감각 자극이 없는 경우 흔히 사육 개체를 무기력하게 만들며, 오히려 어느 정도의 포식자 관련 자극은 동물복지에 긍정적일 수 있다는 관점이다. 이 개념을 적용하는 데 어려운 점은, 어느 수준의 자극이 적절한지를 종 수준에서 결정하기 어렵다는 점이다. 다만, 사육 중인 양서류와 파충류에게 포식자와 연관된 자극으로 인식할 수 있는 다양한 감각 특이적 방식이 존재한다는 점이다. 예를 들어 다음과 같은 방식이 있다. (1) 후각 중심의 종에게는, 포식자의 분변이나 탈피한 껍질을 사육장에 넣거나, 포식자의 체취 추출물을 문지르는 방식으로 자극을 줄 수 있다(예: 뱀류의 체취를 도입). (2) 시각 자극 중심의 종에게는, 움직이는 그림자 모형을 사용하여 포식자의 존재를 시각적으로 모사할 수 있다. (3) 인접한 사육장에 포식자를 두고, 사육 개체가 시각 또는 후각으로 인식할 수 있도록 하는 방식도 있다(Stanley와 Aspey, 1984). 이러한 자극이 얼마나 자주, 어느 정도 강도로 적용해야 하는지는 반드시 종별로 실험 평가해야 한다.

포식자 모방 기법과 관련된 개념 중 하나는, 시각에 의존하는 양서류와 파충류가 포식자의 특정한 특징을 바탕으로 포식자 자체나 포식 위험을 인식할 수 있다는 것이다. 예를 들어, 자신보다 큰 생물(특히 키가 큰 생물), 눈 크기(Burger 등, 1991)와 같은 특징이나 접근 방식(Burger와 Gochfeld, 1991) 등으로 포식자를 인식할 수 있다. 따라서 사육 중인 양서류와 파충류는 사육사나 일반 관람객을 포식자로 인식할 수도 있다. 실제로 도마뱀류를 비롯한 시각 중심 동물은 포식자가 있을 때 활동량을 줄이는 경향이 있다(Sugerman과 Hacker, 1980; Sugerman, 1990). 이는 자신을 들키지 않으려고 하는 행동으로 보인다. 예를 들어, 메트로워싱턴공원동물원의 한 연구자는 긴코악어(*Mecistops cataphractus*) 전시장에서 은밀히 관찰한 결과, 전시관이 비어 있을 때 성체 수컷은 다양한 활동을 보였다. 그러나 관람객이 나타나자 즉시 움직임을 멈췄고, 관람객이 자리를 떠난 뒤에야 다시 활동을 재개하였다(B. Houck, 개인 소통).

사육 개체의 활동성 감소는 풍부화의 기본 철학이나 동물원 전시의 목적과 상충한다. 특히, 실제 포식 상황이 뒤따르지 않으면, 사육 개체는 해당 자극에 대해 익숙해질 수 있다. 따라서 동물원에서 관찰되는 양서류 및 파충류의 활동성 저하가 사육 관리 방식 때문인지, 관람객 존재 때문인지는 명확하지 않다. 하지만 이 문제를 다루는 일은 충분한 가치가 있다. 사육 관리 방식을 개선하거나 전시 설계를 재고할 수 있는 중대한 시사점을 주기 때문이다.

특히 현지 복원을 최종 목표로 삼는 양서류 및 파충류의 번식 프로그램에서는, 포식 경험이 없는 개체에게 반드시 적절한 자극을 줘야 한다(7장 참조).

상업적으로 중요한 식용 또는 낚시용 어류의 개체 수를 늘리기 위해 시행한 수백만 달러 규모의 어류 사육 프로그램은 납세자들에게 가장 큰 실망감을 준 사례로 여겨진다. 이 프로그램들은 자원 남획으로 감소한 개체군의 생산력을 회복시키겠다는 목적을 내세웠지만, 사육환경에서 자란 개체들이 포식자를 잘 인식하지 못한다는 사실을 간과하였다. 결과적으로 야생 포식자에게 고가의 '먹이 보조'를 한 셈이 되었다(Meffe, 1992). 이와 유사한 사례는, 다른 매력적인 멸종위기종 보전번식 프로그램의 초기 단계에서도 발생한 바 있다(Snyder 등, 1989; Moodie와 Chamove, 1990). 비록 양서류나 파충류의 포식자 회피 행동에 대한 실험적 연구는 현재까지 뱀 한 종에서만 이뤄졌지만(Herzog, 1990), 해당 연구 결과에 따르면, 보다 평이한 사육환경에서 자란 개체는 포식자 회피 반응을 덜 보이는 경향이 있다.

이러한 고려는 초록이구아나, 다양한 육지거북류, 수생 및 바다거북류, 휴스턴두꺼비(*Anaxyrus houstonensis*)(Dodd와 Seigel, 1991), 그리고 푸에르토리코볏두꺼비(Johnson, 1991) 등을 대상으로 실시한 다양한 양육방생 또는 유사 프로그램에서 특히 중요하며, 현지 복원을 목표로 하는 모든 보전번식 프로그램에도 동일하게 중요하다. 많은 프로그램에서는 사육환경이 포식자가 부재한 상태라는 점을 충분히 고려하지 않았으며, 이는 방생한 사육 개체들 중 야생에서 번식하는 개체 수가 현저히 낮은 원인 중 하나로 지목되고 있다(Dodd와 Seigel, 1991). 사육환경에서 포식자를 모방하여 자극하는 것이 결코 단순한 과제가 아니라는 점을 강조한다. 왜냐하면 사육 개체는 실제 포식 위협 같은 위험한 자극을 주기적으로 받는 것이 아니라 비교적 평이한 자극만 받게 될 경우 자극에 쉽게 익숙해지기 때문이다(Suboski와 Templeton, 1989; Burghardt, 1991). 결론적으로, 사육 방생하는 양서류, 파충류 및 기타 생물들에게 적절한 포식자 인식 능력과 회피 행동을 가르치는 것은 현지 복원 프로그램의 성공에 있어 절대적으로 중요하다. 따라서 포식자 인식 훈련의 이행 여부는, 해당 프로그램에 재정지원을 결정하는 기관들이 우선으로 평가해야 할 핵심 기준 중 하나로 고려해야 한다.

사육환경의 물리적 특성

이전에 언급한 사육 조건의 세 가지 영역 중에서, 물리적 구조는 아마도 가장 많이 고민해 온 분야일 것이다. 이 영역은 그 범위가 매우 광범위하므로, 본문에서는 물리적 환경의 네 가지 핵심 요소인 공간, 온도, 조명, 물에 한정하여 논의하고자 한다. 여기서 제시하는 네 가지 요소에 대한 풍부화 접근법을 이해한다면 본문에서 다루지 않는 물리적 요소들에 대해서도 일정 부분 응용이 가능할 것이다.

공간

사육 양서류와 파충류에게 있어 공간의 중요성을 고려하는 여러 가지 방식이 있을 수 있지만, 사육장 크기, 공간 피신처, 그리고 공간 익숙도라는 세 가지 측면에 중점을 두고 다룬다. 일반적으로 양서류와 파충류는 방사장 크기 변화에 둔감하다고 인식해 온 탓에 사육장 크기에 따른 잠재적 영향을 오랫동안 무시해 온 경향이 있다. 그러나 Warwick(1990a)은 파충류를 대상으로 한 논의에서, 기본적 이동조차 불가능한 최소 사육장 크기 또는 빠르게 움직이는 종의 특성에 맞지 않는 협소한 공간은 생리적 불균형, 신체 상태 저하, 발톱의 과도 성장, 혹은 우발적 충돌 등의 문제를 낳을 수 있다고 지적하였다. 이러한 사육장 크기의 하한선과 물리적 임곗값은 실제로 존재한다. 예를 들어, Lawler(1992)는 산에스테반척왈라(*Sauromalus varius*)의 사육 번식 성공 사례에서, 사육장의 충분한 크기가 성공 요인 중 하나였다고 제시하였으나, 그 결과는 실험적 검증이 필요하다.

Warwick(1990a)이 제안한 심각한 제약 환경(Critically Restrictive Environments, CREs, 기본적인 이동도 제약하는 환경)과 과도한 제약 환경(Overly Restrictive Environments, OREs, 빠른 움직임을 제약하는 환경)은 종에 따라 달라지며, 일부 종에서는 나이나 기타 요인에 따라 개체별로도 차이가 날 수 있다. 현재까지 이러한 Warwick의 가설을 실험적으로 검증한 연구는 단 하나뿐이다. Marmie 등(1990)은 어린 바하방울뱀(*Crotalus enyo*)을 큰 사육장과 작은 플라스틱 상자에서 각각 사육한 뒤, 새로운 환경에서 탐색 능력을 비교한 결과, 두 그룹 간에 유의미한 차이를 발견하지 못했다. 또한 이들 사육 개체와 야생에서 포획한 어린 바하방울뱀 간에도 유사한 결과가 나타났다. 그러나 이 연구 결과를 다른 행동 지표에도 그대로 일반화해서는 안 된다는 점을 강조한다. 다른 형태의 능력 측정 기준을 적용한다면, 공간 제약이 심한 개체가 공간 제약이 다소 적은 개체보다 더 나쁜 결과를 보일 수도 있기 때문이다.

공간 환경에서 상대적으로 더 자주 다루는 요소는 은신처다. 많은 양서류와 파충류, 특히 뱀류와 굴을 파고 들어가는 종은 접촉 지향성이 매우 강하다. 이들은 자신의 신체가 최소 두 면 이상에서 바닥재와 접촉하지 않으면 정상적인 능력을 발휘하지 못하는 경향이 있다. 이러한 종을 접촉 조건이 부적절한 은신처가 있는 사육장에서 사육할 경우, 스트레스를 유발할 수 있다(Warwick, 1990a). 예를 들어, 굴에서 지내는 습성을 가진 일부 뱀류(예: 산호뱀속(*Micrurus* sp.))는 특정 크기만큼 좁은 은신처를 제공하지 않으면 전시할 수조차 없었다. 일부 사육사들은 이 문제를 해결하기 위해, 바닥재 가까이에 투명 플렉시글라스를 바닥과 평행하게 설치하여, 뱀이 여러 면에서 바닥재와 접촉할 수 있도록 만들었다(S. McKeown, 개인 소통). 많은 뱀류는 도마뱀류에 비해 빛에 둔감하므로 투명한 플렉시글라스를 사용하면 은신처 내부도 관찰이 가능하다(Chiszar 등, 1987).

이러한 은신처의 적절한 개수, 방향, 크기는 종에 따라 다르며, 분류군 특

이적 특성이 있다. 은신
처는 반드시 숨을 수 있
는 구조만을 의미하지 않
는다(그림 28). 때로는 수
직으로 배치된 구조물,
공중에 매달아 둔 구조
물, 혹은 위장 배경색 구
조도 은신처가 될 수 있
다. 예를 들어, 초록나무
비단뱀(*Morelia viridis*)의 어
린 개체는 크면서 갈색이
나 노란색에서 녹색으로
변화하는데, 실험 결과 밝

그림 28 굴 파는 행동을 할 수 있도록 종 특성을 고려해 바닥재를 조성
해 줄 필요가 있다. 거북류에게 굴은 은신처 역할뿐만 아니라 산란장
소가 될 수 있다(국립생태원, ©신한섭).

은 배경보다 어두운 배경과 높은 위치를 선호하는 것으로 나타났다(Garrett와
Smith, 1994). 사육 지침 문헌에는 다양한 종의 은신처 요구 조건에 관한 사례가
풍부히 기록되어 있다(Mattison, 1982, 1993; Kaplan, 1993). 그러나 은신처 특성 변
화에 대해 각 종이 얼마나 유연하게 대응할 수 있는지는 실험적으로 거의 검
증하지 않았다.

사육 양서류와 파충류가 공간을 활용하는 방식에서 가장 간과하고 있는
요소는 바로 공간에 대한 익숙함이며, 동물이 자신의 주변 환경, 즉 '근거리 공
간'에 익숙해지는 정도이다. 사육환경은 야생과 달리, 대부분의 양서류 및 파
충류의 관점에서 근거리 공간이라고 볼 수 있다. 이는 이들 동물의 지각 체계
에 따른 상대적 공간 개념이다. Chiszar 등(1993)은 한 실험에서 근거리 공간을
변경한 사례를 소개하였다. 실험군 뱀들의 사육장 내부에 있는 바위와 물그릇
등을 재배치하였고, 대조군에서는 기물은 만졌지만, 위치를 변경하지는 않았

다. 실험 결과, 스피팅코브라(종은 미상)는 대조군 개체보다 4배 이상 높은 빈도로 혀로 주변을 탐색하는 행동을 보였다. Chiszar 등(1993)은 이를 근거로, 이러한 반응이 일부 포유류와 유사한 수준의 인지 능력을 시사하며, 사육환경의 변화에 대해 양서류 및 파충류가 보일 수 있는 다른 반응들에 관한 연구가 필요하다고 강조했다.

온도

온도는 양서류와 파충류의 사육환경에서 가장 핵심 요소다. 이들은 변온동물이기에, 주변 환경의 온도가 활동 시기뿐 아니라 생리 기능의 효율성까지 결정짓는다. 야생에서는 개체가 서식지에서 경험하는 온도 변화의 폭이 넓고 다양하며, 직접 느끼는 온도 변화 역시 다양하다(Huey, 1982; Rome 등, 1992). 하지만 인위적인 온도 조절 장치가 없는 사육환경은, 온도가 대체로 일정하기 때문에 사육 상태의 양서류 및 파충류의 활동 제약을 유발한다. 그 결과 개체가 사육환경에서 스스로 온도나 온도 구배를 선택할 기회를 얻지 못한다.

온도 구배를 형성하는 데는 열역학적 제약과 관련이 있다. 사육장의 크기가 작아질수록, 온도 차나 온도 구배를 조성하는 것은 점점 더 어렵고, 결국에는 불가능해진다(Ross와 Marzec, 1990). 따라서 온도 변화 또는 온도 구배를 만들려면, 사육장 크기를 극대화하는 것이 필수적이다. 온도 구배를 만드는 것은 파충류의 활동성을 끌어내기 위한 풍부화 전략으로 제안한 바 있다(Copenhagen Zoo, 1990). 또한, 사육 개체를 키우는 장소의 위도에서는 자연적으로 나타나지 않는 온대성 기후를 모방하려는 방법으로도 활용할 수 있다(Lawler, 1992).

온도를 이용한 계절 조작으로 인공 동면을 유도하는 방식은, 일부 온대 지역 뱀류에서 번식 성공률을 높이는 데 효과적인 것으로 보인다(Radcliffe와 Murphy, 1983). 이와 유사한 양상은 온대 및 아열대 양서류에서도 나타나는 것으로 추정된다(Laszlo, 1979, 1983). 그러나 이러한 반응을 실제로 유도하는데 필요한 정확한 온도 조절 조건은 아직 실험적으로 검증되지 않았다. 파충류 사육에서는 바닥재 열원 장치를 자주 사용한다. 하지만 이 장치의 풍부화 효과를 여전히 실험적으로 평가한 바가 없다. 특히 장치를 단독으로 사용할 경우, 지속적으로 특정 위치에만 열을 주게 된다. 이는 자연의 태양열과는 달라서 자연스럽지 않은 행동을 유발할 수 있다는 비판이 존재한다. 실제로 자연 상태에서는, 동물이 햇빛을 받은 자리에 일정 시간 머무르면 그 위치의 온도는 점차 낮아지기 때문이다(Copenhagen Zoo, 1990). 이를 보완하기 위해, 여러 개의 바닥재 가열 장치를 설치하고 타이머로 작동 시점을 달리하는 방식을 일부 도입하였다. 이 방식은 사육장 내 온도 분포를 시간에 따라 변화시키는 데 활용했었으나(D. Pate, 개인 소통), 역시 실험적 검증은 이루어지지 않았다.

한편, 계절마다 달라지는 태양의 고도를 적극 활용하는 전시장 설계도 고려할 수 있다. 사육 중인 파충류가 일광욕하기에 적절한 위치를 스스로 선택할 수 있도록 하며, 동시에 복지적 측면과 전시 효과를 모두 충족시킬 수 있다(그림 29). 그러나 이러한 방식은 현장에서 거의 적용하고 있지 않다.

질병 스트레스를 받은 사육 파충류는, 질병의 진행 단계에 따라 선호하는 체온이 달라지는 경향을 보인다는 주장이 있다. 즉, 질병 초기에는 높은 체온, 후기에는 낮은 체온을 선호하는 경향이 나타난다는 것이다(Warwick, 1991). 그러나 이 관찰을 충분히 평가할 수 있는 자료는 아직 부족하다. 이 양상은 면역계 작용과 관련 있을 수 있으므로(Warwick, 1991), 관

그림 29 일광욕 공간을 조성한 뷔르거동물원. 사육공간에 개체가 선택할 수 있는 차별적인 공간도 중요하다(네덜란드 뷔르거동물원, ⓒ김영준).

련성을 규명하기 위해 실험하기 전에 충분한 문헌적·관찰적 자료를 먼저 확보해야 한다.

부화 온도는 부화 후 개체의 질적 특성에 영향을 미칠 수 있다. 예를 들어, 27°C에서 부화한 악어거북은 더 낮거나 더 높은 온도에서 부화한 개체보다 성장 속도가 더 빨랐다(McKnight와 Gutzke, 1993). 또, 33°C에서 부화한 소나무뱀은 28°C에서 부화한 개체보다 먹이의 체취 흔적을 더 빠르게 감지하였다(Burger, 1991). 이처럼 부화 온도는 생존율에 간접적 영향을 미칠 수 있으며, 특히 현지 복원 목적의 사육 프로그램에서는 종 특이적인 실험 분석이 매우 중요하다. 이렇듯 온도가 매우 중요한 요소임에도 불구하고, 사육 양서류와 파충류를 위한 환경 풍부화 관점에서 온도를 이해하는 수준은 아직 미흡하다.

조명

조명은 사육 중인 양서류와 파충류에게 있어 또 하나의 핵심 환경 변수며, 온도와 상호작용하여 특정 행동을 유도하는 데 이바지할 수 있다. 야생 양서류와 파충류는 일일 및 계절에 따른 자연광을 쬘 수 있지만, 사육환경에서는 방사장 구조에 따라 결정되는 인공광만을 쬘 수 있다. 야외 방사장에서는 사육 개체가 야생 개체와 비교적 유사하게 자연광을 경험할 수 있지만, 미세 서식지 수준에서의 광질 다양성은 더 제한적일 수 있다. 반면, 실내 사육장이나 외부 자연광이 제한적으로만 들어오는 구조에서는, 일부 파장대가 줄어든 자연광과 함께 제공하는 특정 파장대의 인공광만을 쬘 수 있다.

자연광의 질에 특별한 주의를 기울이지 않으면, 인공광 중심의 환경은 장파장의 자외선(ultraviolet, UV), 특히 UVB가 현저히 부족할 수 있다(Blatchford, 1986; Frye, 1991). 또한 인공광 환경은 광주기 측면에서도 자연 광주기와 불일치할 경우, 빛 조건에 의한 생리적 혼란을 유발할 수 있다. 빛의 질, 특히 특정 자외선 파장(예: UVB)은 DNA 손상을 복구하는 내재적 광복구 기전[61]을 활성화하

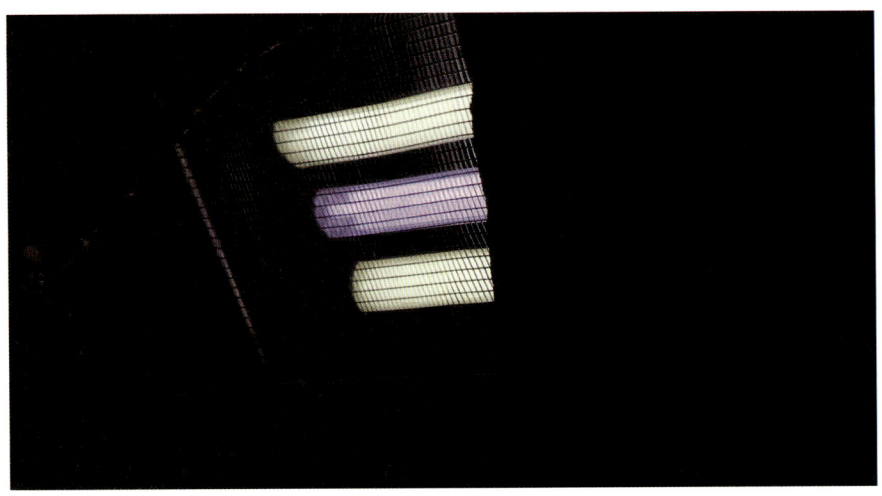

그림 30 실내에서 사육하는 양서류, 파충류에게 가시광선, 자외선, 적외선, 열원 등의 다양한 광원은 필수적이며 개체 건강 관리에 적절한 광원을 제공하여야 한다(네덜란드 뷔르거동물원, ⓒ김영준).

고, 일부 양서류 및 파충류(특히 일부 도마뱀류)에서 특정 보조인자(효소 활성화에 필요한 물질)와 비타민(특히 비타민 D 복합체) 합성에 필수적이다(Moyle, 1989). 또한 광주기와 광질은 연간 번식 주기를 포함한 다양한 계절성 생리 리듬에 매우 중요한 요소다(그림 30). 이는 지금까지 연구한 대부분의 종에서 공통으로 관찰되는 것이다(Licht, 1972; Michaels, 1987). 지속 조명, 광 결핍, 또는 부적절한 광주기는 무기력부터 불임, 심지어 폐사에 이르기까지 다양한 병적 증상을 유발할 수 있다.

조명을 활용한 풍부화는 반드시 분류군 특이적인 광질과 광주기의 필요성을 중심으로 시도해야 한다. 최근 호놀룰루동물원이 파충류 전시관을 개보수하면서 선택적으로 햇빛에 접근할 수 있도록 맞춤형 채광 구조를 도입하였다(S. McKeown, 개인 소통). 대부분의 종에 대해 실험적 자료가 부족한 현실

61　Instrinsic DNA photorepair mechanism: 다양한 생물체에서 손상된 DNA를 자체적으로 복구하는 생화학적 기전.

을 고려할 때, 광질과 광주기에 대한 요구는 해당 종이 자연적으로 분포하는 위도 범위에서의 환경 조건을 기준으로 설정해야 한다(Copenhagen Zoo, 1990). Jones(1978)는 위도, 월, 일을 기준으로 광주기를 쉽게 산출할 수 있는 표를 제시하였다. 광질과 광주기의 변경에 대한 허용 한계를 실험적으로 검토하기 전까지는, 자연 분포 지역의 위도 외에 위치한 시설에서 사육하는 양서류와 파충류에 대해서도, 반드시 해당 종이 서식하는 자연환경의 빛 조건에 부합하는 인공조명 체계를 마련해야 한다.

물

물은 대부분의 양서류에게 매우 중요한 서식 환경 요소며, 모든 양서류와 파충류에게 있어 기본적인 생리적 필수 요소다. 물에 대한 요구는 종마다 매우 다르며, 먹이로부터 대부분의 수분을 얻는 파충류 일부 종(Bradshaw, 1986)부터, 일생을 수중에서 보내는 양서류(Boutilier 등, 1992)에 이르기까지 다양하다. 많은 양서류는 주기적으로 접근할 수 있는 수자원이 필요하며(Shoemaker 등, 1992), 일부 종은 최소한 몇 시간 간격으로 물에 접근할 수 있어야 생존할 수 있다. 사육환경에서 제공하는 수자원은 야생과 비교해 상당히 제한적일 수 있다. 사육환경에서는 보통 단 하나 또는 극히 소수의 수자원만 있지만, 야생에서는 다양한 수자원이 동시에 존재하고, 개체는 그중에서 선택적으로 이용할 수 있다. 사육환경에서는 개체가 어디에서 물을 섭취할 것인지 선택할 기회가 거의 없거나 전혀 없는 상황이 발생한다. 흐르는 물이 생존에 필수적인 종의 경우, 제공하는 수질이 생존을 좌우할 수 있다. 실제로 수질은 양서류 사육을 기피하게 만드는 가장 흔한 요인 중 하나임에도 불구하고, 아이러니하게도 많은 사육환경에서 수질을 간과하고 있다(Odum, 1985).

양서류와 파충류에 대해 현재 알려진 수질 요구 사항을 상세히 다루는 것은 이 장의 범위를 벗어나므로, 이에 대해서는 관련 종합서적을 참조하기 바란다(Boutilier 등, 1992; Shoemaker 등, 1992). 여기서는 양서류와 파충류에게 특히 문제가 되기 쉬운 수질 측면에 집중하고자 한다. 일부 양서류와 파충류의 생활사에서 수중 섭식, 수중 배변 및 때에 따라 소변 배출, 그리고 표피 탈피와 같은 특성은 수질을 청결하게 유지하기 어렵게 한다.

먼저 수중 섭식과 관련하여, 개구리속(Rana spp.)과 같은 많은 양서류, 그리고 바다뱀아과(Hydrophiinae) 및 수생 또는 바다거북류 등 일부 파충류는, 수중 환경이 아니면 먹이를 먹지 않거나, 먹지 못할 때가 많다. 이러한 종들은 대부분 질소 함량이 높은 동물성 먹이를 먹으며, 특히 바다거북류의 경우 거칠게 먹는 경향이 있어, 먹이의 상당 부분을 먹지 못하고 수중에 남기는 경우가 많다. 또한, 일부 양서류는 수분을 흡수할 때 배설하기도 하며, 이 경우 질소 함량이 높은 분변이 곧바로 해당 양서류가 수분을 보충하는 장소에 남게 된다.

많은 양서류와 일부 파충류는 표피를 탈피할 때 물을 활용한다. 특히 양서류는 탈피 주기가 짧아 며칠 간격으로 반복되며, 탈피한 표피를 스스로 먹는 습성이 있지만, 이 역시 거칠게 먹는 방법 때문에 수자원 내로 추가 질소를 유입시키는 원인이 될 수 있다. 이러한 행동 특성으로 인해, 물을 정기적으로 정화하지 않으면, 많은 양서류와 일부 파충류는 질소 중독성 독혈증 및 관련 패혈성 증상에 취약해진다(Mattison, 1982, 1993; Odum, 1985; M. Jennings, 개인 소통). 잘 알려지지는 않았지만, 변태 후 육상성이 되는 양서류는 유생기 개체보다 암모니아 중독에 더 민감한 경향이 있다. 이는 유생기일 때는 물을 떠날 수 없는 생태적 조건 때문일 수도 있다. 그러나 혈중 암모니아 수치를 기준으로 내성 수준을 실험적으로 검토한 종들에 따르면, 유생조차도 아주 약간의 농도 상승만 견딜 수 있는 것으로 나타났다(Dole, 1967). 사육환경에서는 수분 흡수를 위한 수자원 크기가 작을수록, 문제가 발생할 가능성은 더 커진다.

물을 주는 방식은 수질만큼이나 중요할 수 있다. 예를 들어, 일부 아놀도마뱀속(Anolis spp.)과 같은 아열대 및 열대 지역의 다양한 파충류는, 수직으로 설치한 벽 표면에 맺힌 물방울을 핥아서 수분을 섭취한다. 이러한 종들은 큰 수반, 특히 지면에 놓은 수원에서 물을 거의 마시지 않는다. 이들에게는 일반적으로 물을 표면 위에 분무하거나 뿌려주는 방식이 필요하며(Mattison, 1993), 이는 상업용 분무기나 안개 분사기를 이용한다. 또한 독화살개구리류와 같은 열대 육상성 양서류, 그리고 일부 왕도마뱀속(*Varanus* spp.), 초록이구아나, 아나콘다속(*Eunectes* spp.)과 같은 파충류는, 환경에서 충분한 수분을 섭취하기 위해 높은 온도와 그에 상응하는 고습도가 필요하다(Ross와 Marzec, 1990; Mattison, 1993). 습도가 불충분하거나 부적절한 온도로 동물은 심각한 스트레스를 받아 죽을 수 있다. 이러한 이유로 골리앗개구리, 독화살개구리 및 기타 열대성 양서류의 습도를 정밀하게 조절하기 위해 타이머로 작동하는 분무기를 사용해 왔다(R. Pawley, 개인 소통). 한편, 수중 번식 양서류(예: 쟁기발두꺼비속, *Scaphiopus* spp. 및 *Spea* spp.)는, 폭우 소리를 모사한 음향 자극과 함께 수분을 뿌려줄 때만 휴지기에서 벗어나 번식에 성공하는 것으로 보인다.

수중에서 생활하거나 대부분의 생애 주기를 보내는 특정 생애 단계의 양서류 및 파충류에 대해서는, 추가로 고려할 사항들이 있다. 우선, 많은 양서류 유생, 일부 뱀류, 일부 수생거북류, 그리고 일부 악어류는 수중 환경에서 동종 개체 또는 혈연 개체, 먹이, 그리고 포식자를 인지할 수 있다(Blaustein과 O'Hara, 1986; Wilson과 Lefcort, 1993; C. Hawkins, 개인 소통). 이 경우, 후각이나 미각을 통해 접촉 없이 화학적 단서를 인지할 수 있다면, 수질 유지 방식이 이러한 단서에 어떤 영향을 미치는지 고려하는 것이 중요하다. 더불어, 화학적 단서는 아직 실험적으로 검증하지 않았지만, 풍부화 수단으로 활용할 수 있는 잠재력이 있다. 예를 들어, 이러한 화학적 단서를 활용하여 선택적으로 조작하거나 선택한 수원을 통해 사육 중인 수생 개체의 탐색, 먹이 섭취, 사회적 상호작용 등과 같은 행동 전반에 영향을 줄 수 있다.

둘째, 수중 환경은 육상 환경보다 소리를 훨씬 더 효과적으로 전달하기 때문에, 양서류와 파충류의 수생 생활사 단계에서는 음향 환경에 대한 고려가 필요하다. 공기 중에서의 음향 의사소통은 특히 악어류에서 비교적 잘 연구되어 있으나(Lang, 1989), 이에 대응하는 사회적 상호작용의 맥락에서 수중 음향 의사소통은 양서류나 파충류에 대해 거의 연구된 바가 없다. 예를 들어, 북방붉은다리개구리(*Rana aurora aurora*)와 같은 일부 개구리류의 수컷은 주로 수중에서 발성하는 것으로 알려져 있으며, 이는 수중에서 발성하는 사육 개체의 사회 환경을 조작할 기회를 시사한다.

마지막으로, 북방표범개구리(*Lithobates pipiens*) 등 일부 양서류에게는 수중 환경에서 월동할 수 있는 장소가 필요하다. 수중에서 월동하는 온대 종들은 수질 관련 독혈증에 매우 취약하므로, 이들은 높은 용존 산소량과 낮은 용존 고형물 농도를 기준으로 수질이 우수한 장소를 선호하는 경향이 있다. 따라서 사육 개체가 월동이 가능한 온대 종일 경우, 관련된 수질 지표에 대해 각별한 주의가 필요하다. 일부 사육사들은 비활동기 또는 겨울나기에서 깨어난 이후, 양서류나 파충류를 짧은 시간 동안 물이 담긴 접시에 넣어주는 방식을 사용한다(Frye, 1991). 이러한 조치는 개체의 수분 재보충과 함께, 비활동 기간 중 체내에 축적된 독성 물질의 배출을 돕는 데 유용할 수 있다. 그러나 이와 같은 관리 방식이나 행동의 풍부화 가치에 대해서는 실험적 검증이 필요하다.

고찰

양서류와 파충류에 대한 풍부화 시도가 드물었던 이유는 공식적으로 다뤄진 바는 없지만, 여러 가지 요인이 복합적으로 작용했을 가능성이 크다. 첫째, 양서류와 파충류가 포유류와 근본적으로 매우 다른 생물군임에도, 많은 사육환경에서는 포유류를 기준으로 한 해석적 편향이 있었다(Warwick, 1987, 1990a, 파충류 관련 논의 참고). 대부분의 양서류와 파충류는, 대사 요구량과 활동성이 포유류에 비해 현저히 낮다(Pough, 1983; Gatten 등, 1992). 예를 들어, 포유류의 열악한 사육환경과 관련되어 반복적으로 나타나는 행동으로 오랜 논란의 중심에 있었던 정형행동(Mason, 1991)은 양서류와 파충류에서 나타나는 경우가 드물거나, 있어도 인지하지 못하는 경우가 많다. 그러나 일부 파충류에서는, 환경적 자극에 따른 수정 행동[62]이나 환경 유발 외상[63]이라는 개념을 제안한 바 있다(Warwick, 1990a). 더욱이, 양서류와 파충류는 일반적으로 행동의 유연성이 낮은 동물로 간주해 왔다(Wilson, 1975; Burghardt, 1977; Carpenter와 Ferguson, 1977; Ferguson, 1977 참조). 이처럼, 이들의 행동 유형 자체가 유연하지 않다는 개념은, 양서류와 파충류에 대해 환경 풍부화가 실질적으로 제한적일 수밖에 없다는 인식을 심화시켰고, 더 극단적으로는 양서류와 파충류는 풍부화가 필요하지 않은 생물군이라는 해석을 낳기도 했다(Warwick, 1987, 1990a,b,c; Bels, 1989).

둘째, 양서류와 파충류는 포유류에 비해 사람에게 훨씬 덜 익숙한 동물군이다. 이는 이들이 포유류보다 진화적으로 훨씬 먼 계통 관계에 있으며(Hoff와 Maple, 1982; Gauthier 등, 1988), 많은 종들이 은밀한 행동을 보이기 때문이기도 하다(Fitch, 1987; Gillingham, 1987; Pough 등, 1992). 이러한 낮은 친숙도는 풍부화를 고려할 때 선택 우선순위에서 양서류와 파충류를 밀려나게 만든 요인이 되었을 수 있다.

셋째, 양서류와 파충류는 전통적으로 동물원의 주요 전시 동물이 아니었기 때문에, 풍부화의 기회 또한 제한적이었다. 국제종정보시스템(International Species Information System, ISIS)에 등록된 자료(1993a,b 기준)에 따르면, 465개 회원

---

62   Environmentally encouraged modified behaviors: 동물이 환경과 상호작용하며 나타내는 유연한 행동 적응 과정을 설명하는 개념이며, Warwick은 이를 통해 정적인 사육 기준이 아니라, 행동을 중심으로 한 복지 중심 설계의 필요성을 강조한다.

63   Environmentally induced traumas: 비자연적 환경(즉, 인간이 조성한 제한적·비적응적 환경)에 장기간 노출된 동물이 겪는 정신적·신체적 외상 또는 스트레스성 장애를 가리키는 개념이다. David Warwick은 사육동물의 행동 이상과 건강 문제의 원인을 설명하면서 처음 체계적으로 도입했다.

동물원에 전시하는 약 20만 개체의 척추동물 중 양서류와 파충류는 17%에 불과하며, 이 중 양서류는 2%, 파충류는 15%에 해당했다(표 9). Boyd(1994)가 제시한 북미동물원·수족관협회(AZA) 인증기관 167곳에 대한 분석에서도 유사한 결과가 나타난다. 이들 기관에서 파충류는 전시 종 기준으로 전체의 16%, 개체 수 기준으로 5%를 차지했으며, 양서류는 종 기준 3%, 개체 수 기준 2%에 불과했다. 이처럼 양서류와 파충류의 환경 풍부화가 제한적이었던 원인이 무엇이든 간에, 실험적·관찰적 자료들에 따르면 포유류에게 적용하였던 풍부화 방식을 빌릴 수 있으며, 새로운 방식의 풍부화 접근법을 통해서도 추가적 복지 혜택을 줄 가능성을 시사하고 있다.

양서류와 파충류를 위한 환경 풍부화는 분명 아직 초기 단계에 머물러 있다. 이 사실을 잘 보여주는 자료 중 하나는, 사육 척추동물의 기본적인 개체군 통계적 특징이다(표 9 참조). 양서류와 파충류의 사육 번식률은 조류 및 포유류에 비해 현저히 낮다. 물론 종보전계획(Species Survival Plans)이나 지역수집계획(Regional Collection Plans)과 같은 다양한 개체군 관리 프로그램이 이러한 분석

표 9 | 국제종정보시스템(ISIS) 회원 기관에서 사육 중인 20만 개체의 척추동물에 대한 개체군통계학적 자료

분류군	총 전시동물수(N)[a]	사육장 내 신규 번식수		신생동물 중 폐사수[b]	
		No. (n)[a]	N %	No.	N %
포유류	76,822	15,547	17.6	3,470	25.6
조류	90,637	14,426	15.9	3,536	24.5
파충류	29,595	436	1.5	380	87.2
양서류	4,632	600	13.0	65	10.8

출처: ISIS, 1993a,b.　**참고**: 1992년 1월부터 12월까지의 모든 자료

a: 폐사로 인한 개체 손실은 반영하지 않은 누적 총계　**b**: 출생 후 30일 이내 폐사한 신생동물의 총수

을 혼동시킬 수 있음을 알고 있다. 그러나 양서류와 파충류의 산란 크기나 새끼 수가 조류나 포유류에 비해 현저히 큰 평균값을 보이는 점은 오히려 조류와 포유류의 상황이 더욱 불리한 지표로 해석될 수 있다. 또한, 양서류의 번식률이 조류나 포유류와 비슷해 보이더라도, 실제로 사육 상태에서 보고된 양서류 번식 개체 수 자체가 너무 적어, 많은 종에서는 단 하나의 알 무더기에도 못 미치는 수준일 수 있다.

부화 또는 출생 후 30일 이내에 폐사한 개체 비율을 보면, 이 분야가 초기 단계임을 더 명확히 알 수 있다. 파충류는 비교적 사육 관리 자료가 잘 정리된 하위 척추동물군임에도 불구하고, 사육 번식 개체의 약 90%가 첫 30일 이내에 폐사하는 것으로 나타났다. 포식자가 없는 환경이라는 점을 고려할 때, 이 수치는 놀라운 것이다. 양서류의 경우 이보다 수치상 더 양호해 보이지만, 양서류에서는 포식자와 무관한 환경적 또는 생리적 폐사가 30일 이후에 발생할 때, 수치의 해석이 단순하지 않다. 이 수치들을 지나치게 강조하려는 것은 아니다. 다만, ISIS 소속 기관의 사육사들이 큰 노력을 기울이고 있음에도 불구하고, 양서류와 파충류의 사육 관리 측면에서는 아직 초보 단계에 머물러 있다는 점을 분명히 하고자 한다.

양서류와 파충류의 생존을 넘어서는 풍부화의 가치는 앞서 언급한 사실들에서 제시한 수준 이상으로 훨씬 크다. 풍부화를 통해 개체 복지가 좋아지면 수의학적 처치의 필요성이 줄어들 뿐만 아니라, 전시 효과가 향상되고, 사육 관리가 쉬워지며, 번식 성공률이 높아지고, 대중 교육 및 인식 개선에도 이바지할 수 있다(5장 참조)(그림 31). 또한, 풍부화 그 자체는 양서류 및 파충류와 같이 대중에게 덜 알려진 분류군에 대한 교육적 가치를 높이는 바탕이 된다. 이는 풍부화 접근이 사육 개체의 감각 환경에 바탕을 두고 있으며, 이를 통해 사람 중심적 해석을 줄일 수 있기 때문이다. 무엇보다도, 이러한 교육 방식은 동물의 가치를 대중에게 인식시키는 보전적 가치를 지닌다. 특히, 이에 따라 양서류와 파충류가 생태계 내에서 차지하는 기능과 생물다양성에 대한 기여를 사람들은 더 깊게 이해하게 된다.

전 세계적으로 양서류와 파충류의 종류가 워낙 많기 때문에, 모든 종에 대한 구체적인 종 특이적 풍부화 권고 사항을 제시하는 것은 불가능하다. 그러나 다른 기준을 바탕으로 한 풍부화 지침은 제시할 수 있다. 그중 첫 번째이자 가장 근본적인 것은, 대상 분류군의 자연사에 대한 충분한 지식이다. 많은 저자들이 이 점을 반복해서 강조해 왔다(Johnson, 1991; Dodd와 Seigel, 1991; Lawler, 1992; 특히 Chiszar 등, 1993 참조). 여기서 중요한 단어는 '충분한'이라는 표현이다. 이는 해당 분류군이 개체군통계학적 제약이나 서식지 제약과 같은 생물적 요인에 의해 제한받는지 이해하는 것이다(Dodd와 Seigel, 1991). 더 중요하게는 이러한 제약들 때문에 사육환경에서의 행동이 야생 상태와 무엇이 다르게 나타나는지를 파악하는 것을 의미한다.

둘째, 전통적으로 분류군 특이적 관리 기법으로 간주해 온 방식들도, 실제로는 같은 종 내에서도 지리적 집단, 개체군 수준, 심지어 개체 수준에서 행동 차이가 존재할 수 있다는 가능성을 항상 염두에 두어야 한다. 예를 들어, 어린 가터뱀(*Thamnophis sirtalis*)이 보인 먹이 자극 선호도의 지리적 차이(Burghardt, 1970)는, 서로 다른 지역의 부모에게서 태어난 어린 개체들이 선호하는 먹이가 다를 수 있음을 의미한다. 따라서 이러한 개체들에게 서로 다른 먹이를 주면 생존율을 높이는 데 도움이 될 수 있다. 이와 더불어, 많은 양서류와 파충류의 분류체계는 여전히 안정되어 있지 않기 때문에, 행동의 종내 변이를 알아내는 것도 분류학적 의미를 가질 수도 있다. 따라서, 양서·파충류 계통분류 전문가와의 협업은 사육 관리와 분류학 양측에 실질적으로 도움이 될 잠재력이 있다.

셋째, 환경 풍부화를 위해 접근할 때는 반드시 해당 분류군이 환경 및 주변 생물을 인지하는 데 사용하는 주요 감각인 후각, 촉각 등에 바탕을 두어야 한다. 아직도 대부분의 양서류와 파충류의 주요 감각 양식에 대해 충분히 이

그림 31 설카타육지거북(*Centrochelys sulcata*)이 등갑을 스스로 긁을 수 있도록 사육장에 솔을 설치하였다. 실제로 몸을 흔들며 긁는 모습을 확인하였다(국립생태원, ©김상우).

해하지 못하고 있으며, 따라서 이러한 풍부화 접근은 실험적 시도로 봐야 한다. 이미 알려진 분류군 또는 하위 분류군의 반응은 풍부화 설계 시 지침서 역할을 할 수 있다. 예를 들어, 뱀류는 후각이 주요 감각계로 알려져 있다. 사육사들은 기존 지식을 바탕으로 실험적으로 시도해 보아야 하며, 감각 특이적 풍부화의 실험적 검증과 그 인과적 관계를 규명하기 위해, 사육사 및 동물원 연구 인력과 외부 연구자 간의 협력이 중요하다(Chiszar 등, 1993).

넷째, 풍부화의 설계에서 주요 감각 양식에 초점을 맞추는 것이 중요하지만, 해당 분류군의 주요 감각이 아닐 수도 있는 다양한 자극을 활용한 풍부화 가능성에 대해서도 열린 자세를 가져야 한다. 예를 들어, 서부두꺼비(*Anaxyrus boreas*)는 후각으로 먹이 곤충을 인식하는 학습 능력이 있다고 보고되었다 (Dole 등, 1981). 따라서 이 종에 대해서는 냄새를 활용한 풍부화가 유효할 수 있다. 이와 유사하게, 근연종에서 효과를 보인 풍부화 방식들을 알아보는 것도 권장할 만하다. 그러나 근연종이라 하더라도, 분류군이 다르면 일부 수정하거나, 때에 따라 완전히 다른 풍부화 체계를 시도해야 할 수도 있다는 점을 명심해야 한다.

다섯째, 앞서 다양한 영역에서 풍부화와 관련한 연구 필요성을 언급하였지만, 그중에서도 지금까지 무시되어 왔으나 특히 중요한 몇 가지 주제들은 별도로 강조할 가치가 있다. 이러한 내용은 다음에서 다루고자 한다.

사육 개체의 근거리 공간 인식

양서류와 파충류가 자신의 주변 공간, 즉 근거리 공간을 실제로 어떻게 인식하는지는 명확하게 답하기 어려운 질문이며, 이 문제는 향후 협업 기반의 연구와 수년간의 노력이 필요한 주제다. 하지만, 이와 같은 연구 결과가 충분히 축적될 때까지 무작정 기다릴 필요는 없다. Chiszar 등(1993)이 지적한 바와 같이, 사육 개체의 미묘한 반응에 기반하여 인지를 간접적으로 평가할 수 있는 실험 설계가 가능하다. 이러한 방향에서 시도할 수 있는 새롭고 창의적인 실험 분석 기회는 매우 다양하며, 이는 사육 관리 체계에 직접 통합시킬 수 있다. 그리고 이러한 인식 연구는 다음으로 다룰, 또 하나의 영역인 전시 설계에도 깊은 연관이 있다.

전시 설계

전시 설계 분야에서는 많은 발전을 이루었으며, 특히 양서류와 파충류의 전시 설계에 있어 새로운 전환점에 도달할 기회가 존재한다. 예를 들어, 많은 분류군(예: 뱀류)은 은신처 내에서 빛에 민감하지 않을 수 있지만, 일부 다른 종들은 빛 자극에 민감할 수 있다. 이에 따라 전시는, 동물은 인식하지 못하지만 사람은 충분한 관찰할 수 있는 파장대의 조명을 사용하는 '암실형 은신처'도 설계할 수 있다. 이러한 전시 공간은 방문객이 은신처 내부에 있는 동물을 위쪽에서 관찰할 수 있게 구성할 수도 있다. 전시 설계의 우선순위에 대한 교육은, Hediger(1964)가 처음 제안했던 다음의 세 가지 순서를 따라야 한다. (1) 사육동물의 요구, (2) 사육사의 관리 효율성, 그리고 (3) 방문객의 관람 편의 순이다. 이는 Hediger가 정확하게 지적했듯이, 역사적으로 전시 설계가 이 순서를 거꾸로 따랐다는 문제점을 바로잡기 위한 기준이기도 하다.

간과한 감각 양식

악어류와 개구리류의 음향 환경, 그리고 뱀류와 거북류의 미각·후각 환경을 풍부화하기 위한 기회는 매우 크다. 본문에서 촉각 환경에 대해서는 다루지 않았지만, 특히 뱀류나 기타 굴 서식성 분류군의 경우, 이 영역에서도 상당한 풍부화 가능성이 존재할 것이다.

적절한 사회화

사회화는 사육환경에서 가장 중요하면서도, 아마도 가장 간과하고 있는 측면일 수 있다(Dodd와 Seigel, 1991; Chiszar 등, 1993). 더 나아가, 다양한 양서류 및 파충류 분류군을 성공적으로 사육하는 데 있어 가장 큰 장애물은 이들의 사회화 필요성과 관련 있을 것으로 예측한다. 사육환경에서 개체가 보여주는 성장률과 같은 성공의 물리적 지표(Swingle 등, 1993)는 때때로 인상적이지만, 적절한 사회화 맥락 없이 해석할 경우 그 의미는 제한적일 수 있다. 비격리 상태에서 개체를 사육하고자 하거나 특히 번식을 목표할 때는, 동종 개체를 인식하고 상호작용 할 수 있는 능력이 핵심 요소가 된다. 이러한 요구는 현지 복원을 목표로 할 경우 절대적인 필수 요건이 된다.

현지 복원 프로그램은 다음 네 가지 사회화 요건을 반드시 포함해야 한다. (1) 동종 개체에 대한 인식과 상호작용 능력, (2) 야생에서 마주할 먹이나 먹이원에 대한 인식 능력(예: 사막거북 초기 복원 실패 사례에서는, 먹이로 사용한 양상추에 길들어, 야생 식물을 먹이로 인식하지 못하거나 이용하지 못한 점이 실패 원인 중 하나로 지목

됨(G. Stewart, 개인 소통)), (3) 포식자 인식과 회피 기술의 습득, (4) 사육사와의 애착 형성 또는 방생 이후 생존에 방해가 되는 학습 유형을 최소화 또는 회피할 수 있는 능력, 이 네 가지 요건이다. 이와 같은 접근은, 다른 사례에서 보고한 현지 복원 실패 문제를 줄이는 데 이바지할 것이다(Snyder 등, 1989; Dodd와 Seigel, 1991; Meffe, 1992).

결론

이 장에서 다룬 내용이 환경 풍부화를 위한 전체 가능성의 극히 일부에 불과하다는 것을 강조하고 싶다. 양서류와 파충류에 대한 정교하고 훌륭한 연구들 중 상당수는 분량 때문에 이 장에 포함하지 못했지만, 해당 연구들의 중요성이 떨어진다는 의미는 절대 아니다. 환경 풍부화를 시도하는 이들이, 양서류 및 파충류에 관한 문헌을 계통학적 위계에 따라 찾아볼 것을 적극 권장한다. 관심 있는 특정 종에서부터 시작하여, 그 상위 분류군 전체로 확장해 나가는 방식, 그리고 전혀 무관해 보이는 분류군에서 얻은 아이디어들까지도, 특정 양서류나 파충류 종에 적합한 풍부화 지침을 개발하는 데 유용한 자료가 될 수 있다.

감사의 말

David J. Shepherdson은 환경 풍부화의 기본 개념을 인내심 있게 설명해 주었으며, 핵심 참고문헌을 제공해 주었다. Chuck Hawkins는 미공개 관찰 내용을 일부 공유해 주었고, Janice L. Hixson은 여러 중요한 문헌을 알려주었다. Becky Houck는 긴코악어에 대한 일화를 전해 주었고, Catherine E. King은 조류의 풍부화에 관한 자신의 논문 초안을 친절히 제공해 주었으며, 이 논문은 현재 출판되었다. Andy Koffman과 Ray Paisley는 골리앗개구리에 관한 정보를 아낌없이 공유해 주었다. Sean McKeown은 굴 서식성 뱀류의 사육 정보, 핵심 참고문헌, 그리고 주요 전문가 정보를 제공해 주었다. Kathleen N. Morgan은 초록이구아나에 관한 미공개 정보 인용을 허락해 주었고, 이 분류군에 대해 진행 중인 연구 내용을 상세히 공유해 주었다. Dennis Pate는 바닥 가열 장치 및 특정 동물원 전시 사례에 관한 주요 정보를 제공해 주었다. Glenn R. Stewart는 사막거북의 초기 현지 복원 사례 자료를 명확히 설명해 주었다. Michael Hutchins, Sean McKeown, Ray Pawley, 그리고 익명의 심사자는 원고의 완성도를 높이는 데 크게 기여했다.

참고문헌

- Alberts, A. C. 1994. Dominance hierarchies in male lizards: Implications for zoo management programs. *Zoo Biology* 13:479-490.

- Auffenberg, W. 1981. *The Behavioral Ecology of the Komodo Monitor*. Gainesville: University Presses of Florida.

- Barker, D. G., J. B. Murphy, and K. W. Smith. 1979. Social behavior in a captive group of Indian pythons, *Python molurus* (Serpentes, Boidae) with formation of a linear social hierarchy. *Copeia* 1979:466-477.

- Beck, B. B. 1991. Managing zoo environments for reintroduction. In *Proceedings of the American Association of Zoological Parks and Aquariums Annual Conference*, 260-264. Wheeling, W.Va.: AAZPA.

- Bels, V. 1989. Analysis of the psychophysiological problems of reptiles in captivity. *Herpetopathologia* 1:11-18.

- Blatchford, D. 1986. Environmental lighting. In *Proceedings of the United Kingdom Herpetological Societies Symposium on Captive Breeding*, 87-97. London: United Kingdom Herpetological Societies.

- Blaustein, A. R., and R. K. O'Hara. 1986. Kin recognition in tadpoles. *Scientific American* 254:108-116.

- Boice, R. 1970. Competitive feeding behaviours in captive *Terrapene c. carolina*. *Animal Behaviour* 18:703-710.

- Boice, R., and C. Boice. 1970. Interspecific competition in captive *Bufo marinus* and *Bufo americanus* toads. *Journal of Biological Psychology* 12:32-36.

- Boice, R., and R. C. Williams. 1971. Competitive feeding behaviour of *Rana pipiens* and *Rana clamitans*. *Animal Behaviour* 19:544-547.

– Boice, R., and D. W. Witter. 1969. Hierarchical feeding behaviour in the leopard frog (*Rana pipiens*). *Animal Behaviour* 17:474-479.

– Boutilier, R. G., D. F. Stiffler, and D. P. Toews. 1992. Exchange of respiratory gases, ions, and water in amphibious and aquatic amphibians. In *Environmental Physiology of the Amphibians*, ed. M. E. Feder and W. W. Burggren, 81-124. Chicago: University of Chicago Press.

– Boyd, L. J., ed. 1994. *Zoological Parks and Aquariums in the Americas*, 1994-95. Wheeling, W.Va.: AZA.

– Bradshaw, S. D. 1986. *Ecophysiology of Desert Reptiles*. North Ryde, Australia: Academic Press Australia.

– Burger, J. 1991. Response to prey chemical cues by hatchling pine snakes (*Pituophis melanoleucus*): Effects of incubation temperature and experience. *Journal of Chemical Ecology* 17:1069-1078.

– Burger, J., and M. Gochfeld. 1991. Risk discrimination of direct versus tangential approach by basking black iguanas (*Ctenosaura similis*): Variation as a function of human exposure. *Journal of Comparative Psychology* 104:388-394.

– Burger, J., M. Gochfeld, and B. G. Murray, Jr. 1991. Role of a predator's eye size in risk perception by basking black iguanas, *Ctenosaura similis*. *Animal Behaviour* 42:471-476.

– Burghardt, G. M. 1970. Intraspecific geographical variation in chemical food cue preferences of newborn garter snakes (*Thamnophis sirtalis*). *Behaviour* 36:246-257.

– Burghardt, G. M. 1977. Learning processes in reptiles. In *Biology of the Reptilia*. Vol. 7, *Ecology and Behavior*, ed. C. Gans and D. W. Tinkle, 555-681. New York: Academic Press.

– Burghardt, G. M. 1991. Cognitive ethology and critical anthropomorphism: A snake with two heads and hognose snakes that play dead. In *Cognitive Ethology: The Minds of Other Animals*, ed. C. A. Ristau, 53-90. Hillsdale, N.J.: Lawrence Erlbaum.

– Burghardt, G. M., and D. Layne. 1995. Effects of ontogenetic processes and rearing conditions. In *Health and Welfare of Captive Reptiles*, ed. C. Warwick, F. L. Frye, and J. B. Murphy, 165-185. London: Chapman & Hall.

– Carpenter, C. C., and G. W. Ferguson. 1977. Variation and evolution of stereotyped behavior in reptiles. I. A survey of stereotyped reptilian behavioral patterns. In *Biology of the Reptilia*. Vol. 7, *Ecology and Behavior*, ed. C. Gans and D. W. Tinkle, 335-403. New York: Academic Press.

– Chiszar, D., T. Melcer, R. Lee, C. W. Radcliffe, and D. Duvall. 1990. Chemical cues used by prairie rattlesnakes (*Crotalus viridis*) to follow trails of rodent prey. *Journal of Chemical Ecology* 16:79-86.

– Chiszar, D., J. B. Murphy, and H. M. Smith. 1993. In search of zoo-academic collaborations: A research agenda for the 1990s. *Herpetologica* 49:488-500.

– Chiszar, D., C. W. Radcliffe, T. Boyer, and J. L. Behler. 1987. Cover-seeking behavior in red spitting cobras (*Naja mossambica pallida*): Effect of tactile cues and darkness. *Zoo Biology* 6:161-167.

– Chiszar, D., C. W. Radcliffe, and K. M. Scudder. 1977. Analysis of the behavioral sequence emitted by rattlesnakes during feeding episodes. I. Striking and chemosensory searching. *Behavioral Biology* 21:418-425.

– Colnaghi, G. 1971. Partitioning of a restricted food source in a territorial iguanid (Anolis carolinensis).

Psychoneural Science 23:59-60.

- Cook, J. C., A. E. Weber, and G. R. Stewart. 1978. Survival of captive tortoises released in California. In *Proceedings of the Desert Tortoise Council Symposium*, 130-135. San Diego, Calif.: Desert Tortoise Council.

- Copenhagen Zoo, ed. 1990. *Behavioural Enrichment: A Catalogue of Ideas*. Copenhagen, Denmark: Copenhagen Zoo.

- Dodd, C. K., and R. A. Seigel. 1991. Relocation, repatriation, and translocation of amphibians and reptiles: Are they conservation strategies that work? *Herpetologica* 47:336-350.

- Dole, J. W. 1967. The role of substrate moisture and dew in the water economy of leopard frogs, *Rana pipiens*. *Copeia* 1967:141-149.

- Dole, J. W., B. B. Rose, and K. H. Tachiki. 1981. Western toads (*Bufo boreas*) learn odor of prey insects. *Herpetologica* 37:63-68.

- duBois, T. 1991. Behavioral enrichment: Labors of love. *Zoo View* 25:8-11.

- Duvall, D., D. Chiszar, W. K. Hayes, J. K. Leonhardt, and M. J. Goode. 1990a. Chemical and behavioral ecology of foraging in prairie rattlesnakes (*Crotalus viridis viridis*). *Journal of Chemical Ecology* 16:87-101.

- Duvall, D., M. Goode, W. K. Hayes, J. K. Leonhardt, and D. G. Brown. 1990b. Prairie rattlesnake vernal migration: Field experimental analyses and survival value. *Journal of Chemical Ecology* 16:102-118.

- Elsey, R. M., T. Joanen, L. McNease, and V. Lance. 1990. Growth rate and plasma corticosterone levels in juvenile alligators maintained at different stocking densities. *Journal of Experimental Zoology* 255:30-36.

- Evans, L. T., and J. V. Quaranta. 1951. A study of the social behavior of a captive herd of giant tortoises. *Zoologica* (New York) 36:171-181.

- Ferguson, G. W. 1977. Variation and evolution of stereotyped behavior in reptiles. II. Social displays of reptiles: Communications value, ultimate causes of variation, taxonomic significance, and heritability of population differences. In *Biology of the Reptilia*. Vol. 7, *Ecology and Behavior*, ed. C. Gans and D. W. Tinkle, 405-554. New York: Academic Press.

- Fitch, H. S. 1987. Collecting and life-history techniques. In *Snakes: Ecology and Evolutionary Biology*, ed. R. A. Siegel, J. T. Collins, and S. S. Novak, 143-164. New York: Macmillan.

- Froese, A. D., and G. M. Burghardt. 1974. Food competition in captive juvenile snapping turtles, *Chelydra serpentina*. *Animal Behavior* 22:735-740.

- Frye, F. L. 1991. *Biomedical and Surgical Aspects of Captive Reptile Husbandry*, Vol. 1. Malabar, Fla.: Krieger.

- Garrett, C. M., and B. E. Smith. 1994. Perch color preference in juvenile green tree pythons, *Chondropython viridis*. *Zoo Biology* 13:45-50.

- Gatten, R. E., Jr., K. Miller, and R. J. Full. 1992. Energetics at rest and during locomotion. In *Environmental Physiology of the Amphibians*, ed. M. E. Feder and W. W. Burggren, 314-377. Chicago: University of Chicago Press.

- Gauthier, J., A. Kluge, and T. Rowe. 1988. Amniote phylogeny and the importance of fossils. *Cladistics* 4:105-209.

–   Gillingham, J. C. 1987. Social behavior. In *Snakes: Ecology and Evolutionary Biology*, ed. R. A. Siegel, J. T. Collins, and S. S. Novak, 184-209. New York: Macmillan.

–   Greenberg, N., and J. C. Wingfield. 1987. Stress and reproduction: Reciprocal relationships. In *Hormones and Reproduction in Fishes, Amphibians, and Reptiles*, ed. D. O. Norris and R. E. Jones, 461-503. New York: Plenum Press.

–   Griede, T. 1992. *Two Hundred Examples of Environmental Enrichment for Zoo Animals*. Amsterdam: National Foundation for Research in Zoological Gardens.

–   Harless, M. D., and C. W. Lambiotte. 1971. Behavior of captive ornate box turtles. *Journal of Biological Psychology* 13:17-23.

–   Hediger, H. 1964. *Wild Animals in Captivity: An Outline of the Biology of Zoological Gardens*. London: Butterworths.

–   Herzog, H. A., Jr. 1990. Experiential modification of defensive behaviors in garter snakes (*Thamnophis sirtalis*). *Journal of Comparative Psychology* 104:334-339.

–   Herzog, H. A., Jr., and G. M. Burghardt. 1977. Vocal communication signals in juvenile crocodilians. *Zeitschrift für Tierpsychologie* 44:294-304.

–   Hoff, M. P., and T. L. Maple. 1982. Sex and age differences in the avoidance of reptile exhibits by zoo visitors. *Zoo Biology* 1:263-269.

–   Huey, R. B. 1982. Temperature, physiology, and the ecology of reptiles. In *Biology of the Reptilia*, Vol. 12, ed. C. Gans and F. H. Pough, 25-91. New York: Academic Press.

–   ISIS (International Species Information System). 1993a. *Amphibian Abstract*. Apple Valley, Minn.: ISIS.

–   ISIS (International Species Information System). 1993b. *Reptile Abstract*. Apple Valley, Minn.: ISIS.

–   Jaeger, R. G. 1976. A possible prey-call window in anuran auditory perception. *Copeia* 1976:833-834.

–   Johnson, B. R. 1991. Conservation of threatened amphibians: The integration of captive breeding and field research. In *Proceedings of the Conference on Captive Propagation and Husbandry of Reptiles and Amphibians*, ed. R. E. Staub, 33-38. Special Publication 6. Davis, Calif.: Northern California Herpetological Society.

–   Jones, J. P. 1978. Photoperiod and reptile reproduction. *Herpetological Review* 9:95-100.

–   Kaplan, M. L. 1993. An enriched environment for the African clawed frog (*Xenopus laevis*). *Lab Animal* 22:25-28.

–   Keen, W. H., and R. W. Reed. 1985. Territorial defense of space and feeding sites by a plethodontid salamander. *Animal Behaviour* 33:1119-1123.

–   King, C. E. 1993. Environmental enrichment: Is it for the birds? *Zoo Biology* 12:509-512.

–   Lance, V. A. 1990. Stress in reptiles. In Progress in *Comparative Endocrinology*, ed. A. Epple, C. G. Searnes, and M. H. Stetson, 461-466. New York: Wiley-Liss.

–   Lance, V. A. 1992. Evaluating pain and stress in reptiles. In *The Care and Use of Amphibians, Reptiles, and Fish in Research*, ed. D. Shaeffer, K. Kleinow, and L. Krulisch, 101-106. Greenbelt, Md.: Scientists Center for Animal Welfare.

- Lang, J. 1989. Social behavior. In *Crocodiles and Alligators*, ed. C. A. Ross, 102-117. New York: Facts on File.

- Laszlo, J. 1979. Notes on reproductive patterns of reptiles in relation to captive breeding. *International Zoo Yearbook* 19:22-27.

- Laszlo, J. 1983. Further notes on reproductive patterns of amphibians and reptiles in relation to captive breeding. *International Zoo Yearbook* 23:166-174.

- Lawler, H. E. 1992. Advanced protocols for the management and propagation of endangered and threatened reptiles. In *Proceedings of the Fifteenth International Herpetological Symposium on Captive Propagation and Husbandry*, 57-66. Seattle, Wash.: International Herpetological Symposium, Inc.

- Licht, P. 1972. Photoperiodic and thermal influences on reproductive cycles in reptiles. In *Proceedings of the Fourth International Congress on Endocrinology*, 185-190. International Congress Series 273. Amsterdam: Elsevier.

- Markowitz, H. 1982. *Behavioral Enrichment in the Zoo*. New York: Van Nostrand Reinhold.

- Marmie, W., S. Kuhn, and D. Chiszar. 1990. Behavior of captive-raised rattlesnakes (*Crotalus enyo*) as a function of rearing conditions. *Zoo Biology* 9:241-246.

- Mason, G. J. 1991. Stereotypies: A critical review. *Animal Behaviour* 41:1015-1037.

- Mattison, C. 1982. *The Care of Reptiles and Amphibians in Captivity*. Poole, U.K.: Blandford Press.

- Mattison, C. 1993. *Keeping and Breeding Amphibians*. London: Blandford Press.

- McKeown, S. 1985. The ecosystem approach: New survival strategies for managing and displaying reptiles and amphibians in zoos. In *Proceedings of the Eighth Symposium on Captive Propagation and Husbandry of Reptiles and Amphibians*, 1-5. Davis, Calif.: Northern California Herpetological Society.

- McKnight, C. M., and W. H. N. Gutzke. 1993. Effects of the embryonic environment and of hatchling housing conditions on growth of young snapping turtles (*Chelydra serpentina*). *Copeia* 1993:475-482.

- Meffe, G. K. 1992. Techno-arrogance and halfway technologies: Salmon hatcheries on the Pacific Coast in North America. *Conservation Biology* 6:350-354.

- Michaels, S. J. 1987. Artificial lighting for herps: A preliminary report. *Bulletin of the Chicago Herpetological Society* 22:79-83.

- Montanucci, R. R. 1989. Maintenance and propagation of horned lizards (*Phrynosoma* sp.) in captivity. *Bulletin of the Chicago Herpetological Society* 24:229-238.

- Moodie, E. M., and A. S. Chamove. 1990. Brief threatening events beneficial for captive tamarins? *Zoo Biology* 9:275-286.

- Morgan, K. N., and S. Nee. 1993. Avoidance of adult femoral secretions by juvenile green iguana (*Iguana iguana*). Poster paper presented at the Founder's Award Session, Animal Behavior Society Meeting, Davis, Calif.

- Moyle, M. 1989. Vitamin D and UV radiation: Guidelines for the herpetoculturalist. In *Proceedings of the Thirteenth International Herpetological Symposium on Captive Propagation and Husbandry*, 61-70. Phoenix, Ariz.: International Herpetological Symposium, Inc.

– Murphy, J. B., and J. A. Campbell. 1987. Captive maintenance. In *Snakes: Ecology and Evolutionary Biology*, ed. R. A. Siegel, J. T. Collins, and S. S. Novak, 165-181. New York: Macmillan.

– Nielsen, L. 1988. Definitions, considerations, and guidelines for translocation of wild animals. In *Translocation of Wild Animals*, ed. L. Nielsen and R. D. Brown, 12-51. Milwaukee: Wisconsin Humane Society.

– Odum, A. 1985. Water quality: An often overlooked parameter for the amphibian enclosure. In *Proceedings of the Eighth Annual International Symposium on Captive Propagation and Husbandry*, ed. R. A. Hahn, 33-58. Thurmont, Md.: Zoological Consortium, Inc.

– Pawley, R. L. 1967. Mixing it up in Brookfield's reptile house. *Animal Kingdom* 70:90-95.

– Polis, G. A., and C. A. Myers. 1985. A survey of intraspecific predation among reptiles and amphibians. *Journal of Herpetology* 19:99-107.

– Pough, F. H. 1983. Amphibians and reptiles as low-energy systems. In *Behavioral Energetics: The Cost of Survival in Vertebrates*, ed. W. P. Aspey and S. I. Lustick, 141-188. Columbus: Ohio State University Press.

– Pough, F. H., W. E. Magnusson, M. J. Ryan, K. D. Wells, and T. L. Taigen. 1992. Behavioral energetics. In *Environmental Physiology of the Amphibians*, ed. M. E. Feder and W. W. Burggren, 395-436. Chicago: University of Chicago Press.

– Radcliffe, C. W., and J. B. Murphy. 1983. Precopulatory and related behaviors in captive crotalids and other reptiles: Suggestions for future investigation. *International Zoo Yearbook* 23:163-166.

– Reinert, H. K. 1991. Translocation as a conservation strategy for amphibians and reptiles: Some comments, concerns, and observations. *Herpetologica* 47:357-363.

– Reinking, L. N., C. H. Daugherty, and L. B. Daugherty. 1980. Plasma aldosterone concentrations in wild and captive western spotted frogs (*Rana pretiosa*). *Comparative Biochemistry and Physiology* 65A:517-518.

– Rome, L. C., E. D. Stevens, and H. B. John-Alder. 1992. The influence of temperature and thermal acclimation on physiological function. In *Environmental Physiology of the Amphibians*, ed. M. E. Feder and W. W. Burggren, 183-205. Chicago: University of Chicago Press.

– Rootes, W. L., and R. H. Chabreck. 1993. Cannibalism in the American alligator. *Herpetologica* 49:99-107.

– Ross, R. A., and G. Marzec. 1990. *The Reproductive Husbandry of Pythons and Boas*. Stanford, Calif.: Institute for Herpetological Research.

– Schell, F. M., G. M. Burghardt, A. Johnston, and C. Coholic. 1990. Analysis of chemicals from earthworms and fish that elicit prey attack by ingestively naive garter snakes (*Thamnophis*). *Journal of Chemical Ecology* 16:67-77.

– Schorsch, I. G. 1933. *Ranaculture*. Philadelphia: George H. Buchanan.

– Scudder, K. M., D. Chiszar, and H. M. Smith. 1992. Strike-induced chemosensory searching and trailing behaviour in neonatal rattlesnakes. *Animal Behaviour* 44:574-576.

– Shepherdson, D. J. 1989. Environmental enrichment. *Ratel* 16:4-9.

– Shepherdson, D. J. 1991a. A wild time at the zoo: Practical enrichment for zoo animals. In *Proceedings of the American Association of Zoological Parks and Aquariums Annual Conference*, 413-420. Wheeling,

W.Va.: AAZPA.

- Shepherdson, D. J. 1991b. Behavioural enrichment. *Lifewatch* (London Zoo) (Spring): 8-9.

- Shepherdson, D. J. 1992. Environmental enrichment: An overview. In *Proceedings of the American Association of Zoological Parks and Aquariums Annual Conference*, 100-103. Wheeling, W.Va.: AAZPA.

- Sherbrooke, W. C. 1987. Captive Phrynosoma solare raised without ants or hibernation. *Herpetological Review* 18:11-13.

- Shoemaker, V. H., S. S. Hillman, S. D. Hillyard, D. C. Jackson, L. L. McClanahan, P. C. Withers, and M. L. Wygoda. 1992. Exchange of water, ions, and respiratory gases in terrestrial amphibians. In *Environmental Physiology of the Amphibians*, ed. M. E. Feder and W. W. Burggren, 125-150. Chicago: University of Chicago Press.

- Simon, M. P. 1984. The influence of conspecifics on egg and larval mortality in amphibians. In *Infanticide: Comparative and Evolutionary Perspectives*, ed. G. Hausfater and S. B. Hrdy, 65-86. New York: Aldine.

- Snyder, N. F. R., H. A. Snyder, and T. B. Johnson. 1989. Parrots return to the Arizona skies. *Birds International* 1:40-52.

- Stamps, J. A. 1977. Social behavior and spacing patterns in lizards. In *Biology of the Reptilia*, Vol. 12, ed. C. Gans and F. H. Pough, 265-334. New York: Academic Press.

- Stanley, M. E., and W. P. Aspey. 1984. An ethometric analysis in a Zoological garden: Modifications of ungulate behavior by the visual presence of a predator. *Zoo Biology* 3:89-109.

- Stockton, K. 1992. Design and management of a naturalistic mixed-species exhibit for Sonoran birds and reptiles. In *Proceedings of the American Association of Zoological Parks and Aquariums Regional Conference*, 260-264. Wheeling, W.Va.: AAZPA.

- Suboski, M. D., and J. J. Templeton. 1989. Life skills training for hatchery fish: Social learning and survival. *Fisheries Research* (Amsterdam) 7:343-352.

- Sugerman, R. A. 1990. Observer effects in *Anolis sagrei. Journal of Herpetology* 24:316-317.

- Sugerman, R. A., and R. A. Hacker. 1980. Observer effects on collared lizards. *Journal of Herpetology* 14:188-190.

- Swingle, W. M., D. I. Warmolts, J. A. Keinath, and J. A. Musick. 1993. Exceptional growth rates of captive loggerhead sea turtles, *Caretta caretta. Zoo Biology* 12:491-497.

- Tudge, C. 1991. A wild time at the zoo. New Scientist 1750:26-30.

- von Uexküll, J. J. 1909. *Umwelt und Innenwelt der Tiere*. Berlin: Springer.

- Wagner, W. E. 1992. Deceptive or honest signaling of fighting ability? A test of alternative hypotheses for the function of changes in call dominant frequency by male cricket frogs. *Animal Behaviour* 44:449-462.

- Warwick, C. 1987. Effects of captivity on the ethology and psychology of reptiles. *Herpetoculturist* 1:10-12.

- Warwick, C. 1990a. Reptilian ethology in captivity: Observations of some problems and an evaluation of their aetiology. *Applied Animal Behaviour Science* 26:1-3.

- Warwick, C. 1990b. Important ethological and other considerations of the study and maintenance of reptiles in captivity. *Applied Animal Behaviour Science* 27:363-366.

- Warwick, C. 1990c. *Reptiles: Misunderstood, Mistreated, and Mass Marketed*. Worchester, U.K.: Trust for the Protection of Reptiles.

- Warwick, C. 1991. Observations on disease-associated preferred body temperatures. *Applied Animal Behaviour Science* 28:375-380.

- Wells, K. D. 1977a. The social behaviour of anuran amphibians. *Animal Behaviour* 25:666-693.

- Warwick, C. 1977b. The courtship of frogs. In *The Reproductive Biology of Amphibians*, ed. D. H. Taylor and S. I. Guttman, 233-262. New York: Plenum Press.

- Warwick, C. 1988. The effect of social interactions on anuran vocal behavior. In *The Evolution of the Amphibian Auditory System*, ed. B. Fritzsch, M. J. Ryan, W. Wilczynski, T. E. Hetherington, and W. Walkowiak, 433-454. New York: Wiley.

- Wilson, D. J., and H. Lefcort. 1993. The effect of predator diet on the alarm response of red legged frog, *Rana aurora,* tadpoles. *Animal Behaviour* 46:1017-1019.

- Wilson, E. O. 1975. Sociobiology: *The New Synthesis*. Cambridge: Harvard University Press.

- Zug, G. R. 1993. *Herpetology: An Introductory Biology of Amphibians and Reptiles*. San Diego, Calif.: Academic Press.

제14장

이상적인 유제류 사육 관리

Debra L. Forthman

이 장의 목표는 두 가지다. 첫 번째 목표는, 동물원 전문가로서 이제 '풍부화'라는 개념을 넘어설 때가 되었음을 깨닫자는 것이다. 풍부화는 1970년대 동물원 혁신의 초기 단계(Murphy, 1976; Markowitz, 1982)에 전시와 관리를 설명하기 위해 널리 사용하였던 용어였다. 그러나 새로운 세기[64]로 접어드는 지금, 야생동물 전시의 역사에서 가장 최근 단계로 여겼던 이 개념조차도 이미 20년 이상 지난 과거의 일이라고 보는 것이 타당하다. 현재 많은 동물원 전문가들은 새롭게 건설하거나 개축한 시설에서 근무하고 있다. 이러한 상황에서, '풍

---

64   옮긴이 주: 원서는 1998년 발간한 것으로 본 번역서 발간과는 25년 이상 차이가 있다.

부화'라는 단어가 가진 의미인, 결핍된 환경을 '향상'하거나 '개선'하기 위해 취하는 조치(Rosenzweig와 Bennett, 1976)가 새로운 시설을 관리하거나 설계할 때 우리의 사고를 지배해서는 안 된다. 더 이상 '풍부화'라는 한정된 틀 안에서만 머물러 있지 말아야 하며, 야생동물을 사육하는 환경 자체를 본질적으로 최적화하는 방향으로 나아가야 한다.

이제는 '풍부화'를 단순한 부가 업무로 생각하거나, '풍부화'가 전시 설계, 수의 진료, 급이 방식, 종 선정 등에 어떤 영향을 미치는지 따로 떼어 생각해서도 안 된다. 사육동물의 전반적 관리에서 최적의 조건을 제공하도록 모든 측면에서 통합적인 계획을 수립해야 한다. 두 번째 목표는, 모든 동물원이 동물 행동에 바탕을 두고 개축하거나 재설계한 것이 아니기에, 따라서 일부는 여전히 '환경 풍부화'라고 부르는 개선 조치가 필요하다는 점을 인정하자는 것이다. 이에 따라, 다음 논의는 주로 첫 번째 목표에 맞게 구성했으며, 요약에서는 전통 방식으로 설계한 기존 시설이나 신규 사육장에서도 유용하게 적용할 수 있는 실천 사항을 설명한다.

최근 동물원 연구는 사육 유제류의 사육장 설계 및 관리, 사육 방식에 점점 더 많은 관심을 두고 있다(Byers, 1977; Vestal과 Vander Stoep, 1978; Read, 1982; Popp, 1984; Stanley와 Aspey, 1984; Walther, 1984; Forthman-Quick과 Pappas, 1986; Hutchins 등, 1987). 유제류의 자연사, 생태, 행동, 번식, 발생에 관한 참고문헌을 Eisenberg(1981, 206~207쪽)가 정리했으며, Leuthold(1977)는 아프리카 유제류를 조사하였다. 그러나 유제류 행동과 관리에서의 활용을 다룬 Geist와 Walther(1974)의 두 권짜리 리뷰 및 연구 논문집은 여전히 가장 훌륭한 참고서 중 하나일 것이다. 이 연구들 속에는, 동물원 전문가들이 종종 빠지기 쉬운 관리의 타성을 경계하게 만드는 풍부한 관련 정보가 담겨 있다. Brambell(1973, 44쪽)은 20년 전 다음과 같이 통찰력 있게 묘사한 바 있다. "사육동물의 관리 방식은 종종, 개선을 추구하기보다는, 동물이 죽더라도 관리자가 곤란하지 않을 정도로만 생존할 수 있게 해주는 기존의 방법을 그대로 지속하는 방식으로 이루어져 왔다. 동물이 생존할 수 있는 조건이라면, 그러한 조건은 곧 만족스러운 환경일 뿐 아니라 좋은 관리의 기준이라고 간주하는 경향이 있다. 이러한 접근 방식은 자연스럽게, 사육 상태에서 개체가 얼마나 잘 지내는가에만 초점을 맞추게 하고, 그 종이 야생에서 적응해 온 환경 조건은 외면하게 만든다!"

Brambell(1973, 45쪽)는 또한 '동물이 자각할 수 있다면, 자신이 사육되고 있다는 사실조차 알 수 없을 정도의 환경을 제공하는 것'을 사육 관리의 목표로 제시했다. 이러한 목표를 달성하고 야생 서식지를 기능적으로 적절하게 모사한 형태를 만들기 위해서는(Hediger, 1964), 해당 종이 환경에 적응해 온 진화적 특성을 폭넓게 이해할 필요가 있다(von Uexküll과 Kriszat, 1934; Eisenberg, 1981). 이러한 진화적 역사 맥락 속에서 사육동물을 이해하는 문제는 제2장에서 더욱 심층적으로 다루고 있다.

부록 14.1에는 대부분의 유제목에 대해 최적의 관리를 위한 요소들을 다섯 가지 행동적 또는 생태적 변수 범주로 나누어 정리했다. 이 변수들은 (1) 물리적, (2) 감각적, (3) 활동적, (4) 급이 관련, (5) 사회적 요인(Brambell 1973; D. Shepherdson과 J. Mellen의 개인 소통)이다. 이 범주 구분은 편의를 위한 것일 뿐, 이들 사이에 엄격한 기능적 경계가 있지는 않다. 지금부터는 각각의 변수가 사육 유제류의 전시 설계, 관리, 사육 방식에 어떻게 영향을 미치는지 보여주는 몇 가지 예시를 소개한다.

물리적 변수

동물은 다양한 무생물적 요인이 가하는 선택압에 반응하며 진화해 왔다. 이 절에서는 유제류 관리에서 중요한 일부 물리적 요인을 설명한다.

지리적 분포

지리적 분포는 그 중요성에도, 그 함의가 자주 간과되기 때문에 가장 먼저 논의한다. 사육동물에게 적절한 환경을 제공하는 일이 이미 제한적인 상황에서, 예를 들어, 돌양(*Ovis dalli*)이나 긴칼뿔오릭스(*Oryx dammah*)와 같이 원래 한대 또는 사막 기후에서 진화한 종을 아열대 기후에 있는 동물원에서 관리하려는 시도는 그 어려움을 더욱 가중시킬 뿐이다. 이러한 원서식 기후와 사육환경이 전혀 맞지 않으면 해당 동물은 크든 작든 다양한 환경적 스트레스를 받게 된다. 예를 들어. 온대 지역 종은 일주기 또는 연간 광주기 변화에 맞춰진 내분비 체계가 주요 행동 유형을 조절한다. 이와 같은 빛의 질, 강도, 주기에 따른 일상적인 노출은 번식을 포함한 여러 생리적 기능이 정상적으로 발현하는 데 필수적일 수 있다(Gwinner, 1977; Jander, 1977; Goss, 1983 참조). 만약 소형 종이라면, 과도한 비용 없이 실내 사육이 가능하므로, 원서식지의 계절적 광주기를 모방한 인공조명을 제공할 수 있다. 또한 동물이 자신의 쾌적 온도 범위 내에서 손쉽게 체온을 조절할 수 있도록 하는 것은 동물 관리의 기본 요소가 되어야 한다. 만약 체온 조절을 할 수 없어 종 고유의 정상행동을 할 수 없게 된다면, 그 동물은 박탈감과 함께 스트레스를 경험하게 된다(이 내용은 다음 절에서 자세히 다룬다).

신체 크기

신체 크기라는 지리적 분포와 밀접한 관련이 있다. 생태적 상대성장[65]의 원리에 따르면, 몸집이 큰 동물은 열 스트레스에 민감하고, 몸집이 작은 동물은 열과 한랭 스트레스 모두에 취약하다(Western, 1979; Calder, 1984). 전시장을 설

---

65   Allometry: 개체의 크기 변화가 생태적 특성(예: 먹이 습성, 생식 전략, 이동 거리 등)에 영향을 주거나 반영되는 패턴을 설명.

계할 때는 미세기후의 가용성과 다양성을 평가하는 것이 중요하며, 특히 체격 크기의 양극단에 속한 종들에게는 이러한 평가가 더 필수적이다. 그러나 내실 설계를 제외하면 이 요인을 대체로 형식적으로만 고려할 때가 많다(J. Fraser, 개인 소통). 건축 자재와 설계의 열 성능에 관한 명확한 기준이 존재하긴 하지만(Watson과 Labs, 1983; ASHRE, 1989), 생물물리학자와 건축 설계자 간의 소통 격차는 쉽게 해소되지 않는다. 그런데도 진전은 이루어지고 있다. 예를 들어, Thompson(1991)은 사육동물의 체온 조절을 조사하는 원격 계측 기술의 응용 사례들을 정리하였고, 이후 Langman과 동료 연구자들은 자신의 기초 연구 기법(Langman, 1985)을 아프리카코끼리(*Loxodonta africana*)와 캘리포니아바다사자(*Zalophus californianus*)에 적용하였다(Langman 외, 준비 중인 원고; Langman 등, 1996). 이들은 거나이트라는 스프레이 콘크리트로 대부분 마감한 전시장이 다른 인공 재료나 흙으로 마감한 수평 또는 수직면에 비해 더 빨리 더워지거나 차가워지며, 그 상태가 더 오래간다는 점을 입증하였다. 예상할 수 있듯이, 거나이트의 색상 역시 그 열적 특성에 영향을 주었다.

최적의 관리를 위한 시사점은 다음과 같다. (1) 전시장 재료는 해당 종의 고유한 기후 조건에 근접한 환경을 구현할 수 있도록 선택해야 하며, 기후 조건이 극단적으로 변하는 지역에서는 거나이트 사용을 줄이고, 그렇지 않으면 흙을 기반으로 한 해자 형식 또는 개방 울타리 전시장을 사용하여 자연 기후 조건에 가까운 재료를 선택해야 한다. (2) 종에 적합한 물이나 진흙 웅덩이와 같은 요소를 반드시 사용해야 한다. (3) 전시장 내 여러 지점에 은신처를 마련하고, 경계 식재를 심어 은신처를 주어야 한다. 마지막으로 (4) 열지수(상대 습도를 고려한 체감 온도 지표)가 매우 높은 기후에서는 단순히 햇빛만 피하는 구조를 넘어서서 열을 떨어뜨릴 구조를 고민해야 한다. 간단한 생물 물리적 평가 방법이 나오기 전까지는, 두 번째에서 네 번째 항목에 대해서는 햇빛과 바람이 있는 곳, 그늘과 바람이 있는 곳, 햇빛은 있지만 바람이 없는 곳, 그늘과 바람이 모두 없는 곳과 같은 조건을 모두 갖춘 구역들을 각 전시장에 만들어야 한다. 마지막으로, 체격 크기는 전시장 크기에 영향을 미치고, 전시장 크기는 사람-동물 간 상호작용 방식에 영향을 준다. 큰 동물을 상대적으로 작은 전시장에 전시할 경우, 사육사는 항상 동물의 도주 거리 내에 있게 되어, 위험한 방어 행동을 유발할 수 있다는 점을 알고 있어야 한다(Hediger, 1968).

자연사 전략

체격 크기는 자연사 전략과도 관련되며, 이는 세 번째 물리적 요인이다. 많은 유제류 종은 비교적 체격이 크고, 체격이 클수록 수명이 길다는 경향이 있다. 또한 유제류는 초식동물로서, 같은 크기의 다른 영양단계의 종들보다 일반적으로 더 오래 산다(Eisenberg, 1981). 이는 많은 유제류에게 최적의 사육 환경과 관리를 제공하는 일이 장기적 과제임을 의미한다. 아울러, 대부분 대형 유제류는 한 번에 낳는 새끼 수가 적기 때문에, 새끼 1개체만 죽어도 개체군의 번식 적합도에 큰 영향을 미친다(Eisenberg, 1981). 이는 멸종위기종 중 유전적 다양성이 부족한 혈통의 보전 및 번식 관리와 관련이 깊다.

따라서, 유제류 풍부화를 위해서 (1) 설계자는 개체의 전 생애를 고려하여 사육시설을 구성해야 하고, (2) 관리자는 장수 동물이 적응해 온 자연사적 환경의 복잡성을 모방하기 위해 전시장 내 물품에 서서히 변화를 주되, 익숙한 '서식 범위' 내에서 안정감을 주는 기본 요소는 유지해야 한다(Stevenson, 1983). 그리고 (3) 관리자는 대부분의 사회적 종이 야생에서처럼 지낼 수 있도록 비교적 안정된 사회 집단을 장기간 유지해야 하며, 사육 인력의 연속성 또한 확보해야 한다(Franke Stevens, 1990). 마지막으로, (4) 관리자는 미성숙 개체가 성체의 공격(Felton, 1982)이나 환경 스트레스(Langman, 1977)를 받지 않도록 먹이를 조절하고 은신처를 제공해야 한다. 조기 임신 진단 기법을 활용하면 산전 환경을 적절한 시기에 조성할 수 있다.

감각 생태 변수

유제류의 감각 생태에 대해 확실하게 일반화할 수 있는 사실은, 이 다양한 종들이 시각, 청각, 후각이라는 세 가지 주요 감각에 매우 뛰어난 능력을 지니고 있다는 점이다. 촉각 또한 간과해서는 안 되며, 이는 사회적 의사소통에서 매우 중요한 역할을 하며(Walther, 1984), 사람과의 유대감을 강화하는 데도 자주 유용하다(다음 절 참조). 유제류가 지각하는 환경은 시설을 설계하는 인간의 감각과 일치하지 않을 수 있다. 따라서 감각 자극이 과도하거나, 불필요하거나 불쾌한 자극이 그 종에 중요한 감각적 요인을 가려버리는 경우, 스트레스를 유발할 수 있는 잠재적이고 종종 미묘한 원인으로 작용할 수 있다(Stoskopf 와 Gibbons, 1993). Forthman 등(1995)은 무생물적 요인이 사육동물에게 미치는 일반적 영향을 제시한 바 있다.

시각

유제류는 눈이 얼굴 옆에 있기 때문에, 상대적으로 양안시야(각 눈으로 보는 시야의 겹치는 영역)가 제한된다. 적어도 말(*Equus caballus*)의 경우, 간상세포와 원추세포 비율을 보면 색각은 존재하더라도 시각적 구별 능력에서는 핵심 요소가 아닐 수 있다. 이러한 생리적 특성과 행동 반응에 대한 관찰 결과를 보면, 유제류에게는 움직임과 시각적 대비가 가장 중요한 시각 정보임을 알 수 있다(Waring, 1983). 이 시각 정보는 특히 포식자를 탐지하거나, 험한 지형이나 낯선 공간을 안전하게 이동하는 데 매우 중요한 역할을 한다(Lingle, 1993; Caro, 1994). 따라서 전시장에 불필요한 시각적 대비를 최소화하는 것이 중요하다. 예를 들어, 배경색의 급격한 불연속성이나 심하게 복잡한 기하학적 장식은 불필요한 자극일 수 있다. 이는 전시 공간을 자연스럽게 구성하려는 다른 노력과도 맥락을 같이할 수 있다. 이러한 고려는 보호사나 배후시설에서도 똑같이 중요할 것이다.

청각

시각과 마찬가지로, 청각 역시 유제류 생존에 있어 중요한 감각이다. 그러나 사육환경에서 나타나는 특정 상황들은 유제류에게 만성적 혹은 급성일 수 있으며, 예측할 수 있거나 혹은 우발적인 청각 스트레스를 유발할 수 있다(Hanson 등, 1976; Peterson, 1980; Ising, 1981; Gamble, 1982; de Boer 등, 1988, 1989; Thomas 등, 1990; Gold와 Ogden, 1991). 대부분의 유제류와 같이, 사람과 가청 범위가 크게 다른 종은 특히 더 청각 스트레스를 겪기 쉽다. 예를 들어, 많은 유제류의 사육시설은 내부 표면을 매끄럽게 마감하여 청소가 쉽도록 설계한다. 그러나 이러한 표면은 음향 반사율이 매우 높다는 단점이 있다(C. Piper, 개인 소통). 만약 동물을 원서식지와 같은 기후대에서 전시한다면, 실내 유제류 보호사는 불필요할 수도 있다.

후각

전시장의 일상 청소와 보호사의 소독 작업은, 동물이 공간 지각이나 사회적 의사소통에 활용하는 소변, 배설물, 피지선 분비물 등 후각 자극을 제거하여 자연적 습성 발휘 기회를 박탈할 수 있다(Doty, 1976; Müller-Schwarze와 Mozell, 1977; Walther, 1984). 일런드영양(*Taurotragus oryx*)과 같은 일부 종은 방향성 식물을 사회적 신호에 사용하기도 한다(Hillman, 1979). Hodgden(1993)은 대형 고양이과 동물에게 적용한 기법을 확장하여(Powell, 1995), 마늘즙과 같은 추출물을 사용해 검은코뿔소(*Diceros bicornis*) 전시장에 새로운 냄새를 도입하였다. 초기 분석에 따르면, 수컷과 암컷이 그 자극에 다르게 반응하였다. 이렇듯 유제류에 대한 청각 및 화학적 풍부화가 사육 관리에 미치는 영향을 더 잘 이해하기 위해 추가로 다양한 연구가 필요할 것이다.

행동 변수

활동 주기

종의 활동 주기를 고려하는 일은 최적의 관리를 위해 매우 중요하다. 먹이 섭취, 체온 조절, 포식자 회피 전략 간의 상호작용 결과로, 많은 유제류는 동틀 무렵이나 해 질 무렵에 활동하거나 다양한 시간대에 활동한다(Jarman과 Sinclair, 1979). 관리자는 동물을 입방사할 수 있도록 근무 교대와 전시장의 안전 체계를 구성해야 한다. 이 과정에서 개체별로 관찰하고 급이를 보충한 후, 다시 야외 전시장으로 보낸다. 이 방식을 사용하면 동물이 하루 24시간 중 대부분을 전시장에서 보낼 수 있다. 적절하게 먹이를 준다면, 이와 같은 일과는 보다 정상적인 활동 유형을 만들고, 사육환경, 사회적 제한, 정해진 급이 시간과 관련된 정형행동의 발생률을 줄일 수도 있다(Cronin 등, 1986; Dodman 등, 1987, 1988). 또한, 다른 종들에 대한 연구에서는 광량 변화에 노출시키는 것이 일주기 리듬을 맞추는 데 중요하다는 증거도 제시되었다(Helfman, 1981). 따라서 만약 동물이 동틀 무렵이나 해 질 무렵에 야외에 있을 수 없다면, 실내 사육 공간에 충분한 채광창 또는 적절한 인공조명을 마련해야 한다.

서식지 이용

서식지 이용은 먹이 전략과 밀접한 연관이 있다. 풀을 주로 먹는 유제류는 비교적 개방된 서식지를 주로 이용하는 반면, 나뭇잎을 주로 먹는 유제류는 보통 숲이 울창한 환경에 서식하며, 체격 크기에 따라 초본층과 수관층 사이의 먹이를 먹는다. 나뭇잎을 주로 먹는 유제류는 울퉁불퉁한 지형이나 빽빽한 식생 속에서 빠르게 도망칠 수 있도록 특화된 보행법을 진화시킨 경우도 있다(Lingle, 1993). 그러나 대부분 사육 유제류는 체격이 크고 초식성이기 때문에, 일반적으로 단조로운 전시장에서 관리한다. 이런 전시장은 흙이 다져져

있고, 진흙 웅덩이와 관리가 쉽고 훼손하지 못하게 보호 처리한 식물을 듬성듬성 배치하는 정도로 환경을 만든다.

따라서 대형 유제류를 위한 전시장을 설계할 때는, 전체 나무를 포함한 대형 전시 구조물을 설치하고 교체하며, 다져진 지면을 뒤집고 자갈을 추가하고, 식물을 다시 심거나 파종을 위한 트럭, 크레인, 기타 중장비가 진입할 수 있게 이동로를 확보해야 한다. 적절한 관개 계획과 더불어 가장 강인한 풀과 초본 식물을 신중하게 선별하는 것이 식생 유지에서 매우 중요하다. 전시장을 설계하고 유지할 때는 면적, 지형, 바닥 재질도 반드시 고려해야 하며, 이는 종 고유의 행동을 유도하는 데 핵심 요소다(그림 32). 예를 들어 Byers(1977)는 시베리아아이벡스(*Capra sibirica*) 새끼들이 전시장 내 가장 경사진 지형에서 더 자주 놀았다는 사실을 발견했다. 적절하고 다양한 바닥 재질이 있다면 정기 발굽 관리를 하지 않아도 되는 경우가 많다. 울창한 식생을 전시장 내에서 유지하기 어렵다면, 전시장 외곽에 드리운 형태의 식물을 배치하거나, 바위, 통나무, 흙 둔덕, 도랑과 같은 다양한 피신처를 추가함으로써 이를 보완할 수 있다. 마찬가지로, 치료용 보정 통로나 개방형 가림시설을 전시 설계에 포함하면 실내 보호사는 필요하지 않을 수 있다(Doherty와 Gibbons, 1993).

급이 변수

먹이탐색 전략

채식 생태는 단순히 먹이 식단뿐만 아니라 이동 범위, 활동 에너지, 사회 조직 등 동물의 자연사 전반에 영향을 미친다(Jarman, 1974)(그림 33). 나뭇잎을 주로 먹는 동일한 체격의 유제류(엽식)보다 낮은 질의 식물을 먹는 유제류(초식)는, 더 많은 시간을 먹는 데 할애한다(Eisenberg, 1981). 풀을 주로 먹는 유제류는 종종 반유목성의 큰 무리를 이루며 살아가지만, 나뭇잎을 주로 먹는 유제류는 보통 영역을 가지며 소규모 집단을 이루고 살아간다(Jarman과 Sinclair, 1979). 이들은 예를 들어, 검은코뿔소의 반단독 생활(Schenkel과 Schenkel-Hulliger, 1969)에서부터 딕딕영양속(*Madoqua* spp.), 부시벅(*Tragelaphus scriptus*) 등의 가족 단위 집단, 또는 임팔라(*Aepyceros melampus*)나 일런드영양과 같이 육아 집단, 암컷-미성숙 개체 혼합 집단, 수컷 집단 등 다양한 유형의 무리까지 다채롭게 나타난다(Jarman과 Jarman, 1979).

야생에서 넓은 범위를 돌아다니며 생활하는 동물은, 사육환경에서 임의로 정한 급이 일정(예: 항상 같은 시간에 급이하거나, 환경 자극 없이 기계적으로 먹이를 주는 방식) 때문에, 먹이를 찾는 행동(탐색행동)과 먹이를 실제로 먹는 행동(충족 행동) 사이의 자연스러운 연결이 끊어질 위험이 크다. 최적의 사육 관리를 위해서는 이런 행동적 단절은 동물에게 좌절감, 스트레스, 이상행동(정형행동) 등 복지 저하로 이어질 수 있다는 점을 인식해야 한다. 야생에서는 동물이 스스로

그림 33 아시아코끼리가 공중에 매달린 먹이 구조물을 이용해 높은 나무의 잎을 뜯는 듯한 행동을 유도하는 풍부화다(네덜란드 뷔르거동물원, ⓒ김영준).

이동하고 탐색하며 먹이를 찾아서 먹는 일련의 행동 흐름이 자연스럽게 이어진다. 따라서 사육환경에서 이런 행동 흐름이 끊기거나 왜곡될 경우, 동물은 심리적으로 그리고 행동적으로 혼란스러워 한다(Breland와 Breland, 1961; Carder와 Berkowitz, 1970; Garcia 등, 1973). 이러한 상황은 종종 섭식 관련 정형행동(예: 과다음수, 그냥 씹기를 반복하는 공갈행동, 이식증, 울타리 핥기)이나 이동 행동(예: 반복보행, 좌우로 몸 흔들기)의 형태로 나타난다. 동물은 실제 보상과 관련이 없는 자극에 반응하는 '미신적 욕구 행동'[66]이나, 자극과 관계없이 보상을 기대하며 나타나는 '부수적 욕구 행동'[67]을 반복하기도 하는 것이다(Jenkins와 Moore, 1973; Moore, 1973; Brett과 Levine, 1979; 관련 개념 구분은 Domjan과 Burkhard, 1986 참조). 넉넉하게 분

---

66   Superstitious appetitive behavior: 용어해설 참조.

67   Adjunctive appetitive behavior: 용어해설 참조.

산하여 지속적으로 이용 가능하게 먹이를 주면 이러한 문제를 예방할 수 있다. 그러나 일단 정형행동이 습관으로 자리 잡으면, 환경 변화를 통해 이를 줄이거나 없애는 데 성공할 수 있을지는 상황에 따라 달라진다. 정형행동에는 분명한 구조적 원인이나 기능이 존재하기는 하지만(Mason, 1991; Cooper와 Nicol, 1993; Rushen, 1993; 11장 참조), 흥분제를 투여하면 유발되고(Robbins 등, 1989), 마약성 길항제를 투여하면 줄어드는 것으로 보고되었다(Dodman 등, 1987, 1988).

잡식성 및 종자식성 동물의 채식 행동과 먹이 식단 선택에는 상당한 학습이 필요하다는 사실이 입증되었지만(Harrison, 1985; Johnson 등, 1993; Valone와 Giraldeau, 1993), 유제류의 채식 및 섭식 행동에 연관된 인지 처리 수준을 종종 과소평가하고 있다(Westoby, 1974; Belovsky, 1981; Owen-Smith와 Novellie, 1982). 유제류가 해야 하는 채식 행동을 생각해 보면, 수많은 식물 자원 중에서 단지 먹을 종만 고르는 것이 아니라, 가장 영양가 높은 부위를 선택하고 독성 물질이 고농도로 포함된 부위는 피해야 하는데, 이러한 독성 농도는 식물의 생리적 발달 단계에 따라 달라지므로 더욱 복잡한 판단이 필요하다(Glander, 1978; Hladik, 1978; Janzen, 1978). 유제류는 시각, 후각, 미각을 동원하여 적절한 먹이 선택 과정을 학습하고, 이후 그 지식을 장기적으로 활용한다(Garcia 등, 1977, 1985; Garcia 와 Garcia y Robertson, 1985).

사육 유제류에게 가공 먹이, 건초, 신선한 과일과 채소만 주면서 관찰한 행동은 이들의 능력을 온전히 보지 못할 수 있다. 야생에서의 섭식 행동을 건성건성 관찰하면 오해할 수 있지만, 채식 중인 유제류를 면밀히 관찰하면 세심한 조사, 선택, 거부 과정이 훨씬 더 정교하게 이루어진다는 점이 곧바로 드러난다(Odberg와 Francis-Smith, 1977; 관련 리뷰는 Jarman과 Sinclair, 1979 참조). 따라서 동물원에서의 급이 방식은 종 고유의 행동 유형 중 일부만을 표현하게 만들 수 있다. 해당 종이 공진화해 온 독성 식물조차 접하지 못하도록 많은 동물원은 이를 철저히 차단하려 하지만, 이러한 접근은 지나치게 보수적일 수 있다

(Rozin과 Kalat, 1971; Janzen, 1978). 사육 유제류의 건강을 위협하지 않으면서도 인지적 도전을 제공하는 일은 충분히 가능하다. 물론 이를 위해서는 노동력이 추가로 필요하고, 일정 수준의 먹이 손실도 감수해야 한다. 부록 14.1에서는 사육 유제류에게 급이 과정에서 인지적 도전을 늘리고, 급이 시간을 연장할 수 있는 실질적 방안을 제시하고 있다.

식단

식단과 관련하여 살펴보자면, 소수 종을 제외하고 유제류가 완전한 초식동물이라는 사실은 장점이자 단점이다. 장점은 많은 종이 몇 가지의 채소, 과일, 풀만으로도 사육할 수 있다는 점이며, 단점은 종별로 요구되는 먹이의 질, 형태, 접근성의 차이를 사육사가 간과하기 쉽다는 데 있다. 첫째, 사육 유제류에게 주는 먹이는 단백질 함량이 지나치게 높고, 섬유질이 부족한 경우가 많다(Dierenfeld 등, 1995). 둘째, 영양 성분이 충분한 농후사료를 사용하는 경향은 결국 급이 빈도를 줄이게 만들며, 이 두 가지 요소는 합쳐져 산통과 같은 건강 문제는 물론, 앞서 언급한 심리적 문제도 유발할 수 있다(Fiennes, 1966; Hediger, 1966; Dittrich, 1971).

사회적 변수

사회 구조

영장류를 적절한 사회 집단 단위로 관리하기 시작하자, 사육 번식 성공률이 극적으로 향상되었다(Benirschke, 1986). 그럼에도 여전히, 동물원에서는 버첼얼룩말(*Equus quagga burchellii*), 검은꼬리누(*Connochaetes taurinus*), 일런드영양(*Taurotragus oryx*)을 단 2~3개체씩 모아놓고 '무리'라고 전시하는 사례를 어렵지 않게 찾아볼 수 있다. 첫 번째 문제는 분명하다. 사회성이 강하고 체격이 큰 종에 대해, 그에 맞는 충분히 큰 무리를 사육할 공간을 마련하지 못하는 것이 핵심적 난제다. 하지만 더 어려운 두 번째 문제는, 잉여 개체의 처리다 (Lindburg, 1991).

첫 번째 문제에 대해서는 적어도 두 가지 해결책이 존재한다. 하나는 자명하다. 적절한 규모의 무리를 수용할 공간이 없다면, 해당 종을 전시종 목록에서 제외해야 한다. 유제류는 선택 가능한 종의 폭이 넓기 때문에, 규모가 작은 동물원이라면 소형 종에 집중하거나, 무리 규모가 작은 적정 크기의 사회 집단, 또는 혼합 종 전시를 운영할 수 있다(Crotry, 1981; Popp, 1984; Partridge, 1990). 또 다른 가능성은 노후 동물원을 재건하거나 새 동물원을 확장하는 기관에 적용할 수 있는 방식이다. 기존 동물원을 재건하거나 비교적 새로운 동물원을 확장하려는 경우 고려할 수 있는 또 다른 가능성은 '삽입형 전시'라고 부르는 방식이다. 이 방식에서는 각 '전시 공간'을 연결한 볼록 다각형 공간(구형 공간)과 선형 공간(통로)으로 구성하여 전체적으로 넓은 구역을 따라 구불구불 이을 수 있다. 작은 전시 공간은 큰 전시 공간 안에 배치할 수 있으며, 가장 큰 전시 공간은 다른 소규모 전시 공간의 선형 공간(통로)과 붙여서 배치할 수 있어, 공간을 보다 통합적이고 효율적으로 사용할 수 있다. 이렇게 배치하면, 동물들은 상당히 유연하게 위치를 선택하거나 이동할 수 있다는 장점이 있다 (Forthman 등, 1995).

번식 행동

사회 구조에 대해 고려하다 보면 자연스럽게 번식 행동으로 생각이 이어진다. 많은 유제류 종은 일부다처 구조를 가지며, 성 선택의 결과로 수컷 간 경쟁 행동을 다양한 형태로 진화시켜 왔다. 이러한 행동은 마치 의식을 치르듯 정형화되어 있어 실제 싸움보다는 자세나 동작을 통해 상대방에게 힘을 과시하는 방식에서부터 직접 충돌하는 방식처럼 정형화가 덜 된 형태까지 다양

그림 34 충분한 공간을 활용한다면, 자연스러운 야생을 관람객에게 제공할 수 있다. 사육환경에서 자연 번식한 새끼 고라니 (*Hydropotes inermis*)와 돌보는 어미(국립생태원, ⓒ김영준).

하게 나타난다(Geist, 1971; Walther, 1984). 이와 같은 종에서는 번식 수컷에 대한 특별한 사육 관리가 필요하다. 구애 및 교미 행동(Walther, 1984), 그리고 분만 및 모자 행동(Lent, 1974)은 유제류의 삶에서 가장 흥미롭고 복잡한 측면 중 하나다(그림 34). 따라서 동물원 전문가는 이러한 행동을 실제로 발현할 수 있는 여건을 조성하면서도, 특히 수컷 개체와 관련된 과잉 개체 문제를 함께 해결할 방법을 찾아야 한다. 가능하다면, 수컷과 암컷이 접촉하지 않도록 번식기 동안 군집 구성을 변화시키거나, 피임시키는 방식이, 사회성 유제류를 단일 성별 집단으로 유지하는 것보다 바람직하다. 공간이 충분한 시설에서는, 단일 종 또는 혼합 종 수컷 무리를 구성하는 방법도 적절한 전략이 될 수 있다(단, 혼합 종 구성 시에는 주의가 필요하다). 또 다른 전략으로는, 번식이 필요한 종 전체를 매년 모두 번식시키기보다, 선별적 번식 방식을 고려해 볼 수 있다.

새끼의 취약성

사육환경에서 새끼가 위험에 처하는 대부분은(혼합 종 전시를 제외하면) 포식보다 질병이나 종내·종간 투쟁에서 비롯된다. 따라서, 공간과 집단 구성의 관리 방식과 새끼의 취약성은 밀접하게 관련된다(Schwede 등, 1993). 사육사는 정기 구충뿐 아니라, 방목지 순환을 통해 기생충성 질환을 줄일 수 있다. 또한 대형 육상조류를 전시장에 함께 사육하면, 기생충 매개 환경을 간접적으로 억제하는 효과도 기대할 수 있다(Tong, 1973). 공격성과 관련해서는, 일부 종에서는 성체 수컷이나 암컷이 미성숙 개체에게 관대하게 반응하는 반면, 또 다른 종, 특히 숨는 습성을 지닌 은신형 종의 경우 여러 곳의 독립된 새끼 은신처가 필수 조건이 될 수 있다(Hutchins 등, 1987). 이는 특히 체격 차가 큰 종들을 혼합 전시할 때 더욱 중요하다(Felton, 1982). 사육사는 이유 시점과 개체의 이동 양상 또한 사전에 반드시 고려하고 계획해야 한다. 한 무리의 암컷 집단을 오랫동안 안정적으로 유지하면서, 번식 수컷만을 교체하는 방식이 많은 상황에서 가장 적절할 수 있다. 하지만 대부분의 종에서는, 성체 수컷이 공격을 시작하기 전에 청소년기 수컷을 적극적으로 '격리'하거나 빼내야 한다(Forthman-Quick와 Pappas, 1986).

사람과 동물 간의 상호작용

그렇다면 사람과 유제류 사이의 상호작용에 있어 적절한 방식은 무엇일까? 전통적으로는 야생종과 가축 또는 반가축화 종을 기준으로 직접 접촉과 비접촉 관리의 구분 선을 그어왔다. 그러나 게레눅(*Litocranius walleri*)이나 가지뿔영양(*Antilocapra americana*)처럼 지나치게 민감하여 도피 경향이 극단적으로 강한 종의 성체 폐사를 줄이기 위해, 일부 사육사들은 새끼를 키울 때 일부러 인공포육하기도 했다(Müller-Schwarze와 Müller-Schwarze, 1973). 하지만 충분한 시간과 긍정적인 접근을 하면, 성질이 예민한 종조차 조용해지고, 제한적인 접촉에 잘 반응하게 만들 수 있다. 다만, 여기에는 주의가 꼭 필요하다. 일반적으로는 대형 유제류를 인공포육하는 일은 바람직하지 않다고 본다. 왜냐하면 사람에게 각인된 이 동물들은 성체가 된 후, 위험하거나 치명적인 성적·공격적 행동을 사육사에게 직접 가할 수 있기 때문이다(부록 14.1 참조).

특히 크고 위험한 종의 경우, 특수 고정장치에 들어가는 훈련이 매우 효과적이다(Wienker 1986). 사육사는 이 훈련을 위해 매일 꾸준한 시간 투자, 인내심, 그리고 기호성이 높은 먹이나 촉각 자극과 같은 효과적 보상 자극을 사용해 점진적으로 행동형성을 해야 한다(17장, 18장 참조). 짧은 시간 동안이라도 정기적으로 제약공간에 익숙해지도록 동물을 훈련시키면, 진료, 연구, 이송 절차가 훨씬 수월해지며, 그 과정에서 발생하던 폐사도 줄어든다(Mellen과 Ellis-Joseph, 1991; Priest, 1991; Forthman과 Ogden, 1992). 궁극적으로는, 전시장 내의 작은 우리, 운반케이지, 치료용 보정통로를 활용한 훈련 프로그램이 정착되면, 많은 동물원에서 보호 격리 시설 자체를 줄이거나 없앨 수도 있다.

요약 및 결론

이 글에서 제시한 제안들로 유제류 관리에 창의적 접근을 유도하고, 현재 사용 중인 방법들에 대해 정량적으로 평가하기를 권한다. 나아가, 앞으로 시도할 수 있는 다양한 기법들과의 비교를 촉진하는 계기가 되기를 바란다. 끝으로, 각 주요 항목을 실용적 제안과 함께 요약하며 글을 마무리하고자 한다. 지리적 분포에 관해서는, 지역 기후에 부적합한 종은 전시에서 제외하는 것이 좋다. 이렇게 확보한 공간을 활용하여 인접한 사육장을 연결하고 개폐 가능한 형태로 구성하면, 대형 종을 위한 순환식 방사장을 조성할 수 있다. 이러한 구조를 만들면 적절한 사회 집단 구성이 가능해지고, 발정기 수컷이나 수컷 무리 관리도 쉬워진다. 종 수를 줄이면, 분만 후 암컷을 위한 육아 무리를 따로 구성할 수 있는 유연성도 확보할 수 있으며, 이때 인접한 사육장 간에는 시각·후각·제한적 촉각 접촉이 가능하도록 해야 한다.

각 종의 활동 주기를 평가하면, 방사 일정을 조정하거나 동틀 무렵이나 해질 무렵에 활동하거나 다양한 시간대에 활동하는 종에 대한 순환 훈련을 도입함으로써, 동물이 전시장에서 지내는 시간을 늘리고 자연광 주기 노출도 증가시킬 수 있다. 방향성 추출물을 울타리나 전시장 구조물에 적용하거나, 배설물 더미에 소량의 배설물을 남겨두는 방식으로 후각 풍부화를 주기적으로 제공할 수 있다. 낡은 시설에서는 청각 자극을 줄이기 어렵지만, 반사율이 높은 콘크리트나 금속 구조물 일부를 압력 처리나 방수 처리한 목재로 교체하면 개선 가능성이 있다. 보호사 내부의 시각 대비는, 바닥에 어두운색을 칠하고 그 색을 벽 중간까지 불규칙한 선으로 연장한 뒤, 그 위를 밝고 중성 색조로 마감할 수 있다.

급이 전략에 있어서는, 조사료나 부피가 큰 먹이는 항상 이용할 수 있도록 주고, 사육장 전체에 소규모로 분산 배치해야 한다. 나뭇잎을 먹는 유제류(엽식종)에게는, 높이가 다른 급이 지점에 신선한 나뭇잎 먹이를 매일 주는 데 적극적으로 힘써야 한다. 사육장을 순환시킬 수 있다면, 내건성 초본류를 수경 파종하는 것도 현실적 방법이다. 서식지 이용 측면에서 보자면, 울폐 서식지에 적응한 소형 은폐종을 위해 더 많은 은신처를 만들어주면 노후 전시장을 보완할 수 있다. 이 경우, 은신처는 대형 화분식물을 활용해도 충분하다 (Hutchins 등, 1984).

진흙 웅덩이나 수조 조성, 쓰러진 거목, 바위나 시각 장벽 등 대형 전시장을 더 복잡하게 구성하기 위해서는 중장비의 접근성 확보가 중요하다. 정량 급이기 설치, 먹이 식단 다양화, 농후사료를 자연형 먹이로 부분 대체하는 등의 시도도 노후 전시장에서 충분히 적용 가능하다. 혼합종 전시는, 주의 깊게 설계하면 더 흥미롭고 복잡한 전시장을 구성할 수 있는 실용적인 방법이 될 수 있다. 마지막으로, 소규모 훈련 프로그램은 대부분의 기관에서 시작할 수 있다. 사육사는 습관화와 둔감화 기법을 사용하여, 개별 우리, 배후 사육시설, 이송용 운반케이지, 치료용 보정통로 등에 들어가도록 훈련할 수 있다. 정기 훈련은 많은 사육 행위를 가능하게 만들고, 다른 작업들을 보다 효율적이고 안전하게 할 수 있게 해준다(Forthman와 Ogden, 1992).

부록 14. 1. 유제류 최적 관리를 위한 환경 요소 권장사항

이 권장사항은 1993년 오리건주 포틀랜드에서 열린 제1회 환경 풍부화 회의의 유제류 워크숍에서 논의한 결과를 바탕으로 정리한 것으로, 참가자들의 공동 경험과 의견을 반영하고 있다. 대부분의 유제류 분류군을 포괄하지만, 작은사슴과와 가지뿔영양과는 다루지 않았다. 이 두 분류군에 대해서는 Eisenberg(1981), Geist와 Walther(1974)의 논의를 참고할 수 있다. 각 분류군에 대한 권장 사항을 Brambell(1973)의 분류 방식과 D. Shepherdson 및 J. Mellen과의 개인적 자문을 바탕으로 다섯 가지 행동 또는 생태 범주(물리, 감각, 활동, 급이, 사회)로 정리했다. 이 범주는 엄격히 기능적으로 구분한 것은 아니며, 유연하게 해석할 수 있다.

기제류

말과 동물(Equids)

물리(Physical):
- 적당히 건조한 환경
- 최소 5,000m²
- 중간 정도의 식생 복잡성
- 다양한 바닥재(토양 등)
- 수직 구조물
- 그늘
- 중간 깊이의 개울 또는 연못
- 방목지 순환
- 외부 적재·보정용 우리
- 지상 저울

감각(Sensory):
- 청각: 적용 가능하다면 배후공간에 라디오
- 후각: 전시 구조물에 향기 물질 적용
- 시각: 포식자·경쟁자 관찰이 가능한 조망
- 촉각: 목욕, 구르기, 비빌 수 있는 건조 및 습윤 구역

활동(Occupational):
- 먹이를 위한 운동
- 단독 또는 사회적 환경 선택 가능
- 매일 실시하는 사육 훈련 세션

급이(Feeding):
- 자유 방목 또는 잘 흩뿌린 건초 제공
- 미네랄 파우더, 혼합 곡물 또는 기타 보충제를 급이할 때는 분량 조절식 장치를 사용하여 먹이 손질 시간을 최대화할 것
- 다양한 먹이를 시공간적으로 분산 제공

사회(Social):
- 종 특성에 맞는 무리 유지: 단독 또는 짝 사육은 지양
- 이종 전시 가능하나 주의 필요
- 전시 공간이 크면 독신 무리 및 하렘 구역으로 구분 가능
- 전시 공간이 작으면 단일 성별만 수용
- 비접촉 또는 저접촉 훈련 권장

테이퍼류(Tapirs)

물리(Physical):
- 습한 환경
- 중간 규모
- 밀도가 높고 그늘진 환경
- 복잡한 식생 구조
- 다양한 경사면
- 통나무, 잔디, 모래, 진흙 등 다양한 바닥재 제공
- 깊이 흐르는 물과 얕고 고요한 웅덩이 모두 포함

감각(Sensory):
- 후각: 전시장 구조물에 냄새 물질 적용

촉각(Tactile):
- 뒤집을 수 있는 깊은 깔개, 비빔목

청각(Auditory):
- 대중의 자극은 최소한으로 제한

활동(Occupational):
- 먹이를 위한 운동
- 24시간 전시장 내 체류
- 잠수, 수영, 미끄럼을 위한 공간 제공

급이(Feeding):

- 자유 채식 제공, 다양한 높이에 달아 급이
- 다양한 식단, 하루 여러 차례 급이
- 먹이를 바닥재 및 통나무 안에 숨겨 제공
- 수면 위에 떠 있는 수생 식물 급이

사회(Social):

- 암컷과 새끼는 최대 2년간 함께 사육
- 수컷은 새끼가 있으면 분리(그 외의 경우, 암컷이 인접 수컷 접근을 조절함)

코뿔소류(Rhinos)

물리(Physical):

- 종에 적합한 기후와 식생 밀도
- 다양한 바닥재와 토양의 넓은 전시 공간
- 다양한 형태의 비빔목과 냄새 표시목 제공
- 젖은 구덩이와 마른 구덩이 모두 제공
- 훈련과 보정 장치가 있는 통합 프로그램

감각(Sensory):

- 후각: 전시 구조물에 냄새 물질 적용, 일부 배설물 더미 포함

촉각(Tactile):

- 다양한 높이의 비빔용 표면 제공
- 젖은 구덩이와 마른 구덩이 모두 제공

청각(Auditory):

- 실내외 모두에서 모든 '소음'을 최소화함(가능한 경우)

시각(Visual):

- 넓은 조망 제공(사람이나 물체가 갑자기 나타날 때 놀라는 사건을 최소화)

활동(Occupational):

- 먹이를 위한 운동
- 단독 또는 사회적 환경 중 선택 가능
- 매일 훈련 세션 실시

급이(Feeding):

- 자유 섭취 가능한 먹이를 고르게 흩뿌림
- 농후사료 및 미네랄 제재를 사용할 경우, 시·공간적으로 예측 불가능하게 배치
- 먹이는 동물이 노력해야 얻을 수 있도록 장치를 통해 제공
- 검은코뿔소: 관목류 및 교목류
- 흰코뿔소: 풀류
- 수마트라코뿔소: 과일
- 인도코뿔소: 수생식물

사회(Social):

- 작은 구역에 있는 검은코뿔소는 인접한 방사장 배치
- 넓은 구역에서는 암수 한 쌍 또는 어미-새끼 쌍 사육
- 흰코뿔소는 수컷 1개체와 여러 암컷으로 구성된 무리에서, 다른 유제류와 혼사
- 모든 종은 지리적으로 적절한 다양한 조류들과 혼합 전시 가능
- 비접촉 또는 저접촉 훈련은 매우 바람직함

우제류

돼지과 및 페커리과 동물(Suids and Tayassuids)

물리(Physical):

- 중간 크기의 부드러운 바닥을 가진 전시장
- 굴을 팔 수 있는 다양한 바닥재
- 물과 진흙 요소(필수)
- 통나무, 그루터기, 희생 식물(훼손할 수 있는 식물) 제공
- 방사장 순환: 바람직함
- 시각적 차단 및 은신처: 필수

감각(Sensory):

- 후각: 흔적 남기기를 위한 수직 구조물
- 촉각: 비비기와 긁기를 위한 다양한 물체

활동(Occupational):

- 움직일 수 있는 물체(바닥, 매달린 형태)
- 영역 순찰 자극을 위한 냄새 적용
- 촉각 및 먹이를 이용한 훈련
- 사회적 접근에 대한 자율성 부여
- 먹이를 위한 활동
- 굴 파기와 수영 기회 제공
- 씹을 수 있는 다양한 물체

급이(Feeding):

- 잡식성 식단, 다양한 방식으로 주는 것이 이상적
- 코로 작동시키는 급이기, 땅속에 숨긴 먹이, 수직으로 세운 나뭇가지 포함
- 뿌리덩어리, 수경재배 식물, 달팽이, 애벌레, 파충류, 설치류, 어린 조류

사회(Social):

- 어미돼지는 새끼와 함께, 수퇘지는 분리. 어미가 수퇘지 접근 통제
- 모든 종은 사육과 훈련을 쉽게 하기 위해 어린 시절부터 인간과의 사회화 권장

하마(Hippopotamus)

물리(Physical):

- 물과 육지 비율이 적절한 넓은 전시장
- 물과 목초지의 혼합 또는 습지, 덤불과의 혼합 (선택 사항)
- 여러 개의 수영장, 대형 연못(대용량 여과 시스템 포함)
- 분만 구역
- 진흙 웅덩이
- 수직 구조물
- 수영장 가장자리는 완만하게 경사지도록

감각(Sensory):

- 후각: 흔적 남기기를 위한 수직 구조물
- 청각: 동종 개체의 발성(매우 중요)
- 촉각: 거친 수직 표면은 제공하지 않음

활동(Occupational):

- 대기 공간 최소화
- 야행성, 육상 방목
- 낮에는 진흙웅덩이 또는 습지 구역 이용
- '부머볼(boomer balls)' 같은 조작 가능한 물체 제공

급이(Feeding):

- 목초지 또는 잘 흩뿌린 혼합 건초, 미네랄 먹이
- 낮 동안 물에 뜨는 과일과 채소 제공

사회(Social):

- 동종 간 접촉과 발성(매우 중요)
- 그룹 크기 ≥ 1.4개체
- 어류, 거북, 조류와 혼합 전시 가능
- 사육사의 신체 관리
- 이동 및 치아 점검을 위한 훈련

낙타류(Camelids)

물리(Physical):

- 건조 또는 반건조 지역, 고지대에 서식
- 중간에서 큰 규모의 전시장
- 복잡한 지형 및 다양한 바닥재 제공
- 큰 연못 또는 순환식 수로 제공
- 보호된 나무 아래의 그늘, 초본 식물 제공
- 시각적 차단, 도피 공간, 비빔목 제공
- 물과 먹이터는 헛간 또는 지붕 제공
- 남미 종은 풀 관리를 위해 방사장 순환
- 다른 종들에게는 드리운 그늘 제공

감각(Sensory):

- 모든 감각이 예민함
- 후각: 번식 수컷을 암컷과 분리할 때 주의 분산을 위해 냄새 사용
- 촉각: 습윤 구역과 건조 구역의 목욕장

활동(Occupational):

- 먹이를 위한 활동
- 운동·훈련은 필수(특히 수컷을 번식시키지 않고 혼자 사육할 경우)

- 인공 투쟁물 제공
- 다루기 어려운 유라시아 서식종을 위한 보정통로 사용, 가축화 개체는 굴레 훈련 및 목표 훈련 실시

급이(Feeding):

- 생초, 건초, 허브, 나뭇잎, 수경재배 식물 등을 하루 여러 번 소량 급이
- 다양한 높이에 여러 개의 급이기 설치
- 전시장 외부에 드리운 식생 식재

사회(Social):

- 콘도르류, 소형 개과나 고양이과 동물과 혼합 전시
- 무리 크기 ≥ 1.5개체
- 1년생 수컷은 격리
- 수컷을 인공포육하지 않음(광폭라마증후군[68] 방지 목적)
- 적재 훈련 시
- 수의학 처치를 위한 보정 장비 사용
- 가능하다면 독신자 무리 옆에 번식 무리 배치
- 사육사가 무리의 일원으로 인식되지 않도록 조치(매우 중요함)

사슴과 동물(Cervids)

물리(Physical):

- 지리적 분포와 체격이 매우 다양함
- 중간에서 고도로 복잡한 전시장
- 신생동물 은신처를 위한 초본층
- 다양한 바닥재

---

68   Berserk llama syndrome: 광폭라마증후군(BLS) 또는 이상행동 증후군은 길든 라마, 특히 수컷이 인간에게 공격적인 행동을 보이는 심리적 상태. 이 공격 행동은 종종 라마의 어린 시절에 지나친 친숙함과 부적절한 사회화의 결과며, 이에 따라 인간을 우월한 존재가 아닌 동료로 봄.

- 뿔 유지 및 과시 행동을 위한 다양한 수직 구조물
- 그늘, 웅덩이, 드리운 식생 및 관목
- 방목지 순환
- 산림 환경을 모방하고 자해 위험을 줄이기 위한 판재형 울타리

감각(Sensory):
- 청각과 후각이 가장 중요함

촉각(Tactile):
- 진흙 목욕은 여러 종의 사회적, 번식적, 체온조절 행동에 매우 중요함
- 청각 및 후각: 스트레스에 민감한 단독생활 종에 대해서는 자극을 최소화함
- 견고한 수직 구조물과 드리운 구조물 제공

활동(Occupational):
- 넓은 전시 공간과 다양한 자원을 여러 지점에 배치하여 운동 유도
- 앞발질이나 혀 사용과 같은 적절한 채식 행동을 유도하는 급이기 사용

급이(Feeding):
- 겨울철에는 나뭇잎을 먹음
- 계절에 따른 다양한 농후사료 급이
- 다양한 높이의 급이기 여러 개 설치
- 자연적인 시간대(아침, 저녁, 밤)에 따라 분산 급이 가능한 급이기 사용

사회(Social):
- 다른 유제류 및 조류와의 혼합 전시
- 대형 무리에서 개체 식별을 위한 동결낙인 사용
- 인공포육하지 않음(성장한 후 발생할 수 있는 위해를 방지하기 위함)
- 사람과의 상호작용 시 '일정 거리 유지'
- 어떤 작업 후에는 스트레스를 최소화하기 위해 신속하게 무리로 복귀시킴
- 겁이 많은 무리에는 온순한 동물 1~3개체를 먼저 넣어 안정화 유도
- 보정틀 사용(매우 유용함)
- 암컷이 수컷에 대한 접근을 조절할 수 있도록 '크립(creep)'[69] 사용

기린류(Giraffids)

물리(Physical):
- 중간에서 큰 규모의 전시장
- 종에 적합한 서식지(예: 다양한 하층식생이 있는 울창한 열대우림부터, 단·장초 사바나, 관목지대, 삼림까지 적용 가능)
- 기린을 위해 다양한 바닥재 사용(진흙, 단단한 흙, 모래 등)
- 그늘, 웅덩이, 흐르는 계곡을 충분히 제공
- 방목지 순환 또는 방목 제한 구역 활용
- 드리운 관목과 대나무 제공
- 전환구역, 격리실, 출산 공간 등 다양한 기능 공간 마련
- 채광창, 교차 환기, 넓은 배후 공간 확보

---

69   Creep: 어린 동물만 드나들 수 있는 울타리 공간 또는 접근 제한 장치를 뜻함. 일반적으로 새끼 동물이 어미나 다른 성체 동물과 분리되어 접근할 수 있는 작은 공간이나 구역을 의미. 이 공간은 성체가 들어가지 못하도록 설계하여, 새끼가 안전하게 쉴 수 있고, 단독으로 먹이나 보충 먹이를 먹을 수 있는 장소를 제공.

- 기린을 위한 통합 훈련 프로그램 및 보정 장치 사용 필수
- 폭발적인 도피 반응 시 직선으로 뛸 수 있는 공간 확보

감각(Sensory):

- 시각과 청각 자극이 가장 중요
- 오카피에게는 청각·후각이 중요하며, '초저주파(infrasound)'가 매우 중요
- 배경 소음 최소화 필요

활동(Occupational):

- 나무가 아닌 다양한 높이의 비빔목 제공
- 연결 방사장 전체에 자유섭취식 먹이 제공
- 지면 높이에 설치한 수분 공급
- 보정, 이동, 타깃 및 트레일러 훈련 실시(모두 매우 바람직함)

급이(Feeding):

- 24시간 지속적으로 잎사귀 먹이 제공
- 여러 곳의 급이 지점과 다양한 높이에 매달린 급이 장치 제공, 하루 중 여러 시간에 걸쳐 채워줌
- 풀과 알팔파 등의 콩과 식물 건초의 다양한 혼합물 제공
- 다양한 종류의 잎사귀 제공
- 신선한 채소류는 보상이나 훈련 시 제공
- 다양한 무기질 공급원 확보

사회(Social):

- 기린을 유제류, 조류, 소형 개과 동물, 고양이과동물과 혼합 사육(매우 효과적임)
- 개체의 목적을 명확히 구분하여 번식용 또는 전시용으로만 지정하고 둘 다는 지양

- 사육사가 직접 훈련시키며, 주로 이동, 바닥저울 훈련, 목표 지점 반응 훈련 등을 익히게 하고, 보정틀에서의 의료 처치에 익숙하게 함

소과: 영양아과(Bovids: Antelopinae)

물리(Physical):

- 종에 적합한 서식 범위 제공(소규모 영역부터 광활한 초원까지 다양함)
- 전시장은 길도록 설계해 사람으로부터의 완충지대 역할을 하도록 함(일부 종에게는 필수)
- 소형 종을 위한 다양한 피신처 제공
- 대형 종을 위한 목초지 교대 사용
- 다양한 바닥재(토양 등) 제공
- 그늘과 얕은 물이 있는 장소 다수 제공
- 지형 변화가 있는 시각적 차폐물
- 어린 동물을 위한 피신처 제공

감각(Sensory):

- 모든 감각이 예민함
- 후각: 흔적용 구조물 및 식물 제공
- 촉각: 배설물 퇴적지 및 진흙·먼지 목욕용 다양한 바닥재, 벽·울타리에 부착한 솔
- 시각·청각: 갑작스러운 도주 행동을 고려해 대중과 떨어진 긴 복도, 부상을 줄이기 위한 시각적 울타리 설치

활동(Occupational):

- 자율 채식
- 매달린 나뭇가지, 통나무, 점프 장애물
- 전속력 운동이 가능한 충분한 공간
- 내부 구조물(통나무·바위·온열 쉼터 등)의 주기적 재배치
- 먹이보충제와 신선한 간식을 얻기 위한 노력 유도

급이(Feeding):

- 24시간 자유 채식 가능
- 다양한 높이의 여러 급이기
- 급이물 구성의 매일 변화, 급이기 위치의 주기적 변경
- 경쟁을 줄이기 위한 급이기 분산
- 다양한 건초, 허브, 꽃, 나무껍질, 과일, 수경재배 식물, 미네랄 파우더 제공

사회(Social):

- 큰 전시장 내 혼합종 전시 가능
- 다양한 사회적 조직(수컷 무리, 렉, 보육 집단, 단독 수컷 등)을 인접 배치
- 어린 동물이나 소형 종을 위한 피신처 다수 제공
- 종에 적합한 제한적 인간 접촉
- 공격적인 종의 수컷은 인공 포육 금지
- 이동, 탑승, 목표 훈련 및 기타 사육 절차에 대한 훈련

소과: 소아과(Bovids: Bovinae)

물리(Physical):

- 적당히 복잡한 대형 전시장
- 종 및 서식지에 적합한 식생 복잡도
- 대형 종을 위한 보정 장치와 전기 문
- 고사목, 성목 등 구조물 제공
- 초지 교대 사용으로 초본 유지
- 다양한 바닥재, 진흙 및 먼지 목욕장 포함
- 수직 구조물과 돌출 구조물 다수
- 개울 및 연못
- 다수의 넓고 큰 그늘 제공처 설치

감각(Sensory):

- 모든 감각이 예민함
- 촉각: 목욕, 뿔 관리, 몸 관리에 활용할 수 있는 다양하고 풍부한 기회 제공
- 청각: 조용하고 은폐된 그늘진 장소 제공 - 휴식 및 반추를 위해 중요

활동(Occupational):

- 24시간 방목
- 인접 목초지에 보충 먹이 분산 제공, 구성 및 내용은 매일 변화
- 필요 시, 보충 먹이 및 미네랄은 노력해서 먹도록 유도하는 장치를 통해 제공
- 인공 싸움 상대 제공

감각(Sensory):

- 시각·후각·청각을 통해 포식자와 경쟁자를 인지할 수 있도록 함

급이(Feeding):

- 혼합 건초, 미네랄, 과일 및 채소류에 24시간 접근 가능
- 농후사료는 제한적으로 사용

사회(Social):

- 여러 개체가 신체 접촉을 할 수 있을 만큼 큰 진흙 웅덩이와 그늘 영역 제공
- 가능하면 큰 무리로 사육하며, 수컷이 온순하면 무리에 포함시키거나, 인접 우리에 격리 사육
- 다른 소과 동물들과의 혼합 전시 가능. 특히 독신 수컷 무리나 조류 공생종, 다른 대형 육상 조류들과의 전시가 가능함(미성숙하거나 번식에 참여하지 않는 수컷들로만 구성된 무리를 뜻함)

소과 동물: 오릭스아과(Bovids: Hippotraginae)

물리(Physical):

- 종에 적합한 전시장 크기와 복잡성 제공(아과 내에서 다양성이 크며, 중간 크기부터 매우 큰 전시장까지, 낮은 복잡성에서 중간 복잡성 수준까지)
- 종 및 서식지에 적합한 식생 복잡성 제공(건조지대부터 습지대까지 다양함)
- 일상적인 사육 절차를 위한 보정통로 시스템 (선택 사항)
- 고사목이나 잘 보호한 성목 등 전시장 내 다양한 구조물
- 다양한 바닥재와 제대로 설치한 흙언덕은 영역 표시를 위한 시각적 요소 제공
- 사바나 서식종의 경우, 목초지를 순환 이용하여 풀 관리
- 삼림 서식종의 경우, 수직적이거나 돌출된 구조물 제공
- 시냇물 또는 연못
- 그늘이 되는 큰 구조물 여러 개

감각(Sensory):

- 모든 감각이 예민함
- 시각: 방해받지 않는 조망(대부분의 종에게 유익함)
- 촉각: 뿔 관리와 신체 관리를 위한 다양한 바닥재 제공

활동(Occupational):

- 사바나 서식종의 경우 24시간 방목
- 인접한 방목지 간 먹이 분배 및 구성과 재료의 일일 변화
- 필요한 경우 농후사료와 미네랄은 동물이 활동해야 섭취할 수 있도록 급이장치를 통해 공급
- 의례적 싸움 행동을 하는 종을 위한 인공 싸움 상대 제공

- 포식자와 경쟁자에 대한 시각·후각·청각적 접근성 제공

급이(Feeding):

- 혼합 건초·미네랄·채소류에 항상 접근 가능
- 농후사료는 제한적으로 제공

사회(Social):

- 대부분 종에서 무리를 최대한 크게 유지함
- 공간이 충분한 경우, 개체마다 영역 또는 구애 장소(lek space)를 할당해 여러 수컷을 전시하는 것도 가능
- 다른 소과 동물, 특히 수컷 집단 및 조류 공생종이나 다른 육상조류와의 혼합 전시 가능

소과 동물: 염소아과(Bovids: Caprinae)

물리(Physical):

- 한랭한 기후가 필요한 고산 종은 해당 기후대에서만 전시
- 숲에 사는 종은 바위보다는 식생이 풍부한 환경 필요
- 대부분 종에 대해 중간에서 대형 전시장이 적합하며, 지형 변화가 크고 경사진 지형이 이상적
- 관람객 구역은 경사의 아래쪽에 배치하는 것이 이상적
- 박치기와 몸 비비기를 위한 관목, 웅덩이, 다양한 구조물
- 완전한 그늘 지역(열 스트레스 지수 위험이 높기 때문에 필수)
- 암석지부터 목초지까지 다양한 바닥재; 평탄한 장소는 휴식용으로 활용
- 체중계와 연결한 보정 장치
- 새끼 분만을 위한 넓은 공간 제공

감각(Sensory):

- 모든 감각이 예민함
- 시각: 파노라마식 관찰이 가능한 여러 지점
- 촉각: 다양한 재질의 구조물을 다양한 높이에 설치하여 털 관리 및 털갈이에 활용
- 후각: 배설물 더미 및 표식 구조물은 제한적으로만 청소

활동(Occupational):

- 양속·염소속 수컷에게는 의례적 싸움 행동 기회 제공
- 샤모아(rupicaprid) 등에게는 통나무, 관목, 또는 인접한 수컷과의 인공 싸움 상대 제공
- 냄새 표식용으로 다양한 풍부 식생 제공
- 운동을 유도하기 위해 필수 자원을 경사지 상·하단에 배치한 연결된 방사장 설계
- 종 특유의 놀이 행동을 유도하기 위한 장애물 및 돌출 구조물
- 비접촉 훈련을 통한 사육 절차 수행, 보정 장치 활용

급이(Feeding):

- 혼합 건초와 잎사귀에 항상 접근 가능
- 다수의 급이기를 다양한 위치에 설치
- 수직으로 설치한 잎사귀 가지 제공도구
- 곡물 및 채소를 위한 급이기 또는 급이 장치를 노출지에 배치
- 다양한 미네랄 공급원 제공

사회(Social):

- 번식기가 아닐 때는 수컷 집단과 암컷 집단을 각각 이중 구성
- 번식기에는 수컷 집단과 숫양 1개체와 함께 있는 암컷 무리 구성
- 자해 방지를 위해 필요시 집단 간 단단한 장벽 설치
- 남는 수컷의 경우 피임 또는 안락사 고려
- 사육사와의 접촉은 최소화
- 번식기에는 사육사 또는 외부인이 영역에 침범하지 않도록 최소화(수컷이 외부인에 대한 공격성을 집단 구성원에게 전이할 수 있기 때문)

참고문헌

- ASHRE (American Society for Heating, Refrigerating, and Air Conditioning Engineers). 1989. *ASHRE Handbook and Product Directory. Fundamentals Volume*. Atlanta: ASHRE.

- Belovsky, G. E. 1981. Food plant selection by a generalist herbivore: The moose. *Ecology* 62:1020-1030.

- Benirschke, K., ed. 1986. *Primates: The Road to Self-Sustaining Populations*. New York: Springer-Verlag.

- Brambell, M. R. 1973. The requirements of carnivores and ungulates in captivity. In *The Welfare and Management of Wild Animals in Captivity*, 44-49. Potters Bar, U.K.: Universities Federation for Animal Welfare.

- Breland, K., and M. Breland. 1961. The misbehavior of organisms. *American Psychologist* 16:661-664.

- Brett, L. P., and S. Levine. 1979. Schedule-induced polydipsia suppresses pituitary-adrenal activity in rats. *Journal of Comparative and Physiological Psychology* 93:946-956.

- Byers, J. A. 1977. Terrain preferences in the play behavior of Siberian ibex kids (*Capra ibex sibirica*). *Zeitschrift für Tierpsychologie* 45:199-209.

- Calder, W. A. III. 1984. *Size, Function, and Life History*. Cambridge: Harvard University Press.

- Carder, B., and K. Berkowitz. 1970. Rats preference for earned in comparison with free food. *Science* 167:1273-1274.

- Caro, T. 1994. Ungulate antipredator behaviour: Preliminary and comparative data from African bovids. *Behaviour* 128:189-228.

- Cooper, J. J., and C. J. Nicol. 1993. The "coping" hypothesis of stereotypic behaviour: A reply to Rushen. *Animal Behaviour* 45:616-618.

- Cronin, G. M., P. R. Weipkema, and J. M. van Ree. 1986. Endorphins implicated in stereotypies in tethered sows. *Experientia* (Basel) 42:198-199.

- Crotty, M. J. 1981. Mixed exhibits or "What's that funny looking animal in with the monkeys?" *International Zoo Yearbook* 21:203-206.

- De Boer, S. F., J. L. Slangen, and J. van der Gugten. 1988. Adaptation of plasma catecholamine and corticosterone responses to short-term repeated noise stress in rats. *Physiology and Behavior* 44:273-280.

- De Boer, S. F., J. van der Gugten, and J. L. Slangen. 1989. Plasma catecholamine and corticosterone responses to predictable and unpredictable noise stress in rats. *Physiology and Behavior* 45:795-798.

- Dierenfeld, E. S., R. du Toit, and W. E. Braselton. 1995. Nutrient composition of selected browses consumed by black rhinoceros (*Diceros bicornis*) in the Zambezi Valley, Zimbabwe. *Journal of Zoo and Wildlife Medicine* 26:220-230.

- Dittrich, L. 1971. Food presentation in relation to behaviour in ungulates. *International Zoo Yearbook* 16:48-54.

– Dodman, N. H., L. Shuster, M. H. Court, and R. Dixon. 1987. Investigation into the use of narcotic antagonists in the treatment of a stereotypic behavior pattern (cribbiting) in the horse. *American Journal of Veterinary Research* 48:311-319.

– Dodman, N. H., L. Shuster, M. H. Court, and J. Patel. 1988. Use of a narcotic antagonist (nalmefene) to suppress self-mutilative behavior in a stallion. *Journal of the American Veterinary Medical Association* 192:1585-1586.

– Doherty, J. G., and E. F. Gibbons, Jr. 1993. Managing naturalistic environments in captivity. In *Naturalistic Environments in Captivity for Animal Behavior Research*, ed. E. F. Gibbons, Jr., E. J. Wyers, E. Waters, and E. W. Menzel, Jr., 125-141. Albany: State University of New York Press.

– Domjan, M., and B. Burkhard. 1986. *The Principles of Learning and Behavior*, 2nd ed. Monterey, Calif.: Brooks/Cole.

– Doty, R. L. 1976. *Mammalian Olfaction, Reproductive Processes, and Behavior*. New York: Academic Press.

– Eisenberg, J. F. 1981. *The Mammalian Radiations: An Analysis of Trends in Evolution, Adaptation, and Behavior*. Chicago: University of Chicago Press.

– Felton, G., Jr. 1982. Aspects of mixed hoofstock species exhibits. In *Proceedings of the Annual Conference of the American Association of Zoological Parks and Aquariums*, 235-238. Wheeling, W. Va.: AAZPA.

– Fiennes, R. 1966. Feeding animals in captivity. *International Zoo Yearbook* 6:58-67.

– Forthman, D. L., R. McManamon, U. A. Levi, and G. Y. Bruner. 1995. Interdisciplinary issues in the design of mammal exhibits (excluding marine mammals and primates). In *Captive Conservation of Endangered Species*, ed. E. F. Gibbons, Jr., J. Demarest, and B. Durrant, 377-399. Albany: State University of New York Press.

– Forthman, D. L., and J. J. Ogden. 1992. The role of applied behavior analysis in zoo management: Today and tomorrow. *Journal of Applied Behavior Analysis* 25:647-652.

– Forthman-Quick, D. L., and T. C. Pappas. 1986. Enclosure utilization, activity budgets, and social behavior of captive chamois (*Rupicapra rupicapra*) during the rut. *Zoo Biology* 5:281-292.

– Franke Stevens, E. 1990. Instability of harems of feral horses in relation to season and presence of subordinate stallions. *Behaviour* 112:149-161.

– Gamble, M. R. 1982. Sound and its significance for laboratory animals. *Biological Review* 57:395-421.

– Garcia, J., J. C. Clarke, and W. G. Hankins. 1973. Natural responses to scheduled rewards. In *Perspectives in Ethology*, ed. P. P. G. Bateson and P. Klopfer, 1-41. New York: Plenum Press.

– Garcia, J., and R. Garcia y Robertson. 1985. The evolution of learning mechanisms. In *Psychology and Learning: The Master Lecture Series*, vol. 4, ed. B. L. Hammonds, 191-243. Washington, D.C.: American Psychological Association.

– Garcia, J., W. G. Hankins, and J. D. Coil. 1977. Koalas, men, and other conditioned gastronome. In *Food Aversion Learning*, ed. N. W. Milgram, L. Kramers, and T. M. Alloway, 195-218. New York: Plenum Press.

– Garcia, J., P. S. Lasiter, F. Bermudez-Rattoni, and D. A. Deems. 1985. A general theory of aversion learning. In *Experimental Assessments and Clinical Applications of Conditioned Food Aversions*, ed. N. Braveman and P. Bronstein, 8-21. Annals of the New York Academy of Sciences, vol. 443. New York: New York Academy of Sciences.

- Geist, V. 1971. *Mountain Sheep*. Chicago: University of Chicago Press.

- Geist, V., and F. R. Walther, eds. 1974. *The Behaviour of Ungulates and Its Relation to Management*, Vols. 1 and 2. IUCN publication n.s. no. 24. Morges, Switzerland: International Union for the Conservation of Nature.

- Glander, K. E. 1978. Howling monkey feeding behavior and plant secondary compounds: A study of strategies. In *The Ecology of Arboreal Folivores*, ed. G. G. Montgomery, 561-574. Washington, D.C.: Smithsonian Institution Press.

- Gold, K. C., and J. J. Ogden. 1991. Effects of construction noise on captive lowland gorillas (*Gorilla gorilla gorilla*) [abstract]. *American Journal of Primatology* 24:104.

- Goss, R. J. 1983. Control of deer antler cycles by the photoperiod. In *Antler Development in Cervidae*, ed. R. D. Brown, 1-14. Kingsville, Tex.: Caesar Kleberg Wildlife Research Institute.

- Gwinner, E. 1977. Biological clocks. In *Grzimek's Encyclopedia of Ethology*, ed. B. Grzimek, 187-198. New York: Van Nostrand Reinhold.

- Hanson, J. P., M. E. Larson, and C. T. Snowdon. 1976. The effects of control over high intensity noise on plasma cortisol levels in rhesus monkeys. *Behavioral Biology* 16:333-340.

- Harrison, M. J. S. 1985. Time budget of the green monkey, *Cercopithecus sabaeus*: Some optimal strategies. *International Journal of Primatology* 6:351-376.

- Hediger, H. 1964. *Wild Animals in Captivity*. New York: Dover.

- Hediger, H. 1966. Diet of animals in captivity. *International Zoo Yearbook* 6:37-57.

- Hediger, H. 1968. *The Psychology and Behaviour of Animals in Zoos and Circuses*. New York: Dover.

- Helfman, G. S. 1981. Twilight activities and temporal structure in a freshwater fish community. *Journal of Fisheries and Aquatic Sciences* 38:1405-1420.

- Hillman, J. C. 1979. The biology of the eland (*Taurotragus oryx* Pallas) in the wild. Ph.D. dissertation, University of Nairobi, Nairobi, Kenya.

- Hladik, A. 1978. Phenology of leaf production in rain forest of Gabon: Distribution and composition of food for folivores. In *The Ecology of Arboreal Folivores*, ed. G. G. Montgomery, 51-72. Washington, D.C.: Smithsonian Institution Press.

- Hodgden, R. 1993. Rhino enrichment at Zoo Atlanta. Unpublished report, Zoo Atlanta, Atlanta.

- Hutchins, M., D. Hancocks, and C. Crockett. 1984. Naturalistic solutions to the behavioural problems of captive animals. *Zoologische Garten* 54:28-42.

- Hutchins, M., G. Thompson, B. Sleeper, and J. Foster. 1987. Management and breeding of the Rocky Mountain goat (*Oreamnos americanus*) at Woodland Park Zoo. *International Zoo Yearbook* 26:297-308.

- Ising, H. 1981. Interaction of noise-induced stress and Mg decrease. *Artery* 9:205-211.

- Jander, R. 1977. Orientation ecology. In *Grzimek's Encyclopedia of Ethology*, ed. B. Grzimek, 145-163. New

York: Van Nostrand Reinhold.

- Janzen, D. H. 1978. Complications in interpreting the chemical defenses of trees against tropical arboreal plant-eating vertebrates. In *The Ecology of Arboreal Folivores*, ed. G. G. Montgomery, 73-84. Washington, D.C.: Smithsonian Institution Press.

- Jarman, P. J. 1974. The social organization of antelopes in relation to their ecology. *Behaviour* 58:215-267.

- Jarman, P. J., and M. V. Jarman. 1979. The dynamics of ungulate social organization. In *Serengeti: Dynamics of an Ecosystem*, ed. A. R. E. Sinclair and M. Norton-Griffiths, 185-220. Chicago: University of Chicago Press.

- Jarman, P. J., and A. R. E. Sinclair. 1979. Feeding strategy and the pattern of resource-partitioning in ungulates. In *Serengeti: Dynamics of an Ecosystem*, ed. A. R. E. Sinclair and M. Norton-Griffiths, 130-163. Chicago: University of Chicago Press.

- Jenkins, H., and B. Moore. 1973. The form of the auto-shaped response with food or water reinforcers. *Journal of the Experimental Analysis of Behavior* 20:163-181.

- Johnson, D. F., J. Triblehorn, and G. Collier. 1993. The effect of patch depletion on meal patterns in rats. *Animal Behaviour* 46:55-62.

- Langman, V. A. 1977. Cow-calf relationships in giraffe. *Zeitschrift für Tierpsychologie* 43:264-286.

- Langman, V. A. 1985. Heat balance in the black rhinoceros (*Diceros bicornis*). *National Geographic Research Reports* 21:251-254.

- Langman, V. A., M. Rowe, D. L. Forthman, B. Whittington, N. V. Langman, T. J. Roberts, K. Huston, C. Boling, and D. Maloney. 1996. Thermal assessment of zoological exhibits. I. Sea lion enclosure at the Audubon Zoo. *Zoo Biology* 15:403-411.

- Lent, P. C. 1974. Mother-infant relationships in ungulates. In *The Behaviour of Ungulates and Its Relation to Management*, vol. 1, ed. V. Geist and F. Walther, 14-55. International Union for the Conservation of Nature (IUCN) publication n.s. no. 24. Morges, Switzerland: IUCN.

- Leuthold, W. 1977. *African Ungulates: Zoophysiology and Ecology*, vol. 8. Berlin: Springer.

- Lindburg, D. G. 1991. Zoos and the "surplus" problem. *Zoo Biology* 10:1-2.

- Lingle, S. 1993. Escape gaits of white-tailed deer, mule deer, and their hybrids: Body configuration, biomechanics, and function. *Canadian Journal of Zoology* 71:708-724.

- Markowitz, H. 1982. *Behavioral Enrichment in the Zoo*. New York: Van Nostrand Reinhold.

- Mason, G. J. 1991. Stereotypies: A critical review. *Animal Behaviour* 41:1015-1037.

- Mellen, J., and S. Ellis-Joseph. 1991. Learning principles as they apply to animal husbandry. In *Proceedings of the Annual Conference of the American Association of Zoological Parks and Aquariums*, 548-552. Wheeling, W.Va.: AAZPA.

- Moore, B. R. 1973. The role of directed Pavlovian reactions in simple instrumental learning in the pigeon. In *Constraints on Learning: Limitations and Predispositions*, ed. R. A. Hinde and J. Stevenson-Hinde, 150-188. New York: Academic Press.

- Müller-Schwarze, D., and M. M. Mozell, eds. 1977. *Chemical Signals in Vertebrates*. New York: Plenum Press.

- Müller-Schwarze, D., and C. Müller-Schwarze. 1973. Behavioral development of hand-reared pronghorn *Antilocapra americana*. *International Zoo Yearbook* 13:217.

- Murphy, D. E. 1976. Enrichment and occupational devices for orangutans and chimpanzees. *International Zoo News* 137:24-26.

- Odberg, F. O., and K. Francis-Smith. 1977. Studies on the formation of ungrazed eliminative areas in fields used by horses. *Applied Animal Ethology* 3:27-34.

- Owen-Smith, N., and P. Novellie. 1982. What should a clever ungulate eat? *American Naturalist* 119:151-178.

- Partridge, J. 1990. Mixed animal exhibits. *International Zoo News* 371:13-18.

- Peterson, E. A. 1980. Noise and laboratory animals. *Laboratory Animal Science* 30:422-439.

- Popp, J. W. 1984. Interspecific aggression in mixed ungulate species exhibits. *Zoo Biology* 3:211-219.

- Powell, D. M. 1995. Preliminary evaluation of environmental enrichment techniques for African lions (*Panthera leo*). *Animal Welfare* 4:361-370.

- Priest, G. 1991. The methodology for developing animal behavior management programs at the San Diego Zoo and Wild Animal Park. In *Proceedings of the Annual Conference of the American Association of Zoological Parks and Aquariums*, 553-575. Wheeling, W.Va.: AAZPA.

- Read, B. 1982. Successful reintroduction of bottle-raised calves to antelope herds at the St. Louis Zoo. *International Zoo Yearbook* 22:269-270.

- Robbins, T. W., G. Mittleman, J. O'Brien, and P. Winn. 1989. The neuropsychological significance of stereotypy induced by stimulant drugs. In *Neurobiology of Stereotyped Behaviour*, ed. S. J. Cooper and C. T. Dourish, 25-63. Oxford, U.K.: Clarendon Press.

- Rosenzweig, M. R., and E. L. Bennett. 1976. Enriched environments: Facts, factors, and fantasies. In *Knowing, Thinking, and Believing*, ed. L. Petrinovich and Y. J. McGaugh, 179-213. New York: Plenum Press.

- Rozin, P., and J. W. Kalat. 1971. Specific hungers and poison avoidance as adaptive specializations of learning. *Psychological Review* 78:459-486.

- Rushen, J. 1993. The "coping" hypothesis of stereotypic behaviour. *Animal Behaviour* 45:613-615.

- Schenkel, R., and L. Schenkel-Hulliger. 1969. *Ecology and Behavior of the Black Rhinoceros (Diceros bicornis): Mammalia Depicta*. Berlin: Paul Parey.

- Schwede, G., H. Hendrichs, and W. McShea. 1993. Social and spatial organization of female white-tailed deer, *Odocoileus virginianus*, during the fawning season. *Animal Behaviour* 45:1007-1017.

- Stanley, M. E., and W. P. Aspey. 1984. An ethometric analysis in a zoological garden: Modification of ungulate behavior by the visual presence of a predator. *Zoo Biology* 3:89-109.

- Stevenson, M. F. 1983. The captive environment: Its effect on exploratory and related behavioural responses in wild animals. In *Exploration in Animals and Humans*, ed. J. Archer and L. Birke, 176-197.

Wokingham, U.K.: Van Nostrand Reinhold.

- Stoskopf, M. K., and E. F. Gibbons, Jr. 1993. Quantitative evaluation of the effects of environmental parameters on the physiology, behavior, and health of animals in naturalistic captive environments. In *Naturalistic Environments in Captivity for Animal Behavior Research*, ed. E. F. Gibbons, Jr., E. J. Wyers, E. Waters, and E. W. Menzel, Jr., 140-160. Albany: State University of New York Press.

- Thomas, J. A., R. A. Kastelein, and F. T. Awbrey. 1990. Behavior and blood catecholamines of captive belugas during playbacks of noise from an oil drilling platform. *Zoo Biology* 9:393-402.

- Thompson, S. D. 1991. Biotelemetric studies of mammalian thermoregulation. In *Biotelemetry Applications for Captive Animal Care and Research*, ed. C. S. Asa, 25-37. Wheeling, W.Va.: American Association of Zoological Parks and Aquariums.

- Tong, E. H. 1973. The requirements of ungulates and carnivores in safari parks. In *The Welfare and Management of Wild Animals in Captivity*, 50-55. Potters Bar, U.K.: Universities Federation for Animal Welfare.

- Valone, T. J., and L.-A. Giraldeau. 1993. Patch estimation by group foragers: What information is used? *Animal Behaviour* 45:721-728.

- Vestal, B. M., and A. Vander Stoep. 1978. Effect of distance between feeders on aggression in captive chamois (*Rupicapra rupicapra*). *Applied Animal Ethology* 4:253-260.

- von Uexküll, J., and G. Kriszat. 1934. *Streifzuge durch die Umwelten von Tieren und Menschen*. Berlin: Springer.

- Walther, F. R. 1984. *Communication and Expression in Hoofed Mammals*. Bloomington: Indiana University Press.

- Waring, G. H. 1983. *Horse Behavior: The Behavioral Traits and Adaptations of Domestic and Wild Horses, Including Ponies*. Park Ridge, N.J.: Noyes Publications.

- Watson, D., and K. Labs. 1983. *Climatic Design*. New York: McGraw-Hill.

- Western, D. 1979. Size, life history, and ecology in mammals. *African Journal of Ecology* 17:185-204.

- Westoby, M. 1974. An analysis of diet selection by large generalist herbivores. *American Naturalist* 108:290-304.

- Wienker, W. R. 1986. Giraffe squeeze cage procedure. *Zoo Biology* 5:371-377.

제15장

포유류 급이와 환경 풍부화

Donald G. Lindburg

동물 사육의 역사라는 것은, 발달 과정에서 환경에 민감하고 가장 지능이 높은 동물들조차도 쉽게 열악한 환경에 처할 수 있다는 사실을 일깨워주는 경고이자 교훈이다(Erwin 등, 1979). Robert Yerkes(1925)와 Heini Hediger(1950)와 같은 환경 풍부화에 대한 초기 주창자들은 사육환경에서도 정신적·신체적 자극의 필요성을 인식했지만, 위생, 관리자의 편의성, 그리고 사육 비용 절감이 중심이던 시대에 있어 이들은 예외적 존재였다(Coe, 1987; Segal, 1989). 최근 들어 비인도적이라 인식하는 사육환경에 대해 대중의 관심이 높아지면서 환경 풍부화가 하나의 흐름으로 자리 잡았다. 이에 따라 관련 전문성을 갖춘 동물 행동학자들도 새롭게 주목받고 있다(1장 참조). 그 결과, 환경과 동물 행동·생리

간 상호작용을 단순히 인정하던 시대는 지나고, 과거의 무미건조하고 삭막한 환경을 자극적으로 바꾸기 위한 다양한 장치들을 급속히 보급하는 시대로 접어들었다.

그리하여 열악한 사육환경에 대해 방치하던 태도는 장비를 활용해 개선책을 찾으려는 새로운 시도로 전환되었다(Markowitz, 1982). 특히 미국에서는 동물복지 운동과, 이를 의무화한 미국 의회의 법률 제정을 바탕으로 이러한 변화가 일어났다(표 10). 실제로 오늘날 미국 연구실에서 발표하는 대부분의 환경 풍부화 관련 논문들은 이 법률에 과학적 근거와 정당성을 확보하려는 경향을 보이고 있다. 이는 만약 법적으로 금지되지 않았다면 여전히 많은 실험실 동물들이 최소한의 외부 자극만을 받는 환경에서 살아가고 있었을 것임을 암시한다. 한편 동물원도 역시 반응 속도가 느리기는 마찬가지였다. 하지만, 그 역할이 보전 기관으로 변화하고, 전시 및 교육 프로그램을 위한 야생동물의 사육 번식에 더욱 의존하게 된 현실에 맞춰 행동 풍부화를 도입하였다(Benirschke, 1986). 비록 다소 상이한 도입 배경에도 불구하고, 개발된 다양한 행동 풍부화 장치들(Shepherdson, 1989a,b)은 오늘날 실험실 사육장뿐만 아니라 많은 동물원 환경에서도 광범위하게 활용하고 있다.

풍부화 연구의 발전에서 세 번째 단계는 예전에는 풍부화 장치에 대한 동물들의 반응과 그 효과를 단순히 묘사하는 수준에 머물렀다면, 이제는 왜 그런 반응이 나타나는가를 해석하고자 하는 연구들의 등장이다. 즉 동물들이 왜 그런 반응을 보이는지를 밝히는 데 중점을 둔 논문들이 등장하면서 세 번째 단계가 시작되었다. Shepherdson(1993)이 설명한 바와 같이, 풍부화 장치나 기법에 대한 즉각적인 반응이 있다고 해서 항상 지속적인 긍정적 효과로 이어지는 것은 아니다. 즉, 어떤 장치나 자극에 반응해서 당장은 행동이 활발해지는 것처럼 보여도, 그 효과가 진짜 의미 있는 변화(예: 정형행동 감소, 복지 향상 등)로 이어지려면 시간이 걸릴 수 있고, 때에 따라서는 아예 효과가 없을 수

표 10 | 사육동물을 위한 환경 풍부화 발전 단계

1. **수동적 단계(Passive phase)**
   · Yerkes, Hediger 등의 이론에 대한 지적 동의
   · 사육 비용, 소독 가능한 환경, 사용자 편의성에 대한 강조

2. **도구적 단계(Instrumental phase)**
   · 동물복지에 대한 우려로 유익한 효과에 대한 검증 없이 많은 풍부화 기구 도입('보여주기' 시대)
   · 과학적 정당성 확보 이전에 연구실과 전시장의 초기 리모델링 수행

3. **과학적 단계(Scientific phase)**
   · '심리적 복지'를 과학적으로 정의하려는 시도
   · 특정 접근법의 효과 유무에 대한 전략 및 이론적 문제에 집중
   · 환경 풍부화 프로그램에 관한 보고를 위한 학술지 및 뉴스레터의 등장

도 있다는 것이다. 단, 그 풍부화 전략이 동물의 동기를 보다 효과적으로 자극할 수 있을 경우에는 예외가 될 수 있다. 풍부화 전략이 단순히 자극을 제공하는 데 그치지 않고, 동물의 내적인 동기 상태, 다시 말해 '이 동물이 지금 어떤 욕구나 본능을 충족시키고 싶은가?'에 맞춰져 있어야만 진정한 효과가 발생하기 때문이다. 동물이 왜 어떤 행동을 하고 싶은지(예: 먹이를 찾고 싶은 본능, 사회적 상호작용 욕구 등)를 잘 이해하고, 그 욕구를 충족시켜 줄 수 있는 방식으로 풍부화를 설계해야 단순한 반응 그 이상, 즉 행동 전반의 긍정적인 변화로 이어질 수 있다는 것이다. 장비 기반 연구와 동기 이론의 유용한 발견을 결합하는 것은 풍부화에 대한 과학적 이론을 발전시킬 흥미로운 가능성을 제공한다. '무엇'에 대한 관찰에서 '왜'에 대한 탐구로 초점을 전환한 초기 사례로는 Wemelsfelder(1985), Hughes와 Duncan(1988), Moodie와 Chamove(1990), 그리고 Shepherdson 등(1993)의 논문을 들 수 있다.

비록 도구적 단계는 짧은 기간에 그쳤지만, 복잡한 문제에 대한 단순한 해결책이 원하는 결과를 항상 가져오는 것만은 아니라는 점을 여러 차례 일깨워 주었다. 예를 들어, 사람 중심적 기준으로 정의한 풍부화(Woolverton 등, 1989)는 생태적으로 관련성 있는 풍부화(Chamove, 1989)보다 효과가 훨씬 낮거나 전혀 없다는 사실이 반복적으로 입증되었다. 풍부화 접근법에 대해 배운 다른 교훈은 다음과 같다.

- 선입견을 경계해야 한다. 예를 들어, '많을수록 좋다'는 것이 항상 옳은 것만은 아니다.
- 빠른 해결책을 기대해서는 안 된다. 예를 들어, 고압 멸균한 공 몇 개를 무균 환경에 추가하는 것만으로는 충분하지 않다.
- 동물의 즉각적 선호만을 기준으로 풍부화를 설계하는 것은, 사람이 즉석식품을 쉽게 이용하게 하는 것만큼이나 동물 건강에 해로울 수 있다.
- 나이, 성별, 어린 시절의 양육 방식은 동물의 반응을 형성하는 데 중요하다. 예를 들면, 대부분 성체 동물은 놀이 행동을 거의 하지 않기 때문에 놀이를 유도하려 해도 효과가 없다는 점에서 이를 알 수 있다.
- 나뭇잎같이 생물적으로 관련성 있는 자극이 장난감보다 효과적일 가능성이 높다.
- 관리 및 유지 보수 과정에서 발생하는(주로 청각적 자극) 조건형성에 사육 동물은 영향받으며, 이는 풍부화 노력의 성공에 영향을 미칠 수 있다.
- 환경 풍부화를 성공적으로 이루려면 '새로움'이 핵심이다. 새로운 자극은 동물이 오랫동안 흥미를 느낄 수 있을 만큼 적절한 수준으로 유지해야 하며, 내적 동기나 행동 욕구와 잘 어우러져야 한다(그림 35). 자극이 너무 부족하면 동물은 쉽게 지루함을 느끼고, 반대로 너무 과하면 스트레스를 받아 기대한 효과를 얻을 수 없다.

그림 35 풍부화 물품을 통해 새로운 방식으로 제공한 먹이를 얻기 위해 수달이 잠수하고 있다(국립생태원, ⓒ이종현).

먹이 제공을 통한 풍부화 타당성

먹이를 얻고 섭취하는 활동은 사육동물의 환경을 풍부화하는 데 탁월한 기회가 된다. 그 이유는 간단하다. 먹이 획득이 생존을 위한 필수 활동이고, 개체마다 일정한 주기로 노력해야 하기 때문이다. 먹이 획득과 같은 생존 행동은 성별이나 연령과 관련된 행동(예를 들면, 놀이, 털고르기나 교미)보다 중요하다. 특히 야생에서 먹이를 구해야 하는 종일수록, 야생과 사육환경 간의 차이를 활용해 동물의 흥미를 유도하는 효과적인 방법으로 적용할 수 있다.

먹이 획득이라는 과정을 활용한 풍부화를 시도해야 하는 두 번째 이유는, 자연 상태의 먹이 자체가 동물에게 본래부터 흥미로운 자극이라는 점이다. 건강한 동물이라면, 먹이는 본능적으로 다양한 조작 행동이나 탐색행동을 유도한다. 심지어 배가 고프지 않더라도 이러한 반응이 나타난다. 반면, 무기물로 만든 장치들(장난감 등)은 주기적으로 교체하지 않으면 동물들은 관심을 빠르게 잃는다. 이에 비해 먹이를 활용한 자극에서는 '새로움'을 유지하는 데 훨씬 덜 신경 써도 된다. 즉, 놀이 행동이나 탐색행동을 유도하기 위한 다른 방식보다, 급이를 활용한 방식이 더 안정적으로 효과를 낼 수 있다는 것이다.

먹이 섭취 패러다임

야생에서는 먹이의 가용성, 접근성, 기호성이 자연스럽게 변화한다는 상식적 전제를 바탕으로, 먹이 제공을 통한 환경 풍부화는 대개 다양한 먹이를 주거나, 제공 방식을 다양화하거나, 제공 횟수를 늘리는 방식으로 실시한다. 그러나 일반적으로 이러한 시도들은 먹이 획득 활동의 복잡성을 충분히 고려하지 못한다. 동물과 먹이 종류 사이의 유형은 종마다 매우 다양하여 일반화하기는 어렵지만, 초식성 경향이 강한 동물과 육식성 경향이 강한 동물 간의 대비는 좋은 예시가 된다(표 11). 예를 들어, 사자(*Panthera leo*)는 스스로 도망가는 먹이를 쫓아야 하지만, 그 먹이동물은 보통 덩치가 크고, 우연한 기회로 1~2개체만 잡을 수 있다. 사자는 한 번 먹이를 사냥할 때 많은 양을 먹을 수 있

표 11 │ 초식동물과 육식동물의 먹이 특성 비교

먹이 특성	초식동물	육식동물
크기와 이동성	작고, 땅이나 나무에 붙은 상태	크고, 움직이는 상태
분포	널리 퍼져 있음	집중되어 있음
가용성	높은 예측 가능성	낮은 예측 가능성
섭식 시간	김	짧음
섭취량	많음	적음
단백질 함량	낮음	높음
불소화물 성분 비율	높은 비율	낮은 비율
체내 체류 시간	장기간	단기간

표 12 | 먹이 획득의 네 단계에서 풍부화를 할 수 있는 기회

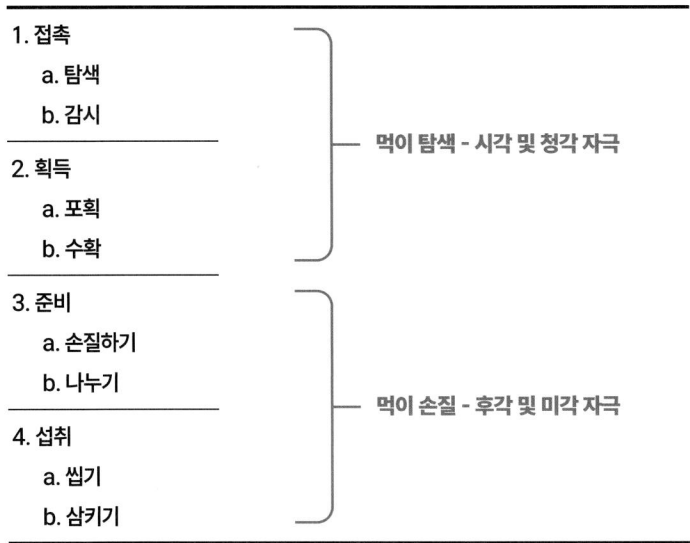

1. 접촉
   a. 탐색
   b. 감시

2. 획득
   a. 포획
   b. 수확

먹이 탐색 - 시각 및 청각 자극

3. 준비
   a. 손질하기
   b. 나누기

4. 섭취
   a. 씹기
   b. 삼키기

먹이 손질 - 후각 및 미각 자극

지만, 먹이 활동에 소비하는 시간과 섭취량은 상대적으로 적다. 예를 들어 대형 초식동물인 가우어(*Bos gaurus*)는 작은 잎이나 풀처럼 작고 흩어져 있으며, 움직이지 않는 먹이를 비교적 예측 가능한 방식으로 꾸준히 먹어야 한다. 따라서 초식동물은 풀을 뜯어 먹는데 들이는 시간과 섭취량이 육식동물보다 더 많다. 이처럼 자원 제공을 통한 성공적인 풍부화를 위해서는 종의 생물적 특성에 대한 이해가 반드시 선행되어야 함을 보여준다.

자연계에는 다양한 먹이가 존재하지만, 먹이를 얻기 위한 과정에는 공통적인 기본 요소들이 있다. 이러한 요소들은 효과적인 풍부화 전략을 설계하는 데 있어 유용한 지침이 된다. 이를 바탕으로 먹이 획득 과정을 네 가지 단계로 나눌 수 있으며, 대부분의 척추동물은 이 과정을 거친다(표 12).

가장 먼저 동물이 먹이원과 접촉해야만 먹이 섭취를 할 수 있다는 점이다. 한쪽 끝에서 보자면 동물이 직접 먹이를 찾아 나서야 하고, 다른 한편에서는 포식자는 먹이가 사정거리 안으로 들어오기를 기다린다는 것이다(Hamilton, 1973). 먹이를 찾아 나서는 동물의 활동은, 선호하는 풀밭을 찾아 이동하는 초식동물처럼 단순할 수도 있고, 사냥을 위해 하룻밤 사이 수 ㎞를 이동하는 호랑이(*Panthera tigris*)처럼 까다로울 수도 있다. 먹이원과 접촉한 이후에는 먹이를 확보하는 단계가 뒤따른다. 육식동물은 추적, 매복, 전력 질주, 포획과 같은 다양한 행동을 통해 먹이를 확보하며, 이는 초식동물이 넓게 퍼져있는 씨앗, 열매, 꽃, 잎, 꿀, 수액, 풀잎이나 작은 가지 등을 먹는 방식과는 대조적이다. 대부분의 척추동물은 먹이를 찾고 확보하는 데 있어 주로 시각과 청각에 의존한다(특정 분류군에서는 후각 또한 중요한 역할을 할 수 있다). 또한 이러한 활동은 복잡한 사회적·생태적 환경 속에서 이루어진다. 풍부화 전략을 설계할 때 이러한 행동들은 통칭하여 '먹이 탐색'이라고 부른다.

상업용 시판 사료가 보편화된 오늘날, 풍부화 연구에서는 먹이 획득 과정 중 동물이 직접 해야 하는 손질과 섭취 단계를 상대적으로 덜 고려해 왔다. 손질은 풀을 한입 뜯어먹거나 뱀처럼 먹잇감을 통째로 삼키는 경우와 같이 거의 손질하지 않는 수준부터, 큰 먹잇감을 섭취 가능한 크기로 나누는 격렬한 노동에 이르기까지 다양하다. 이 과정에는 이빨, 턱, 혀, 후각 기관, 손, 발 등을 다양한 방식으로 사용한다. 먹이를 혀의 맛봉오리에 접촉하여 화학적 분석이 이루어진 후, 삼키거나 상황에 따라 뱉어내기도 한다. 이러한 후반부 먹이 획득 과정은 미각과 후각 같이 보다 원초적인 감각에 의존하며, 풍부화 관점에서는 먹이를 섭취 가능한 형태로 다루고 기호성을 평가하는 '손질 단계'로 분류할 수 있다. 그러나 풍부화 연구에서 이와 같은 먹이 소비 과정은 상대적으로 적게 다루어 왔다.

이러한 논의를 확장하기에 앞서, 먹이 풍부화 프로그램을 설계할 때 고려해야 할 몇 가지 실용적인 사항을 짚고자 한다. 대상 동물의 관심을 끌지 못하거나, 추적과 같은 활동을 과도하게 자극하거나, 과식으로 이어지는 방식은 바람직하지 않다. 또한 설계가 간단하고, 동물에게 안전하며, 사육 관리 측면에서도 실용적이고, 다양한 분류군이나 상황에 널리 적용할 수 있는 접근법을 선호한다.

먹이 탐색행동 조절을 통한 풍부화

사육환경에서는 흔히 상업적으로 가공한 먹이를 단순하게 주는 방식이며, 동물은 그저 먹이 근처로 다가가 먹는 것 외에 별다른 행동을 하지 않는다. 사육사들의 근무 일정, 먹이 준비 및 청소의 효율성, 먹이 비용 절감, 그리고 대중의 인식에 대한 고려 등이 먹이 제공 제약 요소이기는 하다. 하지만 동물복지와 건강을 고려한다면, 작은 수준의 변경이라 할지라도 풍부화한 먹이 제공 방식을 도입하는 것은 분명히 이익이 될 것이다.

섭식행동을 유도하는 방법은 매우 다양하여 이 자리에서 모두 다루기 어렵다(자세한 내용은 Shepherdson, 1989a 참조). 이러한 방법들은 모두 먹이를 찾는 과정에서 동물이 정신적으로 활성화하고, 이동이나 먹이 손질 행동과 같은 대근육 운동 활동을 증가시키며, 종 특유 행동으로 더 많은 시간을 보내게 하는 것을 목표로 한다. 먹이 급이장치, 흰개미 언덕 모형, 퍼즐 장치 등을 이용해 먹이를 주거나, 건초, 짚, 나무 조각, 덤불, 통나무 더미 등 복잡한 바닥재에 먹이를 숨기거나 흩뿌려 주면 쉽게 이룰 수 있는 목표다. 이러한 장치를 사용해서 얻을 수 있는 효과로는, 공간적으로 먹이를 더욱 넓게 흩뿌려주거나 먹이 획득 난이도를 높여서 오르거나, 팔을 뻗고, 땅파기 또는 촉각으로 먹이를 탐색하는 등의 다양한 행동을 유도할 수 있다. 밀웜 자동급이기와 같은 장치를 이용해 불규칙적으로 먹이를 주거나 나무 조각이나 건초, 덤불 속에 먹이를 둬서 탐색 시간을 늘릴 수도 있다. 동물 처지에서 보면, 이러한 급이 방식은 환경 안에 더 많은 필수 정보를 주고, 선택지를 더욱 다양하게 만들어 준다

그림 36 너구리(*Nyctereutes procyonoides*)가 후각을 이용해 땅속에 숨겨둔 먹이를 찾고 있다. 이러한 종 특이적 행동 풍부화는 탐색행동을 유도해 지루함을 줄이고 본능적 습성을 발휘하도록 돕는다(충남야생동물구조센터, ⓒ김영준).

(Chamove, 1989). 이는 단지 먹이를 먹는 행위가 아니라, 인지적·운동적·행동적 복지를 향상시키는 기회로 작용한다(그림 36).

이러한 풍부화 기법들은 주로 영장류에게 적용해 왔으며, 뛰어난 손재주와 나무타기 능력을 활용해 야생의 3차원 공간에서 먹이를 획득하는 과정을 어느 정도 모방하는 방식으로 적용하였다(Molzen과 French, 1989). 반면, 초식동물의 삶을 풍부화할 기회는 다소 제한적이다. 이는 사육환경이 초식동물의 먹이 확보 과정을 근본적으로 변화시키지 않기 때문이다. 초식동물은 초지에 자라는 풀을 먹든, 압축한 건초 더미나 급이기에 담긴 먹이를 먹든, 한 번에 한 입씩 먹이를 먹는 방식은 변하지 않는다. 결국 야생과의 가장 큰 차이점은 먹이를 찾기 위해 이동하는 거리다. 한편, 육식동물의 경우, 먹잇감을 찾기 위해 이동하는 것 외에도, 마지막 사냥 단계에서 단기간에 많은 운동 에너지를 소모해야 한다. 야생에서는 사냥에 성공할 확률이 낮기 때문에, 육식동물은 먹잇감을 잡을 때까지 여러 번 시도해야 한다(Lindburg, 1988). 이에 반해 사육환경에 있는 육식동물에게는 대개 이미 죽었거나 가공 먹이를 주기 때문에 먹이를 획득하는 데 아무런 노력을 기울일 필요가 없다. 상업용 먹이이든 사체든 어떤 형태의 먹이를 주더라도, 사육동물에게는 채집이나 사냥 활동이 거의 필요하지 않다.

일부 대형 고양이과 동물들에게는 먹이 상자를 부착한 흔들리는 기둥을 사육장 천장에 설치하여 사냥과 유사한 행동을 유도할 수 있었다. 고양이과 동물들은 먹이를 얻기 위해 흔들리는 기둥을 타고 올라간 뒤, 먹이 상자 아래쪽에 있는 구멍을 통해 먹이를 가져와야 했다(Law 등, 1990). Shepherdson 등(1993)은 수영장을 이용해 고기잡이삵(*Prionailurus viverrinus*)에게 살아있는 물고기를 줘서 사냥 행동을 이끌어냈으며, 덤불 더미 속에 먹이를 숨기는 방식도 삵(*Prionailurus bengalensis*)에게 비슷한 효과를 보인다는 것을 발견했다. 이와 함께, 이후 관찰 기간 동안 탐색행동의 증가, 행동 다양성의 증가, 그리고 정형행동(반복적 걷기 행동)의 감소도 관찰하였다.

조금 더 복잡한 형태로는, 먹이 획득 노력을 끌어내기 위해 고안한 장치들이 있다. 예를 들어, Markowitz(1982)는 북극곰(*Ursus maritimus*)을 위해 수영장으로 물고기를 발사하는 장치를 개발하였다. 독일 뒤스부르크동물원은 수년 동안 얼룩말(*Equus* sp.) 모형이 움직이도록 설치하고 여기에 고기를 매달았다. 이 먹이를 쫓아 리카온(*Lycaon pictus*) 무리가 달리게 유도한 것이다(Gewalt, 연도 미상). 이들 사례 모두에서 먹이를 '포획'함으로써 보상받는 체계를 통해 동물의 행동이 지속된 것이다. 이는 단순한 급이 이상의 가치를 가지며, 동물의 본능적 행동 욕구 충족과 복지 향상에 크게 이바지할 수 있다.

미국 캘리포니아주 샌디에고야생동물공원에서는 사냥 활동이 제한된 치타(*Acinonyx jubatus*)에게 달리기와 정신적 자극을 주기 위해 유인 장치를 사용하고 있다. 이 장치는 사냥 과정 중 전력 질주 구간을 모방했지만, 먹이 보상은 하지 않는다는 점이 특징이다. 치타는 먹을 게 없는 미끼 루어가 빠르게 움직이는 것 자체에 이끌리는 것으로 보인다(그림 37). 현재, 이 활동이 장기간 유지될 수 있는지, 그리고 신체 상태의 개선에 도움이 되는지를 평가하는 연구를 진행 중이다.

그림 37 루어를 쫓고 있는 **치타**(ChatGPT로 생성한 이미지) (옮긴이 주: 독자의 이해를 돕기 위해 변형한 그림이다).

이상의 내용을 종합하면, 먹이 획득 행동을 통한 풍부화 기회를 가장 효과적으로 제공할 수 있는 경우는, 동물이 먹이를 얻기 위해 3차원 공간을 이동하고, 먹이를 포획할 때 입 이외의 신체 부위를 사용하며, 움직이는 대상을 추적하는 습성을 지녔을 때라고 할 수 있다.

먹이 손질을 통한 풍부화 접근

왜 마모셋은 껍질을 깐 땅콩보다 껍질이 있는 땅콩을 80%나 더 선호할까(Chamove, 1989)? 왜 사자꼬리원숭이(*Macaca silenus*)는 당근처럼 껍질이 없는 먹이조차 입으로 '껍질을 벗기려는' 행동을 보일까(Smith 등, 1989)? 자연 상태의 많은 먹이는 동물이 먹기 가능한 형태로 손질하는 노력이 필요하다. 이 사실과 관찰에 주목하면서, 먹이 손질 행동에 관심을 갖게 되었다. 많은 과일과 채소는 먹기 전에 껍질을 제거해야 하며, 육식동물의 먹이 또한 대개 한입 크기를 훨씬 초과하는 크기로 준다. 앞서 언급한 것처럼, 사육 육식동물용 시판 먹이는 거의 손질이 필요 없으며, 초식동물용 펠릿 먹이도 영양소와 양을 농축 형태로 주기 때문에 풀을 먹을 때는 배부를 때까지 먹여야만 하는, 필요한 먹이 섭취 노력을 줄여버린다.

일반적인 농산물 형태의 먹이를 줄 때는, 껍질 벗기기, 얇게 썰기, 깍둑썰기, 다지기, 껍질 까기와 같은 먹이 준비를 위해 주방 시설에 많은 투자를 해왔다. 그러나 이러한 작업들은 동물들이 아니라 사육사들이 한다. 먹이를 작은 크기로 나누어 주면 특히 서열 구조가 있는 동물 집단 내에서 먹이 분배를 보다 균등하게 할 수 있다는 점을 흔히 생각한다. 하지만 이러한 관행은 사람 사회에서는 당연할 수 있어도, 동물에게는 다소 사람 중심적 사고에 기반한 것일 수 있다(Lindburg와 Smith, 1988). 어쨌든 먹이를 스스로 손질하지 못 하게 만들면, 동물들의 저작 기관 건강을 저해할 수 있고, 조작과 손질 같은 신체적·정신적 노력을 크게 줄인다는 것이다. 따라서 먹이 풍부화 프로그램을 설계할 때 반드시 고려해야 할 사항이다.

육식동물에게 부드러운 먹이를 계속 급이할 경우 다양한 구강 내 문제를 유발할 수 있으며, 여기에는 치석이 과도하게 끼는 문제도 포함된다. 일부 문제는 단단한 보조 먹이를 줘서 완화할 수 있다. 팀버늑대(*Canis lycaon*)[70](Vosburgh 등, 1982)와 아무르호랑이(*Panthera tigris altaica*)(Haberstroh 등, 1984)를 대상으로 한 실험 연구에서는, 기존의 부드러운 먹이에 섬유질이 많은 단단한 먹이를 추가할 경우 잇몸 건강이 크게 향상된다는 사실을 확인하였다. 치타의 부정교합으로 인한 구개(입천장) 미란은 어린 시절 턱과 근육을 충분히 사용하지 않아 발생한 것으로 보고했다(Fitch와 Fagan, 1982). 야생 치타에서는

---

70   옮긴이 주: 참고문헌에는 *Canis lupus*로 되어있으나, 팀버늑대의 최신 학명을 반영함.

이러한 문제가 발견되지 않는다는 최근 연구 결과(Phillips, 1993)는 단단한 먹이를 주는 것이 중요하다는 내용과 연결된다. 또한, 말과 코뿔소 두개골을 비교한 연구에서 Groves(1966, 1982)는 야생 개체와 사육 개체를 형태학적으로 쉽게 구별할 수 있다고 보고했으며, 이는 사육환경에서 먹이 섭취 시 근육 사용이 줄어들어 결국 골격 강성도 감소했을 가능성을 시사한다.

오셀롯(*Leopardus pardalis*)에게 먹이로 온전한 조류를 준 후 스스로 털을 뽑는 행동을 멈췄다는 사례(Hancocks, 1980)처럼, 먹이 손질행동이 동물의 복지에 중요하게 작용한 다른 상황들도 보고되고 있다. 체계적 연구에서도 유사한 결과가 나타났다. Bond와 Lindburg(1990)는 상업용 먹이와 사체 먹이를 준 후 치타들의 반응을 비교한 결과, 사체를 먹은 치타가 먹이 섭취 시간과 먹이 탐색 시간이 더 길어졌으며, 먹이를 손질할 때 열육치[71]를 사용하는 빈도도 유의미하게 증가한 것을 발견했다. 또한 사체 급이 시 먹이를 차지하려는 경쟁 행동도 더 빈번하게 나타났다.

초식동물은 먹이 손질 행동의 관점에서 거의 주목을 받지 못했지만, Dittrich(1976)는 영양 균형을 맞춘 농후사료를 줄 경우, 급이 사이의 긴 시간 동안 활동하지 않거나 활동성이 떨어지고, 울타리나 사육장 구조물을 과도하게 핥는 이상행동이 나타난다고 보고했다. Dittrich는 또한 채식 행동을 하지 못하기에 이러한 행동으로 보상하려는 시도일 수 있으며, 적절한 나뭇잎을 추가로 주어 완화할 수 있다고 주장했다.

온전한 형태의 농산물을 줬을 때, 사자꼬리원숭이(*Macaca silenus*) 무리는 잘게 썬 동일 먹이를 받았을 때보다 먹이 섭취 시간이 길어졌고, 섭취량이 증가했으며, 다양한 종류를 먹는 경향을 보였다(Smith 등, 1989). 서열 구조의 양 끝단의 개체들 모두에서 나타난 식단 다양성 증가는, 먹이를 잘게 썰거나 껍

---

71   Carnassial teeth: 살을 찢는 이빨, 육식성 포유류의 먹이를 자르는 데 특화된 어금니.

질을 벗기는 등 작은 단위로 주면 최상위 개체의 독점 행동이 줄어들 것이라는 기존 예측과는 반대되는 결과였다. 가장 높은 서열의 개체들은 처음에는 손과 발에 잡을 수 있는 만큼 온전한 먹이를 움켜쥐었지만, 몇 번 물어본 뒤 쉽게 버리는 경우가 많았고, 이때 하위 서열의 개체가 그 먹이를 주워 먹었다. 섭식 시간이 증가한 이유는 껍질이나 껍질막 등을 동물이 스스로 제거했기 때문으로 분석하였다. 또한, 신선한 나뭇잎을 바닥에 던져주던 기존 방식과 달리, 수직으로 세워 고정한 형태로 주면, 어린 개체들은 가지에 뛰어오르거나, 먹이터 주변을 숨바꼭질하듯 쫓아다니거나, 가지를 부러뜨리려는 등 새로운 형태의 놀이 행동을 보였다. 이전에는 바닥에 둔 나뭇잎을 무시했던 나이 든 개체들도, 세워둔 가지류를 먹이 자원으로 활용하기 시작했다. 이러한 연구들은 모두 다양한 방식으로, 먹이 자체의 비영양적 특성과 이를 손질하는 과정이 구강 구조의 건강 증진뿐 아니라 정상행동을 표현할 기회를 넓히는 데 중요한 역할을 한다는 사실을 보여준다.

먹이 섭취 과정의 마지막 단계는 먹이를 입에 넣는 순간부터 삼키거나, 때에 따라 뱉어내는 행동까지를 포함한다. 후각을 통한 평가 과정은 먹이 찾기 행동 중이거나 먹이를 처음 준비할 때 이미 시작되었을 가능성이 높지만, 해당 먹이가 실제로 유용한지에 대한 최종 판단은 결국 미각으로 결정한다. 특정 독성 물질이나 식물의 화학적 방어 물질을 피하는 것은 성공적인 채집에 있어 매우 중요하며, 영양소를 찾는 과정에서 미각에 의존하는 것은 Scott(1992, 278쪽)의 표현을 빌리자면 '가장 원초적인 동기'다.

사육환경에서 먹이 제공 시 영양 가치가 가장 중요하다는 점은 쉽게 동의한다. 그러나 Lang(1970, 263쪽)이 강조했듯이, "먹지 않는다면 먹이의 영양 가치는 아무 의미가 없다." 활발한 먹이 섭취 활동은 동물이 맛봉오리에서 장까지 이어지는 일련의 과정에서 즐거움을 경험하고 있다는 것을 시사한다. 물론 배고픔이나 질병은 이러한 기호성 반응의 기준치에 영향을 미칠 수 있지만,

건강 상태가 양호하고 규칙적으로 먹이를 먹는 조건에서는 동물이 나타내는 급하게 먹는 행동이나 먹이를 저장하려는 집착을 통해 먹이의 기호성 차이를 추론할 수 있다. 동물이 먹이를 먹으며 즐거움을 경험한다면(Scott, 1992, '쾌감적 인식'), 먹이의 기호성을 높이는 것 역시 하나의 풍부화 방식이라고 말할 수 있다. 이를 위해 먹이의 맛과 냄새는 형태, 질감, 영양 가치와 함께 주목해야 할 중요한 속성이다.

먹이 급이 일정과 행동 조건형성

먹이 관련 풍부화 논의에서 특히 중요한 사육환경 내 시간적 요소는 두 가지로 요약할 수 있다. 첫째, 하루 한두 번으로 먹이 급이 시간이 압축된다는 점, 둘째, 먹이 준비 활동을 듣거나 냄새를 맡는 등 감각적 단서로 정해진 시간에 먹이를 줄 것이라는 조건화된 기대가 형성된다는 점이다. 초식동물의 경우, 채집하거나 뜯어 먹어야 하는 먹이가 대체로 소규모로 널리 퍼져있기 때문에 먹이를 먹는 행위에 상당한 시간이 필요하다. 하지만 일반적으로 '지속적 섭식자'들은 하루 24시간 동안 특정 시간대에 먹이 활동이 집중되는 경향이 있다. 예를 들어, 영장류의 먹이 섭취 활동을 논의하면서 Oates(1986)는 주행성 영장류가 일출 직후 가장 강한 허기를 느낄 때 짧은 시간 동안 집중적으로 먹이를 먹고, 오후에도 종종 두 번째 먹이 활동의 정점을 보인다고 보고했다. 반면 '기회적 섭식자'는 상대적으로 짧은 시간 동안 대량의 먹이를 먹는 종을 가리키며, 이는 사냥에 성공한 육식동물에서 볼 수 있다. 사냥에는 선호하는 시간대가 있을 수 있지만, 포식자의 경우 사냥이라는 기회적 특성 때문에 지속적 섭식자와는 달리 먹이 섭취 간격이 불규칙한 경향을 보인다.

사육환경에서는 생태적 특성이 크게 다른 분류군에게도 먹이를 비교적 일률적으로 주는 경우가 많으며, 이때 먹이 급이 방식을 결정짓는 주요 요인은 사육사의 근무 일정이다. 채집해서 먹는 동물에게 하루치 먹이를 한꺼번에 주면, 먹이 수확 행동이 사실상 사라지게 되어 먹이 섭취 양상은 육식동물과 비슷해진다. 빨리 먹이를 모두 먹어버리면 당연히 많은 여유 시간이 생기며, 이는 종종 지루함으로 이어진다. 채집 기회를 늘려 먹이 섭취 시간을 연장하는 것이 바람직하지만, 하루 중 첫 번째 급이를 규칙적인 시간에 주는 것은 일부 동물복지론자들의 주장과 달리 분명히 바람직한 접근법이다. 주행성 채집 동물에게 먹이를 오래 안 주면 허기가 길어질 뿐만 아니라, 집단 내에서 갈등이 증가하여 부상 위험도 커질 수 있기 때문이다. 한 예로, Wasserman과 Cruikshank(1983)는 망토개코원숭이(*Papio hamadryas*)의 급이 시간과 관련된 행동을 연구한 결과, 먹이 제공 직전에 공격 행동이 증가하고 사회적 친화 행동이 감소하는 경향을 발견했다. 이러한 경우, 비록 먹이 급이 시간이 동물의 생물적 리듬에 부합하더라도, 여전히 먹이를 확보하기 위한 채집 활동이 없다는 점을 고려한다면, 이를 이용해 추가적인 풍부화 노력을 기울여 볼 수도 있다.

반면, 자연 상태에서 먹이 섭취 간격이 일정하지 않은 동물들도 사육환경에서는 시간이 지나면서 일정 규칙성에 강하게 조건화된다. 주로 사육사의 일과와 먹이 제공 시간을 암시하는 단서들을 학습해서 조건화되는 것이다. 육식동물들은 규칙적 급이 시간에 잘 적응하는 것으로 보이며, 일단 이렇게 조건화되면 오히려 급이 시간이 불규칙할 경우 스트레스를 받을 수 있다. 또한, 조금씩 자주 주는 방식은 정형행동인 반복보행을 줄이는 데 효과적일 수 있다 (Shepherdson 등, 1993). 육식동물에게 먹이를 줄 때 나타나는 흥미로운 점 중 하나는, 일부 고양이과 동물들에게 일주일에 하루 정도 먹이를 주지 않는 관행이다. 이 방식은 주말 사육 인력 조정과 야생 대형 고양이과 동물들이 매일 먹이를 섭취하지 않는 생태적 특성에 근거하여 도입한 것으로 보인다. 7일 간격으로 단식하는 것이 심리적 또는 행동적 측면에서 부정적 영향을 미치는지는 아직 알려지지 않았다. 그러나 치타를 대상으로 단식 빈도를 늘리는 실험을 진행한 Chi(1992)는, 단식일에는 급이 예정 시간이 지나면 먹이 준비 소리에 대한 반복보행과 기타 행동 반응이 기준 이하로 감소하는 것을 발견했다.

풀을 거의 항상 뜯는 초식동물의 경우에는 시간적 요인이 상대적으로 덜 중요하다. 그러나 하루 24시간 중 특정 시간에만 먹이를 주는 모든 경우에는 시간적 요인이 매우 중요하다. 이럴 때, 사람이 설정한 급이 일정이 동물에게 조건화 효과를 일으키며, 이를 무시할 경우 스트레스의 원인이 될 수 있다는 점을 반드시 인식해야 한다.

결론

먹이를 얻기 위한 채식행동은 초식동물에게는 수확 행동을, 육식동물에게는 추적 행동을 유도함으로써 사육동물의 삶을 풍부하게 만든다. 또한 사육 환경에서의 먹이 제공은 형태, 질감, 크기, 기호성 등 먹이의 비영양적 특성에 주의를 기울임으로써 추가적인 풍부화 기회를 줄 수 있다. 먹이를 통한 풍부화의 성공 여부는 사육동물이 사육사들의 활동에 대해 불가피하게 조건화된다는 사실을 인식하는 것이 중요하다.

참고문헌

- Benirschke, K. (Ed.). 1986. *Primates: The road to self-sustaining populations*. New York: Springer-Verlag.
- Bond, J. C., & Lindburg, D. G. 1990. Carcass feeding of captive cheetahs (*Acinonyx jubatus*): The effects of a naturalistic feeding program on oral health and psychological well-being. *Applied Animal Behaviour Science*, 26, 373-382.
- Chamove, A. S. 1989. Environmental enrichment: A review. *Animal Technology*, 40:155-178.
- Chi, D. 1992. The conditioning of captive cheetahs (*Acinonyx jubatus*) to regularly occurring environmental stimuli. Master's thesis, San Diego State University, San Diego, Calif.
- Coe, J. C. 1987. In search of Eden: A brief history of great ape exhibits. In *Proceedings of the American Association of Zoological Parks and Aquariums Annual Conference* (pp. 628-638). Wheeling, WV: AAZPA.

- Dittrich, L. 1976. Food presentation in relation to behaviour in ungulates. *International Zoo Yearbook*, 16:48-54.

- Erwin, J., Maple, T., & Mitchell, G. (Eds.). 1979. *Captivity and behavior: Primates in breeding colonies, laboratories, and zoos*. New York: Van Nostrand Reinhold.

- Fitch, H. M., & Fagan, D. A. 1982. Focal palatine erosion associated with dental malocclusion in captive cheetahs. *Zoo Biology*, 1:295-310.

- Gewalt, W. n.d. *Zoo Duisburg Guide Book*. Duisburg, Germany: Zoo Duisburg.

- Groves, C. P. 1966. Skull changes due to captivity in certain Equidae. *Zeitschrift für Säugetierkunde*, 31:221-237.

- Groves, C. P. 1982. The skulls of Asian rhinoceroses: Wild and captive. *Zoo Biology*, 1:251-261.

- Haberstroh, L. I., Ullrey, D. E., Sikarskie, J. G., Richter, N. A., Colmery, B. H., & Myers, T. D. 1984. Diet and oral health in captive Amur tigers (*Panthera tigris altaica*). *Journal of Zoo Animal Medicine*, 15:142-146.

- Hamilton, W. J. III. 1973. *Life's Color Code*. New York: McGraw-Hill.

- Hancocks, D. 1980. Bringing nature into the zoo: Inexpensive solutions for zoo environments. *International Journal for the Study of Animal Problems*, 1:170-177.

- Hediger, H. 1950. *Wild Animals in Captivity*. London: Butterworths.

- Hughes, B. O., & Duncan, I. J. H. 1988. The notion of ethological "need," models of motivation, and animal welfare. *Animal Behaviour*, 36:1696-1707.

- Lang, C. M. 1970. Organoleptic and other characteristics of diet which influence acceptance by nonhuman primates. In R. S. Harris (Ed.), *Feeding and Nutrition of Nonhuman Primates* (pp. 263-275). New York: Academic Press.

- Law, G., Boyle, H., Johnston, J., & MacDonald, A. 1990. Food presentation. *Ratel*, 17:103-105.

- Lindburg, D. G. 1988. Improving the feeding of captive felines through application of field data. *Zoo Biology*, 7:211-218.

- Lindburg, D. G., & Smith, A. 1988. Organoleptic factors in animal feeding. *Zoonooz*, 61(12):14-15.

- Markowitz, H. 1982. *Behavioral Enrichment in the Zoo*. New York: Van Nostrand Reinhold.

- Molzen, E. M., & French, J. A. 1989. The problem of foraging in captive callitrichid primates: Behavioral time budgets and foraging skills. In E. F. Segal (Ed.), *Housing, Care, and Psychological Well-Being of Captive and Laboratory Primates* (pp. 89-101). Park Ridge, NJ: Noyes Publications.

- Moodie, E. M., & Chamove, A. S. 1990. Brief threatening events beneficial for captive tamarins? *Zoo Biology*, 9:275-286.

- Oates, J. F. 1986. Food distribution and foraging behavior. In B. B. Smuts, D. L. Cheney, R. M. Seyfarth, R. W. Wrangham, & T. T. Struhsaker (Eds.), *Primate Societies* (pp. 197-209). Chicago: University of Chicago Press.

- Phillips, J. A. 1993. Bone consumption by cheetahs at undisturbed kills: Evidence for a lack of focal-palatine erosion. *Journal of Mammalogy*, 74:487-492.

- Scott, T. R. 1992. Taste, feeding, and pleasure. *Progress in Psychobiology and Physiological Psychology*, 15:231-291.

- Segal, E. F. (Ed.). 1989. *Housing, Care, and Psychological Well-Being of Captive and Laboratory Primates*. Park Ridge, NJ: Noyes Publications.

- Shepherdson, D. J. 1989a. Review of environmental enrichment in zoos: 1. *Ratel*, 16:35-40.

- Shepherdson, D. J. 1989b. Environmental enrichment in zoos: 2. *Ratel*, 16:68-72.

- Shepherdson, D. J. 1992. Environmental enrichment: An overview. In *Proceedings of the American Association of Zoological Parks and Aquariums Annual Conference* (pp. 100-103). Wheeling, WV: AAZPA.

- Shepherdson, D. J., Carlstead, K., Mellen, J. D., & Seidensticker, J. 1993. The influence of food presentation on the behavior of small cats in confined environments. *Zoo Biology*, 12:203-216.

- Smith, A., Lindburg, D. G., & Vehrencamp, S. 1989. Effect of food preparation on feeding behavior of lion-tailed macaques. *Zoo Biology*, 8:57-65.

- Vosburgh, K. M., Barbiers, R. B., Sikarskie, J. G., & Ullrey, D. E. 1982. A soft versus hard diet and oral health in captive timber wolves (*Canis lupus*). *Journal of Zoo Animal Medicine*, 13:104-107.

- Wasserman, F. E., & Cruikshank, W. W. 1983. The relationship between time of feeding and aggression in a group of captive hamadryas baboons. *Primates*, 24:432-435.

- Wemelsfelder, F. 1985. Animal boredom: Is a scientific study of the subjective experiences of animals possible? In M. W. Fox & L. D. Mickley (Eds.), *Advances in Animal Welfare Science* (pp. 115-154). Boston: Martinus Nijhoff.

- Woolverton, W. L., Ator, N. A., Beardsley, P. M., & Carroll, M. E. 1989. Effects of environmental conditions on the psychological well-being of primates: A review of the literature. *Life Sciences*, 44:901-917.

- Yerkes, R. M. 1925. *Almost Human*. New York: Century.

제16장

환경 풍부화의 잠재적 위험 요소와
수의학적 관점

Janet F. Baer

　　동물원에 근무하는 동물병원 직원들은 질병 치료뿐만 아니라 동물의 건
강과 복지에도 적극적으로 개입해야 한다. 동물과 물리적 환경, 그리고 수의
학적 문제 사이의 관계는 잘 알려진 바 있다(Brockman 등, 1988; Munson과 Montali,
1990). 환경 풍부화는 사육동물의 신체적, 정신적, 사회적 복지에 긍정적 영향
을 주어 결과적으로 동물 건강도 좋아진다. 이처럼 환경 풍부화는 능동적인
예방 수의학 프로그램의 중요한 요소로 봐야 한다.

　　사육환경은 여러 측면에서 야생 환경과 많이 다르다. 야생 환경에서 능동
적으로 활동하던 경험과 달리, 사육환경은 사회적·물리적 제약 때문에 훨씬
더 정적이다. 사육환경 안에서는 온도나 습도, 구조적 특징이나 먹이 종류와

양, 확보 가능성과 같은 물리적 요인들을 더 쉽게 예측할 수 있다. 이런 예측 가능성으로 인해 사육환경은 야생 환경보다 자극과 선택의 기회가 적다. 물론 모든 야생 환경의 요소가 동물에게 유익하지는 않은데, 그 예로 포식, 질병, 그리고 먹이 부족으로 인한 영양실조는 동물에게 확실히 부정적으로 작용한다. 사육환경이 안전한 것은 분명한 이점이지만, 안전한 환경을 조성하면서 비롯된 예측 가능성과 단조로움은 오히려 문제가 될 수 있다. 따라서 환경 풍부화 프로그램이 성공하기 위해서는 잠재적인 건강 위험을 최소화하면서 자극과 선택을 제공해야 하는 과제를 잘 풀어가야 할 것이다(그림 38).

환경 풍부화를 위해 물리적 환경과 사회적 환경을 개선해야 한다. 물리적 환경은 사육환경의 물리적 특성, 예를 들어 바닥재, 수평 방향이나 수직 방향

그림 38 서벌이 행동 풍부화용 장난감과 상호작용하며 지루함을 줄이고 있다. 이러한 장난감은 탐색·놀이 행동을 유도함으로써 정신적 자극을 준다(국립생태원, ⓒ신한섭).

으로 이동할 수 있는 구조물 설치, 은신처나 둥지를 지어주거나 혹은 그 재료를 제공하기, 온·습도, 조명, 소음, 그리고 먹이와 같은 다양한 요인이 있다. 사회적 환경은 동종 개체 간, 또는 다중 전시에서 다른 종이나 사육사와의 상호작용이 있다. 사람과 동물의 상호작용 정도와 종류는 종별로, 개체별로, 그리고 사육사의 철학에 따라 달라질 수 있다. 물리적 또는 사회적 환경 개선은 동물 활동성, 행동 양상, 번식 잠재력, 그리고 전반적 건강과 복지에 바로 영향을 줄 수 있다.

스트레스의 역할

수의학적 관점에서 동물복지를 볼 때 스트레스가 동물 건강에 미치는 역할을 고려하지 않을 수 없다. 스트레스는 특유의 복잡한 특징으로 인해 정의하고 측정하기 어렵지만(Moberg, 1987), 일반적으로 복지의 반대 개념으로 본다. 실제로 스트레스가 없는 상태를 동물복지 평가 기준으로 사용하자는 제안도 있었다(Moberg, 1985a). 반면 일부 학자는 일정 수준의 스트레스가 동물의 복지에 유익할 수 있다고 주장한다(Breazile, 1987; Moodie와 Chamove, 1990; 5장 참조). 복지는 스트레스처럼 매우 복잡하고 동적인 상태를 나타내며, 정확하게 정의하기 어렵다는 것을 이해하는 게 중요하다. 또한, 동물이 항상 최적의 복지 상태에 있을 것이라고 기대하는 것은 비현실적이다. 야생동물도 스트레스 없이 지내지 않는다(Sapolsky, 1990). 질병, 영양 부족, 탈수, 사회적 갈등, 포식, 그리고 온도와 습도의 극단적 변화는 야생 동물이 겪는 여러 가지 외부 스트레스 요인 중 일부에 불과하다.

스트레스는 동물이 외부 자극과 상호작용하여 중추신경계에서 스트레스로 인식하는 과정이다. 스트레스 요인으로는 행동, 자율신경, 또는 신경내분비 반응이 있다(Moberg, 1985a). 행동 반응은 단순히 스트레스 요인에서 벗어나는 것과 같이 상대적으로 작은 행동 변화(예: 차가운 환경에서 따뜻한 환경으로 이동하거나 그 반대로 이동하는 것)나 전위행동을 시작하는 것(즉, 갈등 상황에서 직접적인 관련이 없는 행동을 하는 것) 등이 있다(Wittenberger, 1981 참조). 자율신경 반응은 심박수와 호흡수 증가, 혈압 상승, 말초 혈관 저항 증가, 그리고 부신 호르몬인 에피네프린과 노르에피네프린 분비 등이 있으며, 스트레스에 대한 빠른 생리 반응을 나타낸다(Moberg, 1985a). 스트레스에 대한 신경내분비 반응은 시상하부-뇌하수체 축을 통해 작용하며, 여러 주요 생리 시스템에 미치는 영향 때문에 광범위한 연구 대상이 되었다. 번식, 대사, 면역 기능, 행동, 성장 및 발달은 모두 신경내분비계로 조절하거나 영향을 받으며, 스트레스 연구를 위한 생리적 지표가 된다(Moberg, 1985a).

스트레스 요인으로 볼 수 있는 외부 자극은 세 가지 주요 범주로 나눌 수 있다. (1) 통증이나 굶주림과 같은 신체적 스트레스를 유발하는 것, (2) 두려움, 지루함, 또는 분리와 같은 심리적 스트레스를 유발하는 것, 그리고 (3) 신체 구속, 소음, 그리고 동종 개체의 지속적 존재와 같은 사회적 스트레스를 유발하는 것(National Research Council, 1992)이 있다. 병리적 변화를 일으키는 스트레스는 '고통'이라고 한다(National Research Council, 1992). 고통을 겪고 있는 동물은 외부 스트레스에 쉽게 적응하는 방식으로 대처할 수 없다. 일부 연구자들은 사회적 동물이 느끼는 외로움과 특정 사육 방식 때문에 나타나는 지루함은 생리적으로도 그렇고 정신적으로도 통증보다 더 고통스럽다고 주장한다(Wolfle, 1987).

스트레스가 동물에게 미치는 궁극적인 영향은 동물이 스트레스 요인에 효과적으로 대처할 수 있는지에 달려있다. 대처 능력은 스트레스 요인과 함께 동물이 선택할 수 있는 선택지에 따라 달라진다. 스트레스가 발생하는 동안 선택지가 없는 동물은 수동적으로 되고, 환경에 대해 무관심해지고, 우울해한다(Seligman, 1975). 뇌하수체를 통해 매개되는 이러한 유형의 스트레스 반응은 부신피질 활동 증가와 미주신경 자극, 번식 호르몬 감소, 그리고 만성적인 혈압 상승으로 나타난다. 이 유형의 스트레스 반응과 관련된 임상 증상으로는 질병 취약성 증가, 위장 궤양, 번식 능력 감소와 폐사도 포함된다(Seligman, 1975). 반대로, 스트레스 요인에 대한 선택지를 가진 동물은 투쟁-도피 반응을 채택할 수 있다. 이 유형의 반응은 카테콜아민 분비가 특징적이며, 심박수와 심박출량이 증가하고 혈압이 상승한다(Moberg, 1985a). 스트레스에 반복적으로 노출되어 카테콜아민이 분비되면 고통받게 되는데 동맥경화증과 같은 심장 질병으로 이어질 수 있다(Henry와 Stephens-Larson, 1985).

수의학적 관점에서 만성 간헐적 스트레스는 동물 건강의 모든 측면에 해로운 영향을 미칠 수 있기 때문에 바람직하지 않다. 만성 간헐적 스트레스는 번식 장애(Moberg, 1985b), 질병 감수성 증가(Landi 등, 1982; Kelley, 1985), 위장궤양, 심혈관 질환, 기초대사 변화(Klasing, 1985)와 관련된다. 예를 들어, McColl(1981)은 새로 사육을 시작한 오리너구리(Ornithorhynchus anatinus)와 장기간 사육한 오리너구리 사이의 병리학을 비교했다. 장기 사육 후 폐사한 개체에서 만성 스트레스의 후유증을 나타내는 병변을 발견했다. 만성적이거나 간헐적인 고통과 관련된 질병 감수성 증가는 임상적 감염의 위험 증가, 상처 치유 지연, 백신 반응 감소로 나타나며, 이 모든 것은 면역체계 불균형에서 비롯된다(Kelley, 1985).

적절히 계획하고 시행한 환경 풍부화 프로그램은 동물에게 환경을 어느 정도 통제할 기회를 줌으로써 동물 건강을 향상하는 데 이바지할 수 있다. 풍부화를 통해 동물이 스트레스 유발 외부 자극을 완전히 피할 수 있거나, 전위행동을 할 수 있거나, 어느 정도의 환경 통제권을 가지는 것은 동물의 스트레스 감소에 중요하고, 따라서 관련 건강 문제의 위험을 줄인다(Dantzer와 Mormede, 1985). 잘 설계한 환경 풍부화 프로그램은 스트레스를 줄이는 것 외에도 종 특유의 행동을 표출할 기회를 주고 신체 활동 증가에 따라 건강에도 도움이 된다. 반대로, 잘못 설계한 환경 풍부화 프로그램은 동물에게 고통을 줄 수 있다. 부적절한 환경 풍부화의 예로는, 맞지 않는 동종 개체와 사육하거나, 먹이나 짝, 서로 원하는 환경 풍부화 물건이나 공간을 위해 치열하게 경쟁할 수도 있다. 환경 풍부화 프로그램의 효과를 자주 모니터링하고 평가하는 것이 중요하다. 이를 통해 프로그램의 긍정적 요소는 유지하고 부정적 요소는 제거할 수 있다. 팀으로 접근하는 방식은 프로그램의 최적 효과를 내는 데 좋다.

물리적 환경

물리적 사육환경은 다양한 방식으로 개선할 수 있다(Hutchins 등, 1984). 금속, 거나이트, 또는 콘크리트 재질은 흙, 모래, 풀, 잠자리 깔개, 또는 나뭇잎 등으로 대체하거나 보강할 수 있다. 새로운 물체를 추가하면 공간적, 시각적, 그리고 후각적 환경 복잡성을 늘릴 수 있다. 횃대를 추가로 설치하면 환경 내에서 사용 가능한 공간을 늘릴 수 있다. 조명 강도, 온도, 소리 수준, 먹이 종류와 이용 가용성 등과 같은 환경적 요소를 동물이 선택할 수 있도록 설계할 수 있다. 그러나 이러한 개선이 복지 향상으로 이어질 수 있지만, 미미하기는 하나 전체적인 건강에 내재적 위험을 불러올 수도 있다. 따라서 건강 위험을 초래할 수 있는 환경 개선 사항들은 시행 전에 각 동물에 대해 비용-이익 위험 정도를 분석해야 한다.

사용 가능한 공간

사용 가능한 공간을 보완하는 것은 동물복지에 크게 이바지할 수 있다. 예를 들어, Williams 등(1988)은 집단 사육한 기아나다람쥐원숭이(*Saimiri sciureus*)에게 여러 높이의 횃대를 추가했다. 추가한 횃대는 동물들의 건강에 직접적으로 긍정적 영향을 미쳤다. 수컷 기아나다람쥐원숭이들은 바닥에서만 살면 발과 꼬리에 궤양이 생길 수 있는데, 추가한 횃대 덕분에 바닥에서 횃대로 이동할 수 있었고 궤양 발생 가능성도 줄어들었다. 또한, 동종 간의 공격성이 줄어들어 전반적인 질병 발생률이 감소했다.

사용 가능한 공간을 보완할 때는 개체별 및 종 특유의 요구 사항을 신중하게 고려해야 한다. 예를 들어, 수컷이 지배하는 남방돼지꼬리원숭이(*Macaca nemestrina*) 집단에 두 공간을 만들어주니, 무리 일부가 지배 수컷의 시야에서 벗어났다. 이후 지배 수컷은 무리를 통제하기 어려워졌고 암컷에 대한 공격성이 세 배로 증가했다(Erwin, 1979). 이 사례는 종 특유의 습성에 맞게 계획하지 않으면, 물리적 환경 변화가 동물 건강에 부정적 영향을 미칠 수 있음을 보여준다. 잦은 투쟁으로 부상과 사회적 스트레스가 늘어날 수 있기 때문이다.

환경 요소

동물이 조명이나 소음, 주변 온도를 선택할 수 있도록 하는 것은 환경 풍부화 프로그램이 될 수 있다. 극단적인 온도에 노출되면 대사가 변화하며, 일부 종에서는 번식에 부정적으로 영향을 주기도 한다(Jainudeen과 Hafez, 1980). 파충류의 경우 '선호최적온도(preferred optium temperature)' 범위를 벗어나면 감염에 더 취약해지는 경향이 나타난다(Cooper, 1986; 13장 참조). 실험실에서는 소음이 동물복지에 해로운 영향을 준다는 연구 결과가 있다(Pfaff와 Stecker, 1976). 하지만 적절한 청각 자극은 환경 풍부화의 한 형태로도 활용할 수 있다(Shepherdson 등, 1989; 1장 참조). 광주기 중 어두운 시간대의 빛 수준이 적절하지 않으면 올빼미원숭이속 동물의 섭식량이 급격히 감소한다는 연구 결과도 있다(Erkert, 1989). 이처럼 온도, 소음, 조도의 변화는 직접적 또는 간접적으로 건강에 영향을 준다. 동물이 이와 같은 다양한 환경 요소들을 적절한 수준에서 선택할 수 있도록 하는 것은 중요한 환경 풍부화의 형태가 될 수 있으며, 이는 동물의 건강을 직접적으로 향상시킬 수 있다.

사육장 바닥 재질

흙이나 돌, 풀과 같은 자연 바닥 재질은 동물원 방문객에게 심미적으로 더 매력적일 뿐만 아니라, 동물복지 측면에서도 유익하다. 이러한 재질은 굴 파기나 먹이찾기와 같은 종 특이적 행동을 할 수 있는 기회를 줄 수도 있다. 콘크리트보다 더 '탄성 있는' 표면을 조성해 주면 체중이 실리는 부위에 생기는 압박 궤양이나, 콘크리트 위를 반복적으로 오가는 반복보행을 하는 동물들에게 자주 관찰되는 발바닥 궤양도 줄여줄 수 있다(Wallack과 Boever, 1983, 542쪽).

이렇게 다양한 이유로 자연 재질을 선호하지만, 이 재질들을 사용하면 건강 문제가 발생할 수 있다. 현재의 질병 통제 및 박멸 개념은 적절한 소독제를 사용해 병원성 미생물을 제거할 수 있도록, 사육 공간에 위생 처리가 가능하고 비투과성 표면을 사용하는 것을 권장한다. 세균, 바이러스, 곰팡이와 같은 미생물 및 내·외부 기생충은 특정 환경 조건에서 증식하는 것으로 알려져 있다. 일부 기생충과 미생물은 햇빛이나 온도 변화에 따라 빠르게 비활성화될 수 있으나, 일부는 극한의 환경에서도 생존할 수 있도록 진화해 왔다. 따라서 이러한 유기체의 비활성화 가능성은 재질을 선택할 때 반드시 고려해야 한다. 자갈이나, 흙, 풀 또는 기타 깔짚류 등의 자연 재료를 간 표면은 효과적으로 소독하기 어렵다. 결과적으로 감염성 병원체가 장기간 생존할 수 있다. 병원성 미생물이 건강한 성체 동물에게 즉시 눈에 띄는 해로운 영향을 주지 않을 수는 있지만, 신생 개체, 고령 개체 또는 면역력이 떨어진 개체에게 임상 질환을 일으킬 수 있다. 또한, 이러한 유기체들은 겉보기에 건강해 보이는 동물에게도 준임상적 질환을 일으킬 수 있다(Banish 등, 1993a).

비록 예외는 존재하지만, 자연 상태에서 배설물은 일반적으로 한 지역에 국한되거나 동물의 행동권 전반에 걸쳐 배설한다. 그러나 사육동물이 제한된 공간에 머물고, 시간이 지남에 따라 해당 사육공간은 배설물로 심각하게 오염된다. 더불어, 이러한 사육 공간에서는 사육동물들이 야생 개체들보다 배설물과 다시 마주치는 일이 훨씬 자주 발생하는 경향이 있다. 또한, 일부 사육 개체와 야생 개체는 배설물을 건드리거나 심지어 먹는 것으로 알려져 있다(즉, 식분증). 배설물에 있는 기생충 충란을 먹는 것은 가장 흔한 감염 경로다. 따라서 배설물을 신속하고 철저하게 제거하는 것은 재감염 순환을 끊는 데 있어 핵심 요소다. 많은 바이러스성 및 세균성 질환도 분변-경구 접촉을 통해 전파된다는 점은 환경 위생 관리에 주의해야 한다는 또 다른 근거가 된다.

분변-경구 접촉을 통해 전파되는 임상 질환을 대형 영장류 사육 집단에서 살펴보고자 한다. 만성적, 준임상적 감염으로 나타나는 *Shigella flexneri*로 감염과 폐사가 발생했다(Banish 등, 1993a). 이 세균의 임상적 감염은 설사를 일으키며, 심각한 환경 내 오염으로 이어진다. 이 사례에서는 질병 박멸을 위해 동물을 전시장에 오랜 기간 격리해서 환경을 철저히 소독해야 했으며, 추가로 10일간 항생제를 매일 근육주사했다. 이 세균을 임상적으로 건강한 보균 동물에서도 제거하기 위해 모든 개체를 치료했다. 재미있는 사실은, 광범위한 노력을 기울인 결과 자연적 전시장에서는 효과적으로 해당 세균을 제거할 수 있었다. 다만, 오래된 콘크리트 구조의 전시장에서는 박멸이 어려웠는데 그 이유는 콘크리트에 생긴 균열이나 구멍과 같이 표면이 패인 것 때문이었다 (Banish 등, 1993a,b).

가축 산업에서는 병원체 밀도를 줄이기 위한 전략으로 방목지를 정기적으로 교체한다. 하지만 대부분의 동물원에서는 공간 제약으로 인해 효과적으로 적용할 수 없다. 연중 인공적으로 물을 공급하는 초지에서 동물을 사육할 때, 기생충 관리를 위해서는 잦은 분변 기생충 검사 및 구충제 처치가 필요할 수 있다(Mikolon 등, 1992). 병원성 유기체의 통제 혹은 제거를 위해 화학 소독제를 사용하거나 모래, 흙, 자갈 등의 전시장 바닥재를 주기적으로 교체하는 위생 관리 프로그램을 전시 계획에 반영해야 한다.

자연 바닥재에서 사육하는 동물은 다량의 바닥재를 먹기 때문에 위염이나 위장관 폐색을 겪기도 한다. 흙이나 모래, 또는 전시장 소독용 화학물질은 일부 종에게는 위장 질환을 유발할 수 있다(Schmidt, 1986; Honnas 등, 1991). 이러한 문제는 종 특이적 행동에 대한 지식, 신중한 전시장 설계 및 유지관리, 그리고 적절한 사육관리를 통해 가장 효과적으로 예방할 수 있다. 많은 경우, 자연 재질과 관련된 건강상의 잠재적 위험은 효과적인 검역 절차, 환경 정기 점검 및 개체 건강 검진, 해충 방제 프로그램, 그리고 구충제 및 항생제를 신중하게 사용하여 줄일 수 있다. 또한, 자연적 전시장은 소독제 사용 또는 바닥재 교체로 철저히 위생을 관리할 수 있도록 설계해야 한다.

깔개류

짚, 소나무 톱밥, 목재칩, 옥수수 속대 펠릿, 세절 종이와 같은 다양한 형태의 깔개류 사용은, 환경 풍부화의 한 형태로 일반 실험실이나 동물원에서 사육하는 영장류뿐만 아니라 다른 분류 군의 동물들에게도 사용해 왔다(Chamove 등, 1982; McKenzie 등, 1986; Duncan, 1994). 깔개류를 준 영장류는 활동 수준 증가, 사회적 공격성 감소, 그리고 정형행동의 감소 등 긍정적 행동 양상을 나타냈다(Chamove 등, 1982; McKenzie 등, 1986). 깔개류 속에 작은 먹이 조각을 흩어 놓으면 많은 영장류는 먹이 탐색행동을 한다(Chamove 등, 1982). 그 외의 이점으로는 압박에 따른 상처나 접촉 부위에 굳은살이 생기는 것을 줄여주는 효과가 있으며, 목재칩 깔개를 사용할 경우 특정 병원성 세균의 증식을 억제하는 작용도 보고된 바 있다(Chamove 등, 1982).

하지만 깔개류를 사용하면 본질적인 위험도 따를 수 있다. 사육환경에 도입한 어떠한 물품이든 질병 전파의 매개체가 될 수 있기 때문이다. 목재칩 깔개가 대표 사례로, 숲에서 잘라 제재소에서 가공하는 과정에서 설치류와 같은 야생동물과 접촉했을 가능성이 있고, 감염성 병원체가 있을 수 있다. 또한 깔개류는 많은 조류 종이 감염되는 것으로 알려진 곰팡이인 *Aspergillus* *fumigatus*에 오염되어 있을 수도 있다(Chute, 1978). 병원성 세균, 원충, 기생충 또는 곰팡이류가 기존의 실험동물 집단에 우발적으로 유입되는 것을 방지하기 위해, 설치류에 사용하는 깔개류는 일반적으로 사용 전에 가열 처리하거나 고압증기멸균한다.

깔개류는 농약 잔류물이나 기타 화학 오염물질에 노출될 수 있는 경로가 되기도 한다(Foley, 1978; Weisbroth, 1979). 화학 오염물질은 농업용 또는 산업용 화학물질에 노출되는 외부적 원인에서 기인할 수도 있으며, 또는 휘발성 탄화수소나 에스트로젠 유사 화합물과 같이 깔개류 자체에 함유된 성분으로부터 비롯될 수도 있다. 적삼나무, 백송, 폰데로사소나무와 같은 침엽수 연질목은 휘발성 탄화수소를 함유하고 있다. 이는 실험용 설치류에서 간 미소체 효소 활성의 증가를 유도하는 것으로 보고되었다. 따라서 해당 목재들을 이러한 동물들의 깔개로 사용하는 것은 바람직하지 않다(Institute of Laboratory Animal Resources, 1996). 검정호두나무의 톱밥을 말에게 깔개로 사용할 경우, 하지 부종과 발굽염 발생과 관련성이 있다고 보고되었다(Blood 등, 1983). 게다가, 일부 종류의 목재 톱밥에서는 암을 유발할 수 있는 성분이 있는 것으로 문헌에 보고되어 있다(Schoental, 1973).

깔개류의 물리적 특성 역시 동물 건강에 부정적 영향을 줄 수 있다. 특정 깔개류는 수분 함량이 높아 진균의 증식 기반이 되며, 이러한 균류를 동물이 먹을 경우 독성을 유발할 수 있다. 깔개류에서 발생하는 먼지는 호흡기 점막을 자극하여 호흡기 질환의 발생률을 증가시킬 수 있다. 실험용 설치류를 깔개 위에서 직접 사육할 경우 상당량의 깔개류를 먹는데, 이는 위장관 폐색과 같은 질병에 걸릴 가능성이 올라간다(Weisbroth, 1979). 기니피그(*Cavia porcellus*)의 경우 날카로운 깔개류를 먹는 과정에서 구인두 점막이 자극받아 연쇄상구균 림프절염에 걸리기 쉬워진다(Weisbroth, 1979). 유인원은 자신이나 무리 동료 등에게 깔개류를 비정상적으로 사용할 수 있어 주의 깊게 관찰해야 한다. 예를 들어 자기 신체의 체공이나 다른 개체 또는 어린 개체의 체공을 탐색하는 데 깔개류를 사용하는 행동이 있다. 볏짚을 귀 안에 넣는 행동 때문에 어린 침팬지가 심각한 중이염에 걸린 사례가 있으며(J. Fritz, 개인 소통), 성체 고릴라의 경우 볏짚 때문에 수막뇌염으로 폐사한 사례도 있다(Iverson과 Popp, 1978). 어린 수컷 침팬지가 짚으로 요도 구멍을 건드려보는 행동을 관찰했으며, 이에 따라 요도 천공이 발생하여 일시적 회음부 요도루술 및 이후의 요도문합술 등 반복 수술이 필요했다(Caligiuri 등, 1990). 마지막으로, 깔개류가 갖는 흡수성 때문에 깔개를 주지 않은 상황에 비해 배뇨량 평가나 소변 분석이 더 어려워질 수 있으며, 신장 질환의 조기 발견이나 번식 중인 암컷의 번식 상태 평가를 위한 소변 시료 채취를 방해할 수 있다.

깔개 재료의 선택은 해당 종, 각 개체의 개별적인 필요, 그리고 깔개의 공급처, 종류, 가용성을 모두 고려해야 한다. 설치류와 실험동물에게 사용하는 깔개 재료의 선택과 평가 기준은 비교적 잘 정리되어 있다(Kraft, 1980; Wirth, 1983). 깔개는 병원성 미생물, 잔류 농약, 독성 물질이 없어야 하며, 해당 동물 종에 적절한 물리적 특성을 가져야 한다. 또한 침엽수 연질목은 휘발성 탄화수소가 있어 굴 생활하는 소형 포유류에게는 사용하지 말아야 한다. 이 동물들은 깔개 재료와 매우 가까이 생활하며, 체구에 비해 잠재적 독성 물질의 노출량이 크기 때문에 해로운 영향이 발생할 위험이 증가한다. 따라서, 굴 파는 소형 포유류에게는 옥수수 속대, 열처리한 활엽수나 기타 인공 깔개 재료와 같은 대체재를 사용하는 게 좋다(Kraft, 1980). 그런데도 대부분 깔개 재료와 관련된 행동적 이점은 잠재적 건강상의 위험을 훨씬 능가한다. 사용 전에 깔개 재료를 엄격하게 평가한다면 이러한 위험을 효과적으로 줄일 수 있다.

나뭇잎

환경 풍부화의 한 형태로 제공되는 나뭇잎의 이점은 잘 정리되어 있다

(Tripp, 1955; Gould와 Bres, 1986; O'Neill, 1988). 나뭇잎을 추가로 주면 동물의 활동은 늘어나고 이상행동이나 정형행동은 감소한다. 고릴라에게 나뭇잎을 주면 구토 후 재섭취하는 행동이 줄어들었다는 보고도 있다(Gould와 Bres, 1986). 또한, 과일 씨앗, 야자수잎, 옥수수 속대 등과 같이, 먹지 않고 입으로 일정 시간 가지고 놀거나 빨다가 버리는 재료들을 줘서 사육 중인 침팬지의 배설물 섭취 행동을 줄였다(Fritz 등, 1992).

섬유질 먹이를 주는 것 외에도, 일부 종에게 필수적인 먹이 요구를 충족시키기 위해 특정 유형의 나뭇잎을 줄 수도 있다. 예를 들어, 탄닌이 들어있는 나뭇잎을 주지 않아서 여우원숭이류(*Lemur* spp.)에게 혈철소증(조직에 과도한 철분 축적)이 발생했다고 보고한 바 있다(Spelman 등, 1989). 탄닌은 장에서 철분 흡수를 억제하여 철분 축적을 방지하고, 이는 혈철소증을 예방하는 역할을 한다. 여우원숭이에게 탄닌을 먹이로 주는 방법으로는 타마린드(*Tamarindus indica*)의 꼬투리나 타마린드 시럽을 추천하였다(Spelman 등, 1989).

나뭇잎은 신중하게 선택해야 한다. 일부 식물은 섭취 시 독성이 있을 수 있으며, 만지면 접촉 자극을 유발할 수 있기 때문이다. 몇 가지 나무와 관목을 섭취하면 가축에게는 설사부터 중추신경계 질환, 신부전, 유산, 그리고 폐사에 이르는 질병을 일으킬 수 있다(Blood 등, 1983). 예를 들어, 참나무의 잎과 도토리(*Quercus* spp.)를 섭취하면 소, 양, 염소, 말에서 위장관과 신장에 병변이 발생하는 것과 관련이 있다. 협죽도(*Nerium oleander*)와 서양주목(*Taxus baccata*)을 먹으면 많은 포유류가 급사한다. 소나무(*Pinus* spp.)잎을 먹으면 소가 유산할 수 있으며, 붉은단풍나무(*Acer rubrum*)잎을 섭취하면 말에게는 급성 용혈성 빈혈과 메트헤모글로빈혈증이 발생한다. 남미 원산의 털까마중(*Solanum sarrachoides*)을 먹은 결과, 흑백목도리여우원숭이(*Varecia variegata*) 3개체 중 2개체가 폐사했다(Drew와 Fowler, 1991). 일부 나뭇잎은 독성은 없지만 소화 불량으로 장폐색을 일으킬 수 있다. 예를 들어, 아카시아(*Acacia* spp.)를 먹은 두크랑

구르(*Pygathrix nemaeus*)는 장폐색이 발생하여 수술해야 했고, 꽃생강속에 속한 *Hedychium flavum*을 먹은 또 다른 두크랑구르는 십이지장 천공과 복막염으로 폐사했다(Janssen, 1994).

환경 풍부화의 형태로 사용되는 나뭇잎을 선택할 때는 식물의 모든 부분에 독성이 있는지 검토해야 한다. 국외 독성 식물을 식별하는 특별한 참고 서적은 존재하지 않지만, 일반적인 참고 자료는 있다(Kingsbury, 1964; Hardin과 Arena, 1974; Lampe와 McCann, 1985; Ruhr, 1986). 또한, 1992년 노스캐롤라이나동물원은 사용하는 나뭇잎 재료에 대해 독성 식물 조사 결과보고서를 발간했다. 또한, 나뭇잎 선택 시 농약 및 화학물질 오염 가능성도 중요하게 고려해야 한다. 나뭇잎을 사용하기 전, 식물 재료에 대해 충분히 평가하면 여러 가지 잠재적 건강 위험을 효과적으로 줄일 수 있다.

새로운 물건

새로운 물건은 다양한 영장류 종에서 환경 풍부화의 형태로 널리 사용해 왔으며(Tripp, 1985; Bloomstrand 등, 1986; McGrew 등, 1986; O'Neill, 1988; Paquette와 Prescott, 1988; Maki와 Bloomsmith, 1989; Visalberghi와 Vitale, 1990), 최근에는 다른 종에서도 점차 빈번하게 사용하고 있다(Huls 등, 1991; DeLuca와 Kranda, 1992). 이러한 물체들은 일반적으로 탐색행동이나 조작 행동을 유도한다. 물체를 처음 환경에 도입했을 때 행동 빈도가 증가하지만, 시간이 지나면서 그 존재에 익숙해지면 이러한 행동은 감소한다. 연령에 따라 신규 물체에 대한 반응이 다르게 나타난다는 보고도 있다(O'Neill, 1988; Maki와 Bloomsmith, 1989).

새로운 물건을 주면, 활동성이 늘고 이상행동의 빈도를 줄이는 것으로 나타났다(Bloomstrand 등, 1986; Paquette와 Prescott, 1988). 활동성 증가는 활동 부족으로 인한 비만과 근골격계 퇴화를 방지할 수 있으며, 자주 돌아다니기 때문에 수의사나 사육사가 건강 상태를 감시할 기회를 늘려준다(Schmidt와 Markowitz,

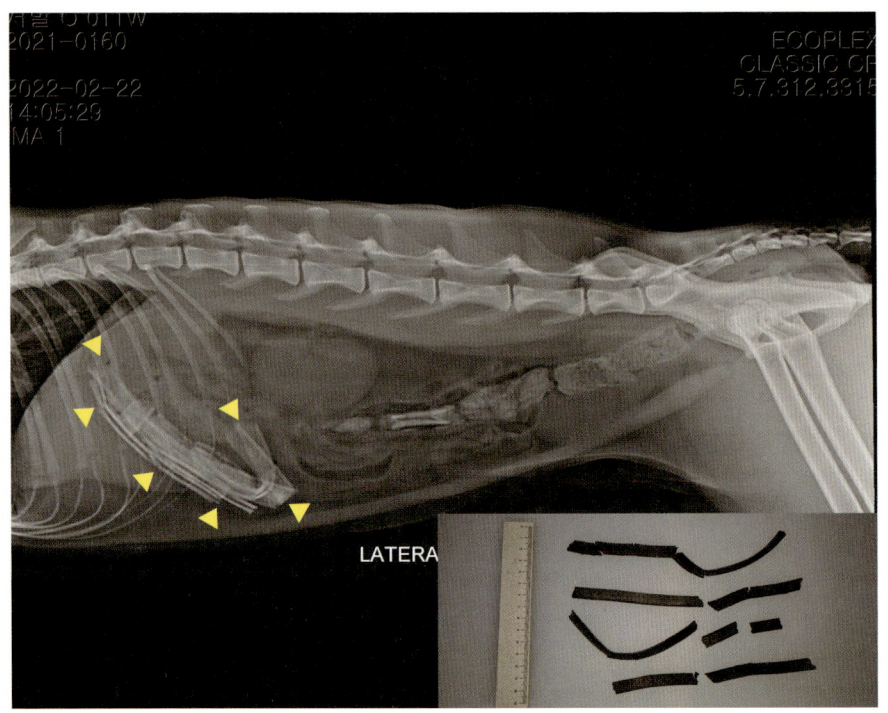

그림39 이물질(노란색 표시)을 먹은 서벌의 방사선 사진과, 내시경으로 제거하여 고무재질의 사육용품임을 확인(오른쪽 아래 사진)(국립생태원, ©진세림, 박지연).

1977). 질병이나 부상의 임상 증상은 활동성이 높은 동물의 활동 감소나 기타 행동 변화로 더 뚜렷하게 나타난다. 이러한 방식으로 신규 물체를 사용하면 질병이나 부상의 조기 진단과 치료 기회가 늘어난다.

수의학적 관점에서 볼 때, 이상적인 신규 물체는 어린이 장난감의 안전기준에 부합한 것이 바람직하다. 즉, 내구성이 있어야 하며 독성 물질이 없어야 하고, 반복 사용 시 소독이 가능해야 하며, 날카로운 모서리가 없고 손가락이나 팔다리, 목이 끼일 수 있는 부위가 없어야 하며, 먹더라도 동물에게 위협이 되어서는 안 된다. 분리될 경우 부품이 떨어져 나가 먹을 수 있는 구조의 신규 물체는 사용을 피해야 한다. 이물질을 섭취하면 장폐색, 장중첩, 궤양 또는 장천공 등 다양한 위장관 질환이 발생할 수 있으며, 대부분은 수술해야 한다 (Jones, 1992)(그림 39). 납 성분이 포함된 물체를 조류나 소형 포유류가 섭취하면 납 중독이 발생할 수 있다(Bratton과 Kowalczyk, 1989). 아연 함유 가루가 떨어져 나올 수 있는 아연 도금 금속은 섭취 시 다양한 종에서 독성을 유발할 수 있으므로 사용을 권장하지 않는다(Ogden, 1992). 늘어진 밧줄, 체인, 그물 등은 팔다리나 목이 끼여 부상 또는 질식의 위험이 있는지를 평가해야 한다(Bielitski, 1992). 지름이 굵은 밧줄이나 체인은 고리가 만들어져 끼거나 조일 가능성이 낮다. 반면 얇은 밧줄이나 체인은 폐호스를 씌워 꼬이거나 고리가 만들어지지 않도록 할 수 있다. 밧줄의 양 끝은 고정하여 고리가 만들어지지 않도록 충분히 팽팽하게 유지해야 한다. 실이 풀리는 밧줄이나 천은 피해야 하며, 실이 풀려 동물이 이를 삼키면 위장관 질환이 유발될 수 있으며, 실이 혀나 발가락에 감겨 혈류를 차단하고 조직 괴사를 일으켜 절단될 수도 있다(개인 관찰).

요약하면, 각 물체에 대한 초기 철저한 평가, 시설 노후에 대한 지속적인 재평가, 그리고 반복 사용하는 물체에 대한 정기 위생 관리 등을 통해 신규 물체를 환경 풍부화의 수단으로 사용할 때 발생할 수 있는 건강 위험을 줄일 수 있다.

먹이

많은 동물원 사육동물 먹이의 영양학적 적절성은 전통적으로 생존율, 수명, 번식 능력 등에 대한 과거 자료에 근거하여 판단해 왔다. 대부분의 해외종에 대해 정확한 영양 요구량은 알려지지 않았기 때문에, 이와 유사한 소화 생리 구조를 가진 가축 종의 자료를 바탕으로 먹이 적정성 추정 방식을 흔히 사용한다(Dierenfeld, 1993; Ullrey와 Allen, 1993). 반추류와 말과 같은 가축, 그리고 반려동물에 대한 거시 및 미량 영양소 수준 변화에 따른 반응에 대해서는 방대한 자료가 존재한다(Blood 등, 1983; Lewis 등, 1987). 이 연구들은, 영양소 요구량에서의 작은 차이도 건강에 중대한 영향을 미칠 수 있음을 보여준다. 예를 들어, 시판 고양이 먹이의 아미노산 타우린 결핍 때문에 매년 수천 개체의 반려 고양이에게 심근 기능 부전이 발생한 것으로 밝혀졌다(Pion 등, 1987). 매우 제한적이지만 이와 유사한 일부 자료가 해외종에서도 확인된다(Nelson, 1981; Ullrey, 1993). 따라서 먹이 변화를 포함하는 환경 풍부화 프로그램은 동물에게 필요한 기초 영양 요구량을 반드시 고려해야 한다. 더불어, 개체별 생리적 상태에 따라 먹이 요구량은 달라지는데, 예컨대 신생 개체와 노령 개체는 영양 요구량이 매우 다르다. 질병 개체, 임신 또는 수유 중인 개체, 비만 개체 또한 각각 필요한 영양 구성이 다르다.

영양적 요구 외에도, 동물원의 먹이 구성에는 다양한 요인이 작용한다. 노동력과 비용 절감, 확보 및 사용 용이성 등의 경제적 이유로 가공 먹이를 매우 널리 사용하고 있다. 그러나 이 식단들이 영양학적으로는 적절할 수 있으나, 비영양적 측면에서는 최적이 아닐 수 있다(Lindburg, 1988; 15장 참조). 가공 먹이는 자연 먹이에 비해 일관성, 질감, 크기, 형태, 색, 냄새, 섭취 전 동물의 조작 필요성 등의 차이가 있다. 이러한 먹이는 전통적으로 정해진 시간표에 따라 거의 변화를 주지 않고 제공해 왔다. 이 먹이들은 일반적으로 열량 밀도가 높고 섬유질이 적은 반면, 사육동물들은 활동량이 적은 생활양식을 가지고 있어 체중 증가와 비만에 쉽게 노출된다. 이에 따라 소량 급이가 일반적이다. 따라서 동물의 영양적 요구뿐만 아니라 심리적 요구까지 충족시키고, 보다 자연에 가까운 먹이를 주는 것은 도전적인 환경 풍부화 수단 중 하나다.

먹이의 시기, 빈도, 종류, 질, 그리고 양에 변화를 주는 먹이 조절은 사육동물에게 환경 풍부화의 한 형태로 작용한다는 것이 입증되었다(Bloomsmith, 1989; Forthman 등, 1992; Shepherdson 등, 1993). 비록 개체에 따른 차이는 관찰되었으나, 일반적으로 먹이 풍부화 프로그램을 제공해 준 동물들은 더 활발하게 활동하였으며, 더 다양한 행동을 보였고, 정형행동은 덜 보였다.

야생에서는 많은 동물들이 자신의 활동 에너지와 시간 중 큰 비중을 먹이를 탐색하고, 손질하고, 섭취하는 데 사용한다. 특정 시점에 먹는 먹이의 종류, 양, 그리고 질은 계절적인 환경 제약에 따라 달라질 수 있다. 자연 상태에서의 먹이는 일반적으로 매일 다양하게 변한다. Lindburg(1988)가 지적한 바와 같이, 현장조사를 통해 얻은 정보를 적용하는 것은 사육동물의 먹이 관리에 도움이 될 수 있다.

야생에서의 식단 다양성 사례는 불곰(*Ursus arctos*)과 아메리카흑곰(*Ursus americanus*)의 식성에 대한 야외조사 자료로 확인할 수 있다. 보고에 따르면 이 동물들은 다양한 벼과의 좁은 잎 풀, 넓은 잎 풀, 양치식물, 과일, 견과류, 솔방울, 잎, 나무껍질, 곤충, 그리고 포유류를 먹는다(Hamilton과 Bunnell, 1987; Ohdachi와 Aoi, 1987; Cicnjak 등, 1987; Eagle과 Pelton, 1983). 식물성 재료는 식단에서 가장 큰 비중을 차지하였으며, 동물성 먹이는 모든 사례에서 먹이의 20%미만을 차지하였다. 이러한 야외조사 자료에 근거할 때, 먹이의 다양성은 야생 곰류에게 표준이라 할 수 있다. 그러나 이 곰속에 속하는 개체들을 위한 많은 동물원 먹이는 다양성이 떨어지고, 주로 시판 잡식성 펠릿 먹이에 채소와 생선을 보충하는 식단으로 구성되어 있다. 동물성 먹이는 곰이 쉽게 소화할 수 있는 단백질원이나, 곰속의 동물들은 다양한 초본류 먹이에서도 단백질을 얻을 수 있는 것으로 보인다(Eagle과 Pelton, 1983). 초본류 먹이에는 곰이 소화할 수 없는 섬유질이 많이 있기 때문에, 필요한 단백질을 충족시키기 위해서는 많은 양의 초본류 먹이를 먹어야 한다. 그 결과, 주로 초본 위주의 먹이를 먹을 때에는 먹이를 찾고 먹는 데 더 많은 시간이 소요된다. 이와 같은 야외조사 자료는 사육동물을 위한 다채로운 환경 풍부화에 활용할 수 있다.

앞서 언급한 곰에 관한 야외조사 연구에서는 먹이 섭취량의 계절적 변화도 분명하게 나타났다. 그러나 사육 아메리카흑곰에서는 계절에 따른 먹이 기호도의 변화가 나타나지 않았으며, 이는 야생 곰의 계절별 섭취량 변화는 선호 먹이의 가용성과 관련이 있다는 점을 시사한다(Bacon과 Burghardt, 1983). 이러한 지식은 먹이 변화를 포함하는 풍부화 프로그램을 설계하는 데 도움이 될 수 있다. 예를 들어, 이 자료는 가공된 영양 균형 조제 식단과 영양적으로 불균형한 간식 항목 중 선택권을 주었을 때, 사육곰이 '간식'만 선택적으로 먹을 수 있음을 시사한다.

이러한 문제에 대한 효과적인 해결책은 두 가지 유형의 급이 시간을 바꾸는 것이다. 즉, 가공된 조제 먹이는 동물의 식욕이 가장 높은 아침 시간에 주고, 간식은 오후에 주는 방식이다. 이런 급이 기법은 많은 종에 적용할 수 있으며, 다음 사례를 통해 그 유용성을 강조해 보고자 한다. 사육 여우원숭이 무리에게 시판하는 균형 잡힌 영양 식단(비스킷 형태)과 다양한 먹이를 동시에 준 결과 심각한 쇠약성 임상 질환과 관련된 고인산혈증(hyperphosphatemia) 및 저칼슘혈증(hypocalcemia) 발생을 보고하였다(Tomson과 Lotshaw, 1978). 영양 균형 비스킷도 주었지만, 동물들은 영양적으로 불균형한 먹이만을 거의 먹은 결과, 여러 개체에서 임상 질환이 발생한 것이다.

정제 펠릿 먹이만을 주는 경우 정상적인 구강 생리에 변화가 발생할 수 있다. 신선한 나뭇잎을 조금 주면서 주로 펠릿 먹이를 준 캥거루류(macropods)에게는 부드럽고 쉽게 부서지는 플라크가 이빨에 형성되었고, 이 때문에 '방선균병(럼피 조, lumpy jaw)'이 자주 발생할 수 있다(Butler, 1981). 정제 제조 먹이를 준 치타(*Acinonyx jubatus*)는 입천장 부위에 국소적 미란이 생기는데, 이는 가공하지 않은 자연적인 먹이를 준 개체에서는 나타나지 않는 질환이다(Fitch와 Fagan, 1982). 반려견에게 부드러운 먹이를 주면 단단한 먹이를 먹은 개체에 비해 잇몸병 발생률이 더 높아진다(Egelberg, 1965). 위의 사례들에서는 모두, 비가공식품 혹은 가공 수준이 낮은 식품을 추가하는 먹이 조절을 통해 구강 건강이 향상되었다. 만약 정제 먹이만 사용할 수 있는 상황이라면, 비독성 우레탄 재질의 장난감과 같은 씹는 장난감을 줘서 구강 건강 증진을 도울 수 있다(Duke, 1989).

자연에 가까운 먹이를 주는 것이 명백한 건강상의 이점을 가지는 반면, 이러한 먹이가 특정 건강 위험과 관련될 수도 있다. 예를 들어, Dierenfeld(1993)는 치타나 다른 고양이과 동물에게 주는 주요 먹이로 생닭만 쓰지 않도록 권장한다. 이는 닭고기 내 타우린 함량의 변동 때문에 영양 결핍을 초래할 수 있기 때문이다. 반려견과 반려묘에서 나타난 이물질에 의한 장폐색 발생률 자료에 따르면, 먹은 뼈가 가장 흔한 이물질로 나타났다(Jones, 1992). 이 자료는 손질한 사체(예: 절단하거나 조리한 경우)를 줄 때 이물질로 인한 장폐색 위험이 증가할 수 있음을 보여준다. 사체를 주기 전에 손질하여 길고 단단한 뼈를 부숴서 주면, 원형 그대로 줬을 때보다 더 큰 위해 요소가 될 수 있다. 따라서, 장폐색의 위험은 동물 크기에 적합하고 비교적 원형의 먹잇감을 주면 그 위험을 줄일 수 있다. 또한, 원형 먹잇감을 줄 때 출처를 신중하게 고려하지 않으면 전염성 질병의 전파 경로가 될 수 있다(Holzinger와 Silberman, 1974). 가능하다면 먹잇감으로 사용할 동물의 건강 상태는 사전에 확인해야 한다.

먹이의 다양성을 추가하는 것 외에도, 채집, 흰개미 언덕 파기, 먹이 퍼즐과 같이 바람직한 행동을 유도하기 위한 수단으로 선호하는 먹이를 자주 활용한다(Bloomstrand 등, 1986; Forthman 등, 1992; Shepherdson 등, 1993). 이때, 열세 개체가 선호 먹이에 접근하는 것을 우세 개체가 막지 않도록 주의해야 하며, 이는 우세 개체의 영양 과잉이나 비만, 열세 개체의 좌절과 스트레스 증가를 방지하는 데 중요하다. 또한 간식이나 보상으로 사용하는 먹이가 고온에 장시간 노출되어 부패하거나, 질병 매개체가 될 수 있는 설치류나 곤충을 유인하지 않도록 주의해야 한다(Calle 등, 1993; Scanga 등, 1993).

요약하자면, 사육동물에게 주는 먹이의 빈도, 시기, 종류, 질, 양 등을 신중하게 계획하고 관리한다면 식단 다양성은 환경 풍부화의 독특한 형태가 될 수 있다. 이러한 유형의 풍부화는 구강 건강, 위장관의 안정성, 행동적 복지 개선으로 이어질 수 있다. 그러나 환경 풍부화의 수단으로 사용하는 먹이가 잠재적으로 미치는 부정적 영향은 먹이 변경에 앞서 반드시 신중하게 평가해야 하며, 그 변경이 동물의 건강과 복지를 개선했는지 확인하기 위한 사후 평가도 해야 한다.

사회적 환경

사회성 종의 경우, 동종 개체를 같이 사육하는 것은 환경 풍부화를 제공하는 명확하고도 비용 효율적인 방법이다. 복잡한 사회적 환경을 제공함으로써 얻을 수 있는 이점은 많다. 설치류에서 잘 알려진 고립 스트레스는 장기간 격리해 사육한 개체가 보이는 바람직하지 않은 행동적, 생리적 반응으로 특징지을 수 있다(Baer, 1971). 고립된 동물은 비활동적이며, 정형행동을 보이고, 면역 기능이 저하된다.

사회적 동물을 집단으로 사육하면 고립 스트레스의 해로운 영향을 방지하는 것 외에도, 정적인 환경에 역동성을 부여할 수 있다. 동종 개체를 같이 사육하면 구애, 교미, 털고르기, 놀이와 같은 종 특이적 사회 행동을 표현할 기회가 생긴다. 더 나아가, 미래 번식 성공에 매우 중요한 부모 돌봄 행동을 관찰하고 직접 참여할 기회도 생긴다(Swartz와 Rosenblum, 1981). 마지막으로, 전체적인 활동 수준이 증가하고, 정형행동이나 이상행동의 빈도가 감소할 수 있다.

하지만 수의학적 관점에서 볼 때, 동물을 사회적 집단으로 사육하는 것은 고유의 건강 위험을 수반한다. 동물들이 서로 직접 접촉하거나 같은 먹이통, 급수기, 휴식 장소를 공유할 때 감염성 질병의 전파 위험은 분명히 증가한다. 밀집 사육조건은 환경 오염을 증가시키고, 사회적 스트레스로 인한 면역 억제 가능성을 높여 이러한 위험을 더 악화시킨다. 서로 다른 곳에서 온 동물을 혼합하는 것도 질병 전파를 유발할 수 있다. 예를 들어, 잠복 바이러스에 감염된 동물을 새로운 사회적 환경에 도입하여 스트레스를 받을 경우 바이러스를 배출할 수 있으며(Weigler 등, 1993), 이렇게 배출된 바이러스는 다른 집단 구성원에게 감염 경로가 될 수 있다. 또한 집단 사육 시 질병에 걸리거나 다친 개체를 식별하는 것이 더 어려워진다. 때로는 사육장 안에 남아 있는 혈액, 구토물, 설사, 혈뇨의 원인을 찾기 위해 상당한 시간이 걸리기도 한다. 개별 동물의 식욕, 음수량, 배변 및 배뇨 상태를 감시하는 것도 집단 사육환경에서는 어렵기 때문에 조기 질병 발견을 더 방해한다.

개체 또는 집단 동물의 질병 치료는 집단 사육을 하면 더욱 어려워진다. 대부분의 약물 용량은 체중을 기준으로 산정한다. 성체를 기준으로 계산한 약물을 어린 개체가 먹으면 치명적일 수 있으므로, 반드시 개체마다 정확히 산정한 용량의 약물을 투여해야 한다. 집단 내 특정 개체를 치료하기 위해서는 그 개체를 집단에서 분리해야 할 수도 있다. 그러나 병든 개체를 분리하고 격리하는 것은 이미 쇠약해진 상태에 추가 스트레스를 가할 수 있으며(Bobek 등, 1986), 회복 기간을 더욱 길게 만들 수 있다. 또한, 개체를 집단에서 분리하면 집단 내 사회 역학의 변화로 인해 투쟁이 증가할 수 있다. 때로는, 분리한 개체를 다시 집단에 합류시킨 이후에도 공격성이 증가할 때 발생할 수 있다(Thompson, 1993).

일부 종에서는 집단 사육 상태에서 교미를 직접 관찰하지 못하기 때문에 암컷의 번식 상태(즉, 임신 여부)를 알 수 없는 경우가 있다. 임신을 놓치거나 인지하는 데 시간이 지체되면, 임신 중 금기시되는 처치, 예방접종, 구충제 또는 기타 약물을 임신 개체에게 투여할 위험이 증가한다. 또한, 임신에 필요한 특별한 영양소를 제공하지 못하거나 산과적 합병증에 시기적절하게 대응하지 못해 결과가 악화될 위험도 커진다. 이러한 문제를 예방하기 위해, 동물에게 소변 시료 제공 훈련을 시키거나, 이에 적합한 시설을 설계할 수 있다.

사회성 종을 집단 사육할 경우, 물리적 싸움과 같은 공격성은 일부 종에서 드물지 않게 나타난다. 기존의 안정된 집단에 새로운 개체를 도입할 때 투쟁이 가장 빈번하게 발생하지만, 번식 주기의 변화(예를 들면, 수컷 토끼의 성 성숙)와 환경 변화(예를 들면, 선호도가 높은 먹이를 조금 줄 때)와 함께 공격성이 나타나기도 한다(Love와 Hammond, 1991). 야생에서는 동물들이 세력권, 짝, 새끼를 방어하기 위해 공격 행동을 보인다. 그러나 자연 상태에서는 사회적 서열이 낮은 동물들이 지배 동물들을 피해 도망칠 수 있지만, 사육환경에서는 공간 한계 때문에 이러한 기회가 줄어든다. 급이 장소가 제한될 경우 집단 내 경쟁이 촉발되며, 사회적 서열이 낮은 동물들은 스트레스, 체중 감소, 영양실조, 그리고 궁극적으로 질병에 걸릴 위험이 커진다. 또한, 면역력이 떨어진 개체가 집단 내에 존재하면 질병이 침투할 기회를 줄 수 있다. 따라서, 집단 사육을 포함한 환경 풍부화 프로그램의 과제 중 하나는 사회적 서열이 낮은 개체들이 지배 개체로부터 거리를 둘 수 있도록 충분한 기회를 주는 것이다. 다수의 급이기와 급수기, 시야를 차단할 수 있는 구조물이나 은신처(Erwin, 1977), 그리고 여러 개의 보금자리나 휴식처를 추가하면 집단 사육동물에서 공격 행동을 최소화할 수 있다.

다종 전시 환경에서 다른 종의 존재와 이종쌍(즉 서로 다른 종으로 구성된 쌍 또는 집단)의 형성은 사회적 상호작용의 기회를 준다. 이종쌍 또는 이종 집단은 질병과 부상의 명백한 위험을 동반하며, 교육적 관점에서도 동물원 환경에 적합하지 않을 수 있다. 그러나 동종 반려개체가 없는 경우에는, 특히 중요한 발달 시기에 이종쌍은 직접적인 이점을 줄 수 있다(Mason 등, 1968; Thompson 등, 1991).

집단 사육동물에서는 질병 전파의 위험성과 수의학적 관리의 어려움이 발생할 수 있지만, 대부분은 그러한 건강 위험보다 얻을 수 있는 이점이 더 크다. 사회적 집단을 구성하기 전에 동물의 건강 상태를 철저히 평가하고, 잘 계획한 도입 방법을 개발하며, 도입 이후 개체별 건강을 자세히 모니터링하고, 혁신적인 훈련 및 치료 방법을 개발함으로써 이러한 건강 위험을 줄일 수 있다. 긍정강화훈련은 동물원 동물들이 수의학적 검사, 의료 처치, 생리학적 표본 채취 과정에 자발적으로 협조하도록 훈련하는 데 활용하고 있다(Reichard 등, 1993; Desmond와 Laule, 1994; Dover 등, 1994; Stone 등, 1994; 17장 참조). 이러한 훈련 기법은 동종 간 공격성을 조절하는 데도 사용하고 있다(Desmond 등, 1987; Bloomsmith 등, 1992, 미발표). 사회적 동물을 효과적으로 의학적 관리를 하기 위해서는 동물 관리팀, 수의팀, 그리고 경영진 간의 팀 접근법이 필수적이다.

결론

요약하면, 환경 풍부화 프로그램의 목표 중 하나는 동물복지를 증진하는 것이다. 이 목표를 달성하면 동물복지와 건강에서 실제적 이점을 관찰할 수 있다. 직간접적인 건강상의 이점 외에도, 많은 형태의 환경 풍부화는 활동성과 행동 다양성 증가로 이어진다. 이러한 행동은 개체별 건강 상태를 평가하기 좋은 기회이기도 하다. 그러나 일부 경우에는 환경 풍부화가 동물 건강에 위험을 초래할 수도 있다. 이러한 위험은 풍부화 프로그램을 시행하기 전에 신중하고 철저하게 평가해야 한다. 동물의 신체적 및 사회적 요구(자연사에 따름), 사육환경의 제약, 그리고 질병 및 부상의 잠재적 위험 사이의 균형은 동물 관리팀, 행동 과학자, 동물 훈련사, 경영진, 그리고 수의팀의 협력적 접근을 통해 환경 풍부화 프로그램을 설계하고 실행함으로써 최선으로 달성할 수 있다. 이러한 방식으로 동물에게 최대의 이익을 주는 균형 있는 환경을 구현할 수 있다.

참고문헌

- Bacon, E. S., and G. M. Burghardt, 1983. Food preference testing of captive black bears. In *Bears: Their Biology and Management* [Proceedings of the 5th International Conference on Bear Research and Management, held in Madison, Wis., February 1980] (pp. 102-105). International Association for Bear Research and Management.

- Baer, H. 1971. Long-term isolation stress and its effects on drug response in rodents. *Laboratory Animal Science*, 21, 341-349.

- Banish, L. D., R. Sims, M. Bush, D. Sack, and R. J. Montali, 1993a. Clearance of *Shigella flexneri* carriers in a zoological collection of primates. *Journal of the American Veterinary Medical Association*, 203, 133-136.

- Banish, L. D., R. Sims, D. Sack, R. J. Montali, L. Phillips, and M. Bush 1993b. Prevalence of shigellosis and other enteric pathogens in a zoological collection of primates. *Journal of the American Veterinary Medical Association*, 203, 126-132.

- Bielitski, J. 1992. Letter to the editor: Enrichment hazards. *Lab Primate Newsletter*, 31, 36.

- Blood, D. C., O. M. Radostits, and J. A. Henderson, 1983. *Veterinary Medicine: A Textbook of the Diseases of Cattle, Sheep, Pigs, Goats, and Horses* (6th ed.). East Sussex, U.K.: Bailliere Tindall.

- Bloomsmith, M. A. 1989. Feeding enrichment for captive great apes. In *Housing, Care, and Psychological Well-Being of Captive and Laboratory Primates*, ed. E. F. Segal, 336-356. New York: Noyes Publications.

- Bloomsmith, M. A., G. E. Laule, P. L. Alford, and R. H. Thurston. n.d. Using training to moderate chimpanzee aggression during feeding. *Zoo Biology* (in press).

- Bloomsmith, M. A., G. E. Laule, R. H., Thurston, and P. L. Alford. 1992. Using training to moderate chimpanzee aggression. In *Proceedings of the American Association of Zoological Parks and Aquariums Annual Conference*, 719-722. Wheeling, W.Va.: AAZPA.

- Bloomstrand, M., K. Riddle, P. Alford, and T. L. Maple. 1986. Objective evaluation of a behavioral enrichment device for captive chimpanzees (*Pan troglodytes*). *Zoo Biology*, 5, 293-300.

- Bobeck, S., J. Niezgoda, K. Pierzchala, P. Litynski, and A. Sechman. 1986. Changes in circulating levels of iodothyronines, cortisol, and endogenous thiocyanate in sheep during emotional stress caused by isolation of the animals from the flock. *Journal of Veterinary Medicine* 33:698-705.

- Bratton, G. R., and D. F. Kowalczyk. 1989. Lead poisoning. In *Current Veterinary Therapy* vol, 10, ed. R. W. Kirk, 152-158. Philadelphia: W. B. Saunders.

- Breazile, J. E. 1987. Physiologic basis and consequences of distress in animals. *Journal of the American Veterinary Medical Association* 191:1212-1215.

- Brockman, D. K., M. S. Willis, and W. B. Karesh. 1988. Management and husbandry of ruffed lemurs, *Varecia variegata*, at the San Diego Zoo. III. Medical considerations and population management. *Zoo Biology* 7:253-262.

- Butler, R. 1981. Epidemiology and management of "lumpy jaw" in macropods. In *Wildlife Diseases of the*

Pacific Basin and Other Countries [Proceedings of the 4th International Conference of the Wildlife Disease Association, held in Sydney, Australia, August 25-29, 1981], ed. M. Fowler, 58-61.

- Caligiuri, R., t. Norton, E. Jacobsen, O. J. Hart III, R. Locke, N. Ackerman, and C. Spencer. 1990. Urethral obstruction and abscessation in a chimpanzee (*Pan troglodytes*). *Journal of Zoo and Wildlife Medicine* 21:206-214.

- Calle, P. P., D. L. Bowerman, and W. J. Pape. 1993. Nonhuman primate tularemia (*Francisella tularensis*) epizootic in a zoological park. *Journal of Zoo and Wildlife Medicine* 24:459-468.

- Chamove, A. S., J. R. Anderson, S. C. Morgan-James, and S. P. Jones. 1982. Deep woodchip litter: Hygiene, feeding, and behavioral enhancement in eight primate species. *International Journal for the Study of Animal Problems* 3:308-318.

- Chute, H. L. 1978. Fungal infections. In *Diseases of Poultry*, ed. M. S. Hofstad, B. W. Calnek, C. F. Helmboldt, W. M. Reid, and H. W. Yoder, 376-381. Ames: Iowa State University Press.

- Cicnjak, L., D. Huber, H. U. Roth, R. L. Ruff, and Z. Vinovski. 1987. Food habits of brown bears in Plitvice Lakes National Park, Yugoslavia. In *Bears: Their Biology and Management* [Proceedings of the 7th International Conference on Bear Research and Management], 221-226. Washington, D.C.: Port City Press.

- Cooper, J. E. 1986. Reptiles: Physiology. In *Zoo and Wild Animal Medicine*, ed. M. E. Fowler, 883-923. Philadelphia: W. B. Saunders.

- Dantzer, R., and Mormede, 1985. Stress in domestic animals: A psychoneuroendocrine approach. In *Animal Stress*, ed. G. P. Moberg, 81-95. Bethesda, MD: American Physiological Society.

- DeLuca, A. M., and K. C. Kranda. 1992. Environmental enrichment. *Lab Animal* 21:38-44.

- Desmond, T., and G. Laule. 1994. Use of positive reinforcement training in the management of species for reproduction. *Zoo Biology* 13:471-477.

- Desmond, T., G. Laule, and J. McNary. 1987. Training to enhance socialization and reproduction in drills. In *Proceedings of the American Association of Zoological Parks and Aquariums Regional Conference*, 352-358. Wheeling, W.Va: AAZPA.

- Dierenfeld, E. S. 1993. Nutrition of captive cheetahs: Food composition and blood parameters. *Zoo Biology* 12:143-150.

- Dover, S., L. Fish, T. Turner, and A. Kelley. 1994. Husbandry training as a technique for behavioral enrichment in marine mammals. In *Proceedings of the American Association of Zoo Veterinarians* [Conference held in Pittsburgh, Pa., October 22-27, 1994], 284.

- Drew, M. L., and M. E. Fowler. 1991. Poisoning of black and white ruffed lemurs (*Varecia variegata variegata*) by hairy nightshade (*Solanum sarrachoides*). *Journal of Zoo and Wildlife Medicine* 22:494-496.

- Duke, A. 1989. How a chewing device affects calculus build-up in dogs. *Veterinary Medicine* 84:1110-1114.

- Duncan, A. E. 1994. Lions, tigers, and bears: The road to enrichment. In *Proceedings of the American Association of Zoo Veterinarians* [Conference held in Pittsburgh, Pa., October 22-27, 1994], 270-277.

- Eagle, T. C., and M. R. Pelton. 1983. Seasonal nutrition of black bears in the Great Smokey Mountains

National Park. In *Bears: Their Biology and Management* [Proceedings of the 5th International Conference on Bear Research and Management, held in Madison, Wis., February 1980], 94-101. International Association for Bear Research and Management.

– Egelberg, J. 1965. Local effect of diet on plaque formation and development of gingivitis in dogs. I. Effect of hard and soft diets. *Odontologisk Revy* 16:31-41.

– Erkert, H. G. 1989. Lighting requirements of nocturnal primates in captivity: A chronobiological approach. *Zoo Biology* 8:179-191.

– Erwin, J. 1977. Factors influencing aggressive behavior and risk of trauma in the pig-tail macaque (*Macaca nemestrina*). *Laboratory Animal Science* 27:541-547.

– Erwin, J. 1979. Aggression in captive macaques: Interaction of social and spatial factors. In *Captivity and Behavior: Primates in Breeding Colonies, Laboratories, and Zoos*, ed. J. Erwin, T. Maple, and G. Mitchell, 139-171. New York: Van Nostrand Reinhold.

– Fitch, H. M., and D. A. Fagan. 1982. Focal palatine erosion associated with dental malocclusion in captive cheetahs. *Zoo Biology* 1:295-310.

– Foley, K. 1978. A comparison of the pesticide residues in corncob and wood beddings. Presentation at the 29th Annual Session of the American Association for Laboratory Animal Science, New York, N.Y., September 1978.

– Forthman, D. L., S. D. Elder, R. Bakeman, T. W. Kurkowski, C. C. Noble, and S. W. Winslow. 1992. Effects of feeding enrichment on behavior of three species of captive bears. *Zoo Biology* 11:187-195.

– Fritz, J., S. Maki, L. T. Nash, T. Martin, and Matevia. 1992. The relationship between forage material and levels of coprophagy in captive chimpanzees (*Pan troglodytes*). *Zoo Biology* 11:313-318.

– Gould, E., and M. Bres. 1986. Regurgitation and reingestion in captive gorillas: Description and intervention. *Zoo Biology* 5:241-250.

– Hamilton, A. N., ans Bunnell. 1987. Foraging strategies of coastal grizzly bears in the Kimsquit River Valley, British Columbia. In *Bears: Their Biology and Management* [Proceedings of the 7th International Conference on Bear Research and Management], 187-197. Washington, D.C.: Port City Press.

– Hardin, J. W., and Arena, eds. 1974. *Human Poisoning from Native and Cultivated Plants*, 2nd ed. Durham, N.C.: Duke University Press.

– Henry, J. P., and P. Stephens-Larson. 1985. Specific effects of stress on disease processes. In *Animal Stress*, ed. G. P. Moberg, 161-176. Bethesda, Md: American Physiological Society.

– Holzinger, E. A., and Silberman. 1974. Salmonellosis in zoo born cheetah cubs. In *American Association of Zoo Veterinarians Annual Proceedings*, 204-205.

– Honnas, C. M., Jensen, J. L. Cornick, K. Hicks, and B. Kuesis. 1991. Proventriculotomy to relieve foreign body impaction in ostriches. *Journal of the American Veterinary Medical Association* 199:461-465.

– Huls, W. L., D. L. Brooks, and Bean-Knudsen. 1991. Response of adult New Zealand white rabbits to enrichment objects and paired housing. *Laboratory Animal Science* 41:609-611.

– Hutchins, M., D. Hancocks, and C. Crockett. 1984. Naturalistic solutions to the behavioral problems of captive animals. *Zoologische Garten* 54:28-42.

– Institute of Laboratory Animal Resources (National Research Council). 1996. *Guide for the Care and Use of Laboratory Animals*. Washington, D.C.: National Academy Press.

– Iverson, W. O., and J. A. Popp. 1978. Meningoencephalitis secondary to otitis in a gorilla. *Journal of the American Veterinary Medical Association* 173:1134-1136.

– Jainudeen, M. R., and E. S. E. Hafez. 1980. Reproductive failure in males. In *eproduction in Farm Animals*, ed. E. S. E. Hafez, 471-493. Philadelphia: Lea & Febiger.

– Janssen, D. L. 1994. Morbidity and mortality of Douc langurs (*Pygathrix nemaeus*) at the San Diego Zoo. In *Proceedings of the American Association of Zoo Veterinarians*, 221-223.

– Jones, B. D. 1992. Management of esophageal foreign bodies. In *Current Veterinary Therapy*, vol. 11, ed. R. W. Kirk and J. D. Bonagura, 577-580. Philadelphia: W. B. Saunders.

– Kelley, K. W. 1985. Immunological consequences of changing environmental stimuli. In *Animal Stress*, ed. G. P. Moberg, 193-224. Bethesda, Md.: American Physiological Society.

– Kingsbury, J. M. 1964. *Poisonous Plants of the U.S. and Canada*. Englewood Cliffs, N.J.: Prentice-Hall.

– Klasing, K. C. 1985. Influence of stress on protein metabolism. In *Animal stress*, ed. G. P. Moberg, 269-280. Bethesda, Md.: American Physiological Society.

– Kraft, L. M. 1980. The manufacture, shipping and receiving, and quality control of rodent bedding materials. *Laboratory Animal Science* 30:366-376.

– Lampe, K., and M. A. McCann. 1985. *AMA Handbook of Poisonous and Injurious Plants*. Chicago: American Medical Association.

– Landi, M. S., J. Kreider, C. M. Lang, and L. P. Bullock. 1982. Effects of shipping on the immune function in mice. *American Journal of Veterinary Research* 43:1654-1657.

– Lewis, L. D., M. L. Morris, and M. S. Hand. 1987. *Small Animal Clinical Nutrition*, 3rd ed. Topeka, Kans.: Mark Morris Associates.

– Lindburg, D. G. 1988. Improving the feeding of captive felines through application of field data. *Zoo Biology* 7:211-218.

– Love, J. A., and K. Hammond. 1991. Group-housing rabbits. *Lab Animal* 9:37-43.

– Maki, S., and M. A. Bloomsmith. 1989. Uprooted trees facilitate the psychological well-being of captive chimpanzees. *Zoo Biology* 8:79-87.

– Mason, W. A., R. K. Davenport, and E. W. Menzel. 1968. Early experience and the social development of rhesus monkeys and chimpanzees. In *Early Experience and Behavior*, ed. G. Newton and S. Levin, 440-480. Springfield, Ill.: Charles C. Thomas.

– McColl, K. A. 1981. Necropsy findings in captive platypus (*Ornithorhynchus anatinus*) in Victoria, Australia. In *Wildlife Diseases of the Pacific Basin and Other Countries* [Proceedings of the 4th International Conference of the Wildlife Disease Association, held in Sydney, Australia, August 25-29, 1981], ed. M. Fowler, 238.

- McGrew, W. C., J. A. Brennan, and J. Russell. 1986. An artificial "gum-tree" for marmosets (*Callithrix j. jacchus*). *Zoo Biology* 5:45-50.

- McKenzie, S. M., A. S. Chamove, and A. T. C. Feistner. 1986. Floor-coverings and hanging screens alter arboreal monkey behavior. *Zoo Biology* 5:339-348.

- Mikolon, A., W. Boyce, J. Allen, I. Gardner, and L. Elliot. 1992. Epidemiology and control of nematode parasites in a collection of captive exotic ungulates. In *Proceedings of a Joint Conference of the American Association of Zoo Veterinarians and the American Association of Wildlife Veterinarians* [held in Oakland, Calif., October 1992], 200.

- Moberg, G. P. 1985a. Biological response to stress: Key to assessment of animal well-being? In *Animal Stress*, ed. G. P. Moberg, 27-50. Bethesda, Md.: American Physiological Society.

- Moberg, G. P. 985b. Influence of stress on reproduction measure of well-being. In *Animal Stress*, ed. G. P. Moberg, 245-268. Bethesda, Md.: American Physiological Society.

- Moberg, G. P. 987. Problems in defining stress and distress in animals. *Journal of the American Veterinary Medical Association* 191:1207-1211.

- Moodie, E. M., and A. S. Chamove. 1990. Brief threatening events beneficial for captive tamarins? *Zoo Biology* 9:275-286.

- Munson, L., and R. J. Montali. 1990. Pathology and diseases of great apes at the National Zoological Park. *Zoo Biology* 9:99-105.

- National Research Council. 1992. *Recognition and Alleviation of Pain and Distress in Laboratory Animals*. Washington, D.C.: National Academy Press.

- Nelson, L. S. 1981. Secondary hypocuprosis in an exotic animal park. In *Wildlife Diseases of the Pacific Basin and Other Countries* [Proceedings of the 4th International Conference of the Wildlife Disease Association, held in Sydney, Australia, August 25-28, 1981], ed. M. Fowler, 139-145.

- Ogden, L. 1992. Zinc toxicosis. In *Current Veterinary Therapy*, vol. 11, ed. R. W. Kirk and J. D. Bonagura, 197-200. Philadelphia: W. B. Saunders.

- Ohdachi, S., and T. Aoi. 1987. Food habits of brown bears in Hokkaido, Japan. In Bears: *Their Biology and Management* [Proceedings of the 7th International Conference on Bear Research and Management], 215-220. Washington, D.C.: Port City Press.

- O'Neill, P. 1988. Developing effective social and environment enrichment strategies for macaques in captive groups. *Lab Animal* 17:23-36.

- Paquette, D., and Prescott. 1988. Use of novel objects to enhance environments of captive chimpanzees. *Zoo Biology* 7:15-23.

- Pfaff, J., and M. Stecker. 1976. Loudness levels and frequency content of noise in the animal house. *Lab Animal* 10:111-117.

- Pion, P. D., M. D. Kittleson, Q. R. Rogers, and J. G. Morris. 1987. Myocardial failure in cats associated with low plasma taurine: A reversible cardiomyopathy. *Science* 237:764-768.

- Reichard, T., W. Shellabarger, and G. Laule. 1993. Behavioral training of primates and other zoo animals for veterinary procedures. In *Proceedings of the American Association of Zoo Veterinarians*, 65-69. Lawrence, Kans.: American Association of Zoo Veterinarians.

- Ruhr, L. P. 1986. Ornamental toxic plants. In *Current Veterinary Therapy*, vol. 9, ed. R. W. Kirk, 216-220. Philadelphia: W. B. Saunders.

- Sapolsky, R. M. 1990. Stress in the wild. *Scientific American* 262:116-123.

- Scanga, C. A., K. V. Holmes, and R. J. Montali. 1993. Serologic evidence of infection with lymphocytic choriomeningitis virus, the agent of callitrichid hepatitis in primates in zoos, primate research centers, and a natural reserve. *Journal of Zoo and Wildlife Medicine* 24:469-474.

- Schmidt, M. J. 1986. Elephants (Proboscidea). In *Zoo and Wild Animal Medicine*, ed. M. E. Fowler, 883-923. Philadelphia: W. B. Saunders.

- Schmidt, M. J., and H. Markowitz. 1977. Behavioral engineering as an aid in the maintenance of healthy zoo animals. *Journal of the American Veterinary Medical Association* 171:966-969.

- Schoental, R. 1973. Carcinogenicity of woodshavings. *Laboratory Animals* 7:47-49.

- Seligman, M. E. P. 1975. *Helplessness: On Depression, Development, and Death*. San Francisco: Freeman.

- Shepherdson, D. J., N. Bemment, M. Carman, and S. Reynolds. 1989. Auditory enrichment for Lar gibbons. *International Zoo Yearbook* 28:256-260.

- Shepherdson, D. J., K. Carlstead, J. D. Mellen, and J. Seidensticker. 1993. The influence of food presentation on the behavior of small cats in confined environments. *Zoo Biology* 12:203-216.

- Spelman, L. H., K. G. Osborn, and M. P. Anderson. 1989. Pathogenesis of hemosiderosis in lemurs: Role of dietary iron, tannin, and ascorbic acid. *Zoo Biology* 8:239-251.

- Stone, A. M., M. A. Bloomsmith, G. E. Laule, and P. L. Alford. 1994. Documenting positive reinforcement training for chimpanzee urine collection. *American Journal of Primatology* 33:342.

- Swartz, K. B., and L. A. Rosenblum. 1981. The social context of parental behavior: A perspective on primate socialization. In *Parental Care in Mammals*, ed. D. J. Gubernick and P. H. Klopfer, 417-454. New York: Plenum Press.

- Thompson, K. V. 1993. Aggressive behavior and dominance hierarchies in female sable antelope, *Hippotragus niger*: Implications for captive management. *Zoo Biology* 12:189-202.

- Thompson, M. A., M. A. Bloomsmith, and L. L. Taylor. 1991. A canine companion for a nursery reared infant chimpanzee. *Lab Animal Newsletter* 30:1-4.

- Tomson, F. N., and R. R. Lotshaw. 1978. Hyperphosphatemia and hypocalcemia in lemurs. *Journal of the American Veterinary Medical Association* 173:1103-1106.

- Tripp, J. K. 1985. Increasing activity in captive orangutans: Provision of manipulable and edible materials. *Zoo Biology* 4:225-234.

- Ullrey, D. E. 1993. Nutrition and predisposition to infectious disease. *Journal of Zoo and Wildlife Medicine* 24:304-314.

- Ullrey, D. E., and M. E. Allen. 1993. Identification of nutritional problems in captive wild animals. In *Zoo and*

Wild Animal Medicine: Current Therapy, ed. M. Fowler, 38-41. Denver, Colo.: W. B. Saunders.

- Visalberghi, E., and A. F. Vitale. 1990. Coated nuts as an enrichment device to elicit tool use in tufted capuchins (*Cebus apella*). *Zoo Biology* 9:65-71.

- Wallach, J. D., and W. J. Boever. 1983. *Diseases of Exotic Animals*. Philadelphia: W. B. Saunders.

- Weigler, B. J., D. W. Hird, J. k. Hilliard, N. W. Lerche, J. A. Roberts, and L. M. Scott. 1993. Epidemiology of cercopithecine herpesvirus 1 (B virus) infection and shedding in a large breeding cohort of rhesus macaques. *Journal of Infectious Diseases* 167:257-263.

- Weisbroth, S. H. 1979. Chemical contamination of lab animal beddings: Problems and recommendations. *Lab Animal* 8:24-34.

- Williams, L. E., C. R. Abee, S. R. Barnes, and R. B. Ricker 1988. Cage design and configuration for an arboreal species of primate. *Laboratory Animal Science* 38:289-291.

- Wirth, H. 1983. Criteria for the evaluation of laboratory animal bedding. *Laboratory Animals* 17:81-84.

- Wittenberger, J. F. 1981. *Animal Social Behavior*. Boston: Duxbury Press.

- Wolfe, T. L. 1987. Control of stress using non-drug approaches. *Journal of the American Veterinary Medical Association* 191:1219-1221.

제17장

풍부화 전략으로서 긍정강화훈련

Gale Laule과 Tim Desmond

동물원, 수족관, 생의학 분야에서 조작적 조건화 기법을 동물 관리의 중요한 도구로 인정하는 추세가 증가하고 있다(Kirkwood 등, 1989; Laule와 Desmond, 1990; Priest, 1991; Reichard와 Shellabarger, 1992; Laule, 1993a; 18장 참조). 조작적 조건형성은 행동에 영향을 주기 위한 세 가지 기본 방법이 있다. 긍정강화, 회피 또는 탈출(즉, 부정강화), 그리고 약화(Reynolds, 1975; Pryor, 1984)다. 동물 훈련이 심리적 복지에 미치는 영향을 평가할 때, 사용하는 훈련 유형과 구체적 기법을 구별하는 것이 중요하다.

이 장에서 추천하는 훈련법은 긍정강화훈련이다. 이 방법은 동물이 훈련자가 의도한 행동을 했을 때, 동물이 좋아하는 보상으로 그 행동을 강화하는 것이다. 실제 운영상으로는, 부정강화를 어떤 형태로든 사용하기 전에 긍정적 대안을 충분히 시도해야 한다는 것을 의미한다. 또한, 드물게 탈출-회피 기법(즉, 부정강화)이 필요할 때도 이를 최소화하고, 긍정강화에 초점을 맞출 것을 제안한다. 특정 행동을 제거하기 위한 약화는 사람이나 동물의 생명을 위협할 수 있는 상황에서만 정당화된다고 본다. 일반적인 오해를 불식시키기 위해 설명하자면, 긍정강화훈련은 어떤 형태로든 먹이를 제한할 필요가 없다. 동물에게는 매일 정해진 식단을 그대로 급이하며, 훈련 보상은 그 식단의 일부거나 추가로 간식을 주는 것이다. 마지막으로, 이 훈련 방식은 동물의 자발적 협조가 있어야만 성공할 수 있다.

이러한 기법으로 확인한 인상적인 성과들이 있다. 동물이 자발적으로 사육 및 수의학적 절차에 협조하도록 훈련한다면, 마취제 사용을 줄일 수 있다. 실제로, 훈련된 동물들은 이러한 절차를 잘 따르며, 진행하는 동안 스트레스가 적은 것으로 나타났다(Turkkan 등, 1989; Reinhardt와 Cowley, 1990; Reinhardt 등, 1990; Priest, 1991; Laule 등, 1992; Luttrell 등, 1994).

긍정강화훈련은 다양한 종에서 사회화 문제를 해결하는 데도 효과적인 것으로 나타났다(Laule과 Desmond, 1991). 한 연구에서는 훈련을 활용하여 수컷 침팬지(*Pan troglodytes*)가 먹이를 먹는 동안 집단 내 다른 개체에게 보였던 과도한 공격 행동을 감소시킨 사례를 보고했다(Bloomsmith 등, 1994). 긍정강화훈련을 한 영장류(Heath, 1988)와 제한 접촉으로 훈련한 코끼리류(*Elephas maximus* 및 *Loxodonta africana*)는 훈련자에게 공격 행동이 상당히 감소했다(Desmond와 Laule, 1991; Maddox, 1992). 마지막으로, 훈련은 새로운 상황에서 유용한 도구가 될 수 있다. 예를 들어, 적절한 모성 행동을 갖추지 못한 동물들의 모성 행동을 개선하거나(Joines, 1977; Desmond, 1985), 생리적 연구에서 자발적 협조를 끌어내는 데 도움이 된다(Rogers 등, 1992).

앞서 제시한 사례들은 훈련이 동물, 직원, 그리고 동물원이나 연구 기관에

줄 수 있는 이점 중 극히 일부에 불과하다. 그 효과는 분명하고 측정할 수 있지만, 아직 정식으로 평가한 사례는 많지 않다. 그중에서도 눈에 잘 띄지 않는 또 하나의 이점에 주목하고자 한다. 그것은 사육동물의 심리적 복지를 개선하도록 긍정강화훈련을 풍부화 전략으로 활용하는 것이다.

심리적 복지의 작업적 정의

심리적 복지를 정의하고 다양한 풍부화 전략의 효과를 평가하려는 지속적인 노력과 함께 여러 접근 방식들을 논의해 왔다. 심리적 복지는 일반적으로 적응 능력, 즉 변화하는 상황에 대응하고 조정하는 능력으로 정의할 수 있다고 제시한 바 있다(Petto 등, 1990). 이 개념과 관련된 많은 측정 가능한 특징들, 예를 들어 행동, 건강, 번식이나 수명 등이 있지만, 이 저자들은 심리적 복지를 평가할 때 두 가지 이상의 기준을 결합해야 한다고 제시했다. 이러한 접근 방식을 사용하면, 특정 훈련 기법이 심리적 복지를 향상시킬 수 있다고 주장할 수 있다

둔감화 훈련

둔감화라는 과정을 통해 동물은 두렵거나 불편하게 느끼는 자극에 대해 내성을 가질 수 있다. 기본적으로, 둔감화는 두려움을 '훈련으로 없애거나' 또는 극복하는 과정이다. 두려움을 유발하는 행동이나 물체에 긍정적 보상을 결합함으로써, 그 두려운 존재는 서서히 덜 부정적이고 덜 두렵게 되며, 결국 스트레스 반응을 일으킬 가능성도 낮아지게 된다. 이 기법을 사용하여 동물들은 사육 및 수의학적 절차, 새로운 사육장, 낯선 사람, 수의사와 같이 부정적으로 인식하는 사람들, 새로운 물체, 이상한 소리 등 여러 자극에 둔감화해질 수 있

그림 40 마모셋(*Callithrix jacchus*) 체중측정 훈련에 앞서 체중계에 익숙해지도록 했다. 체중계에 비친 자신을 관찰하는 모습(국립생태원, ⓒ계하은).

다(그림 40). 실제로 동물들이 특정 자극에 대해 둔감해지면, 시간이 지나면서 새로운 자극이나 예상치 못한 상황에 대해 전반적으로 둔감해질 수 있다는 점을 이전에 보고한 바 있다(Laule, 1983; Laule와 Desmond, 1991).

협동 급이

가장 바람직한 풍부화 형태 중 하나는 야생에서 사회적인 동물들을 짝이나 집단으로 함께 사육하는 것이다(Reinhardt 등, 1987; de Waal, 1991). 그러나 사회적 상호작용의 동적인 특성과 사육이 동물들에게 가하는 제약, 그리고 동물들이 공격 행동을 피하거나 회피할 수 있는 능력의 제약 때문에 집단 사육은 양날의 검이 될 수 있다. 사실, 집단 사육을 신중하게 결정하지 않거나 감시하지 않으면, 하위 개체에게 스트레스가 많고 부정적인 경험이 될 수 있다(Coe, 1991; 9장 참조).

'협동 급이(cooperative feeding)'라고 부르는 훈련 기법을 사용하면, 동물들이 서로 우호적인 상호작용을 하도록 돕고, 지배적 관계에서 발생할 수 있는 문제를 완화하며, 공격성을 줄일 수 있다. 이 기법은 집단 내 두 가지 사건을 동시에 강화하는 방법으로 실시한다. 하위 개체가 먹이를 받거나 관심을 받을 수 있도록 지배 개체가 허용할 때 그 행동을 강화하고, 지배 개체가 있는 상황에서 먹이를 받거나 관심을 끄는 것을 감수할 만큼 하위 개체가 용감하게 행동할 때 강화하는 것이다.

이 기법은 캘리포니아 로스앤젤레스동물원에서 드릴(*Mandrillus leucophaeus*) 5개체 집단에게 성공적으로 사용한 전략 중 하나였다(Desmond 등, 1987). 이 프로젝트의 주요 목표는 집단 내에서 사회적으로 긍정적 상호작용과 번식을 촉진시키는 것이었다. 이 두 가지 목표는 심리적 복지의 지표로 인식하고 있다(Petto 등, 1990). 협동 급이를 통해 서로 다른 2~3개체의 동물이 먹이를 먹을 때 서로 가까운 거리에 있고, 편안해 보일 때 그 행동을 강화시켰다. 번식 행동을 촉진하기 위해 지배적 수컷은 지배적 암컷을 만지는 행동을 강화시켰고, 암컷은 수컷이 만지는 것을 허용하도록 동시에 강화시켰다. 7개월 간의 프로젝트 결과, 털고르기, 관찰 행동, 교미 시도 등의 모든 친밀한 행동이 프로젝트 과정 중과 종료 후에 유의미하게 증가했다(Cox, 1987).

생존을 위한 일

심리적 복지를 정의하는 또 다른 방법은 사람의 복지에 관한 연구 결과를 영장류의 모델로 사용하는 것이다. 사람 복지와 관련된 여러 요소를 논의하면서 Sackett(1991)는 금전적 소득이 중요한 상관관계임을 지적하며, "아마도 문제 해결에 참여하고 성공하는 기회가 영장류의 복지에 미치는 영향은 사람의 복지에 소득이 영향을 미치는 것과 비슷할 수 있다."고 제안했다(3장 참조). Hediger(1950)는 사육이 야생동물에게 생존을 위한 행위, 즉 먹이를 찾고 적을 피하는 필요와 기회를 박탈한다고 지적했다. 그는 "사육동물에게는 자유로운 환경에서의 주요 활동을 대체할 수 있는, 삶의 새로운 관심사를 주어야 한다. 이 대체재는 생물적으로 적합한 훈련의 형태로 제공할 수 있으며, 이는 어쩌면 직업 치료의 중요성과 동등하게 볼 수 있다."고 했다.

긍정강화훈련은 먹이를 얻기 위해 동물이 '일' 할 기회를 준다. 특정 과제나 행동을 하여 먹이로 보상받는 것이다. 연구에 따르면 동물들은 동일 먹이를 자유롭게 제공해 주더라도 대개는 먹이를 얻기 위해 자발적으로 일하는 것을 선택한다고 한다(Neuringer, 1969; Anderson과 Chaniove, 1984). 365회 제한 접촉 훈련 프로그램에서, 아시아코끼리 2개체와 아프리카코끼리 2개체는 99%의 경우 추가 간식을 얻기 위해 일하는 것을 선택했다(Laule와 Desmond, 1992). Mineka 등(1986)은 먹이를 얻기 위해 일할 기회를 얻은 새끼 히말라야원숭이(*Macaca mulatta*)가 위협 자극에 노출되었을 때 두려움이 적고, 집단 내 동료와 분리되었을 때 더 나은 대처 반응을 보였음을 발견했다. 저자들은 이 연구 결과를 바탕으로, 동물들이 환경 통제권 기회를 얻는다는 게 얼마나 중요한지 설명했다.

더 많은 선택권과 통제권 부여

Hanson 등(1976)은 지속적인 백색 소음에 대한 통제권이 있는 집단과 통제권이 없는 집단의 히말라야원숭이에서 코르티솔 수치를 측정했다. 놀라운 결과는 소음에 대한 통제권을 가진 집단과 대조 집단(즉, 소음이 없는 세 번째 집단) 사이에서 코르티솔 수치와 공격성에 차이가 없다는 것이었다. 반대로, 소음을 통제할 수 없는 집단은 혈중 코르티솔 수치가 유의미하게 높았으며, 더 많은 후속 공격성을 보였다. 더욱이 처음에는 소음을 통제할 수 있었지만, 나중에 그 통제권을 박탈당한 집단은 코르티솔과 공격성 수준이 어떤 조건보다 높았다.

사육 조건과 통제라는 측면에서 보자면 일반적으로 동물들은 삶에 대한 선택이나 통제권을 거의 가지고 있지 않다(4장 참조). 또한, 탈출 또는 회피 기법(부정강화)이라는 전통적인 통제법에 대한 의존은 동물이 통제권을 가지지 못 하도록 한다. 경험에 따르면, 긍정강화훈련은 동물이 자신의 행동으로 더 큰, 비록 완전하지는 않더라도 사건을 통제할 최고의 기회 중 하나를 준다. 긍정강화 환경에서는 실험에 대해 부정적 결과가 없어서 동물들은 더 넓은 실험적 행동 반응을 자유롭게 시도할 수 있다. 사실, 숙련자는 올바른 반응뿐만 아니라 문제 해결, 창의적 해결책을 찾아내거나 더 노력하는 등 더 미묘하고 주관적인 행동에 대해서도 계속 보상한다.

대부분의 긍정강화훈련은 동물들의 자발적 협조를 바탕으로 이루어진다. 그러나 반드시 특정 행동을 해야 할 때도, 긍정강화는 동물들에게 선택과 통제의 기회를 크게 높여준다. 예를 들어, 동물이 건강을 위해 주사를 맞아야 하는 상황을 생각해 보자. 훈련이 없다면, 동물은 그 상황에서 아무런 선택권도 없다. 탈출-회피 훈련과 같은 부정적 방법을 사용한다는 상황을 가정해 보자. 만약 우리가 '팔을 내밀어 주사를 맞는 것'과 같은 선택을 제공한다 해도, 그것은 또 다른 부정적 자극인 위협으로 간주한다. 동물은 두 자극(팔을 내밀도록 위협하는 자극과 싫지만 팔을 내밀어야 한다는 자극) 모두에서 스트레스를 경험하게 된다. 반면, 긍정강화 접근법을 활용하면 동물은 행동형성과 보상으로 자발적으로 팔을 내밀어 주사를 맞도록 훈련할 수 있으며, 동시에 이러한 절차에 대해 둔감하게 된다. 따라서 주사가 필요할 때, 그 절차가 어떻게 진행될지 더 명확한 선택권을 갖고 있고, 두려움이 줄어드는 것이 동물의 심리적 복지에 이바지한다고 판단하는 것이 합리적일 것이다.

이상행동과 복지

Sackett(1991)이 진행한 사람의 복지와 성격 요인 간의 관계 연구에서, 신경증적 행동은 복지와 부정적 상관관계를 가진다고 밝힌 바 있다. 지금까지의 사육동물 연구에서는 이상행동의 존재 여부와 동물복지 사이에 명확한 관계를 입증하지 못했다. 그러나 Carlstead(11장)는 정형행동을 논의하면서 과학적 증거가 부족하지만 그것은 일반적으로 비정상이라고 간주하며, 나아가 불량한 복지의 지표일 수 있다고 지적한다. 잘 설계한 환경 풍부화가 정형행동을 줄이는 데 성공한 여러 사례가 있다.

훈련 역시 이상행동을 줄이는 데 유용한 것으로 알려졌다(Laule, 1993b). 예로 큰돌고래(*Tursiops truncatus*)는 이물질을 삼키거나 역류시키는 두 가지 이상행동을 보였다. 이 행동을 없애기 위해 여러 기법을 적용하였는데 하나는 물체를 삼키는 대신 물체를 가져오도록 훈련하여 보상하는 것이었고, 또 다른 방법은 역류 행동이 가장 자주 나타나는 시간대를 중심으로 역류 행동을 하지 않는 상태 자체를 구체적으로 강화하는 것이었다. 또한, 여러 번의 일일 훈련 프로그램을 통해 활동과 자극을 증가시켰다. 그 결과, 돌고래는 이물질을 삼키는 행동을 완전히 중단했고, 역류 행동도 크게 줄어들었다(Laule, 1984). 이전에 언급한 드릴 집단 연구에서도 유사한 결과가 나타났다. 훈련의 주요 목표는 긍정적 사회화 증진이었지만, 훈련의 결과로 자해나 과도한 자기 털고르기 등 신경증적이고 자기 지향적 행동이 상당히 감소한 것으로 나타났다(Cox, 1987).

Sackett(1991)은 외향성과 접근 지향적 행동[72]과 같은 성격 요인이 사람 복지와 긍정적 상관관계를 갖는다고 보고했다. 앞서 설명한 것처럼, 숙련된 훈련자는 동물들이 외향적이고 탐색행동을 하는 기회를 활용하여 이를 강화한다.

---

72   Approach-oriented behavior: 동물이 특정 대상에 자발적으로 접근하거나 탐색하는 행동.

정신 자극과 신체 활동 증가

심리적 복지와 풍부화 전략에 관한 문헌에서 흔히 인용하는 목표 중 하나는 사육동물의 정신 자극과 신체 활동 수준을 높이는 것이다(예: Markowitz, 1982; Dittrich, 1984; Shepherdson, 1989; Carlstead 등, 1991; 4장, 6장 참조). 훈련은 이 두 가지 목표를 달성하는 데 사용한다. 첫째, 훈련은 가르치는 것이며, 훈련받는 것은 배우는 것이다. 이는 문제 해결 과정으로, 가장 복잡한 풍부화 장치만큼이나 도전적이고 보람을 느낄 수 있다. 이는 훈련이 자극적인 사람-동물 상호작용을 만들어내기 때문이다(Heath, 1988; Reinhardt, 1992). 최근 연구에서는 사람-동물 상호작용의 영향을 보고한 바 있으며, 주당 겨우 6분의 상호작용만으로도 이상행동 감소와 같은 긍정적 결과가 나타났다고 보고하였다(Bayne 등, 1993).

둘째, 수년간의 해양 포유류 훈련 프로그램은 훈련이 사육동물의 전반적인 활동 수준을 증가시키는 데 매우 효과적이라는 것을 보여주었다. 훈련 프로그램에 참여하는 동물들은 다양한 활동에 참여하며 하루를 보낸다. 훈련 프로그램과 공연, 배후공간과 공연장 사이의 이동, 사육장 외부로의 이동(예: 기각류), 훈련자 및 다른 동물들과의 놀이 및 사회적 상호작용 등이 있다.

훈련은 동물의 행동 유형을 다양하게 만들어 활동을 증가시킬 수 있다. 훈련자들은 훈련 프로그램이 아닌 시간대에도 동물들이 새롭게 학습한 행동을 자발적이고 창의적인 방식으로 활용한 사례를 종종 언급한다. 예를 들어, 공연과 사육 행동 일환으로 무대에서 미끄러져 나오는 훈련을 받은 큰돌고래가 자유시간에도 이러한 행동을 보였으며, 다양한 변형 행동도 스스로 더 만들어냈다. 예를 들어, 물로 돌아가기 위해 머리를 먼저 넣으며 몸을 비틀거나, 머리나 꼬리를 물에 담그고 누워 있거나, 무대에서 회전하거나, 무대를 가로질러 미끄러져 다시 물속으로 들어가는 행동을 보였다. 이 행동은 기초 동작을 훈련받은 후에만 나타났다(Laule와 Desmond, 1992). '창의적 훈련'이라고 부르는 훈련 기법은 동물들이 새로운 창의적 행동을 만들어낼 때 이를 강화하는 방식이다(Pryor, 1969; Kreiger, 1989).

물체를 훈련자에게 가져오는 단순한 행동(예: 물건을 가져와 보상받는 훈련)을 훈련하는 것만으로도 여러 가지 이점을 창출할 수 있다. 예를 들어, 암컷 드릴을 훈련하여 물체를 가져오게 한 경우, 훈련자들은 그 동물이 물체를 먹지 않고, 요청할 때 훈련자에게 돌려줄 것이라고 확신했기 때문에 다양한 새로운 물체를 줄 기회가 생겼다(Laule와 Desmond, 1992).

환경 풍부화를 늘리기 위한 훈련

긍정강화 기법은 주요 행동 외에 더 많은 풍부화 기회를 줄 수 있는 주변 행동을 훈련하는 데 유용하다. 이러한 행동에는 개체별 수의학적 치료나 풍부화를 위해 집단 내 다른 개체와 분리하는 행동, 운동 등을 이유로 원거리 이동을 위해 이동장에 들어가는 행동, 사육장 사이를 이동하거나 전시 공간에 들어가고 나오는 행동 등이 있다. 이를 통해 비워진 공간에서 환경을 조작할 기회가 생긴다. 동물을 하루에도 몇 번씩 전시 외부로 이동시킨다고 생각해 보자. 이때 풍부화 장치와 장난감을 교체하고, 전시를 세팅하며, 환경을 약간 변경하거나, 새로운 전시 물품을 추가하고, 일상적인 훈련을 수행하는 등 풍부화와 사육 관리를 위한 다양한 활동을 극대화할 수 있다. 풍부화를 위해 자주 이동시키는 기회를 활용하면 동물의 신체 활동이 늘고, 일상적인 관리 목적을 위해 동물을 이동시키는 일이 더 쉬워지고 안정적으로 할 수 있다(Laule와 Desmond, 1992).

훈련은 풍부화 활동과 결합하여 그 효과를 높이는 데도 사용할 수 있다. 풍부화 장치를 동물들이 사용하지 않아 버리는 경우가 종종 있었는데, 이는 동물들이 그 장치를 어떻게 사용하는지 몰랐기 때문일 수 있다. 한 사례에서는 성체 수컷 침팬지가 파이프 피더(PVC 파이프를 사육장 외부에 부착하고, 막대를 사용해 사과 소스, 젤리 또는 간식을 얻도록 한 장치)를 전혀 사용하지 않았다. 결국, 관리자는 피더를 사용하지 않게 되었다. 그러나 이 동물이 훈련 프로그램에 참여하였고 피더 사용법을 배우게 되자, 현재 관리자는 파이프 피더가 선호하는 풍부화 장치라고 보고하였다(M. Bloomsmith, 개인 소통).

풍부화로서 훈련

마지막으로, 긍정강화훈련은 그 자체로 동물들에게 풍부화 가치를 제공한다. 앤더슨과학공원(M. D. Anderson Science Park)의 침팬지 번식 시설에서는 긍정강화훈련의 풍부화 가치를 평가하기 위한 연구를 하였다(Bloomsmith, 1992). 4개체의 집단 사육 성체 수컷 침팬지들을 훈련 전의 기준 기간, 훈련 프로그램 중(동물들이 신체 부위를 내밀거나 주사를 맞는 훈련), 훈련 외의 시간 동안 관찰했다. 예비 결과에 따르면, 훈련하는 동안 각 개체는 약 40% 정도의 시간을 훈련자와 긍정적 상호작용에 사용했으며, 1% 미만 만이 훈련자를 무시하거나 공격 행동을 보이는 데 사용하였다. 사실, 동물들은 직접 훈련을 받지 않더라도 프로그램에 계속 집중했다. 훈련 중에 자기 지향적인 행동 감소, 활동 증가, 집단 구성원 간의 사회적 놀이 증가라는 세 가지 긍정적 변화도 발생했다. 이러한 행동 변화는 일반적으로 풍부화 절차의 긍정적 결과로 간주한다.

훈련의 한계

훈련이 주는 많은 이점이 있지만, 모든 문제 행동을 해결하는 만병통치약은 아니다. 훈련은 단지 유용한 도구일 뿐이며, 몇 가지 한계가 있다. 첫째, 가장 기본적인 훈련 기술조차도 개발하는 데 시간과 연습이 필요하다. 잘못 계획하고 실행한 훈련은 문제를 해결하기보다는 더 큰 문제를 일으킬 수 있다. 이는 동물들을 혼동시키고 좌절감이 들게 할 수 있으며, 이러한 결과는 복지 개선이 아니다. 둘째, 훈련은 시간과 노력이 많이 들며, 오직 풍부화 전략만으로 사용할 경우 실용성에 한계가 있을 수 있다. 그러나 훈련을 종합적인 동물 관리 프로그램에 통합시킬 경우, 장기적 이점이 이러한 비용을 능가할 수 있다.

결론

긍정강화훈련은 동물복지 향상을 위한 유용한 도구로서 동물원, 수족관, 생의학 분야에서 점차 중요한 위치를 차지하고 있다. 둔감화와 협동 급이를 촉진함으로써, 동물 관리자는 환경적 및 사회적 요인으로 스트레스받는 동물

그림 41 타깃 따라가기가 훈련된 알다브라육지거북(*Aldabrachelys gigantea*)이 채혈을 위한 둔감화 훈련에 협조하고 있다. 이러한 훈련은 건강검진과 치료 과정을 원활하게 하여 동물복지에 도움이 된다(국립생태원, ©계하은).

들의 복지를 개선할 수 있는 적극적인 방법을 갖출 수 있다. 훈련 프로그램은 문제 해결 과정에 중점을 두고, 동물들에게 그들의 삶에서 사건을 통제할 수 있는 정신적 및 신체적 도전 기회를 주는 것이다(그림 41). 이는 Hediger(1950)가 설명한 '직업 치료'와 같다. 훈련은 또한 감각적 결핍과 이상행동을 해결할 수 있는 수단이 되기도 한다. 이동과 같은 통제 행동을 자주 유연하게 활용함으로써, 훈련은 환경 풍부화 활동의 효과를 극대화하며, 더 다양한 풍부화를 더 무작위로 제공해 줄 기회를 늘린다. 또한, 동물에게 풍부화 장치 사용법을 가르치는 데도 활용할 수 있다.

마지막으로, 훈련은 적절한 계획과 숙련된 인력이 적절하게 실시하는 것이 중요하지만, 사육동물의 심리적 복지를 개선하는 포괄적인 접근법에서 중요한, 혹은 필수 요소가 될 수 있음을 분명히 알 수 있다.

감사의 말

Michael Keeling, Mollie Bloomsmith, 그리고 앤더슨과학공원 직원들에게 감사의 말씀을 전한다. 앤더슨침팬지번식시설(M. D. Anderson chimpanzee breeding facility)에서의 연구는 NIH LDG 보조금 R01-RR03578과 U42-RR03489의 지원을 받았다.

참고문헌

- Anderson, J., and Chamove. 1984. Allowing captive primates to forage. In *Standards in Laboratory Animal Science*, vol. 2, 253-256. Potters Bar, U.K.: Universities Federation for Animal Welfare.
- Bayne, K., S. Dexter, and G. Strange. 1993. The effects of food provisioning and human interaction on the behavioral well-being of rhesus monkeys (*Macaca mulatta*). *Contemporary Topics* (AALAS) 32 (2): 6-9.
- Bloomsmith, M. 1992. Chimpanzee training and behavioral research: A symbiotic relationship. In *Proceedings of the American Association of Zoological Parks and Aquariums Annual Conference*, 403-

410. Wheeling, W.Va.: AAZPA.

– Bloomsmith, M., G. Laule, R. Thurston, and P. Alford. 1994. Using training to modify chimpanzee aggression during feeding. *Zoo Biology* 13:557-566.

– Carlstead, K., J. Seidensticker, and R. Baldwin. 1991. Environmental enrichment for zoo bears. *Zoo Biology* 10:3-16.

– Coe, C. 1991. Is social housing of primates always the optimal choice? In *Through the Looking Glass: Issues of Psychological Well-Being in Captive Non-human Primates*, ed. M. Novak and A. Petto, 78-92. Washington, D.C.: American Psychological Association.

– Cox, C. 1987. Increase in the frequency of social interactions and the likelihood of reproduction among drills. In *Proceedings of the American Association of Zoological Parks and Aquariums Annual Conference*, 321-328. Wheeling, W.Va.: AAZPA.

– Desmond, T. 1985. Surrogate training with a pregnant *Orcinus orca*. In *Proceedings of the International Marine Animal Trainers Association Annual Conference* [held in Orlando, Fla., October 1985], 1-6.

– Desmond, T., and G. Laule. 1991. Protected contact elephant training. In *Proceedings of the American Association of Zoological Parks and Aquariums Annual Conference*, 606-613. Wheeling, W.Va.: AAZPA.

– Desmond, T., G. Laule, and J. McNary. 1987. Training for socialization and reproduction with drills. In *Proceedings of the American Association of Zoological Parks and Aquariums Annual Conference*, 435-441. Wheeling, W.Va.: AAZPA.

– de Waal, F. 1991. The social nature of primates. In *Through the Looking Glass: Issues of Psychological Well-Being in Captive Non-human Primates*, ed. M. Novak and A. Petto, 69-77. Washington, D.C.: American Psychological Association.

– Dittrich, L. 1984. On the necessity to promote activity of zoo-kept wild animals by artificial stimuli. In *Proceedings of the International Congress on Applied Ethology in Farm Animals* [meeting held in Kiel, Germany].

– Hanson, J., M. Larson, and C. Snowdon. 1976. The effects of control over high intensity noise on plasma cortisol levels in rhesus monkeys. *Behavioral Biology* 16:333-340.

– Heath, M. 1988. The training of cynomolgus monkeys and how the human/animal relationship improves with environmental and mental enrichment. *Animal Technology* 40 (1): 11-21.

– Hediger, H. 1950. *Wild Animals in Captivity*. New York: Dover.

– Joines, S. A. 1977. Training programme designed to induce maternal behaviour in a multiparous female lowland gorilla. *International Zoo Yearbook* 17:185-188.

– Kirkwood, J., Kichenside, and W. James. 1989. Training zoo animals. In *Proceedings of Animal Training Symposium: A Review and Commentary on Current Practices*, 93-99. Cambridge, U.K.: Universities Federation for Animal Welfare.

– Kreiger, K. 1989. The lighter side of training. In *Proceedings of the International Marine Animal Trainers Association Annual Conference* [held in Amsterdam, October 1989], 138-142.

– Laule, G. 1983. Training pinnipeds to work without walls. In *Proceedings of the International Marine Animal*

Trainers Association Annual Conference [held in Minneapolis, Minn., October 1983], 6-10.

- Laule, G. 1984. Behavioral intervention in the case of a hybrid *Tursiops* sp. In *Proceedings of the International Marine Animal Trainers Association Annual Conference* [held in Los Angeles, Calif.], 23-29.

- Laule, G. 1993a. Using training to enhance animal care and welfare. *Animal Welfare Information Center Newsletter* 4 (1):1-9.

- Laule, G. 1993b. The use of behavioral management techniques to reduce or eliminate abnormal behavior. *Animal Welfare Information Center Newsletter* 4 (4):1-11.

- Laule, G., and T. Desmond. 1990. Use of positive behavioral techniques in primates for husbandry and handling. In *Proceedings of the American Association of Zoo Veterinarians Annual Conference* [held on South Padre Island, Tex.], 269-273.

- Laule, G., and T. Desmond. 1991. Meeting behavioral objectives while maintaining healthy social behavior and dominance: A delicate balance. In *Proceedings of the International Marine Animal Trainers Association Annual Conference* [held in San Francisco, Calif.], 19-25.

- Laule, G., and T. Desmond. 1992. Addressing psychological well-being: Training as enrichment. In *Proceedings of the American Association of Zoological Parks and Aquariums Annual Conference*, 415-422. Wheeling, W.Va.: AAZPA.

- Laule, G., M. Keeling, P. Alford, R. Thurston, and T. Beck. 1992. Positive reinforcement techniques and chimpanzees: An innovative training program. In *Proceedings of the American Association of Zoological Parks and Aquariums Annual Conference*, 713-718. Wheeling, W.Va.: AAZPA.

- Luttrell, L., L. Acker, M. Urben, and V. Reinhardt. 1994. Training a large troop of rhesus macaques to co-operate during catching: Analysis of the time investment. *Animal Welfare* 3:135-140.

- Maddox, S. 1992. Bull elephant management: A safe alternative. In *Proceedings of the American Association of Zoological Parks and Aquariums Regional Conference*, 376-384. Wheeling, W.Va.: AAZPA.

- Markowitz, H. 1982. *Behavioral Enrichment in the Zoo*. New York: Van Nostrand Reinhold.

- Mineka, S., M. Gunnar, and M. Champoux. 1986. The effects of control in the early social and emotional development of rhesus monkeys. *Child Development* 57:1241-1256.

- Neuringer, A. 1969. Animals respond for food in the presence of free food. *Science* 166:339-341.

- Petto, A., M. Novak, S. Fingold, and A. Walsh. 1990. The search for psychological well-being in captive nonhuman primates: Information sources. *Science and Technology Libraries* 10 (2): 101-127.

- Priest, G. 1991. Training a diabetic drill (*Mandrillus leucophaeus*) to accept insulin injections and venipuncture. *Laboratory Primate Newsletter* 30 (1): 1-4.

- Pryor, K. 1969. Behavior modification: The porpoise caper. *Psychology Today* 3 (7): 47-49.

- Pryor, K. 1984. *Don't Shoot the Dog*. New York: Simon and Schuster.

- Reichard, T., and W. Shellabarger. 1992. Training for husbandry and medical purposes. In *Proceedings of the American Association of Zoological Parks and Aquariums Annual Conference*, 396-402. Wheeling, W.Va.: AAZPA.

- Reinhardt, V. 1992. Improved handling of experimental rhesus monkeys. In *The Inevitable Bond: Examining Scientist-Animal Interactions*, ed H. Davis and A. Balfour, 171-177. Cambridge: Cambridge University Press.

- Reinhardt, V., and D. Cowley. 1990. Training stumptailed monkeys (*Macaca arctoides*) to cooperate during in homecage treatment. *Laboratory Primate Newsletter* 29 (4): 9-10.

- Reinhardt, V., D. Cowley, J. Scheffler, R. Vertein, and F. Wegner. 1990. Cortisol response of female rhesus monkeys to venipuncture in homecage versus venipuncture in restraint apparatus. *Journal of Medical Primatology* 19:601-606.

- Reinhardt, V., W. Houser, S. Eisele, and M. Champoux. 1987. Social enrichment of the environment with infants for singly caged adult rhesus monkeys. *Zoo Biology* 6:365-371.

- Reynolds, G. 1975. *A Primer of Operant Conditioning.* Chicago: Scott, Foresman.

- Rogers, W., A. Coelho, Jr., K. Carey, J. Ivy, R. Shade, ans S. Easley. 1992. Conditioned exercise method for use with nonhuman primates. *American Journal of Primatology* 27:215-224.

- Sackett, G. 1991. The human model of psychological well-being in primates. In *Through the Looking Glass: Issues of Psychological Well-Being in Captive Non-human Primates,* ed. M. Novak and A. Petto, 35-42. Washington, D.C.: American Psychological Association.

- Shepherdson, D. 1989. Environmental enrichment. *Ratel* 16 (1): 4-9.

- Turkkan, J., N. Ator, J. Brady, and Craven. 1989. Beyond chronic catheterization in laboratory primates. In *Housing, Care, and Psychological Well-Being of Captive and Laboratory Primates,* ed. E. Segal, 305-322. New York: Noyes Publications.

제18장

씨월드의 해양 포유류를 위한 환경 풍부화

Stan A. Kuczaj II , C. Thad Lacinak과 Ted N. Turner

환경 풍부화의 목표는 더 다양한 환경을 제공하고, 사육동물들이 그들의 환경을 조절할 기회를 통해 종 특유의 행동을 할 수 있도록 하는 것이다. 따라서 해당 동물을 이해하는 것이 중요하다. 그 사례로서 여기서 범고래(*Orcinus orca*)를 이야기해 보고자 한다. 이 종을 야생에서 연구하는 것은 어렵지만, 장기 현장 연구를 통해 범고래가 보통 안정적인 집단에서 생활하고 이동하는 사회적 동물이라는 것이 밝혀졌다(Bigg 등, 1990). 이러한 일반적인 연구 결과에도 불구하고 일부 개체들은 대부분의 생애를 혼자 보내는 경우도 있다(Baird 등, 1992). 대부분의 범고래(적어도 연구 개체)는 동종 개체들과의 사회적 관계를 선호하는 것으로 보이므로, 씨월드해양공원(Sea World Marine Park)은 여러 개체의 범고래를 함께 수용할 수 있는 시설을 마련하기로 했다. 이러한 시설은 동물에게 사회적 상호작용의 기회를 주며, 이는 환경의 풍부한 요소 중 하나다. 씨월드가 개발한 프로그램을 이 장에서 설명한다.

학습과 훈련

사회적 상호작용의 기회는 사회적 동물을 위한 환경 풍부화 프로그램에서 필수 요소지만, 그것만으로는 충분하지 않다. 범고래는 집단으로 생활하더라도 곧 익숙해지며, 예측 가능한 상황과 결과를 정확히 예측하는 법을 배운다. 습관화 또는 익숙해짐은 지속적 또는 반복적 자극에 따라 행동이 약해지는 현상으로, 이는 반응 과정의 피로 또는 감각 메커니즘의 비활성화로 인한 것이 아니다. 따라서 습관화라는 것은 경험에 따른, 상대적으로 영구적 행동 변화로 볼 수 있기 때문에 학습의 한 형태로 간주한다(Flaherty, 1985). 예측 또는 기대는 습관화와 유사한 개념으로 환경의 일부가 예측 가능하게 된 상태를 의미한다(Capaldi 등, 1995). 만약 이러한 기대가 충족되지 않으면, 행동 문제가 발생할 수 있다.

범고래처럼 단조로운 환경에 익숙해지고 반복적 결과를 예측할 수 있는 다른 종들의 경우, 환경 풍부화를 계획하여 불필요한 습관화와 원하지 않는 기대를 줄여야 한다. 이를 위해서는 사육동물의 세계를 예측하기 어렵게 만들어야 하며, 더 흥미롭게 만들어야 한다. 예를 들어, 먹이 행동을 들 수 있다. 만약 동물이 매일 같은 시간에 같은 장소에서 같은 양의 먹이를 먹는다면, 먹이 급이 일정을 예측하게 된다. 일정을 예측하게 된다면, 그 먹이를 흥미롭게 받아들이지 않으며, 행동 문제가 발생할 수 있다(15장 참조). 예를 들어, 동물이 충분히 먹지 않으면 건강 문제로 이어질 수 있다. 야생 환경에서는 먹이를 잡아먹는 것은 예측 가능한 사건이 아니라, 날씨와 계절에 따라 먹이의 가용성이 달라지고, 다른 포식자의 존재 여부가 사냥의 성공에 영향을 미치며, 동물 자신의 능력이나 먹이동물의 회피 능력도 날마다 달라지기 때문이다.

　　야생에서 먹이를 구하는 성공률은 변동비율 강화계획[73]과 일치한다(Ferster 와 Skinner, 1957). 때때로 동물은 첫 번째 시도에서 먹이를 얻는 데 성공할 수 있고, 다른 때는 첫 번째, 두 번째, 세 번째 시도에도 실패하고 네 번째 시도에서 보상받을 수 있다. 일정하지 않은 횟수의 행동(이 경우, 먹이를 얻으려는 시도) 이후에 보상(이 경우, 먹이를 주는 것)해 줄 경우, 변동비율 강화계획이 존재한다고 말할 수 있다. 만약 네 번째 시도에서만 먹이를 얻을 수 있다면, 고정비율 강화계획에 해당한다. 야생에서 먹이를 구하는 데 있어서 고정비율 강화계획은 드물며, 고정간격 강화계획도 마찬가지다(예: 12시간마다 먹이를 얻는 경우). 습관화와 예상을 없애기 위한 지속적인 노력의 하나로 씨월드에서는 변동비율 계획에 따라 범고래에게 먹이를 줘서, 특정 행동이 먹이와 연관되는 가능성을 줄이고, 따라서 예측적인 반응의 가능성을 낮추고 있다. 범고래에게 매일 다른 시간에 먹이를 주며, 먹이 주는 간격도 예측할 수 없다. 또한 먹이를 다양한 장소에서 줘서 범고래가 특정 장소와 먹이를 연관 짓는 가능성을 줄인다.

　　앞서 먹이 주기에 관해 설명했지만, 동일 원칙을 환경 풍부화 전반에 적용한다. 범고래에게는 완전히 예측 가능한 환경이 좋지 않다. 그러나 완전히 예측 불가능한 환경도 마찬가지다. 지나치게 새로운 환경은 동물에게 불쾌한 반응을 일으킬 수 있다(Pfister, 1979). 동물이 환경의 새로운 측면에 반응하는 것은 부분적으로는 새로운 자극이나 상황의 성격에 달려 있고, 부분적으로는 동물의 내적 상태에 달려 있다(McFarland, 1987). 습관화와 예측을 할 수 있는 동물은 대체로 적당히 변칙적인 환경에서 더 잘 성장한다. 씨월드가 동물들에게 제공하는 환경은 이러한 유형이다. 여기서는 범고래를 예로 들어 이와 같은 환경을 설명한다.

73　　Variable-ratio schedule of reinforcement: 동물이 특정 행동을 여러 번 했을 때, 그 행동 중 무작위 순서로 보상하는 방식.

일반적으로 범고래에게 제공하는 환경은 여러 차원에서 다양하다. 이미 먹이 제공 프로그램에서의 변동성을 언급한 바 있다. 또한 범고래에게 다양한 활동에 참여할 충분한 기회를 준다. 이 활동들은 운동, 학습, 공연, 사육 및 수의학적 관리, 연구와 놀이의 여섯 가지 큰 범주로 나눌 수 있다. 이 범주들은 서로 배타적이지 않다.

운동

범고래에게 운동이란 환경 풍부화 프로그램에서 중요한 부분이다. 운동 프로그램은 불특정한 시간 동안 고강도로 진행하였다. 이러한 프로그램은 예측 가능성을 피하고자 불규칙한 간격으로 진행한다. 각 프로그램에서 사용하는 행동도 프로그램마다 다르다(그림 42). 변동비율 계획에 따라 강화프로그램을 제공한다. 또한, 각 프로그램 동안 제공하는 강화 보상유형은 다양하다. 강화 보상물에는 먹이, 다양한 유형의 촉각 자극, 음성 승인, 장난감, 사람과의 상호작용 기회 등이 있다. 강화 자극 다양화는 동물이 어떤 강화 보상제를 받을지 예측할 수 없으므로 강화 보상제가 효과적으로 유지되도록 돕는다.

마찬가지로, 변동비율 강화계획은 동물이 언제 보상할지 예측하기 어렵게 만들어 강화 보상제의 효과를 유지하는 데 도움이 된다. 또한, 범고래는 설정한 활동에 강제적으로 참여하지 않으면서도 먹이를 먹고, 촉각 자극이나, 장난감을 받으며, 사람과 상호작용 할 기회를 얻는다. 사실, 운동 프로그램, 학습 프로그램, 연구 프로그램 또는 기타 계획한 활동에 참여하도록 범고래를 강제하지 않는다. 그런데도 범고래가 거의 항상 이러한 유형의 프로그램에 참여하려고 선택한다는 사실은 이러한 프로그램이 범고래들에게 풍부한 경험이 된다는 것을 시사한다.

그림 42 잔점박이물범(*Phoca vitulina richardii*)에게 타깃 훈련을 하고 있다. 이 훈련은 동물이 막대 끝의 목표물을 따라 움직이도록 유도해 건강검진, 이동, 관리 과정을 안전하고 효율적으로 진행할 수 있게 한다(아쿠아플라넷, ⓒ신한섭).

학습

　학습 프로그램 동안에는, 범고래에게 새로운 행동을 가르치려고 하거나 범고래가 이미 알고 있는 행동을 연습한다. 교육과 연습 모두 변동비율 강화 보상과 강화 자극의 다양성의 원칙을 적용한다. 또한, 새로운 행동을 가르칠 때는 점진적 접근[74]의 개념을 바탕에 둔 행동형성 원리(Skinner, 1951)를 사용한다. 예를 들어, 새로운 행동으로 가슴지느러미를 내밀게 하려면, 처음에는 범

74　Successive approximations: 목표 행동에 점점 더 가까운 작은 행동 단계들을 차례로 강화하여 최종 목표 행동을 이끌어내는 방법.

고래의 왼쪽 또는 오른쪽 면이 훈련사를 향하도록 하는 행동을 강화한다. 범고래가 이 행동을 하면 보상해 준다는 것을 배우면, 훈련사는 목표에 더 가까운 행동, 예를 들면 범고래가 약간 옆으로 돌리도록 요구한다. 이 행동을 배운 후, 훈련사는 목표에 더 가까운 행동인 가슴지느러미를 물 밖으로 살짝 들어 올리는 행동을 요구한다. 이렇게 원하는 행동을 향해 점진적으로 가까워지는 점진적 접근을 강화하는 과정을 통해 원하는 행동을 만들어 나가는 것은 동물에게 새로운 행동을 가르치는 효과적 기술이다. 이 기술은 변동비율 강화계획과 강화 자극의 다양성과 결합할 때, 학습 프로그램을 통해 새로운 행동을 습득하는 과정 자체가 환경 풍부화 프로그램의 중요한 요소가 된다. 행동형성으로 범고래가 학습 프로그램을 지나치게 어렵게 느끼지 않도록 돕고, 이미 익힌 행동을 연습하는 학습 프로그램은 범고래가 기존 프로그램을 지나치게 낯설게 느껴지지 않도록 한다. 본질적으로, 학습 프로그램을 적정한 수준의 낯선 자극으로 만들어 학습을 촉진한다. 이러한 훈련들은 학습 동기를 유발하도록 설계했기 때문에, 학습할 가능성이 가장 높다. 그 결과, 사육, 공연 및 연구 목적을 위한 새로운 행동을 가르칠 수 있게 된다. 이와 같은 학습 프로그램의 두 가지 다른 측면을 환경 풍부화 개념과 관련하여 설명하고자 한다.

첫 번째 측면은 사회적 상호작용이다. 사회적 상호작용은 환경 풍부화의 중요한 구성 요소로, 2개체 이상의 범고래가 학습 프로그램에 참여할 경우, 한 범고래에게 가르치려는 행동을 다른 개체가 이미 배운 상태일 수 있다. 이 경우, 목표 행동을 이미 습득한 범고래는 '학생' 범고래에게 그 행동을 가르치는 데 도움을 줄 수 있다. 이는 '교사' 범고래가 특정 행동하도록 유도했고, 그 행동을 '학생' 범고래가 자발적으로 모방할 수 있다. 모방은 강력한 학습 기전이다(Bandura, 1977; Kuczaj, 1987). 목표 행동이 나타난 직후에 즉시 따라 하지 않더라도 성공적인 모방이 일어날 수 있다(Piaget, 1952; Kuczaj, 1987). 범고래가 학습 프로그램과 놀이 프로그램 모두에서 다른 범고래를 모방하는 것을 관찰했으며, 이미 알고 있는 행동뿐만 아니라 새로운 행동도 모방한다는 것을 알고 있다. 모방 시도는 범고래 새끼가 태어난 첫해부터 나타나기 시작한다(Turner 등, 1992). 따라서 새끼 범고래들이 모방을 통해 새로운 행동을 배우도록 학습 프로그램을 설계한다.

학습 프로그램의 또 다른 중요한 측면은 둔감화다. 이 과정은 습관화와 행동형성을 통합하여 동물들이 새로운 상황 유형에 특정한 방식으로 반응하도록 조건화시키는데, 이는 동물들이 그 상황에 점진적으로 익숙해지도록 하는 것이다. 씨월드에서는 범고래가 사람과 함께 수영하는 것에 둔감해지도록 훈련한다. 처음에는 동물이 물속에서 일어나는 사람의 행동(예: 물을 튀기거나 손이나 발과 같은 신체 일부를 물에 넣는 것)을 무시하도록 가르친다. 이러한 행동을 범고래가 조사하거나 반응하는 대신, 이러한 행동을 무시하도록 특정 행동(예: 가슴지느러미를 내미는 행동)을 하도록 요구하고, 이 행동을 할 때 강화(보상)된다는 것이다. 이 과정을 통해 범고래는 수영하거나 물에 떠 있는 사람을 무시하도록 가르친다. 그다음 단계는 반드시 사람이 먼저 상호작용을 시작할 때만 수영하거나 떠 있는 사람과 상호작용을 하도록 범고래를 가르치는 것이다.

범고래에게 또한 수중 호출음을 가르친다. 이 호출음을 울리면 범고래는 사람과의 상호작용을 중단하고 수조의 측면으로 가도록 강화하고 보상한다. 호출음 사용은 학습 프로그램의 변동적 특성과 통합하여 사용하는데, 이는 호출음에 대한 예측 가능성을 낮춘다. 결과적으로 범고래는 호출음에 일관되고 신뢰성 있게 반응하도록 배우며, 이는 모든 수중에서의 범고래-사람 상호작용의 안정도를 매우 높인다. 둔감화 과정은 범고래와 수중 환경에서 성공적으로 상호작용을 할 수 있도록 해주며, 이는 공공 및 교육적 발표에서 다양한 사육 절차에 매우 유용한 것으로 입증되었다. 또한 물속에서 사람과 범고래가 상호작용을 할 기회를 가지는 것이 범고래에게 풍부한 환경 경험을 하도록 한다. 둔감화는 특정 물체나 상황에 대한 두려움을 줄이는 데도 유용한 기술임을 입증했다(Wolpe, 1973). 관리에 대해 설명할 때 해양 포유류의 공포 반응을 줄이기 위한 둔감화 기술 사용 사례를 설명할 것이다.

공연

동물원의 책임 중 하나는 대중에게 해양 포유류의 행동, 생리학 및 생태학을 교육하는 것이다. 공연은 이 책임을 다하는 방법 중 하나다[75]. 각 공연은 기본적인 형식을 따르지만, 활용하는 특정 동물, 전시 행동 및 전체 공연을 총괄하는 관계자에 따라 차이가 있다. 각 공연은 또한 변동비율 강화계획과 강화 자극의 다양성을 활용한다. 따라서 공연은 적당히 불규칙적으로 설계한다. 의도적으로 계획한 것으로 그 결과, 매일 반복하는 공연보다는 씨월드가 운영하는 전체 환경 풍부화 프로그램의 일환이 되도록 하기 위함이다.

진료를 위한 훈련

환경 풍부화 프로그램에서 중요한 측면 중 하나는 씨월드의 건강 관리 프로그램을 보완하는 행동들이다. 사육 및 수의학적 행동은 운동, 학습, 공연 프로그램에서 사용하는 것과 동일한 절차로 가르친다(그림 43).

사육 절차를 받아들이도록 하는 첫 번째 단계는 사람의 접촉에 대한 둔감화다. 처음에는 사람이 동물을 만질 때 움찔하거나 고개를 돌리지 않도록 강화(보상)한다. 사람의 접촉에 이완되고 편안한 반응을 보였을 때의 강화 과정과 점진적 접근을 통해, 동물에게 신체의 모든 부위에 촉각 접촉을 허용하는 법을 가르친다. 같은 절차를 사용하여, 신체의 특정 부위를 만질 때 그 부위를

---

75   본 의견은 옮긴이 의견이 아닌 원저자의 의견임.

그림 43 큰바다사자(*Eumetopias jubatus*)가 스스로 입을 열도록 하는 훈련을 함으로써, 사육사는 동물을 물리적으로 보정하지 않고도 입안과 이빨 상태를 점검할 수 있다(독일 부퍼탈동물원, ⓒ김영준).

사육사에게 내놓는 법도 가르친다. 사람의 접촉을 받아들이는 것은 해양 포유류와 함께 진행하는 모든 사육 행동의 기초가 된다.

사육 절차에서 또 다른 중요한 측면은 둔감화 기법을 사용하여 동물이 익숙하지 않은 물체와 불편한 절차에 대한 공포 반응을 줄이는 것이다. 공포를 유발할 수 있는 낯선 물체에 동물들이 점차 익숙해지도록 함으로써, 그 물체에 익숙해지고, 그 결과 X-ray와 초음파 같은 기법들을 사육 및 수의학적 절차에서 사용할 수 있게 된다.

환경 풍부화 프로그램과 같은 방법으로 진료를 위해 훈련한 결과, 여러 절차가 동물들에게 긍정적인 경험이 되었고, 일부 절차에 대한 거부 반응을 줄일 수 있었다. 그 결과 정기 검진, 혈액과 소변 채취, 수유 중인 암컷의 모유 채취, 체중과 신체 수치를 측정한다. 또한, 더 전문화된 절차도 가능하다. X-ray로 골격과 치과 문제를 검사할 수 있다. 범고래와 같은 동물들은 야생(Carl,

1945)과 동물원 환경(Graham과 Dow, 1990)에서 모두 치과 문제를 겪는 것으로 알려져 있는데, X-ray를 사용하면 치과 문제가 심각해지기 전에 발견할 수 있다. 둔감화는 문제 있는 이빨을 치료하거나 닦아주고, 필요한 경우 드릴로 치료하는 것도 가능하게 한다(모든 종에게 불쾌한 상황일 것이다). 초음파는 임신한 암컷의 태아 발달을 모니터링하거나, 암수 모두에게 발생할 수 있는 특정 건강 문제를 진단하는 데 활용할 수 있다.

결론적으로, 사육 절차는 동물의 건강을 향상시킨다. 동물의 상태를 더 잘 살피고, 건강 문제가 발생할 경우 진단하고 치료할 수 있다. 사육은 환경 풍부화 프로그램과 밀접하게 연결되어 있기 때문에, 동물들은 이러한 절차에 공포 반응을 보이지 않으며, 이는 사육이나 수의학적 절차 중에 동물이나 사람이 다칠 가능성을 크게 줄여준다(McHugh 등, 1989).

인지 연구

씨월드는 가족 집단의 유전자 분석부터 수유하는 개체의 모유에 대한 생화학적 분석, 사회적 상호작용의 관찰 및 활동 수준 분석까지 다양한 연구를 진행하고 있다. 여기서는 동물들을 자극함과 동시에, 인지 능력과 감각 능력에 대한 이해를 높이기 위한 프로젝트에 집중하고자 한다. 범고래 연구 프로그램의 하나로 수중 신호음을 들려주고, 각 신호음을 특정 행동과 연관짓도록 가르친다. 이 과정에는 행동형성, 변동비율 강화계획, 강화 자극의 다양성 등이 있다. 이 신호음 시스템을 사용한 연구 중 하나는 개별 범고래들의 학습 속도를 비교한 것이다. 지금까지의 결과는 새끼 범고래가 성체 범고래보다 새로운 신호음을 훨씬 더 빨리 터득한다는 것이다(McHugh 등, 1991). 새끼 범고래는 또한 학습 환경에 상당한 변화가 있고 나서도 신호음에 대해 배운 내용을 성체 범고래보다 더 잘 기억하는 것으로 보인다(Turner 등, 1991).

이와 같은 연구 프로젝트는 환경 풍부화 프로그램의 중요한 부분이 될 수 있다. 만약 종 특성에 맞춰 연구한다면, 동물은 이 경험을 통해 자극받을 것이다. 반복적으로 예측할 수 있도록 설계한 연구는 동물의 관심을 유지하지 못할 가능성이 크며, 동물이 이해할 수 없는 일을 하도록 요구하는 접근법 역시 효과적이지 않을 것이다. 반면, '적정한 수준의 낯선 자극'[76], '변동비율 강화계획', '강화 자극의 다양성' 원칙들을 포함한 연구 프로젝트는 분명히 환경 풍부화 프로그램에 이바지할 수 있다.

과학적 관점에서도 중요한 점은, 적정한 수준의 낯선 자극을 활용하여 동물 인지 능력의 기저 기작을 이해할 수 있다는 것이다. 예를 들어, 적정한 수준의 새로움을 이용한 원칙을 활용하여 큰돌고래(*Tursiops truncatus*)가 훈련자의 시각적 몸짓 순서에 반응하도록 가르친 연구가 있다(Herman 등, 1984). 명령의 의미는 몸짓 순서에 따라 달라졌다. 예를 들어, '서프보드-바구니-가져가'라는 몸짓 순서는 돌고래에게 바구니를 서프보드로 가져가라는 의미지만 '바구니-서프보드-가져가'는 돌고래에게 서프보드를 바구니로 가져가라고 지시한 것이다. 결과적으로, 돌고래가 몸짓 순서를 정확히 해석하는 법을 배웠다는 것으로 나타났지만, 돌고래가 이를 어떻게 해석했는지는 명확하지 않았다. 돌고래가 사용하는 인지 과정을 파악하기 위해, 비정상적으로 몸짓 순서를 구성했다.

이런 이상한 순서는 돌고래에게 가르친 몸짓 순서에 담긴 의미와 규칙을 위반한 것이었다. 예를 들어, 'Phoenix-서프보드-바구니-가져가'라는 몸짓 순서는 동사(가져가) 앞에 너무 많은 명사(Phoenix, 서프보드, 바구니)가 있다. 비정상적 순서로 진행했을 때, 돌고래는 반응하지 않거나 자신이 아는 '정상적인' 순

---

76   Moderately discrepant events: 적당한 수준의 낯선 자극이 탐색적 행동과 학습을 가장 잘 유도한다는 개념.

서에 맞춰 해석할 수 있었다(Herman 등, 1993). 이 비정상적인 순서가 '정상적인' 순서와 크게 다르지 않았기 때문에, 돌고래는 보통 반응했다. 이 반응에 대한 분석은 돌고래가 몸짓 순서를 해석하기 위해 여러 전략을 개발했다는 것을 보여주었다(Kuczaj 등, 1989). 예를 들어, 동사와 가장 가까운 명사에 대해 돌고래는 거의 항상 반응하였으며, 이는 동사와 그 직전의 명사에 특히 주의를 기울였다는 것을 시사한다. 적당히 낯선 몸짓 순서를 사용하는 것은 돌고래 행동의 기저 기작을 이해하는 데 더 나은 시각을 주었다.

놀이

비록 이 주제를 마지막에 다루었지만, 놀이 역시 환경 풍부화 프로그램에서 중요한 측면 중 하나다. 놀이는 오랫동안 발달의 필수 부분으로 여겨왔으며(Piaget, 1962; Lancy, 1980; Ford, 1983; McFarland, 1987; Fagan, 1993; Brown, 1994), 현재는 사회적, 인지적 발달의 중요한 부분으로 알려져 있다(Kuczaj, 1982, 1983; Bretherton, 1984). 놀이 또한 이제는 어린이와 성인 모두에서 창의성을 위한 중요한 요소로 인식하고 있다(Amabile, 1983; Finke 등, 1992).

사람과 동물 모두에게 놀이의 중요성에 대한 의견이 일치하고 있음에도 불구하고, 놀이를 적절한 조작적 정의로 규정하는 것은 매우 어려운 일이다. 일반적으로 동물이 활동 자체를 즐기기 위해 자발적으로 참여하는 활동을 놀이라고 간주한다. 즉, 놀이는 목표 지향적이지 않고 즉각적인 목표를 달성하려는 노력이 아니다. 따라서 McFarland(1987)는 장애물을 극복하거나, 도망갈 필요도, 얻을 이익이 없을 때조차 뛰거나 뒹굴거나 달리는 행동을 놀이로 정의했다. 대부분의 놀이 행동 연구자들은 놀이 행동 목록에 각자 관찰한 목표 지향적이지 않은 특정 행동들을 추가하려 하겠지만, 결국 위의 정의에 동의하게 될 것이다.

놀이에 관한 정의가 이상적인 것과는 거리가 멀다는 것은 인정하는 바다. 그러나 이 놀이에 대한 정의를 환경 풍부화 프로그램에서 놀이의 역할에 대해 논의하는 출발점으로 제시하고자 한다. 놀이는 명확한 용어로 정의하기 어려운 개념이지만, 많은 종에게는 중요한 삶의 구성 요소다. 그리고 놀이를 보통 그 자체를 위한 행동으로 정의하지만, 놀이가 어린 동물의 발달을 촉진하고 성체 동물의 복지를 증진시킨다는 것은 분명하다(McFarland, 1987; Fagan, 1993; Brown, 1994).

또다시 환경 풍부화 프로그램에서 놀이의 역할을 설명하기 위해 범고래 사례를 들어보겠다. 범고래는 야생에서도 놀이를 하는 것으로 보인다(Ford와 Ford, 1981; Jacobsen, 1986; Osborne, 1986). 놀이는 종종 물체를 조작하는 것과 관련이 있다. 예를 들어, 해초를 입에 물고 수영하거나 '스파이호핑'[77]을 할 때도 해초를 물고 끌고 다닌다. 먹이는 또한 놀이의 대상이 된다. 범고래는 물고기를 잡고 잠시 입에 물고 있다가, 물고기를 놓아주고 짧은 거리를 헤엄친 후 다시 물고기를 잡는 과정을 반복하는 것으로 관찰되었다(Ford와 Ford, 1981). 다른 고래류들처럼 범고래도 대형 선박의 뱃머리에서 만들어진 파도를 타는 모습을 관찰하였다(Dalheim, 1980).

씨월드는 범고래들에게 충분한 놀이 기회를 준다. 범고래들이 집단으로 살기 때문에 서로가 가장 좋아하는 놀이 대상을 쉽게 접할 수 있다. 이렇게 상호작용하는 놀이는 추격, 경주, 모방, 유희적 성적 행동, 물체 조작 등이 있다. 상호작용적 놀이는 범고래 삶에서 중요한 부분이며, 성체들은 새끼들에게 사회적 관계를 맺는 방법을 가르치고, 새끼들은 성체에게 또는 서로를 통해 배우는 데 도움이 될 것이다. 상호작용적 행동은 동물들이 그 행동을 특정한 목표를 위한 것이 아니라 그 자체를 위해 참여할 때만 놀이로 간주한다. 예를 들

---

77 Spyhopping: 고래류가 수직으로 머리를 수면 위로 들어 올린 채 정지하거나 천천히 떠 있는 행동.

어, 성적 행동이 일어났다면 그것은 놀이로 간주하지 않는다. 한 범고래가 다른 범고래를 추격하여 물어뜯었다면, 이 또한 놀이로 간주하지 않는다(이 경우 물어뜯는 것이 공격성과 관련이 있다고 가정하지만, 살살 물기는 놀이의 일환일 수도 있다).

또한 범고래들에게 큰 밧줄, 공기나 물로 채운 드럼통과 같은 장난감을 조작할 기회를 준다. 이러한 장난감은 때때로 다른 범고래와 함께 공유하거나, 어떤 때는 혼자 독차지하기도 한다. 이전에 설명한 원칙들을 사용하여, 범고래에게 장난감을 돌려달라는 요청을 했을 때 돌려주는 법도 가르친다. 이렇게 함으로써 범고래의 환경에서 잡동사니 양을 줄이고, 범고래는 장난감을 여전히 새로운 것으로 여기게 되고, 차후 강화물로 활용할 수 있다. 범고래에게 주는 장난감을 다양화함으로써 적당히 낯선 환경을 유지할 수 있으며, 이는 환경 풍부화 프로그램의 목표다.

결론

범고래를 사례로 씨월드의 환경 풍부화 프로그램을 설명했지만, 논의한 원칙과 절차는 관리 중인 많은 해양 포유류들에게도 적용 가능하다는 점을 강조해야 한다. 이 종들과의 경험을 통해 해양 포유류를 위한 성공적인 환경 풍부화 프로그램을 구축하기 위해 다음 절차를 제시한다.

- 알고싶은 동물 종이 있다면, 그 종에 관하여 가능한 많이 배우도록 한다. 해당 종의 야생과 사육환경에서의 행동에 대해 발표한 보고서를 숙지한다. 변화를 주기 전에 동물들이 있는 기존의 동물원 환경을 체계적으로 관찰한다. 초기 변화를 평가한 후, 추가적 변화를 계획한다.

- 종마다 차이가 있듯이, 각 개체도 다르다는 점을 항상 기억한다. 어떤

개체에게 풍부한 환경이라고 해서 다른 개체에게도 반드시 그렇다는 것은 아니다. 또한, 어떤 개체에게는 시간에 따라 풍부화 프로그램 효과가 달라질 수 있다. 따라서 환경 풍부화 프로그램을 설계, 실행 및 평가할 때는 각 동물에 대해 가능한 한 많이 아는 것이 중요하다. 이러한 개체 차이에 대한 고려는 환경을 바꿀 적절한 시점을 인식하는 능력과 관련이 있다. 예를 들어, 한 동물이 특정 행동(예: 방문객에게 물을 뱉는 행동)을 하는 빈도를 줄이고자 할 수 있다. 사육장을 다양한 장난감으로 풍부하게 하여 이 행동 빈도를 줄이려 한다고 가정하자. 동물이 방문객에게 물을 뱉을 때마다 장난감을 주면, 행동 빈도가 줄어들지 않을 수 있다. 동물이 물을 뱉은 후 흥미로운 장난감을 주면, 동물은 물을 뱉는 행동을 보상(흥미로운 장난감)과 연관 지어 그 빈도가 오히려 증가할 수 있다. 좋지 않은 행동을 시작한 후 동물을 산만하게 하기 위해 환경 풍부화를 사용한다면, 동물은 그 산만함을 인식하여 행동을 중단할 수 있지만, 부정적 행동이 긍정적 결과를 낳는 것을 배운 덕분에 그 행동은 점점 더 빈번하게 발생할 것이다. 바람직하지 않은 행동이 일어날 때 동물의 환경을 풍부하게 하기보다는, 환경 풍부화 프로그램을 통해 바람직한 행동을 강화하고 모든 동물에게 충분한 자극을 주는 것을 목표로 해야 한다.

■ 모든 환경 풍부화 프로그램의 핵심 요소는 적정한 수준의 낯선 자극이다. 풍부한 환경이란 일관되면서도 예측할 수 없는 방식으로 새로운 경험을 줘야 한다. 또한 동물이 새로운 경험에 도전할 수 있도록 충분한 친숙함도 따라와야 한다. 친숙함과 새로움의 조합이 바로 적정한 수준의 낯선 자극을 구성한다. 적정한 수준의 낯선 자극으로 가득 찬 환경보다 더 풍부한 환경은 없다.

적정한 수준의 낯선 자극의 구성 요소는 종마다, 개체마다, 그리고 동일 개체라도 시간에 따라 달라진다. 사회적 동물의 경우, 동종 개체들의 존재 자체가 풍부한 환경이다. 사회적 상호작용의 기회를 늘리는 정도는 동물마다 다르고, 개별 동물에 대해서도 날마다 달라진다. 각기 다른 환경 풍부화 프로그램들도 그 효과성에서 차이를 보인다. 따라서 다각적인 풍부화 프로그램이 중요하다. 예측할 수 없는 방식으로 제공하는 다양한 풍부화 기회는 실제로 풍부한 경험을 제공할 확률을 높인다. 이것이 바로 씨월드가 동물과 사람 간의 모든 상호작용을 가능한 모든 차원에서 다양하게 만들려고 노력하는 이유다. 그 다양함의 유형에는 프로그램 유형(예: 운동, 연구, 공연), 시간, 프로그램 길이, 다른 동물의 존재, 동물과 상호작용 하는 특정 사람, 강화물 제공 빈도, 강화 유형, 강화물 제공 위치나 시간 등이 있다.

환경 풍부화 프로그램에서 변동성의 중요성을 강조했지만, 모든 변화가 좋은 것이라는 의미는 아니다. 변화는 동물이 변화를 해석할 수 있도록 동물의 경험 맥락에서 이루어져야 한다. 적정한 수준의 낯선 변화가 가장 풍부한 경험을 줄 가능성이 높다. 적정한 수준의 낯선 자극을 또 다른 방식으로 이해하면 둔감화와 연결된다. 둔감화란 불쾌한 사건들을 차츰 친숙하게 받아들이도록 만드는 과정이며, 일련의 적정한 수준의 낯선 자극들로 진행한다.

환경 풍부화 프로그램 평가

환경 풍부화 프로그램을 실행하는 데 있어 몇 가지 일반적인 제안 외에도, 이러한 프로그램의 효과를 평가하기 위한 전략을 제시하고자 한다.

- 동물들의 행동 유형과 건강에 대한 사전 풍부화 기준선을 마련한다. 환경 풍부화 프로그램을 진행하면서 동물 행동 유형과 건강성을 기준선

과 비교한다. 또한 동물들을 가장 자주 관찰하고 상호작용을 할 수 있는 훈련자들에게 행동 유형, 기분, 그리고 복지에 대한 느낌이나 사실을 기록하도록 요청한다. 이에 따라 주관적인 의견과 결론이 나올 수 있지만, 이러한 의견들은 환경 풍부화 프로그램의 강점과 약점에 대한 단서를 줄 수 있고, 더 객관적이고 체계적 방식으로 평가할 수 있다.

■ 환경 풍부화 프로그램이 효과적이라면, 동물들은 예측할 수 있거나 단순한 환경에 있는 동물들보다 더 건강해야 한다. 또한, 프로그램이 효과적이라면 짝을 지어, 새끼를 낳고 더 잘 키울 수 있어야 한다.

■ 성공적인 풍부화 프로그램이라면 사회적으로 용납되지 않는 행동은 빈도가 감소해야 한다. 예를 들어, 환경이 동물에게 많은 자극을 준다면 다른 동물들에 대한 불필요한 신체적 공격은 감소해야 한다.

■ 사회적으로 용납되는 행동은 성공적인 풍부화 프로그램에서 빈도가 증가해야 한다. 예를 들어, 범고래는 새로운 장난감을 줬을 때 더 많은 상호작용 놀이와 모방 행동을 보이는 것으로 나타난다.

마지막으로, 동물의 경험을 풍부하게 하려는 시도로 우리는 동물의 삶을 풍부하게 하는 방법을 배우면서 동시에 동물에 대해 더 많이 배우게 된다. 동물을 돌보는 사람들에게 있어, 동물들의 요구와 능력에 대해 더 많이 배우고, 그 필요성을 충족시키고 능력을 유지하도록 돕는 방법을 배우는 것은 어쩌면 매우 값진 도전이 될 것이다.

감사의 말

환경 풍부화 프로그램의 실제 내용에 대해 귀중한 통찰력과 경험을 나눠 준 Dave Force, Mark McHugh, Mike Scarpuzzi, Chuck Tompkins에게 감사 드린다. 또한, 이 논문의 이전 버전에 대한 서면 의견을 제공한 Daniel Odell 에게 감사의 마음을 표한다. 본 논문은 Florida Technical Contribution의 씨월드 No. 9501-F다.

참고문헌

- Amabile, T. M. 1983. *The Social Psychology of Creativity.* New York: Springer-Verlag.

- Baird, R. W., P. A. Abrams, and L. M. Dill. 1992. Possible indirect interactions between resident and transient killer whales: Implications for the evolution of foraging specializations in the genus *Orcinus. Oecologia* 89: 125-132.

- Bandura, A. 1977. *Social Learning Theory*. Englewood Cliffs, N.J.: Prentice-Hall.

- Bigg, M. A., P. F. Olesiuk, G. M. Ellis, J. K. B. Ford, and K. C. Balcomb. 1990. Social organization and genealogy of resident killer whales (*Orcinus orca*) in the coastal waters of British Columbia and Washington State. In *Individual Recognition of Cetaceans: Use of Photo-Identification and Other Techniques to Estimate Population Parameters,* ed. P. S. Hammond, S. A. Mizroch, and G. P. Donovan, 383-405. Report of the International Whaling Commission (Special Issue 12). Cambridge, U.K.: International Whaling Commission.

- Bretherton, I., ed. 1984. *Symbolic Play: The Development of Social Understanding.* New York: Academic Press.

- Brown, S. L. 1994. Animals at play. *National Geographic* 186:2, 2-35.

- Capaldi, E. J., K. M. Birmingham, and S. Alptekins. 1995. Memories of reward events and expectancies of reward events may work in tandem. *Animal Learning and Behavior* 23 (1): 40-48.

- Carl, G. C. 1945. *A School of Killer Whales Stranded at Estevan Point, Vancouver Island.* Report of the Provincial Museum of Natural History and Anthropology, B21-28. Victoria, B.C.: Provincial Museum.

- Dahlheim, M. E. 1980. Killer whales observed bowriding. *Murrelet* 62:78.

- Fagan, R. 1993. Primate juveniles and primate play. In *Juvenile Primates,* ed. M. E. Pereira and L. A. Fairbanks, 182-196. New York: Oxford University Press.

- Ferster, C. B., and B. F. Skinner. 1957. *Schedules of Reinforcement.* New York: Appleton-Century-Crofts.

– Finke, R. A., T. B. Ward, and S. M. Smith. 1992. *Creative Cognition*. Cambridge: M.I.T. Press.

– Flaherty, C. F. 1985. *Animal Learning and Cognition*. New York: Alfred A. Knopf.

– Ford, B. 1983. Learning to play, playing to learn. *National Wildlife* 21:12-15.

– Ford, J. K. B., and D. Ford. 1981. The killer whales of B.C. *Waters* (*Journal of the Vancouver Aquarium*) 5:3-32.

– Graham, M. S., and P. R. Dow. 1990. Dental care for a captive killer whale, *Orcinus orca*. *Zoo Biology* 9:325-330.

– Herman, L. M., S. A. Kuczaj, and M. D. Holder. 1993. Responses to anomalous gestural sequences by a language-trained dolphin: Evidence for processing of semantic relations and syntactic information. *Journal of Experimental Psychology (General)* 122:184-194.

– Herman, L. M., D. G. Richards, and J. P. Wolz. 1984. Comprehension of sentences by bottlenosed dolphins. *Cognition* 16:129-219.

– Jacobsen, J. K. 1986. The behavior of *Orcinus orca* in the Johnstone Strait, British Columbia. In *Behavioral Biology of Killer Whales*, ed. B. C. Kirkevold and J. S. Lockard, 135-185. New York: Alan R. Liss.

– Kuczaj, S. A. 1982. Language play and language acquisition. In *Advances in Child Development and Behavior*, ed. H. Reese, 197-233. New York: Academic Press.

– Kuczaj, S. A. 1983. *Crib Speech and Language Play*. New York: Springer-Verlag.

– Kuczaj, S. A. 987. Deferred imitation and the acquisition of novel lexical items. *First Language* 7:177-182.

– Kuczaj, S. A., L. M. Herman, and M. D. Holder. 1989. A dolphin's processing of sequential information in an artificial language. Paper presented at the 8th Biennial Conference on the Biology of Marine Mammals, Pacific Grove, Calif., December 3-7, 1989.

– Lancy, D. F. 1980. Play in species adaptation. In *Annual Review of Anthropology*, ed. B. J. Siegel, A. R. Beals, and S. A. Tyler, 471-495. Palo Alto, Calif.: Annual Reviews, Inc.

– McFarland, D., ed., 1987. *The Oxford Companion to Animal Behavior*. New York: Oxford University Press.

– McHugh, M. B., S. A. Kuczaj, C. T. Lacinak, and D. L. Force. 1991. Evidence of a critical period in the acquisition of symbolic auditory cueing system by killer whales (*Orcinus orca*). Paper presented at the 9th Biennial Conference on the Biology of Marine Mammals, Chicago, December 5-9, 1991.

– McHugh, M. B., C. T. Lacinak, and D. L. Force. 1989. Husbandry training as a tool for marine mammal management. In *Proceedings of the American Association of Zoological Parks and Aquariums Regional Conference*, 799-802. Wheeling, W.Va: AAZPA.

– Osborne, R. W. 1986. A behavioral budget of Puget Sound killer whales. In *Behavioral Biology of Killer Whales*, ed. B. C. Kirkevold and J. S. Lockard, 211-249. New York: Alan R. Liss.

– Pfister, H. P. 1979. The glucocorticosterone response to novelty as a psychological stressor. *Physiology and Behavior* 23:649-652.

– Piaget, J. 1952. *The Origins of Intelligence in Children*. New York: W. W. Norton.

– Piaget, J. 1962. *Play, Dreams, and Imitation in Childhood*. New York: W. W. Norton.

– Skinner, B. F. 1951. How to teach animals. *Scientific American* 185:26-29.

– Turner, T. N., C. T. Lacinak, S. A. Kuczaj, M. B. McHugh, D. L. Force, M. R. Scarpuzzi, and C. D. Tompkins. 1992. Behavioral development of captive born killer whale (*Orcinus orca*) calves: The first year. Paper presented at the 20th Annual Meeting of the International Marine Animal Trainers Association, Freeport, Grand Bahamas, November 1-6, 1992.

– Turner, T. N., S. G. Stafford, M. B. McHugh, L. Surovik, D. Delgross, and O. Fad. 1991. The effects of context shift in whales (*Orcinus orca*). Paper presented at the 19th Annual Conference of the International Marine Animal Trainers Association, Concord, Calif., November 3-8, 1991.

– Wolpe, J. 1973. *The Practice of Behavior Therapy*. New York: Pergamon Press.

제19장

에필로그 : 환경 풍부화의 미래

Jill D. Mellen, David J. Shepherdson과 Michael Hutchins

Heini Hediger가 사육동물들의 심리적, 신체적 요구에 대해 남긴 통찰은 그가 저술한 시점인 1950년, 1955년, 1969년과 마찬가지로 지금도 여전히 유효하다. 한편, 그의 통찰력과 비전을 존경하며, 다양한 사육동물들의 전시, 관리 및 번식에 있어 많은 발전이 이루어진 것에 대해 박수를 보낸다(Gibbons 등, 1995; Norton 등, 1995; Kleiman 등, 1996). 그러나 사육동물들의 심리적 요구를 다루는 데 있어 진전이 부족한 점은 여전히 안타깝다. Hediger의 초기 저술이 나온 지 거의 80년이 지난 지금도 동물원생물학자들은 여전히 동물원과 수족관이 환경 풍부화 프로그램을 시행하고, 동물 관리 전략을 수립하기 위해서는 행동에 관한 과학적 지식을 활용할 필요가 있다고 생각한다(Kleiman, 1994a).

이 방향으로의 진전이 더딘 데는 여러 요인이 있을 수 있다. 전통적으로 동물 관리가 과학보다는 예술에 더 가까웠다(Thompson, 1993; Mellen, 1994a; Read, 1995). 많은 사육사들이 동물과의 마법적인 연결은 훌륭한 동물 관리의 핵심 요소지만, 동시에 동물 관리를 과학적으로 확립하기 위한 경험적 기반도 지속적으로 구축해야 한다(Thompson, 1993; Kleiman 등, 1996). 과학이 기존의 감각적 동물 관리를 대체해야 한다고 보지 않으며, 양쪽의 강점을 조화롭게 결합하려는 것이다(그림 44).

심리적 복지와 관련하여, 환경 풍부화 프로그램을 시행하는 데 드는 비용이 아마도 환경 풍부화 시행을 늦춘 요인일 것이다. 그러나 이는 결국 동물원 관리자들이 심리적 복지를 높은 우선순위로 두지 않았다는 것을 의미할 수도 있다. 이 책의 서문에서 Terry Maple은 "우리를 제한하는 것은 상상력과 예산 뿐이다."고 말한다. 상상력은 빠르게 발전하지만, 동물원과 수족관의 예산은 이를 따라가지 못하고 있으며, 풍부화 비용은 교육 및 보전과 같은 다른 중요한 목표와 균형을 이루어야 한다(5장 참조). Maple은 또한 "나는 헌신적인 관리자들이 이러한 기회에 발맞추어 잡을 수 있도록 예산을 확보하길 바란다."고 덧붙인다. 일부 동물원은 환경 풍부화 프로그램을 중심으로 성공적인 기금 모금 활동을 했으며(Maas, 1993), 다른 동물원들은 풍부화 필요성에 맞춰 예산과 및 사육 관리의 우선순위를 재평가하여 자원을 확보했다.

그런데도 미래는 상당히 희망적이다. 지난 10년 동안 환경 풍부화는 사육 동물 관리의 필수적 부분으로 상당한 진전을 이루었다. 이러한 흐름은 많은 동물원 관련 출판물에서도 뚜렷하게 나타난다. 북미동물원·수족관협회는 모든 종보전계획(Species Survival Plan, SSP) 관리 집단이 사육 지침을 작성하도록 하고, 그 지침에는 환경 풍부화에 관한 항목을 포함해야 한다. 북미동물원사육사협회(American Association of Zoo Keepers, AAZK)의 간행물인 *Animal Keepers' Forum*을 살펴보면 1990년 이후 거의 모든 호에 환경 풍부화에 관한 자료를

그림 44 수달이 사육사가 준비한 행동 풍부화 장난감을 가지고 놀고 있다. 이렇게 장난감을 탐색하고 조작해보는 행동은 수달이 지루함을 덜 느끼게 하고, 스트레스 완화와 심리적 건강에 도움이 된다(국립생태원, ⓒ이종현).

실었으며, 1993년부터는 매달 풍부화 아이디어를 소개하는 정기 칼럼도 싣고 있다(Grams와 Ziegler, 1996). 연구 중심의 간행물인 *Laboratory Animal Science*와 *Lab Animal*에서도 동일한 경향이 나타난다. *Shape of Enrichment* 소식지 역시 관련 기술들의 많은 활용 사례를 담고 있다. 동물원 연구와 관련한 주요 과학 학술지인 *Zoo Biology*와 *Animal Welfare* 또한 환경 풍부화와 관련한 논문들이 지속적으로 늘어나고 있다.

환경 풍부화 대상 분류군 다양화

지금까지 환경 풍부화와 그 효과에 대한 체계적인 평가는 주로 영장류를 중심으로 이루어져 왔다. 사육동물들의 심리적 요구를 다룬 초기 저작인 Yerkes(1925)의 서적은 영장류에 초점을 맞추었으며, 최근의 많은 심포지엄과

서적들이 다양한 영장류에 대한 풍부화의 체계적 평가에 집중해 왔다(Segal, 1989; Novak와 Petto, 1991). 1992년, 미국 동식물검역국(Animal and Plant Health Inspection Service, APHIS)은 미국 내 시설에서 영장류의 심리적 복지 증진 계획을 의무화했다(Holden, 1988). 이렇듯 영장류는 확실히 혜택을 보고 있지만, 이러한 혜택은 이들에게만 제공해야 하는 특별한 것은 아니다.

이 책에서는 더 넓은 범위의 척추동물 종을 위한 풍부화 예시와 아이디어를 제시하였다. 예를 들어, King(1993)과 Mench(3장)는 조류 풍부화 프로그램에 있어 '방법'과 '이유'에 대한 새로운 통찰을 제공한다. 파충류와 양서류에 대한 풍부화 개념도 등장하기 시작했다(Chiszar 등, 1995; Burghardt 등, 1996; 13장 참조). 이 개념은 어류와 무척추동물에도 적용할 수 있을 것이다. 동물원, 수족관, 실험실에서 풍부화 프로그램을 적용할 대상 분류군을 넓히기 위한 방법은 다음과 같다. 관리자들이 관리 절차를 재평가하고, 모든 분류군에 대한 일상적 관리 절차와 새로운 전시 및 배후시설 설계에 풍부화 기법을 적용하기 위해 노력하는 것이다.

야생동물 행동 연구

위성 추적 및 무선 추적과 같은 기술로 연구자들은 동물이 자연에서 어떻게 행동하는지 더 잘 이해할 수 있게 되었다. 그러나 이러한 기술 발전은 불행히도 전 세계적으로 서식지 파괴와 연구 예산 부족이라는 장애물을 만나고 있다. 그런데도 야생에서 어떻게 살아가는지 아는 것은 환경 풍부화의 이론과 실천의 바탕이 될 것이다. 현재와 미래의 현장 연구는 항상 풍부화 아이디어의 원천이 될 것이며, 연구자, 큐레이터, 사육사와 동물원 전시 디자이너는 동물 전시, 관리 및 풍부화에 대한 새로운 접근 방식을 구상할 때 이 자료들을 신중하게 살펴야 한다.

실험실 연구의 중요성 인식하기

Lehner(1979)는 동물 행동 연구에서 분석 수준을 설명하기 위해 카메라의 망원렌즈에 비유하여 '줌 인'과 '줌 아웃'이라는 표현을 사용하였다. 야생 서식지에서 동물을 연구하는 것이 줌 아웃이라면, 실험실에서 변수를 통제하고 정밀하게 측정하는 연구는 줌 인에 해당한다. 비록 동물권 운동가들이 비판하기도 하지만, Harlow가 히말라야원숭이(*Macaca mulatta*) 새끼를 대상으로 한 애착 행동 실험(Harlow와 Harlow, 1962)은 동물원과 실험실에서 영장류 새끼를 인공 포육하는 관행을 줄이는 데 큰 기여를 했다. 이들의 연구 결과와 동료 및 제자들의 연구(Mason, 1960)는 동물원에서 어미가 돌보지 않는 '어린 개체'를 포육실에서 기르는 기존 방식에 대한 혁신적인 대안을 제시했다(Mellen, 1992). 또한 정형행동의 원인을 밝히기 위해 정교하게 설계한 연구들(Mason, 1991)은, 이러한 행동이 동물복지와 행동을 유발하는 동기가 어떤 연관성이 있는지 잘 설명해 주고 있다.

동물복지 측정 방법 개선

사육동물의 심리적 복지를 측정하는 방법을 개선하고 정교화할 필요가 있다. 과학자들은 적어도 이십 년 동안 이 용어를 정의하려고 해왔다(Segal, 1989; Novak와 Petto, 1991). 많이 사용하는 방법은 행동 및 생리 지표로 스트레스 수준을 측정하는 것이다. 그러나 이 지표들은 사육동물에서는 측정하기 어렵거나, 해석에 있어 논란의 여지도 많다. 복지의 또 다른 잠재적 지표는 사육동물의 행동이 야생동물의 행동과 얼마나 유사한지다. Shepherdson(1장 참조)과 Veasey 등(1996)이 지적한 바와 같이, 이 측정법에는 실용적·철학적 한계가 있다. 다른 측정 방법으로는 동물이 성공적으로 번식하는지, 아니면 야생에 성공적으로 재도입할 수 있는지가 있다. 개념적인 문제에도 불구하고, 이 두 가지 측정 방법은 현실적으로 적용하기 어렵다. 왜냐하면 종보전계획과 같은 동물원·수족관의 번식 프로그램은 종종 번식을 제한하고 있으며, 재도입할 수 있는 적합한 서식지, 충분한 예산 또는 정치적 환경이 부족한 경우가 많기 때문이다(7장, 8장 참조).

그런데도 심리적 복지 평가를 위한 객관적 방법으로 판단할 수 있는 가장 유망한 시도 중 하나는 다양한 행동 및 생리 지표를 결합한 측정 방법이다. 앞으로의 연구는 이러한 기술을 정교화하고, 종과 상황에 맞는 객관적 측정 방법 개발에 집중할 가능성이 높다(2장, 12장, 14장 참조). 다시 말해, 이러한 평가를 정교하게 만들고 적용하기 위해서는 현장 연구와 실험실 연구의 결합이 필요하다(9-11장 참조).

향후 연구는 또한 사육동물들의 행동과 복지에 대한 사육사의 영향에 대해서도 다뤄야 한다. 지금까지 연구는 사육사가 동물과 맺는 관계 유형이 동물복지(Terdal, 1996), 성 성숙기(Signoret, 1970), 그리고 번식 성공에 강하게 영향을 미친다는 결과를 보여준다(Mellen, 1991).

다수 동물원 참여로 연구 표본 수 늘리기

동물원과 수족관 동물들의 풍부화 및 복지에 대한 체계적 연구는 표본 수가 적다는 점에서 혼란을 겪는다. 점차 동물원 연구자들은 사육동물 개체군을 더 크고 대표성 있게 만들기 위해 다기관 연구를 활용하고 있다. 현재 진행 중인 연구의 대표적인 예로는 Kathy Carlstead가 추진하는 '행동 평가법(Method of Behavioral Assessment, MBA)' 연구가 있다. 이 연구는 50개 이상의 동물원이 참여하며, 번식이 어려운 6종에 초점을 맞추고 있다. MBA 프로젝트의 목표는 간결하고 일반화가 가능한 자료 수집 및 분석 기법을 통해 행동 문제를 평가하고 해결하는 표준 방법을 개발하는 것이다. 개별 행동 프로필을 만든 후, 이를 번식 성공, 다른 복지 지표와 비교하여 측정한다.

이 연구 결과는 기질이 다양하고 성장 이력이 다른 개체들의 번식 잠재력에 대한 예측을 가능하게 할 수 있다. 번식 성공은 또한 사육 관리와 물리적, 사회적 환경의 측면과 연관하여 특정 종과 개체를 관리하기 위한 최적의 방법을 도출하는 데 이바지할 것이다(Kleiman, 1994b)(다른 다수 동물원 연구에 대한 리뷰는 Mellen, 1994b 참조). 환경 풍부화에 관한 미래 연구는 이러한 기관 간 접근법에서 많은 이점을 얻을 수 있을 것이다.

전시장 설계 요소로서 동물의 감각 양식

전시장 설계는 여전히 사람 중심의 감각과 2차원적 공간 위주로 이루어지고 있다(Kleiman, 1994a). 예를 들어, 코끼리의 주요 감각에 대해 생각해 보자. 코끼리는 주로 사람이 들을 수 없는 소리(Payne 등, 1986)와 사람이 맡을 수 없는 화학 신호(Rasmussen 등, 1982)로 의사소통한다. 마찬가지로, 동물들이 감지할 수 있는 색상 범위는 매우 다양하다. 사람이 만든 환경이 이러한 감각들을 자극하는지 아니면 방해하는지 평가해야 한다. 예를 들어, 건물 냉난방 또는 환기 장치들은 동물의 의사소통 능력을 방해할 수 있는 저주파 소음을 만든다. MBA 연구의 한 부분은 이러한 변수들도 측정하고 있다(Fraser와 Carlstead, 개인 소통). 비슷하게, 동물원에서 흔히 사용하는 건축 자재인 거나이트(gunite, 스프레이 콘크리트)의 열전도 특성이 동물의 생리와 행동 특성에 영향을 줄 수 있다는 연구 결과도 나왔다(Langman 등, 1996). 이런 연구는 아직 초기 단계지만, 전시장 설계에서 동물의 감각과 생리 특성을 고려하는 것이 중요함을 보여준다.

결론

이 책은 환경 풍부화라는 진화하는 예술이자 과학에 대한 전체적인 흐름을 조망하고, 그 이론적 기반과 실제 적용할 수 있는 방법을 정의하고 확장하는 것을 목표로 하였다. 동물 큐레이터와 사육사들은 오랫동안 자신이 돌보는 동물들에게 더 풍요로운 환경을 만들어주기 위해 헌신해 왔다. 따라서 환경 풍부화의 이론적 기반을 다지고, 체계적인 평가 방법을 발전시켜야만 풍부화가 일상적인 사육 업무에 자연스럽게 융합할 수 있다고 믿는다. 이 책에 담긴 정보와 아이디어들이 사육 업무에 도움이 되기를 바란다.

사육동물들을 위한 환경 풍부화를 적극적으로 도입하고 지원함으로써, 동물원, 수족관, 실험실 동물이 환경에 대해 어느 정도 통제권을 갖고, 종에 적합한 활동으로 시간을 보낼 수 있도록 기회를 주고 있다. 대부분 측정 방법과 정의에 따르면, 환경 풍부화는 동물의 심리적 복지를 증가시킨다. 풍부화한 환경에서 사는 동물들은 해당 종을 대표하는 '진정한 대사' 역할을 한다고 믿으며, 이러한 환경 개선을 통해 동물원과 수족관이 종보전을 교육하는 역할을 강화할 수 있다고 생각한다.

끝으로 이러한 실천이 널리 자리 잡는다면, Hediger의 연구가 '지금도 여전히 중요한 이론'이라기보다, 이제는 '과거를 이끈 역사적 초석'으로 평가받기를 바란다.

참고문헌

- Animal and Plant Health Inspection Service (APHIS). 1992. *Animal Welfare Regulations*. 311-364/50538. Washington, D.C.: U.S. Government Printing Office.

- Burghardt, G. M., B. Ward, and R. Rosscoe. 1996. Problems of reptile play: Environmental enrichment and play behavior in a captive Nile soft-shelled turtle, *Trionyx triunguis*. *Zoo Biology* 15:223-238.

- Chiszar, D., W. T. Tomlinson, H. B. Smith, J. B. Murphy, and C. W. Radcliffe. 1995. Behavioural consequences of husbandry manipulations: Indicators of arousal, quiescence, and environmental awareness. In *Health and Welfare of Captive Reptiles*, ed. F. L. Warwick and J. B. Frye, 186-204. London: Chapman & Hall.

- Gibbons, E. F., B. S. Durrant, and J. Demarest, eds. 1995. *Conservation of Endangered Species in Captivity*. Albany: State University of New York Press.

- Grams, K., and G. Ziegler. 1996. Enrichment options. *Animal Keepers' Forum* 23:406-407.

- Harlow, H. F., and M. K. Harlow. 1962. Social deprivation in monkeys. *Scientific American* 207:136-146.

- Hediger, H. 1950. *Wild Animals in Captivity*. London: Butterworths.

- Hediger, H. 1955. *The Psychology and Behaviour of Animals in Zoos and Circuses*. London: Butterworths.

- Hediger, H. 1969. *Man and Animal in the Zoo*. London: Routledge and Kegan Paul.

- Holden, C. 1988. Experts ponder simian well-being. *Science* 241:1753-1755.

- King, C. E. 1993. Environmental enrichment: Is it for the birds? *Zoo Biology* 12:509-512.

- Kleiman, D. G. 1994a. Mammalian sociobiology and zoo breeding programs. *Zoo Biology* 13:423-432.

- Kleiman, D. G. 1994b. Foreword: Animal behavior studies and zoo propagation programs. *Zoo Biology* 13:411-412.

- Kleiman, D. G., M. E. Allen, K. V. Thompson, and S. Lumpkin, eds. 1996. *Wild Mammals in Captivity: Principles and Techniques*. Chicago: University of Chicago Press.

- Langman, V. A., M. Rowe, D. Forthman, B. Whitton, N. Langman, T. Roberts, K. Huston, C. Boling, and D. Maloney. 1996. Thermal assessment of zoological exhibits. I. Sea lion enclosures at the Audubon Zoo. *Zoo Biology* 15:403-412.

- Lehner, P. 1979. *Handbook of Ethological Methods*. New York: Garland STPM Press.

- Maas, T. 1993. Phone books and boxes and balls, oh my! *A to Z* (Philadelphia Zoo) 2:12-15.

- Mason, G. J. 1991. Stereotypies: A critical review. *Animal Behaviour* 41:1015-1037.

- Mason, W. A. 1960. The effects of social restriction on the behavior of rhesus monkeys. I. Free social behavior. *Journal of Comparative and Physiological Psychology* 53:582-589.

- Mellen, J. D. 1991. Factors influencing reproductive success in small captive exotic felids (*Felis* spp.): A multiple regression analysis. *Zoo Biology* 10:95-110.

- Mellen, J. D. 1992. Effects of early rearing experience on subsequent adult sexual behavior using domestic cats (*Felis catus*) as a model for exotic cats. *Zoo Biology* 11:17-32.

- Mellen, J. D. 1994a. Husbandry, Section 103. In *AZA Conservation Academy 1994 SSP Coordinator Training Course Workbook*. St. Louis, Mo.: AZA Conservation Academy.

- Mellen, J. D. 1994b. Survey and interzoo studies used to address husbandry problems in some zoo vertebrates. *Zoo Biology* 13:459-470.

- Norton, B. G., M. Hutchins, E. F. Stevens, and T. L. Maple, eds. 1995. *Ethics on the Ark: Zoos, Animal Welfare, and Wildlife Conservation*. Washington, D.C.: Smithsonian Institution Press.

- Novak, M. A., and A. J. Petto, eds. 1991. *Through the Looking Glass: Issues of Psychological Well-Being in Captive Non-human Primates*. Washington, D.C.: American Psychological Association.

- Payne, K., W. R. Langbauer, and E. M. Thomas. 1986. Infrasonic calls of the Asian elephant (*Elephas maximus*). *Behavioral Ecology and Sociobiology* 18:297-301.

- Rasmussen, L. E., M. J. Schmidt, R. Henneous, D. Groves, and G. D. Daves. 1982. Asian bull elephants: Flehmen-like responses to extractable components in female elephant estrous cycle urine. *Science* 217:159.

- Read, B. 1995. Training zoo professionals for studbook and species survival plan programs. *Zoo Biology* 14:149-158.

- Signoret, J. P. 1970. Sexual behaviour patterns in female domestic pigs (*Sus scrofa* L.) reared in isolation from males. *Animal Behaviour* 18:165-168.

- Terdal, E. 1996. Captive environmental influences on behavior in zoo drills and mandrills (*Mandrillus*), a threatened genus of primate. Ph.D. dissertation, Portland State University, Portland, Ore.

- Thompson, S. 1993. Zoo research and conservation: Beyond sperm and eggs toward a science of animal management. *Zoo Biology* 12:155-159.

- Veasey, J. S., N. K. Waran, and R. J. Young. 1996. On comparing the behaviour of zoo housed animals with wild conspecifics as a welfare indicator. *Animal Welfare* 5:13-24.

- Yerkes, R. 1925. *Almost Human*. New York: Century.

자음	동물 국명	동물 학명	동물 영명	쪽수
ㅂ	보르네오오랑우탄	*Pongo pygmaeus*	Bornean orangutan	39, 217
ㅂ	부시벅	*Tragelaphus scriptus*	Bushbuck	361
ㅂ	북극곰	*Ursus maritimus*	Polar bear	94, 123, 141, 396
ㅂ	북미밍크	*Neogale vison*	American mink	145, 170
ㅂ	북미수달	*Lontra canadensis*	North American river otter	99
ㅂ	북미호저	*Erethizon dorsatum*	North American porcupine	171
ㅂ	북방붉은다리개구리	*Rana aurora aurora*	Northern red-legged frog	334
ㅂ	북방족제비	*Mustela erminea*	Ermine	165, 170
ㅂ	북방표범개구리	*Lithobates pipiens*	Northern leopard frog	334
ㅂ	불곰	*Ursus arctos*	Brown bear	120, 148, 423
ㅂ	붉은극락조	*Paradisaea rubra*	Red bird-of-paradise	130
ㅂ	붉은늑대	*Canis rufus*	Red wolf	113
ㅂ	붉은등다람쥐원숭이	*Saimiri oerstedii*	Red-backed squirrel monkey	145
ㅂ	붉은점박이삵	*Prionailurus rubiginosus*	Rusty-spotted cat	287
ㅅ	사막거북	*Gopherus agassizii*	Desert tortoise	313, 317, 342
ㅅ	사막고양이	*Felis margarita*	Sand cat	280, 287, 297
ㅅ	사막여우	*Vulpes zerda*	Fennec fox	264, 272
ㅅ	사불상	*Elaphurus davidianus*	Pére David's deer	236
ㅅ	사자	*Panthera leo*	Lion	35, 55, 271, 299, 391
ㅅ	사자꼬리원숭이	*Macaca silenus*	Lion-tailed macaque	397, 399
ㅅ	산에스테반척왈라	*Sauromalus varius*	San Esteban chuckwalla	324
ㅅ	삵	*Prionailurus bengalensis*	Leopard cat	38, 76, 271, 290, 291, 396
ㅅ	서벌	*Leptailurus serval*	Serval	94, 266, 280, 284, 287, 407, 420
ㅅ	서부고릴라	*Gorilla gorilla*	Western gorilla	55, 118
ㅅ	서부두꺼비	*Anaxyrus boreas*	Western toad	339
ㅅ	소	*Bos taurus*	Cattle	262

부록

부록 2. 동물 명칭 목록(특정 종이 아닌 경우)

자음	동물 명칭	원어	쪽수
ㄱ	갈라고속	*Galago* sp.	80
ㄱ	개코원숭이	baboons	211
ㄱ	기번	gibbons	92
ㄴ	나무타기캥거루속	*Dendrolagus* sp.	122
ㄴ	노새사슴	mule deer	299
ㄷ	다람쥐원숭이	squirrel monkeys	251, 252
ㄷ	도롱뇽	salamanders	311
ㄷ	독화살개구리류	dart poison frogs	333
ㄷ	돼지	swine	34, 71, 85, 264
ㄷ	드릴	drills	444, 446
ㄷ	딕딕영양속	*Madoqua* spp.	361
ㄸ	땃쥐류	Soricidae	124, 152
ㅁ	마모셋속	*Callithrix* sp.	125
ㅁ	마카크	macaques	211, 212, 217
ㅁ	밀웜	mealworms	75, 318
ㅂ	바다거북	marine turtles	314, 323, 332
ㅂ	바다뱀아과	Hydrophiinae	332
ㅂ	바다사자	sea lions	141
ㅂ	바위너구리	hyrax	58, 102, 153
ㅂ	방울뱀속	*Crotalus* sp.	125, 319
ㅃ	뿔도마뱀속	*Phyrnosoma* spp.	320

자음	용어	원어	용어 해설	쪽수
ㄱ	강화 자극의 다양성	Reinforcement-type variability	보상의 종류를 다양하게 바꾸어 제공하는 강화 전략을 말합니다. 즉, 항상 동일한 유형의 보상을 주는 것이 아니라, 먹이·촉각·놀이·사회적 상호작용 등 다양한 형태의 보상을 번갈아 사용하는 방식입니다.	457, 458, 460, 462, 463
ㄱ	경방생	Hard release	동물을 야외 현장으로 바로 풀어주는 방식의 재도입 전략이며, 이와 대조되는 방식으로 충분한 시간을 두고 동물이 방생장과 야외 현장을 드나들며 서서히 야생 환경으로 도입되도록 하는 전략인 연방생(soft release)이 있습니다.	174
ㄱ	고차 자극 처리 메커니즘	Higher-order stimulus-processing mechanism	감각 자극을 단순히 인식하는 수준을 넘어, 의미 해석, 맥락 통합, 감정적 평가 등 복합적인 인지적 과정을 수행하는 신경 체계를 말합니다. 이 메커니즘은 주로 전전두엽, 연합피질 등에서 작동하며, 행동 조절과 적응 반응의 핵심적인 역할을 합니다.	261
ㄷ	둔감화	Desensitization	두려움이나 불안과 같은 부정적인 감정을 유발하는 자극에 대해 점진적으로 적응하게 만드는 훈련 기법입니다. 이 기법의 목적은 동물이 특정 자극에 대한 부정적인 반응을 점진적으로 줄여나가는 데 있습니다. 이를 위한 훈련 방법은 동물에게 특정 자극에 대한 노출을 서서히 늘려가면서 자극 노출에 대한 보상을 주는 것입니다. 이로써 동물이 자극에 대한 두려움이나 불편함을 줄여나가게 합니다.	439, 459, 468
ㄹ	레크 번식 체계	Lek mating system	레크는 동물행동학에서 한 종의 수컷 둘 이상이 구애 행위를 하는 공동 공간을 의미합니다. 레크 행동은 경기장(arena) 행동이라고도 하며, 수컷들은 일정한 공간에 모여, 각자 춤, 소리, 색깔, 행동 등 다양한 방식으로 구애하며, 암컷은 이 장소(레크)를 방문해 여러 수컷의 구애를 비교 관찰하고, 가장 매력적인 수컷 1개체만을 선택해 짝짓기하는 번식 방식입니다.	131
ㅁ	말기 행동	Terminal activities	보상이 임박했을 때 나타나는 준비 또는 기대 행동(예: 먹이를 60초마다 주는 실험에서, 55~60초 사이에 쥐가 먹이급이대 주변에서 코를 들이밀거나 두드리는 행동)입니다.	265, 266

자음	용어	원어	용어 해설	쪽수
ㅁ	미신적 욕구 행동	Superstitious appetitive behavior	동물이 어떤 행동을 하고 나서 우연히 보상을 받았을 때, 그 행동이 실제로 보상을 유도하지 않았음에도 불구하고 그 행동을 반복하게 되는 현상입니다. Skinner는 일정 간격으로 먹이를 주는 장치를 설치하고, 아무런 조건 없이 비둘기들에게 먹이를 주었는데, 일부 비둘기들이 먹이가 나올 때 우연히 고개를 돌리거나, 날개를 퍼덕이는 등의 행동을 했고, 이후 그 행동이 먹이를 부른다고 '착각'하고 반복합니다. 이후 비둘기는 '미신적으로' 특정 행동을 학습하게 되는 것입니다.	362
ㅂ	반복보행	Pacing	공간 제약이 있는 사육환경에서 같은 경로를 반복적으로 왕복하며 걷는 행동을 일컫는 용어입니다. 반복보행 시 그 경로는 일정한 형태의 직선 또는 곡선으로 나타나며, 종종 같은 속도로 반복하기도 합니다. 반복보행은 주로 동물이 도망치고자 하는 동기가 좌절되거나 욕구 행동이 충족되지 않았을 때 나타납니다.	266, 270, 283, 289
ㅂ	변동비율 강화계획	Variable-ratio schedule of reinforcement	동물이 수행한 여러 번의 훈련 행동에 대해 보상해주는 비율이 일정하지 않고 매번 바뀌는 훈련 계획을 의미합니다. 즉, 동물이 여러 차례 행동을 수행한 경우 두 번째 행동 후에 혹은 네 번째 행동 후에 보상을 주는지는 매번 다르지만, 평균적으로 일정한 비율을 유지합니다.	455
ㅂ	부수적 욕구 행동	Adjunctive appetitive behavior	주어진 자극(예: 간헐적 보상) 때문에 유도되지만 목표 행동은 아닌 것으로, 정형행동으로 이어질 수 있습니다. 보상(먹이 등)을 기다리는 중에 나타나는, 먹이를 찾는 듯한 부수적인 행동 등을 의미합니다. 보상과 직접적으로 연결된 것은 아니지만, 충동 조절, 스트레스 해소, 예측 불확실성 등과 관련된 것으로, 쥐에게 일정 시간 간격으로 먹이를 줄 때 기다리는 동안 지나치게 물을 마시거나, 의미 없이 바닥을 긁는 행동을 반복하고, 이후에는 이 행동을 강화시킨 적은 없음에도 습관적으로 반복하는 행동을 말합니다.	362

자음	용어	원어	용어 해설	쪽수
ㅅ	살아있는 표본	Living Latin binomials	Latin binomial은 생물종을 라틴어로 표기하는 이명법 학명 체계입니다. 실제 뜻은 동물들이 살아 있지만 그 본연의 생명력이나 행동은 중요시되지 않고 단순히 '종 이름을 가진 살아있는 표본'처럼 여겨진다는 비판적 표현입니다. ※ 시대적 배경: 빅토리아 시대(19세기 후반, 영국)는 수집과 전시의 시대였습니다. 과학, 식민주의, 산업혁명이 활발히 진행되면서 사람들은 세계곳곳의 희귀한 사물, 동물, 식물을 모으고 전시하는데 큰가치를 두었습니다. 동물원 역시 그 흐름 속에서 생겨났고, 동물의 자연적 삶이나 복지에는 큰 관심이 없었습니다. 동물들을 '살아있는 전시품'처럼 다뤘고, 생태, 행동, 복잡한 사회성은 무시한 채 희귀하고, 흥미롭고, 아름다운 대상으로 보여주는 데 초점을 맞췄습니다.	50, 53
ㅅ	생태적 상대성장	Allometry	생태적 상대성장은 개체의 크기 변화가 생태적 특성(예: 먹이 습성, 생식 전략, 이동 거리 등)에 영향을 주거나 반영되는 패턴을 설명하는 개념입니다.	354
ㅅ	선택압	Selection pressure	생물이 환경에 적응하기 위해 진화하는 과정에서 자연으로부터 받는 요구를 뜻합니다. 또는 특정 환경이나 조건이 동물 개체군 내 유전 형질의 생존과 번식 성공에 영향을 미쳐 진화 방향을 결정짓는 외부의 힘입니다. 동물원에서 사육하는 동물들은 야생과 다른 선택압(예: 인간과의 상호작용, 제한된 사회적 기회와 서식환경, 일정한 먹이 급이, 포식자 부재, 생존을 위협하는 스트레스 요인 감소 등)에 노출되기도 합니다.	51, 353
ㅇ	양육방생	Headstarting	멸종위기 야생동물 보전 기술의 일종으로, 어린 개체를 자연에서 자립할 수 있을 때까지 양육 후 자연으로 방생하는 방법입니다. 주로 어릴 때 야생에서 생존하기 어려운 종(예: 바다거북)을 보호 시설에서 키워서 방생함으로써 개체수를 늘리는 데 활용합니다.	314, 323
ㅈ	자기 지향적 행동	Self-directed behavior	일반적으로 '자기 지향적 행동' 또는 '자기 지향적 행동 유형'으로 번역합니다. 동물이 자신에게 직접적인 영향을 미치는 행동을 의미하는 용어로, 예를 들어 과도한 자기 털고르기나 스스로를 향한 공격 행동 등이 있습니다. 이 용어는 '자기 지향적 행동 유형'으로도 부릅니다.	126, 261, 444

자음	용어	원어	용어 해설	쪽수
ㅈ	재도입	Reintroduction	주로 멸종위기종이나 사라진 동물들을 자연 서식지나 야생 환경에 다시 풀어놓는 과정을 뜻합니다. 동물원에서 사육한 동물이나 멸종위기종을 자연으로 돌려보내는 보전 활동에서 사용하는 용어입니다.	52, 113, 160, 182
ㅈ	적정한 수준의 낯선 자극	Moderately discrepant event	기존의 지식이나 경험과 완전히 같지는 않지만 지나치게 낯설지도 않은 자극이나 사건을 의미합니다. 즉, 익숙한 정보에 적당한 수준의 새로움이나 예외가 섞여 있는 자극으로, 가장 효과적으로 관심을 끌고 학습을 유도하는 특징이 있습니다.	458, 463, 467, 468
ㅈ	전위행동	Displacement behavior	동물이 스트레스나 갈등 상황에서 본래의 목적과 관련이 없는 행동을 보일 때 사용하는 용어입니다. 예를 들어, 동물이 위협받는 상황에서 공격적 반응 대신 다른 일상 행동을 하거나, 불안감을 해소하기 위해 다른 행동을 반복하는 경우가 이에 해당합니다. 이러한 행동은 심리적 불안이나 갈등을 완화하려는 일종의 '심리적 대체 행동'이라고 할 수 있습니다. 예를 들어, 긴장된 상황에서 동물이 자신을 핥거나 몸을 긁는 행동을 보이는 것처럼, 본래의 문제나 갈등을 직접적으로 해결하지 않고 이를 대신하는 행동을 하는 것입니다.	409, 410
ㅈ	점진적 접근	Successive approximation	심리학자 B.F. Skinner가 행동주의 이론에서 소개한 개념으로, '목표 행동에 점점 더 가까운 작은 행동 단계들을 차례로 강화하여 최종 목표 행동을 이끌어내는 방법'을 말합니다.	457, 458, 460
ㅈ	접근 지향적 행동	Approach-oriented behavior	일반적으로 '접근 지향적 행동' 또는 '접근 행동'으로 번역합니다. 이 용어는 동물이 환경이나 특정 자극에 접근하려는 경향을 나타내는 행동을 설명합니다. 예를 들어, 먹이나 사회적 상호작용을 찾기 위해 다가가는 행동 등이 이에 해당합니다.	444
ㅈ	정형행동	Stereotypic behavior	동물이 뚜렷한 목적이나 기능이 없는 행동을 거의 동일한 방식으로 반복하는 행동을 의미합니다. 이러한 행동은 보통 제한된 환경, 스트레스, 좌절, 자극 부족 등과 관련이 있습니다. 보상이 없어도 지속할 때가 많습니다.	260

자음	용어	원어	용어 해설	쪽수
ㅈ	정형행동의 대처 가설	Coping hypothesis of stereotypies	정형행동은 동물이 스트레스를 받거나 욕구가 좌절된 상황에 적절하게 대처하기 위한 자기조절 기전의 일종일 수 있다는 가설입니다. 이 가설에 따르면, 정형행동은 단순한 병리 반응이 아니라 스트레스를 완화하거나 자극의 정도를 조절하는 것과 같은 기능을 하는 행동일 수 있다는 것입니다.	262
ㅈ	제한 접촉	Protected contact	동물과 훈련자 또는 관리자가 물리적으로 접촉하지 않고, 장애물(예: 울타리, 그물 등)을 통해 상호작용하는 훈련 및 관리 기법입니다. 이 기법은 특히 위험한 동물(예: 코끼리, 큰 영장류 등)을 다룰 때 사용합니다. 장애물이 동물과 훈련자 간의 안전한 거리를 유지해 주어, 동물의 협조를 얻으면서도 사고를 방지할 수 있습니다.	438, 442
ㅈ	조작적 정의	Operational definition	조작적 정의는 추상적인 개념이나 변수를 측정 가능하고 구체적인 행동이나 지표로 변환하는 정의 방식입니다. 이는 연구자가 해당 개념을 정확하게 측정하고 객관적으로 평가할 수 있도록 돕습니다. 연구의 일관성과 재현 가능성을 위한 필수 요소로, 실험을 효과적으로 수행하도록 합니다.	464
ㅈ	조작적 조건화 기법	Operant conditioning technique	행동을 조정하고 강화하는 방법으로, 특정 행동의 결과에 따라 그 행동의 발생 빈도를 조절하는 훈련 기법입니다. 이 기법은 B.F. Skinner의 연구에 기초하며, 동물이 어떤 행동을 할 때 그 행동의 결과(보상 또는 약화)가 해당 행동의 빈도에 영향을 미친다는 원리에 기반합니다. 조작적 조건화에는 세 가지 주요 기법(긍정강화, 부정강화, 약화)이 있습니다.	34, 40, 437
ㅈ	중간기 행동	Interim activity	보상이 없거나 보상을 주기 훨씬 전에 발생하는 반복적이고, 불완전한 행동(예: 비둘기가 60초 간격으로 먹이를 공급받는 조건에서, 30초 이전에 나타나는 깃털 다듬기, 배회 같은 행동들)입니다.	264, 266
ㅊ	창의적 훈련	Innovation training	이 용어는 동물이 기존의 방법 외에 새로운 방법이나 해결책을 스스로 개발하도록 훈련하는 방식을 의미합니다. 이는 동물이 문제 해결 능력을 기르고, 새로운 행동이나 기술을 시도할 수 있도록 하는 훈련입니다. 일반적으로 '창의적 훈련' 또는 '혁신적 훈련'으로 번역할 수 있습니다.	445
ㅊ	청각 풍부화	Acoustic enrichment	동물이 청각을 통해 자극을 받고, 자연스러운 행동을 유도하거나 스트레스를 완화할 수 있도록 하는 환경 풍부화 기법입니다.	101, 102, 320

자음	용어	원어	용어 해설	쪽수
ㅌ	투쟁-도피 반응	Fight-or-flight response	동물이 스트레스를 받거나 위협을 느낄 때 나타나는 생리적 반응입니다. 이 반응은 생존을 위한 본능적인 메커니즘으로, 동물이 위협적인 상황에서 싸우거나 도망갈 수 있도록 준비하는 역할을 합니다.	410
ㅍ	팔그네운동	Brachiation	동물이 양팔을 교대로 사용하여 가지나 구조물 사이를 그네타듯 매달리며 이동하는 운동 방식입니다. 이 용어는 라틴어 brachium(팔)에서 유래했으며, 주로 긴팔이나 거미원숭이, 일부 유인원 등에서 관찰됩니다.	40, 91, 92
ㅍ	폐쇄적 피드백 고리	Closed feedback loop	어떤 행동이 외부 자극이나 보상 없이 동일하게 반복적으로 나타나며, 그 행동 자체가 다시 그 동기를 강화하거나 유지하게 하는 순환 구조를 말합니다. 공식 학술 용어는 아니지만 동물행동학, 심리학, 신경과학 등 분야에서 자주 사용하는 개념입니다.	291
ㅎ	행동관리	Behavioral management	동물 행동을 이해하고 조절하기 위해 적용하는 다양한 기법과 방법을 포함하는 개념으로, 주로 동물원, 연구 시설, 또는 동물복지와 관련된 환경에서 사용합니다. 행동 관리는 동물복지를 향상시키고, 스트레스를 줄이며, 적절한 행동을 유도하는 등 중요한 역할을 합니다.	62
ㅎ	행동 능력	Behavioral competence	이 용어는 동물이 그들의 환경에서 효과적으로 살아남고 번식할 수 있는 능력, 즉 정상적인 행동 유형을 수행하고 적절히 반응할 수 있는 능력을 의미합니다. 동물원이든 자연 서식지에서든, 야생동물이 적절하게 행동할 수 있는 능력은 그들의 생존과 복지에 중요한 요소입니다.	48, 63
ㅎ	행동형성	Shaping	동물행동학에서 중요한 개념으로, 특정 목표 행동을 점진적으로 강화하여 학습하도록 돕는 방법입니다. 이는 B.F. Skinner의 조작적 조건형성 이론을 기반으로 하며, 점진적 접근을 통해 목표 행동을 가르치는 과정입니다.	457
ㅎ	현지 내	*in situ*	보전생물학에서 주로 사용하며, 자연 서식지에서 직접 보전 활동을 하는 방법입니다. 예를 들어, 'in situ 보전'은 멸종위기종을 그들의 자연 서식지에서 보호하고 보전하는 것을 의미합니다. 예를 들어 반달가슴곰을 지리산에서 보전할 때도 이 용어를 사용합니다.	63, 64

자음	용어	원어	용어 해설	쪽수
ㅎ	현지 복원	Repatriation	사육장 등지에서 보호하던 동물을 현 원산지 자연서식지로 돌려 보내는 복원 사업의 일종입니다.	313, 319, 323, 342
ㅎ	현지 외	*ex situ*	보전생물학에서 사용하며, 멸종위기종을 자연 서식지 외의 장소에서 보전하는 방법입니다. 예를 들어, '*ex situ* 보전'은 동물원이나 보전 센터에서 종을 보호하거나 번식시키는 업무를 포함하며, 자연 서식지가 아닌 환경에서 수행합니다. 반대 개념으로는 현지 내(*in situ*)가 있습니다.	63, 64
ㅎ	협동 급이	Cooperative feeding	동물 훈련에서 사용되는 기법으로, 동물들이 서로 협력하여 음식을 받거나 관심을 받을 수 있도록 유도하는 훈련 방법입니다. 이 기법은 주로 사회적 동물들이 서로 긍정적인 상호작용을 하도록 돕고, 지배 개체와 하위 개체 간의 관계를 개선하는 데 사용합니다.	440